高等职业技术教育教材

# 房屋管理与维修

**第 3 版**

主　编　何石岩
副主编　王瑞华
　　　　付丽艳
主　审　卜宪华

机 械 工 业 出 版 社

物业管理专业高等职业技术教育系列教材修订后共11种，本书为其中一种。

本书第3版依据国家最新颁布的标准、规程、规定进行修订，全面系统地介绍房屋管理与维修的基本知识。全书共九章，第一章介绍房屋的接管、房屋的完损等级评定标准、房屋维修范围和标准、房屋维修技术管理、房屋维修规划和维修质量及验收等。第二章至第九章分别介绍了地基基础工程、砌体工程、混凝土工程、钢结构工程、屋面工程、木结构工程、装饰工程与门窗的管理与维修以及建筑结构的抗震加固技术。

本书既可作为物业管理专业的专业课教材，也可作为相关从业人员岗位培训教材，还可供相近专业工程管理和技术人员参考学习。

**图书在版编目（CIP）数据**

房屋管理与维修/何石岩主编．—3版．—北京：机械工业出版社，2009.1（2017.8重印）
高等职业技术教育教材
ISBN 978-7-111-07559-2

Ⅰ.房… Ⅱ.何… Ⅲ.工程装修-高等学校：技术学校-教材
Ⅳ.TU767

中国版本图书馆CIP数据核字（2008）第168860号

机械工业出版社（北京市百万庄大街22号 邮政编码100037）
责任编辑：马 宏 版式设计：霍永明 责任校对：李秋荣
封面设计：姚 毅 责任印制：李 飞
北京机工印刷厂印刷（三河市南杨庄国丰装订厂装订）
2017年8月第3版第7次印刷
184mm×260mm·14.25印张·346千字
标准书号：ISBN 978-7-111-07559-2
定价：28.00元

# 物业管理专业高职教育教材
# 编辑委员会（第3版）

# 第3版序

物业管理，与千千万万百姓人家的生活和工作息息相关，也是一个国家文明程度的体现。在我国，物业管理还是一个新兴行业，正在蓬勃发展。行业的发展需要人才，人才的培养靠教育。要办好一个专业，教材的重要性是不言而喻的。

1998年由北京城市学院（原北京海淀走读大学）发起，与辽宁青年管理干部学院、大连管理干部学院、佳木斯大学等组成了物业管理专业高等职业教育教学协作组，首要的协作任务就是编写了全国第一套高职物业管理专业系列教材，它包括《物业管理企业会计》、《建筑识图与构造》、《物业管理》、《房地产开发与经营》、《房屋管理与维修》、《社区环境建设与管理》、《物业设备与设施》和《物业管理信息系统》。

经过10年的教学实践和行业的迅速发展，物业管理行业逐渐发展成熟，本套教材也在不断进行修订。2004年出版的第2版在原有的8本教材基础上，增加了《物业管理法规与案例分析》和《物业管理实务》两本书。2008年，本套教材再次进行全面修订，并在第2版的基础上，增加了《物业管理专业实训实习指导教程》一书，使本系列教材修订后数量达到了11种。

第3版教材修订时根据国家最新颁布的标准、规范进行，结合物业管理专业人才培养的特点，并吸收了前两版教材的教学实践经验，强调理论与实践的紧密结合，突出职业特色，实用性、操作性强，重点突出，通俗易懂，配教学课件，适用于各类物业管理专业的师生，同时也是物业企业培训的理想教材。

由于时间仓促，也限于我们的水平，疏漏甚至错误在所难免，殷切希望能得到专家和广大读者的指正，以便修改和完善。

教材的修订和再版，得到物业管理行业的专家和机械工业出版社的大力支持，在此深表谢意。

物业管理专业高职教育教材编委会

# 第3版前言

近年来物业管理这一产业在我国迅速发展、壮大，并且房屋建材、施工工艺也不断更新，这就要求物业管理教育必须进行相应的改革，而教材作为体现教学改革组成的重要部分，适时给予更新和修订势在必行。

本书是根据2007年8月在青岛召开的全国高校物业管理专业教材修编会议精神，在第2版的基础上重新组织有关人员编写的，是高等职业教育系列教材之一，可作为高等院校物业管理及相关专业的教材，也可作为有关从业人员的岗位培训参考书。

本书承袭前两版教材编写的理念，坚持以国家关于房屋管理与维修方面的新规范、新标准为主线，以实用为原则。在内容上努力做到具有先进性和科学性，在文字上力求定义准确、概念清楚、结构严谨、语言精准。

本书由佳木斯大学何石岩任主编并负责全书统稿，北京城市学院的王瑞华、佳木斯大学的付丽艳任副主编。具体分工为：佳木斯大学的付丽艳编写第一章、第八章；北京城市学院的王瑞华编写第二章、第三章；佳木斯大学的韩卫编写第四章、第五章；佳木斯大学的赵艳编写第六章、第七章；何石岩编写第九章。全书由佳木斯大学的卜宪华教授主审。

本书在编写过程中得到有关方面，特别是机械工业出版社的大力支持和帮助，有许多专家提出了宝贵意见，在此一并表示感谢。

编　者

# 目　录

# 第一章　房屋管理与维修总论

房屋建筑是一个城市的重要组成部分，它不仅给人们的生产、生活、工作、学习提供舒适和安全的场所，而且代表着不同历史时期的社会经济发展和科学进步的水平，是人类社会创造的巨大不动产财富。

但是，房屋在建成以后的使用过程中，由于自然的和人为的因素影响，不可避免地产生不同形式、不同程度的破损，导致其使用功能降低，不能发挥其应有的作用。因此，自房屋建成直至报废的整个过程中，必须合理地进行房屋管理与维修工作，从而有效地预防、制止房屋破损的扩展，以延长其使用寿命，更好地满足人们的需要。

## 第一节　房屋的接管与保修

为了确保房屋使用的安全和正常使用功能，明确在房屋接管验收中交接双方应遵守的事项，建设部于1999年6月4日正式发布实施了《房屋接管验收标准》（CJ 27—1999）。本标准对新建房屋（建成后未经确认产权的房屋）和原有房屋（已取得房屋所有权证，并已投入使用的房屋）的接管验收做出了明确的规定。

### 一、新建房屋的接管验收

新建房屋的接管验收，是在竣工验收合格的基础上，以主体结构安全和满足使用功能为主要内容的再检验。

（一）接管验收应具备的条件

（1）建设工程全部施工完毕，并业经竣工验收合格。

（2）供电、采暖、给水排水、卫生、道路等设备和设施能正常使用。

（3）房屋幢、户编号业已经有关部门确认。

（二）接管验收应检索提交的资料

（1）产权资料　项目批准文件；用地批准文件；建筑执照；拆迁安置资料。

（2）技术资料　竣工图，包括总平面、建筑、结构、设备、附属工程及隐蔽管线的全套图样；地质勘察报告；工程合同及开、竣工报告；工程预决算：图样会审记录；工程设计变更通知及技术核定单（包括质量事故处理记录）；隐蔽工程验收签证；沉降观察记录；竣工验收证明书；钢材、水泥等主要材料的质量保证书；新材料、构配件的鉴定合格证书；水、电、采暖、卫生器具、电梯等设备的检验合格证书；砂浆、混凝土试块试压报告；供水、供暖的试压报告等。

（三）接管验收程序

（1）建设单位书面提请接管单位接管验收。

（2）接管单位按接管验收应具备的条件和接管验收应检索提交的资料进行审核，对具备条件的，应在15日内签发验收通知并约定验收时间。

（3）接管单位会同建设单位按质量与使用功能进行检验。

（4）验收中发现的问题，按质量问题的处理办法处理。

（5）经检验符合要求的房屋，接管单位应签署验收合格凭证，签发接管文件。

（四）质量与使用功能的检验

（1）主体结构　地基基础的沉降不得超过《建筑地基基础设计规范》（GB 50007—2002）的允许变形值，不得引起上部结构的开裂或相邻房屋的损坏；钢筋混凝土构件产生变形、裂缝不得超过《混凝土结构设计规范》（GB 50010—2002）的规定值；砌体结构必须有足够的强度和刚度，不允许有明显裂缝；木结构应结点牢固，支撑系统可靠，无蚁害，其构件选材必须符合《木结构工程施工质量验收规范》（GB 50206—2002）的有关规定。

（2）外墙　外墙不得渗水。

（3）屋面　各类屋面必须符合《屋面工程质量验收规范》（GB 50207—2002）的规定，排水畅通，无积水，不渗漏；平屋面应有隔热保温措施，三层以上的房屋在公用部分应设置屋面检修孔；阳台和三层以上房屋的屋面应采用有组织排水。出水口、檐沟、落水管应安装牢固、接口严密、不渗漏。

（4）楼地面　面层与基层必须粘结牢固，不空鼓。整体面层平整，不允许有裂缝、脱皮和起砂等缺陷；料块面层应表面平正、接缝均匀顺直，无缺棱掉角。卫生间、阳台、盥洗间地面与相邻地面的相对标高应符合设计要求，不应有积水，不允许倒泛水和渗漏。木楼地面应平整牢固，接缝密合。

（5）装修　钢木门窗应安装平正牢固，无翘曲变形；开关灵活；零配件装配齐全；位置准确，钢门窗缝隙严密，木门窗缝隙适度。进户门不得使用胶合板制作，门锁应安装牢固，底层外窗、楼层公共走道窗、进户门上的亮子均应装设铁栅栏。木装修工程应表面光洁，线条顺直，对缝严密，不露钉帽，与基层必须钉牢。门窗玻璃应安装平整，油灰饱满，粘贴牢固。抹灰应表面平整，不应有空鼓、裂缝和起泡等缺陷。饰面砖应表面洁净，粘贴牢固，阴阳角与线角顺直，无缺棱掉角。油漆、刷浆应色泽一致。表面不应有脱皮、漏刷现象。

（6）电气　电气线路安装应平整、牢固、顺直，过墙应有导管。导线连接必须紧密，铝导线连接不得采用铰接或绑接。采用管子配线时，连接点必须紧密、可靠，使管路在结构上和电气上均连成整体并有可靠的接地。每个回路导线间和对地绝缘电阻值不得小于1MΩ/kV。应按套安装电表或预留表位，并有电器接地装置。照明器具等低压电气安装支架必须牢固，部件齐全，接触良好，位置正确。各种避雷装置的所有连接点必须牢固可靠，接地电阻值必须符合《电气装置安装工程施工及验收规范》的要求。电梯应能准确地起动、运行、选层、平层、停层，曳引机的噪声和振动声不得超过《电气装置安装工程施工及验收规范》的规定值。制动器、限速器及其他安全设备应动作灵敏可靠。安装的隐蔽工程、试运转记录、性能检测记录及完整的图样资料均应符合要求。对电视信号有屏蔽影响的住宅，电视信号场强弱或被高层建筑遮挡及反射波复杂地区的住宅，应设置电视共用天线或安装闭路有线电视系统。除上述要求外，同时应符合地区性《低压电气装置规程》的有关规定。

（7）水、卫、消防　水、卫、消防管道安装牢固、控制部件启用灵活、无滴漏。水压试验及保温、防腐措施必须符合《建筑给水排水及采暖工程施工质量验收规范》（GB 50242—2002）的要求。应按套安装水表或预留表位。高位水箱进水管与水箱检查口的设置应便于检修。卫生间、厨房内的排污管应分设，出户管长不宜超过8m并不应使用陶瓷管、塑料管。地漏、排污管接口、检查口不得渗漏，管道排水必须流畅。卫生器具质量良好，接口不得渗漏，安装应平正、牢固，部件齐全，制动灵活。水泵安装应平稳，运行时无较大振动。消防设施必须符合《建筑设计防火规范》（GB 50016—2006）、《高层民用建筑防火规范》（GB 50045—2005）的要求，并且有消防部门检验合格签证。

（8）采暖　采暖工程的验收时间，必须在采暖期以前2个月进行。锅炉、箱罐等压力容器应安装平正、配件齐全，不得有变形、裂缝、磨损、腐蚀等缺陷。安装完毕后，必须有专业部门的检验合格签证。炉排必须进行12h以上试运转，炉排之间、炉排与炉铁之间不得互相摩擦，且无杂音，不跑偏，不凸起，不受卡，翻转应自如。各种仪器、仪表应齐全精确，安全装置必须灵敏、可靠，控制阀门应开关灵活。炉门、灰门、煤斗闸板、烟风挡板应安装平正，启闭灵活，闭合严密，风室隔墙维修方便，管架、支架、吊架应牢固。管道管径、坡度及检查井必须符合《建筑给水排水及采暖工程施工质量验收规范》（GB 50242—2002）的要求，管沟大小及管道排列应便于维修。设备、管道不应有跑、冒、滴、漏现象。保温、防腐措施必须符合《建筑给水排水及采暖工程施工质量验收规范》的规定。锅炉辅机应运转正常，无杂音。消烟除尘、消声减振设备应齐全。水质、烟尘排放浓度应符合环保要求。经过8h连续试运行，锅炉和附属设备的热工、机械性能及采暖区室温必须符合设计要求。

（9）附属设备及其他　室外排水系统的标高、窨井（检查井）设置、管道坡度、管径必须符合现行《室外排水设计规范》（GB 50014—2006）的要求。管道应顺直且排水畅通，井盖应搁置稳妥并设置井圈。化粪池应按排污量合理设置，池内无垃圾杂物，进出水口高差不得小于5cm。立管与粪池间的连接管道应有足够坡度，并不应超过两个弯。明沟、散水、落水沟头不得有断裂、积水现象。房屋入口处必须做室外道路。并与主干道相通。路面不应有积水、空鼓和断裂现象。房屋应按单元设置信报箱，其规格、位置符合有关规定。挂物钩、晒衣架应安装牢固。烟道、通风道、垃圾道应畅通，无阻塞物。单体工程必须做到工完、料净、场地清，临时设施及过渡用房拆除清理完毕。室外地面平整，室内外高差符合设计要求。群体建筑应检验相应的市政、公建配套工程和服务设施，达到应有的质量和使用功能要求。

（五）质量问题的处理

影响房屋结构安全和设施使用安全的质量问题，必须约定期限由建设单位负责进行加固、补强返修，直至合格。影响相邻房屋安全的问题，由建设单位负责处理。对于不影响房屋结构安全和设备使用安全的质量问题，可约定期限由建设单位负责维修，也可采取费用补偿的办法，由接管单位处理。

**二、原有房屋的接管验收**

（一）接管验收应具备的条件

（1）房屋所有权、使用权清楚。

（2）土地使用范围明确。

（二）接管验收应检索提交的资料

（1）产权资料　房屋所有权证，土地使用权证，有关司法、公证文书和协议，房屋分户使用清册，房屋设备及附属物清册。

（2）技术资料　房地产平面图，房屋分间平面图，房屋及设备技术资料。

（三）接管验收程序

（1）移交人书面提请接管单位接管验收。

（2）接管单位对接管验收应具备的条件和接管验收应检索提交的资料进行审核。对具备条件的，应在15日内签发验收通知并约定验收时间。

（3）接管单位会同移交人按质量与使用功能进行检验。

（4）对检验中发现的危险、损坏问题，按危险和损坏问题的处理方法处理。

（5）交接双方共同清点房屋、装修、设备、附着物，核实房屋使用状况。

（6）经检验符合要求的房屋，接管单位应签署验收合格凭证，签发接管文件，办理房屋所有权转移登记。

（7）移交人配合接管单位按接管单位的规定与房屋使用人重新建立租赁关系。

（四）质量与使用功能的检验

（1）以《危险房屋鉴定标准》（JGJ 125—1999，2004年修订版）和国家有关规定作检验依据。

（2）从外观检查建筑物整体的变异状态。

（3）检查房屋结构、装修和设备的完好与损坏程度。

（4）查验房屋使用情况（包括建筑年代、用途变迁、拆改添建、装修和设备情况）。评估房屋现有价值，建立资料档案。

（五）危险和损坏问题的处理

属于有危险的房屋，应由移交人负责排险解危后，方可接管。属有损坏的房屋，由移交人和接管单位协商解决，既可约定期限由移交人负责维修，也可采用其他补偿形式。属于法院判决没收并通知接管的房屋，按法院判决办理。

**三、交接双方的责任与保修**

（1）为尽快发挥投资效益，建设单位应按接管验收应具备的条件和接管验收应检索提交的资料的要求提前做好房屋交接准备，房屋竣工后，及时提出接管验收申请。接管单位应在15日内审核完毕，及时签发验收通知并约定时间验收。经检验符合要求，接管单位应在7日内签署验收合格凭证，并及时签发接管文件。未经接管的新建房屋一律不得分配使用。

（2）接管验收时，交接双方均应严格按照《房屋接管验收标准》（CJ 27—1999）执行。验收不合格时，双方协议处理办法，并商定时间复验。建设单位应按约定返修合格，组织复验。

（3）房屋接管交付使用后，如发生隐蔽性的重大质量事故，应由接管单位会同建设单位组织设计、施工等单位，共同分析研究，查明原因。如属设计、施工、材料的原因应由建设单位负责处理；如属使用不当，管理不善的原因，则应由接管单位负责处理。

（4）新建房屋自验收接管之日起，应执行建筑工程保修的有关规定，由建设单位负责保修，并应向接管单位预付保修保证金，接管单位在需要时用于代修，保修期满，核实结算；也可在验收接管时，双方达成协议，建设单位一次性拨付保修费用，由接管单位负责保修。保修保证金和保修费的标准由各地自定。

建筑工程的保修期自竣工验收合格之日起计算，在正常使用条件下，建设工程的最低保修期限为：

1）基础设施工程、房屋建筑的地基基础工程和主体结构工程，为设计文件规定的该工程的合理使用年限。

2）屋面防水工程，有防水要求的卫生间、房间和外墙面的防渗漏，为5年。

3）供热与供冷系统，为2个采暖期、供冷期。

4）电气管线、给排水管道、设备安装和装修工程，为2年。

5）其他项目的保修期限由发包方与承包方约定。

关于建筑物、构筑物和设备工程的保修范围及其他保修规定，详见国务院 2000 年 1 月 30 日颁布实施的《建设工程质量管理条例》。

建设工程在保修范围和保修期限内发生质量问题的，施工单位应当履行保修义务，并对造成的损失承担赔偿责任。建设工程在超过合理使用年限后需要继续使用的，产权所有人应当委托具有相应资质等级的勘察、设计单位鉴定，并根据鉴定结果采取加固、维修等措施，重新界定使用期。

（5）新建房屋一经接管，建设单位应负责在 3 个月内组织办理承租手续，逾期不办，应承担因房屋空置而产生的经济损失和事故责任。

（6）执行《房屋接管验收标准》有争议而又不能协商解决时，双方可申请各地房地产管理机关进行协调或裁决。

## 第二节　房屋的损坏及房屋完损等级评定标准

### 一、房屋的损坏

房屋建筑自竣工交验使用后便开始损坏，这是自然规律。房屋建筑损坏的原因有两种，即自然损坏和人为损坏。

（一）自然损坏

房屋因经受自然界风、霜、雨、雪、冰冻、地震的作用，受空气中有害气体的侵蚀与氧化作用，或受蛀蚀而造成各种结构、装饰部件的建筑材料老化、损坏，均属于自然损坏。

（二）人为损坏

房屋因在生活和生产活动中各种结构、装饰部件受到磨、碰、撞击，或使用不慎、不当，如不合理地改变房屋用途造成房屋结构破坏或超载，不合理地改装、搭建，居住使用不爱护等，以及设计和施工质量低劣、维修保养不善而造成的各种结构、装饰部件损伤或损坏，均属于人为损坏。

房屋的各部位因所处的自然条件和使用状况各有不同，损坏的产生和发展是不均衡的。即使在相同的部位、相同的条件下，由于使用的材料不同，其强度和抗老化的性能的不同，损坏也会有快有慢。房屋内部、外部损坏的项目现象分析见图 1-1。

### 二、房屋完损等级评定标准

为使房地产部门掌握各类房屋的完损情况，并为房屋技术管理和维修计划的安排以及城市规划、改造提供基础资料和依据，原城乡建设环境保护部 1985 年 1 月 1 日发布实施了《房屋完损等级评定标准（试行）》。该标准根据各类房屋的结构、装修、设备等组成部分的完好、损坏程度，把房屋的完损状况分成完好房、基本完好房、一般损坏房、严重损坏房和危险房五类。其中，危险房是指承重的主要结构严重损坏，影响正常使用，不能确保住用安全的房屋，其鉴定标准按建设部 2000 年 3 月 1 日发布实施的《危险房屋鉴定标准》（JGJ 125—1999，2004 年修订版）执行。

各类房屋的结构组成包括基础、承重构件、非承重墙、屋面、楼地面；装修组成包括门窗、外抹灰、内抹灰、顶棚、细木装修；设备组成包括水卫、电照、暖气及特种设备（如消防栓、避雷装置等）。

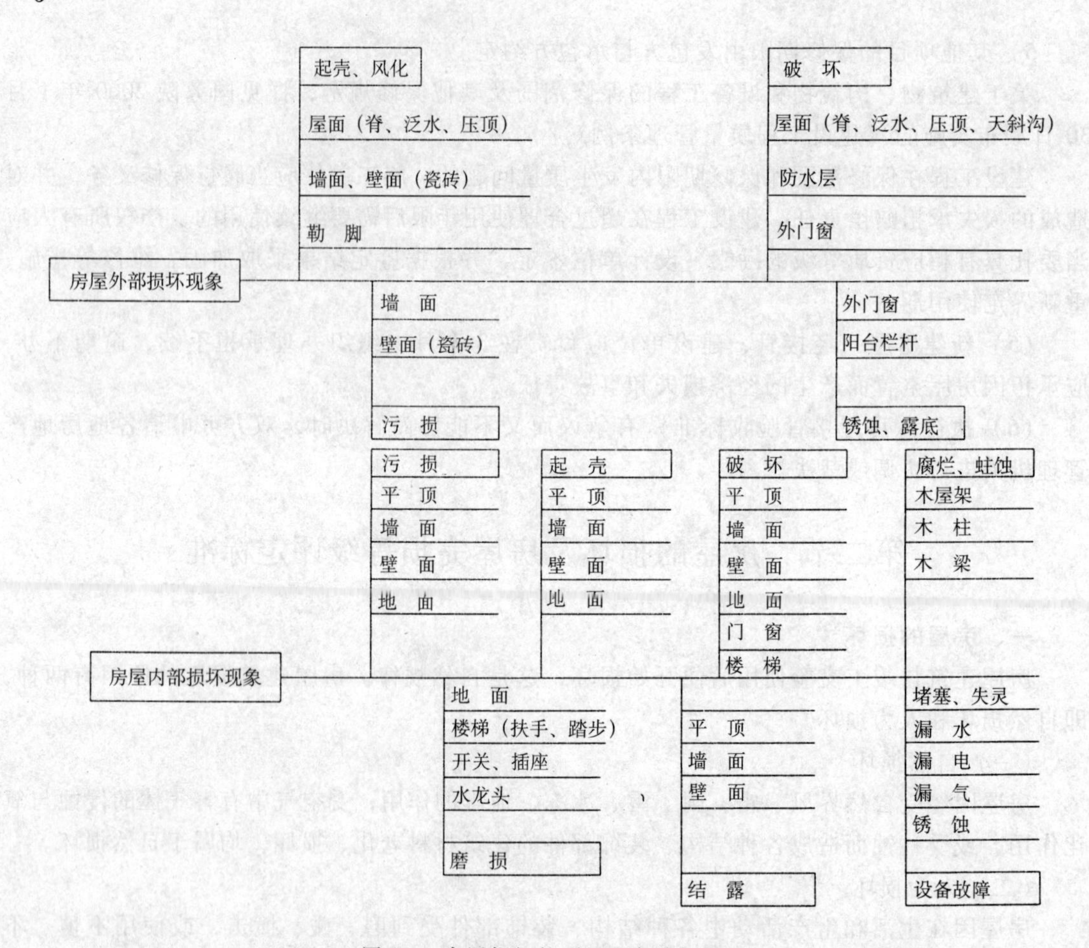


图 1-1　房屋损坏的项目现象分析图

有抗震设防要求的地区，在划分房屋完损等级时应结合抗震能力进行评定。

凡新接管和经过维修后的房屋应按《房屋完损等级评定标准（试行）》重新评定完损等级。

房屋完损等级的评定，一般以幢为评定单位，一律以建筑面积（$m^2$）为计量单位。

（一）房屋完损标准

1. 完好标准

(1) 结构部分　地基基础有足够的承载能力，无超过允许范围的不均匀沉降。承重构件的梁、柱、墙、板、屋架平直牢固，无倾斜变形、裂缝、松动、腐朽、蛀蚀。非承重墙的预制墙板节点安装牢固，拼缝处不渗漏；砖墙平直完好，无风化破损；石墙无风化弓凸；木、竹芦帘、苇箔等墙体完整无破损。屋面不渗漏（其他结构房屋以不漏雨为标准），基层平整完好，积尘甚少，排水畅通，其中，平屋面防水层、保温层完好；平瓦屋面瓦片搭接紧密，无缺角、裂缝瓦（合理安排利用除外），瓦出线完好；青瓦屋面瓦垄顺直，搭接均匀，瓦头整齐，瓦筒俯瓦灰梗牢固；铁皮屋面安装牢固，铁皮完好，无锈蚀；石灰炉渣、青灰屋面光滑平整，油毡屋面牢固无破洞。楼地面整体面层平整完好，无空鼓、裂缝、起砂，木楼地面平整坚固，无腐朽、下沉，无较多磨损和稀缝；砖、混凝土块料面层平整，无碎裂；灰土地面平整完好。

（2）装修部分　门窗完整无损，开关灵活，玻璃、五金齐全，纱窗完整，油漆完好（允许有个别钢门窗轻度锈蚀，其他结构无油漆要求）；外抹灰完整牢固，无空鼓、剥落、破损和裂缝（风裂除外），勾缝砂浆密实（其他结构房屋以完整无破损为标准）；内抹灰完整牢固，无破损、空鼓和裂缝（风裂除外）（其他结构房屋以完整无破损为标准）；顶棚完整牢固，无破损、变形、腐朽和下垂脱落，油漆完好；细木装修完整牢固，油漆完好。

（3）设备部分　水卫的上、下水管道畅通，各种卫生器具完好，零件完全无损；电照的电气设备、线路，各种照明装置完好牢固，绝缘良好。暖气的设备、管道、烟道畅通并完好，无堵、冒、漏，使用正常，特种设备现状良好，使用正常。

2. 基本完好标准

（1）结构部分　地基基础有承载能力，稍有超过允许范围的不均匀沉降，但已稳定。承重墙有少量损坏，基本牢固，其中，钢筋混凝土个别构件有轻微变形、细小裂缝，混凝土有轻度剥落、露筋；钢屋架平直不变形，各节点焊接完好，表面稍有锈蚀；钢筋混凝土屋架无混凝土剥落，节点牢固完好，钢杆件表面稍有锈蚀；木屋架的各部件节点连接基本完好，稍有隙缝，铁件齐全，有少量生锈；承重砖墙（柱）、砌块有少量细裂缝；木构件稍有变形、裂缝、倾斜，个别节点和支撑稍有松动，铁件稍有锈蚀；竹结构节点基本牢固，轻度蛀蚀，铁件稍锈蚀。非承重墙有少量损坏，但基本牢固，其中，预制墙板稍有裂缝、渗水、嵌缝不密实，间隔墙面层稍有破损；外砖墙面稍有风化，砖墙体轻度裂缝，勒脚有侵蚀；石墙稍有裂缝、弓凸；木、竹、芦帘、苇箔等墙体基本完整，稍有破损。屋面局部渗漏，积灰较多，排水基本畅通，其中，平屋面隔热层、保温层稍有损坏，卷材防水层稍有空鼓、翘边和封口不严，刚性防水层稍有龟裂，块体防水层稍有脱壳；平瓦屋面少量瓦片裂碎、缺角、风化，瓦出线稍有裂缝；青瓦屋面瓦垄少量不直，少量瓦片破碎，节筒俯瓦有松动，灰梗有裂缝，屋脊抹灰有裂缝；铁皮屋面少量咬口或嵌缝不严实，部分铁皮生锈，油漆脱皮；石灰炉渣、青灰屋面稍有裂缝，油毡屋面少量破洞。楼地面整体面层稍有裂缝、空鼓、起砂；木楼地面稍有磨损和稀缝，轻度颤动；砖、混凝土块料面层磨损起砂，稍有裂缝、空鼓；灰土地面有磨损裂缝。

（2）装修部分　门窗少量变形，开关不灵，玻璃、五金、纱窗少量残缺，油漆失光；外抹灰稍有空鼓、裂缝、风化、剥落，勾缝砂浆酥松脱落；内抹灰稍有空鼓、裂缝、剥落；顶棚无明显变形、下垂，抹灰层稍有裂缝，面层稍有脱钉、翘角、松动，压条有脱落；细木装修稍有松动、残缺，油漆基本完好。

（3）设备部分　水卫的上、下水管道基本畅通，卫生器具基本完好，个别零件残缺损坏；电气照明的电气设备、线路、照明装置基本完好，个别零件损坏；暖气的设备、管道、烟道基本畅通，稍有锈蚀，个别零件损坏，基本能正常使用；特种设备现状基本良好，能正常使用。

3. 一般损坏标准

（1）结构部分　地基基础局部承载能力不足，有超过允许范围的不均匀沉降，对上部结构稍有影响；承重构件有较多损坏，强度已有所减弱，其中，钢筋混凝土构件有局部变形、裂缝，混凝土剥落露筋锈蚀，变形、裂缝值超过设计规范的规定，混凝土剥落面积占全部面积的10%以内；钢屋架有轻微倾斜或变形，少数支撑部件损坏，锈蚀严重，钢筋混凝土屋架有剥落、露筋，钢杆有锈蚀；木屋架有局部腐朽、蛀蚀，个别节点连接松动，木质有裂缝、变形、倾斜等损坏，铁件锈蚀；承重墙体（柱）、砌块有部分裂缝、倾斜、弓凸、风化、腐蚀和灰缝酥松等损坏；木构件局部有倾斜、下垂、侧向变形、腐朽、裂缝，少数节点松动、脱榫，铁件锈蚀；竹构件个别节点松动，竹材有部分开裂、蛀蚀、腐朽，局部构件变形，非承重墙有较多损坏，强度减弱，其中，预制墙板的边、角有裂缝，拼缝处嵌缝料部分脱落，有渗水，间隔墙面层局部损坏；砖墙有裂缝、弓凸、倾斜、风化、腐蚀，灰缝有酥松，勒脚有部分侵蚀剥落；石墙部分开裂、弓凸、风化，砂浆酥松，个别石块脱落；木、竹、芦帘墙体部分严重破损，土墙稍有倾斜、硝碱。屋面局部漏雨，木基层局部腐朽、变形、损坏；钢筋混凝土屋面板局部下滑，屋面高低不平，排水设施锈蚀、断裂，其中，平屋面保温层、隔热层较多损坏，卷材防水层部分有空鼓、翘边和封口脱开，刚性防水层部分有裂缝、起壳，块体防水层部分有松动、风化、腐蚀；平瓦屋面部分瓦片有破碎、风化，瓦片出线严重裂缝、起壳，脊瓦局部松动、破损；青瓦屋面部分瓦片风化、破碎、翘角，瓦垄不顺直，节筒俯瓦破碎残缺，灰梗部分脱落，屋脊抹灰有脱落，瓦片松动；铁皮屋面部分咬口或嵌缝不严实，铁皮严重锈烂；石灰炉渣、青灰屋面，局部风化脱壳、剥落，油毡屋面有破洞，楼地面整体面层部分裂缝、空鼓、剥落，严重起砂，木楼地面部分磨损、蛀蚀、翘裂、松动、稀缝，局部变形下沉，有颤动，砖、混凝土块料面层磨损，部分破损、裂缝、脱落，高低不平，灰土地面坑洼不平。

（2）装修部分　木门窗部分翘裂，榫头松动，木质腐朽，开关不灵，钢门窗部分膨胀变形、锈蚀，玻璃、五金、纱窗部分残缺，油漆老化翘皮、剥落；外抹灰部分有空鼓、裂缝、风化、剥落，勾缝砂浆部分松酥脱落；内抹灰部分空鼓、裂缝、剥落；顶棚有明显变形、下垂，抹灰层局部有裂缝，面层局部有脱钉、翘角、松动，部分压条脱落；细木装修木质部分腐朽、蛀蚀、破裂，油漆老化。

（3）设备部分　水卫的上、下水道不够畅通，管道有积垢、锈蚀，个别滴、漏、冒，卫生器具零件部分损坏、残缺；电照设备陈旧，电线部分老化，绝缘性能差，少量照明装置有损坏、残缺；暖气部分设备、管道锈蚀严重，零件损坏，有滴、冒、跑现象，供气不正常；特种设备不能正常使用。

4. 严重损坏标准

（1）结构部分　地基基础承载力不足，有明显不均匀沉降或明显滑动、压碎、折断、冻酥、腐蚀等损坏，并且仍在继续发展，对上部结构有明显影响；承重构件明显损坏，强度不足，其中，钢筋混凝土构件有明显下垂变形、裂缝，混凝土剥落和露筋锈蚀严重，下垂变形，裂缝值超过设计规范的规定，混凝土剥落面积占全部面积的10%以上；钢屋架明显倾斜或变形，部分支撑弯曲松脱，锈蚀严重，钢筋混凝土屋架有倾斜，混凝土严重腐蚀剥落、露筋锈蚀，部分支撑损坏，连接件不齐全，钢杆锈蚀严重；木屋架端节点腐朽、蛀蚀，节点连接松动，夹板有裂缝，屋架有明显下垂或倾斜，铁件严重锈蚀，支撑松动；承重墙体（柱）、砌块强度和稳定性严重不足，有严重裂缝、倾斜、弓凸、风化、腐蚀和灰缝严重酥松损坏；木构件严重倾斜、下垂、侧向变形、腐朽、蛀蚀、裂缝，木质脆枯，节点松动，榫头折断拔出，榫眼压裂，铁件严重锈蚀和部分残缺，竹构件节点松动、变形，竹材弯曲断裂、腐朽，整个房屋倾斜变形；非承重墙有严重损坏，强度不足，其中，预制墙板严重裂缝、变形，节点锈蚀，拼缝嵌料脱落、严重漏水，间隔墙立筋松动、断裂，面层严重破损；砖墙有严重裂缝、弓凸、倾斜、风化、腐蚀，灰缝酥松；石墙严重开裂、下沉、弓凸、断裂，砂浆酥松，石块脱落；木、竹、芦帘、苇箔等墙体严重破损，土墙倾斜、硝碱；屋面严重漏雨，木质层腐烂、蛀蚀、变形损坏，屋面高低不平，排水设施严重锈蚀、断裂，残缺不全，其中，平屋面保温层、隔热层严重损坏，卷材防水层普遍老化、断裂、翘边和封口脱开，沥青流淌，刚性防水层严重开裂、起壳、脱落，块体防水层严重松动、腐蚀、破损；平瓦屋面瓦片零乱不落槽，严重破碎、风化，瓦出现破损，脱落，脊瓦严重松动破损；青瓦屋面瓦片零乱、风化、碎瓦多，瓦垄不直，脱脚，节筒俯瓦严重脱落残缺，灰梗脱落，屋脊严重损坏；铁皮屋面严重锈烂，变形下垂；石灰炉渣、青灰屋面大部分冻鼓、裂缝、脱壳、剥落，油毡屋面严重老化，大部分损坏：楼地面整体面层严重起砂、剥落、裂缝、沉陷、空鼓；木楼地面有严重磨损、蛀蚀、翘裂、松动、稀缝、变形下沉、颤动，砖、混凝土块料面层严重脱落、下沉、高低不平、破碎、残缺不全，灰土地面严重坑洼不平。

(2) 装修部分 门窗木质腐朽，开关普遍不灵，榫头松动、翘裂，钢门窗严重变形锈蚀，玻璃、五金、纱窗残缺，油漆剥落见底；外抹灰严重空鼓、裂缝、剥落，墙面渗水，勾缝砂浆严重松酥脱落；内抹灰严重空鼓、裂缝、剥落；顶棚严重变形下垂，木筋弯曲翘裂、腐朽、蛀蚀，面层严重破损，压条脱落，油漆见底；细木装修木质腐朽、蛀蚀、破裂、油漆老化见底。

(3) 设备部分 水卫的上、下水道严重堵塞、锈蚀、漏水，卫生器具零件严重损坏、残缺；电照设备陈旧残缺，电线普遍老化、零乱，照明装置残缺不齐，绝缘不符合安全用电要求，暖气设备、管道锈蚀严重，零件损坏，残缺不齐，跑、冒、滴现象严重，基本上已无法使用；特种设备严重损坏，已无法使用。

(二) 房屋完损等级评定办法

1. 钢筋混凝土结构、混合结构房屋完损等级评定办法

钢筋混凝土结构是指承重的主要结构用钢筋混凝土建造的（钢或钢筋混凝土结构参照列入）；混合结构是指承重的主要结构用钢筋混凝土和砖木建造的；砖木结构是指承重的主要结构是用砖木建造的；其他结构是指承重的主要结构是用竹木、砖石、土建造的简易房屋。

(1) 凡符合下列条件之一者可评为完好房。

1) 结构、装修、设备各项完损程度符合完好标准。

2) 在装修、设备部分中有一、二项完损程度符合基本完好的标准，其余符合完好标准。

(2) 凡符合下列条件之一者可评为基本完好房。

1) 结构、装修、设备部分各项完损程度符合基本完好标准。

2) 在装修、设备部分中有一、二项完损程度符合一般损坏的标准，其余符合基本完好以上的标准。

3) 结构部分除基础、承重构件、屋面外，可有一项和装修或设备部分中的一项符合一般损坏标准，其余符合基本完好以上标准。

(3) 凡符合下列条件之一者可评为一般损坏房。

1) 结构、装修、设备部分各项完损程度符合一般损坏的标准。

2) 在装修、设备部分中有一、二项完损程度符合严重损坏标准，其余符合一般损坏以上标准。

3) 结构部分除基础、承重构件、屋面外，可有一项和装修或设备部分中的一项完损程

度符合严重损坏的标准，其余符合一般损坏以上的标准。

（4）凡符合下列条件之一者可评为严重损坏房。

1）结构、装修、设备部分各项完损程度符合严重损坏标准。

2）在结构、装修、设备部分中有少数项目完损程度符合一般损坏标准，其余符合严重损坏的标准。

2. 其他结构房屋完损等级评定方法

（1）结构、装修、设备部分各项完损程度符合完好标准的，可评为完好房。

（2）结构、装修、设备部分各项完好程度符合基本完好标准，或者有少量项目完好程度符合完好标准的，可评为基本完好房。

（3）结构、装修、设备部分各项完损程度符合一般损坏标准，或者有少量项目完损程度符合基本完好标准，可评为一般损坏房。

（4）结构、装修、设备部分各项完损程度符合严重损坏标准，或者有少量项目完损程度符合一般损坏标准的，可评为严重损坏房。

附加说明：对于重要房屋或断面承载能力明显不足的构件，必要时应经过复核或测试才能确定完损程度。

## 第三节　房屋维修及其范围和标准

**一、房屋维修及其意义**

房屋维修是指对房屋进行查勘、设计、维护和更新等修葺活动。

房屋维修的意义是维持和恢复房屋原有质量和功能，以保障住用安全和正常使用；对现有房屋进行改建或改造，以提高其使用功能，适应居住需要；对房屋建设中的设计或施工缺陷，采用返工及补救措施；维护保养房屋，减缓损耗速度，延长房屋使用年限，减少对房屋建设的投资。

**二、房屋维修的方针和原则**

房屋维修工作的方针是实行管养合一，积极开展房屋养护小修综合有偿服务活动；严格控制大片拆建，有计划地进行房屋大、中修与拆、留结合的综合改建；集中力量改造危险棚户房屋，保证用户的住用安全；有步骤地轮流搞好综合维修，以提高房屋的质量、完好程度，恢复、改善设备的使用功能；结合房屋大修与改建、改造，适当进行厨、厕与设备的更新改建；实行专群结合、修防结合、分工负责、综合治理，努力维护好房屋，以尽量提高房屋的使用年限与功能。

房屋维修总的原则是美化城市，造福人民，有利生产，方便生活。具体原则是：①坚持经济、合理、安全、实用的原则；②维护房屋不受损坏的原则；③对不同等级标准的房屋，采取不同修缮标准的原则；④为用户服务的原则。

**三、房屋维修的范围和标准**

1985 年 1 月 1 日原城乡建设环境保护部发布实施了《房屋修缮范围和标准（试行）》。本标准是以当前租金处于较低的一般水平为根据制定的。

凡具备下列条件之一，允许适当提高修缮标准：

（1）当房屋租金处于基本水平以上时。

(2) 当经过修缮后，能合理调增租金时。

(3) 当用户自愿投资时。

凡具备下列条件之一，允许适当降低修缮标准或采取其他措施：

(1) 当房屋租金过低时。

(2) 当房屋坐落偏远、分散、不便管理时。

房屋维修必须贯彻充分利用、经济合理、牢固实用的原则。在资金和其他条件允许时，应尽可能按照城市总体规划的要求，有计划地实现破危房屋的更新改造。

(一) 维修工程分类

按照房屋完损状况，其维修工程分为翻修、大修、中修、小修和综合修理五类。

1. 翻修工程

凡需全部拆除，另行设计，重新建造的工程为翻修工程。

翻修工程应尽量利用旧料，其费用应低于该建筑同类结构的新建造价。翻修后的房屋必须符合完好房屋标准的要求。

翻修工程主要适用于：主体结构严重损坏，丧失正常使用功能，有倒塌危险的房屋；因自然灾害破坏严重，不能再继续使用的房屋；地处陡峭易滑坡地区的房屋或地势低洼长期积水无法排除地区的房屋；无维修价值的房屋和基本建设规划范围内需要拆迁恢复的房屋。

2. 大修工程

凡需牵动或拆除部分主体构件，但不需全部拆除的工程为大修工程。

大修工程一次费用在该建筑物同类结构新建造价的25%以上。大修后的房屋必须符合基本完好或完好标准的要求。大修工程主要适用于严重损坏房屋。

3. 中修工程

凡需牵动或拆换少量主体构件，但保持原房的规模和结构的工程为中修工程。

中修工程一次费用在该建筑物同类结构新建造价的20%以下。中修后的房屋70%以上必须符合基本完好或完好标准的要求。

中修工程主要适用于一般损坏房屋。

4. 小修工程

凡以及时修复小损小坏，保持房屋原来完损等级为目的的日常养护工程为小修工程。小修工程的综合年均费用为所管房屋现时造价的1%以下。

5. 综合维修工程

凡成片多幢（大楼为单幢）大、中、小修一次性应修尽修的工程为综合维修工程。综合维修工程一次费用应在该片（幢）建筑物同类结构新建造价的20%以上。综合维修后的房屋必须符合基本完好或完好标准的要求。

综合维修的竣工面积数量在统计时计入大修工程。

(二) 修缮范围

房屋的修缮，均应按照租赁法的规定或租赁合同的约定办理。但是如下情况需另行处理。

(1) 用户因使用不当、超载或其他过失引起的损坏，应由用户负责赔修。

(2) 用户因特殊需要对房屋或它的装修、设备进行增、搭、拆、扩、改时，必须报经经营管理单位鉴定同意，除有单项协议专门规定者外，其费用由用户自理。

(3) 因擅自在房基附近挖掘而引起的损坏，用户应负责修复。

(4) 市政污水（雨水）管道及处理装置、道路及桥涵、房屋进户水电表之外的管道线路、燃气管道及灶具、城墙、危崖、滑坡、堡坎、人防设施等的修缮，由各专业管理部门负责。

房屋修缮应注意做到：

(1) 与抗震设防相结合。在抗震设防地区，凡房屋进行翻修、大修时，应尽可能按抗震设计规范和抗震鉴定加固标准进行设计、施工；中修工程也要尽可能采取抗震加固构造措施。

(2) 与白蚁防治相结合。在白蚁危害地区，各类维修工程均应贯彻“以防为主，修治结合”的原则，做到看迹象、查蚁情、先防治、后修换。

(3) 与预防火灾相结合。在大、中修时，对砖木结构以下的房屋应尽可能提高其关键部位的防火性能；在住户密集的院落，要尽可能留出适当通道或间距。

(4) 与抗洪防风相结合。对经常受水淹的房屋，要采取根治措施；对经常发生山洪的地区，要采取防患措施；在易受暴、台风袭击的地区，要提高房屋的抗风能力。

(5) 与防范雷击相结合。在易受雷击地区的房屋，要有避雷装置，并定期检查修理。

(6) 在确保居住安全及财力物力可能的条件下，应逐步改善居住条件。

(7) 室内无窗或通风采光面积不足的，如条件允许，可新开或扩大原窗，住人假楼檐高太低的，可适当提高；住人阁楼，如条件允许，可新做气楼或新开窗户。

(8) 无厨房的旧式住宅，如条件允许，大修时可重新合理安排其布局，分设厨房；其他用途的房屋改做住房时，可按居住使用的标准加以改造。

(9) 三代同堂或有子女与父母同居室居住的，可增设隔断；在隔断后，如影响采光通风的，可在适当部位增开窗户或天窗。

(10) 对于无水、电的房屋，应有计划地逐步新装；对原水、电表容量不足的，可分户或增容；在条件允许时，可逐步做到供水到户。

(11) 底层窗及户室门的玻璃窗，可增设铁栅；原庭院无下水道的，如条件允许，可予增设。

(三) 修缮标准

1. 房屋等级

按不同的结构、装修、设备条件，把房屋划分成一等和二等两类。

符合下列条件的为一等房屋：

(1) 结构　包括砖木（含高级纯木）、混合和钢筋混凝土结构，其中，凡承重墙柱不得用空心砖、半砖、乱砖和乱石砌筑者。

(2) 楼地面　楼地面不得有用普通水泥或三合土面层者。

(3) 门窗　正规门窗，有纱门窗或双层窗。

(4) 墙面　中级或中级以上粉饰。

(5) 设备　独厨，有水、电、卫设备，采暖地区有暖气。

凡低于以上所列条件者为二等以下房屋。

2. 修缮项目

《房屋修缮范围和标准（试行）》按主体工程，木门窗及装修工程，楼地面工程，屋面工程，抹灰工程，油漆粉饰工程，水、电、卫、暖等设备工程，金属构件及其他等九个分项工程进行确定。如对一、二等房屋有不同修缮要求时，在有关款项中单独规定之。

（1）主体工程　屋架、柱、梁、檩条、楼楞等在修缮时应查清隐患，损坏变形严重的，应加固、补强或拆换。不合理的旧结构、节点，若影响安全使用的，大修时应整修改做。损坏严重的木构件在修缮时要尽可能用砖石砌体或钢筋混凝土构件代替。对钢筋混凝土构件，如有轻微剥落、破损的，应及时修补。混凝土碳化，产生裂缝、剥落，钢筋锈蚀较严重的，应通过检测计算，鉴定构件承载力，采取加固或替代措施；基础不均匀沉降，影响上部结构的，砌体弓凸、倾斜、开裂、变形，应查清原因，有针对性地予以加固或拆砌。

（2）木门窗及装修工程　木门窗修缮应开关灵活，接缝严密，不松动。木装修工程应牢固、平整、美观，接缝严密。木门窗开关不灵活、松动、脱榫、腐烂损坏的，应修理接换，小五金应修换配齐。大修时，内外玻璃应一次配齐，油灰嵌牢。木门窗损坏严重、无法修复的，应更换；一等房屋更换的门窗应尽量与原门窗一致。材料有困难的，可用钢门窗或其他较好材料的门窗替代。纱门窗、百叶门窗属一般损坏的，均应修复。属严重损坏的，一等房屋及幼儿园、托儿所、医院等特殊用房可更换；二等以下房屋可拆除。原没有的，一律不新装。木楼梯损坏的，应修复。楼梯基下部腐烂的，可改做砖砌踏步。扶手栏杆、楼梯基、平台搁栅应保持牢固安全。损坏严重、条件允许的，可改为砖混楼梯。板条墙、薄板墙及其他轻质隔墙损坏的，应修复；损坏严重、条件允许的，可改砌砖墙。木阳台、木晒台一般损坏的，应修复；损坏严重的，可拆除，但应尽量解决晾晒问题。挂镜线、窗帘盒、窗台板、筒子板、壁橱、壁炉等装修，一般损坏的，应原样修复；严重损坏的，一等房屋应原样更新，或在不降低标准、不影响使用的条件下，用其他材料代用更新；二等以下房屋，可改换或拆除。踢脚板局部损坏、残缺、脱落的，应修复；大部损坏的，改做水泥踢脚板。

（3）楼地面工程　普通本地板的损坏占自然间地面面积25%以下的，可修复；损坏超过25%以上或缺乏木材时，可改作水泥地坪或块料地坪。一等房屋及幼儿园、托儿所、医院等特殊用房的木地板、高级硬木地板及其他高级地坪损坏时，应尽量修复；实在无法修复的，可改作相应标准的高级地坪。木楼板损坏、松动、残缺的，应修复；如磨损过薄、影响安全的，可局部拆换；条件允许的，可改做钢筋混凝土楼板。一等房屋的高级硬木楼板或其他材料的高级楼板面层损坏时应尽量修复；实在无法修复的，可改作相应标准的高级楼面。夹砂楼面（指木基层、混凝土或三合土面层的楼面）损坏的，可夹接加固木基层、修补面层，也可改作钢筋混凝土楼面。木楼楞腐烂、扭曲、损坏、刚度不足的，应抽换、增添或采取其他补强措施。普通水泥楼地面起砂、空鼓、开裂的，应修补或重作。一等房屋的水磨石或块料楼地面损坏时，应尽量修复；实在无法修复的，可改作相应标准楼地面。砖地面损坏、破碎、高低不平的，应拆补或重铺。室内潮湿严重的，可增设防潮层或水泥及块料地面。

（4）屋面工程　屋面结构有损坏的，应修复或拆换；不稳固的，应加固。如原结构过于简陋，或流水过长、坡度小、冷摊瓦等造成渗水漏雨严重时，按原样修缮仍不能排除屋漏的，应翻修改建。屋面上的压顶、出线、屋脊、泛水、天窗、天沟、檐沟、斜沟、水落管、水管等损坏渗水的，应修复；损坏严重的，应翻做。大修时，原有水落管、水管要修复配齐，二层以上房屋原无水落管、水管的，条件允许可增做。女儿墙、烟囱等屋面附属构件损坏严重的，在不影响使用和市容条件下，可改修或拆除。钢筋混凝土平屋面渗漏，应找出原因，针对损坏情况采用防水材料嵌补或做防水层；结构损坏的，应加固或重做。玻璃天棚、老虎窗损坏漏水的，应修复；损坏严重的，可翻做，但一般不新做。屋面上原有隔热保湿层损坏的，应修复。

(5) 抹灰工程　外墙抹灰起壳、剥落，应修复；损坏面积过大的，可全部铲除重抹；重抹时，如原抹灰材料太差，可提高用料标准。一等房屋沿主要街道、广场的房屋的外抹灰损坏，应原样修复；复原有困难的，在不降低用料标准、不影响色泽协调的条件下，可用其他材料替代。清水墙损坏，应修补嵌缝；整垛墙风化过多的，可做抹灰。外墙勒脚损坏的，应修复；原无勒脚抹灰的，可新做。内墙抹灰起壳、剥落的，应修复，每面墙损坏超过一半以上的，可铲除重抹。原无踢脚线的，结合内墙面抹灰应加做水泥踢脚线。各种墙裙损坏应根据保护墙身的需要予以修复或抹水泥墙裙。因室内外高差或沟渠等影响，引起墙面长期潮湿，影响居住使用的，可做防水层。天棚抹灰损坏，要注意检查内部结构，确保安全。抹灰层松动，有下坠危险的，必须铲除重抹。原线脚损坏的，按原样修复。损坏严重的复杂线脚全部铲除后，如系一等房屋应原样修复，或适当简略；二等以下房屋，可不修复。

(6) 油漆粉饰工程　木门窗、纱门窗、百叶门窗、封檐板、裙板、木栏杆等油漆起壳、剥落、失去保护作用的，应周期性地进行保养；上述木构件整件或零件拆换，应油漆。钢门窗、铁晒衣架、铁皮水落管、铁皮屋面、钢屋架及支撑、铸铁污水管或其他各类铁构件(铁栅、铁拉杆、铁门等)，其油漆起壳、剥落或铁件锈蚀，应除锈、刷防锈涂料或油漆。钢门窗或各类铁件油漆保养周期一般为3~5年。木楼地板原油漆褪落的，一等房屋应重做；二等以下房屋，可视具体条件处理。室内墙面、天棚修缮时可刷新。其用料，一等房屋可采取新型涂料、胶白等，二等以下房屋，刷石灰水。高级抹灰损坏，应原样修复。高层建筑或沿主要街道、广场的房屋的外墙原油漆损坏的，应补修，其色泽应尽量与原色一致。

(7) 水、电、卫、暖等设备工程　电气线路修理，应遵守供电部门的操作规程。原无分表的，除各地另有规定者外，一般可提供安装劳务，但表及附件应由用户自备；每一房间以一灯一插座为准，平时不予改装。上、下水及卫生设备的损坏、堵塞及零件残缺，应修理配齐或疏通，但人为损坏的，其费用由住户自理。原无卫生设备的，是否新装由各地自定。附属于多层、高层住宅及其群体的压力水箱、污水管道及泵房、水塔、水箱等损坏，除与供水部门有专门协议者外，均应负责修复；原设计有缺陷或不合理的，应改变设计、改道重装。水箱应定期清洗。电梯、暖气、管道、锅炉、通风等设备损坏时，应及时修理；零配件残缺的，应配齐全；长期不用且今后仍无使用价值的，可拆除。

(8) 金属构件　金属构件锈烂损坏的，应修换加固。钢门窗损坏、开关不灵、零件残缺，应修复配齐；损坏严重的，应更换。铁门、铁栅、铁栏杆、铁扶梯，铁晒衣架等锈烂损坏的，应修理或更换；无保留价值的，可拆除。

(9) 其他工程　水泵、电动机、电梯等房屋正在使用的设备，应修理、保养；避雷设施损坏、失效的，应修复；高层房屋附近无避雷设施或超出防护范围的，应新装。原有院墙、院墙大门、院落内道路、沟渠下水道、窨井损坏或堵塞的，应修复或疏通。原无下水系统，院内积水严重，影响居住使用和卫生的，条件允许的，应新做。院落里如有公用厕所，损坏时应修理。暖炕、火墙损坏的，应修理。如需改变位置布局，平时一般不考虑，若房屋大修，可结合处理。

**四、房屋管理与维修的关系**

(一) 房屋管理的内容和基本要求

房屋管理的主要内容是建筑管理、设备管理、租赁管理。其基本要求如下。

（1）建筑管理　维护建筑完好，发挥房屋的正常功能和作用，延长房屋使用寿命。

（2）设备管理　维护设备完好，保证正常使用服务。

（3）租赁管理　定期访问住户、用户，协调关系，保证租金收入，以利维修保养房屋。

（二）房屋管理与养护小修的关系

房屋管理是基础，养护小修是为管理服务的。房屋内部的结构、装修、设备的局部损坏，直接影响住户生活或使用，如有损坏，应及时进行养护小修。房屋管理工作的好坏，决定于房屋建筑、设备是否完好，租金能否保证收入，养护小修是否及时，住户、用户对便民小修是否满意。

（三）大修、中修与养护小修的关系

房屋的大修、中修与养护小修是互相促进的关系，其目的和意义相同，只是其修理的方法和大小规模不同而已。

养护小修是基础，它专为房屋内部的结构、装修、设备等项目局部零星损坏小修小补服务。要求服务及时，保证住户、用户正常使用。房屋大修是对房屋的全项目或多项目损坏综合性修理，在可能的条件下，可适当改善居住条件。要求全面整修完好，保证大修理周期。房屋中修是养护小修与大修的中间衔接性维修方式，是养护小修力量的补充，专为单项或少项目损坏而养护小修力量又难能完成的中小型工程服务的。其服务点多面广，要求快进快出，工期短。

从质量上讲，保证维修质量是养护小修及中修大修的共同重要的基本要求，是考核社会效益和经济效益的共同标尺。养护小修服务及时，质量好，既可以方便住户和用户，又可以减少中修任务；有计划的中修，质量好，可以延长大修的周期，甚至可以替代大修，建立二级维修体制；大修、中修的质量好，可以减轻养护小修的压力。因此，三者的质量关系是互相影响的。它们都直接关系到维修的社会效益和经济效益。

**五、维修方式与经济效益的关系**

房屋各部件由于使用各种不同的建筑材料，其性能和强度各异，损坏必然有先有后，是不均衡的。

维修方式，如能适应房屋各部件先后损坏的规律，其经济效益则为最大。

根据房屋各部件的损坏有先有后，而有一些项目又有其相近时间损坏的规律性，维修方式不宜是一种，采用两种或三种维修方式经济效益较好。

根据上海地区房屋维修的经验，由于统管房屋的数量大，同类型、同时间建造的房屋比较集中，采用大修、中修、小修三种方式较好。把及时养护小修和有计划的少项目或单项目的中修与周期性全项目或多项目损坏大修结合起来，形成三级维修体制。房屋大修任务由市、区修建公司承担，中修、小修则由各区街道房管部门负责组织专职施工队伍进行。

## 第四节　房屋维修技术管理

为了加强房屋经营管理单位的维修技术管理，合理使用维修资金，延长房屋及其设备的使用年限，实现房屋的正常使用，确保住用安全，原城乡建设环境保护部 1985 年 1 月 1 日发布试行了《房屋修缮技术管理规定（试行）》。

房屋维修技术管理的主要任务是：

（1）监督房屋的合理使用，防止房屋结构、设备公有部分的过早损耗和损坏，维护房屋和设备的完整，提高完好率。

（2）对房屋查勘鉴定后，根据《房屋修缮范围和标准（试行）》的规定，进行修缮设计或制订修缮方案，确定修缮项目。

（3）建立房屋技术档案，掌握房屋完损状况。

（4）贯彻技术责任制，明确技术职责。

**一、查勘鉴定**

房屋查勘鉴定是经营管理单位掌握所管房屋的完损状况的基础工作，是拟定房屋修缮设计或修缮方案、编制修缮计划的依据。各类房屋的查勘鉴定均按《房屋完损等级评定标准》的规定执行。

（一）房屋查勘鉴定分类

（1）定期查勘鉴定　即每隔1～3年对所管房屋进行一次逐幢普查，全面掌握完损状况。

（2）季节性查勘鉴定　即根据当地气候特征（雨季、台汛、大雪、山洪等）着重对危险房、严重损坏房进行检查，及时抢险解危。

（3）工程查勘鉴定　即对需修项目，提出具体意见，确定单位工程修缮方案。

（二）查勘鉴定的责任落实

（1）房屋查勘鉴定的负责人，必须是取得职称的或专业的技术人员。

（2）定期或季节性查勘鉴定，均由基层房屋经营管理单位组织实施，上级管理部门抽查或复查。

（3）凡需进行工程查勘鉴定，应由经营管理人员填写报告表，若因未填报而发生事故的，经营管理人员要承担责任。

（4）查勘鉴定负责人，若因工作失职而造成事故的，要承担责任。

（三）必须先作技术鉴定的几种情况

（1）需改变房屋使用功能时。

（2）房屋可能发生局部或整体坍塌时。

（3）房屋需改建、扩建或加层时。

（4）毗邻房屋出现破损，产权双方对破损原因有异议时。在房屋查勘鉴定后，按照完损情况，分轻重缓急，有计划地进行房屋维护或修缮。

**二、房屋维护**

各类房屋均应按设计功能使用，用户应遵守有关使用规定。经营管理单位应对所管房屋的使用状况，进行监督，并加强日常维护。

**三、修缮设计或修缮方案**

工程查勘必须按照《房屋修缮范围和标准（试行）》进行修缮设计或制订修缮方案，并应充分听取用户意见，使修缮设计或修缮方案尽趋合理、可行。

根据修缮工程的特点，房屋经营管理单位可组织一定的技术力量，承担制定修缮方案（含部件更换设计）的任务，但较大的翻修工程的设计，必须由经审查批准领有设计证书的单位承担。

修缮方案应包括：

（1）房屋平面示意图（含部件更换设计），并要注明坐落及与周围建筑物的关系。

(2) 应修项目（含改善要求）、数量、主要用料及旧料利用要求。

(3) 工程预（概）算。

修缮设计的要求按有关规定办理。

凡翻修工程的设计必须具备以下资料：

(1) 批准的计划文件。

(2) 技术鉴定书。

(3) 城市规划部门批准的红线（定点）图。

(4) 修建标准及使用功能要求。

(5) 城市水、暖、气、电的管线等资料。

**四、工程监督**

(1) 经营管理单位和修缮施工单位要签订承发包合同，鼓励实行招标、投标制。

(2) 工程开工前，经营管理单位必须邀集有关单位或人员，向修缮施工单位进行技术交底，作出交底记录或纪要。

(3) 经技术交底后，经营管理单位应指派专人（甲方代表）与修缮施工单位建立固定联系，监督修缮设计或修缮方案的实施。

(4) 若修缮设计或修缮方案与现场实际有出入，或因施工技术条件、材料规格、质量等不能满足要求时，修缮施工单位应及早提出，经制订修缮方案或进行修缮设计的单位同意签证并发给变更通知书以后，方可变更施工。

(5) 从修缮工程特点出发，凡不改变原修缮设计或修缮方案（结构不降低）和不提高使用功能及用料标准的条件下，在征得甲方代表同意签证后，可酌情增减变更项目，其允许幅度为：大中修和综合维修工程在预（概）算造价10%以内；翻修工程在预（概）算造价5%以内。

(6) 修缮工程的质量检验与评定按《房屋修缮工程质量检验评定标准》执行。

(7) 隐蔽工程的质量检验应遵守如下规定：

1) 修缮施工单位在工程隐蔽前要通知经营管理单位验证。否则，不得掩埋。

2) 修缮施工单位若不通知并未经经营管理单位验签而自行掩埋隐蔽工程造成损失时，修缮施工单位应负直接责任。

3) 经营管理单位在接到修缮管理单位通知后，不按规定期限验签而造成损失时，经营管理单位应负直接责任。

4) 发生修缮工程质量事故，甲方代表应向本单位技术负责人及时报告，并联系有关部门，配合修缮施工单位认真查处。

**五、工程验收**

参见本章第六节。

**六、技术档案**

房屋的技术档案除包括新建期间所形成的及工程验收的一般依据所提出的技术资料外，凡属中修及其以上的工程，一般还应提供：

(1) 工程质量等级检查评定和事故处理资料。

(2) 工程决算资料。

(3) 竣工验收签证资料。

(4) 旧房淘汰或改建前的照(底)片。

经营管理单位均应配备人员，建立和健全技术管理档案管理制度。

**七、技术责任制**

经营管理单位应建立技术责任制，逐步实现各级技术岗位都有技术负责人，使他们有职、有权、有责，形成有效的技术决策体系。

大城市的经营管理单位均应设置总工程师、主任工程师、技术所(站)长和地段技术负责人等技术岗位；中小城市的技术责任岗位层次，可适当减少，但必须实现技术工作的统一领导和分级管理。

各级技术岗位负责人分别接受上级技术负责人的领导，全面管理本级范围内的技术工作。

经营管理单位的各级修缮技术岗位的职责规定如下。

(一) 总工程师

组织贯彻执行国家有关技术政策和上级颁发的技术标准、规范、规程、规定及各项技术管理制度；领导编制房屋修缮的科技发展规划、年度科研计划；领导科技情报工作，组织审定技术革新、技术改造的建议或成果；审批下级呈报的技术文件、报告；重点修缮项目设计方案的选定、会审和技术核定；组织拟定各项技术管理规定和制度；主持修缮技术会议，解决重大技术问题，处理重大质量安全事故；领导技术培训，并对所属技术人员的工作安排、培养、晋级、奖惩等方面参与意见。

(二) 主任工程师

组织技术人员学习和贯彻上级颁发的各项技术标准、规范、规程、规定和各项技术管建制度；领导编制房屋修缮的年度科研、革新计划的实施方案，并组织贯彻执行；领导房屋查勘鉴定；审定修缮方案；主持修缮技术会议，解决较大的技术问题，处理较大的安全事故；领导编制提高房屋完好率的各项技术措施；审定年度修缮项目，从技术上保证修缮资金的节约和合理使用；组织技术培训。

(三) 技术所(站)长

组织本所(站)房屋、设备的查勘鉴定，划分房屋完损等级，按照《房屋修缮范围和标准(试行)》的规定，提出分类修缮意见；拟定大中修方案和负责修缮工程的变更签证；组织抢险解危，保证住用安全；组织修缮方案的技术交底和工程验收；处理一般质量安全事故和技术问题。

(四) 地段技术负责人

参加房屋查勘鉴定；指导小修工人进行房屋的日常养护；申报房屋修缮项目计划；参加房屋工程验收；掌握房屋险情，实施抢险解危；负责经常性的质量安全教育和检查工作。

## 第五节　房屋维修周期、维修规划及维修工程施工

**一、房屋的维修周期**

根据房屋完损状况查勘记录和历年维修记录的统计分析，了解各项目损坏的规律，确定一般项目的维修周期和全项目或多项目损坏的最佳综合性大修周期。

全项目或多项目的综合大修周期，可根据房屋的承重结构，如墙体、梁、柱、构架等损

坏情况和外露部位项目，如屋面、外墙粉刷、外门窗等项目的损坏情况确定，以上项目有2~3项有较普遍损坏，可确定为全项目或多项目综合性大修理工程。

（一）一般项目的损坏维修周期

（1）瓦屋面及外墙粉刷损坏决定于屋脊、泛水和外粉刷砂浆的强度和耐水性。目前一般使用水泥砂浆，可保持在15年左右。

（2）平屋面的损坏决定于防水层的材料和施工质量以及水泥砂浆的强度，按目前沥青油毡的防水层，可保持5~8年。

（3）坡屋面和平屋面的计划养护或中修可以3年一次。

（4）外门窗计划检修及油漆保养周期，可以5~6年一次。

（5）外墙粉刷计划检修周期，可以5年左右一次。

（6）水电设备计划检修周期，可以6~8年一次。

（7）室内一般项目的计划养护、检修周期，可以6~8年一次。

（二）各类结构房屋的维修周期

砖木结构房屋：12~15年。

砖混结构房屋：15~20年。

钢筋混凝土结构房屋：20~25年。

**二、房屋维修规划**

（一）制定房屋完好程度的评分标准

评定房屋完好程度、计算完好率是制订维修规划的基础。评定房屋完好程度以百分制表示。全部完好的房屋为100分，完好率为100%。

各类房屋完好基本分的制订，是以各种建筑结构按照居住房屋归纳为5大类和10种结构类型为依据，而每种结构类型房屋又分成9至10个分部，其中主要分部又分成几个建筑项目，各项目按其重要性分别定出完好的基本分，见表1-1。

**表1-1 各类房屋各项目基本分**

| 序号 | 分部 | 类型／项目 | 公寓大楼 | | | 新里住宅 | 旧里 | | 新工房 | 简屋 | | |
|---|---|---|---|---|---|---|---|---|---|---|---|---|
| | | | 钢筋混凝土（有物种设备） | 钢筋混凝土 | 混合瓦屋面 | 砖木 | 砖木 | 部分帖架 | 帖架 | 混合 | 砖木 | 竹木 |
| 1 | 结构 | 屋架 | | | 5 | 5 | 5 | 15 | | | 5 | |
| 2 | | 檩条、搁栅、柱 | | | 5 | 5 | 7 | | 22 | | 7 | |
| 3 | | 承重砖墙 | | 10 | 10 | 10 | 10 | 7 | | 10 | 10 | 23 |
| 4 | | 钢筋混凝土框架构件 | 10 | 10 | | | | | | 10 | | |
| 5 | 屋面 | 平屋面 | 15 | 15 | | | | | | 15 | | |
| 6 | | 瓦屋面 | | | 10 | 10 | 10 | 10 | 10 | | 10 | |
| 7 | | 各种屋脊 | | | 4 | 4 | 5 | 5 | 5 | | 5 | 20 |
| 8 | | 各类出线 | 5 | 5 | 3 | 3 | 3 | 3 | 3 | 5 | 33 | |
| 9 | | 各种天、斜沟 | | | 3 | 3 | 3 | 3 | 3 | | 33 | |

（续）

| 序号 | 分部 | 项目 \ 类型 | 公寓大楼 | | | 新里住宅 | 旧里 | | 新工房 | 简屋 | | |
|---|---|---|---|---|---|---|---|---|---|---|---|---|
| | | | 钢筋混凝土（有物种设备） | 钢筋混凝土 | 混合瓦屋面 | 砖木 | 砖木 | 部分帖架 | 帖架 | 混合 | 砖木 | 竹木 |
| 10 | 外粉刷 | 各种外粉刷 | 15 | 10 | 10 | 10 | 10 | 10 | 10 | 10 | 10 | 15 |
| 11 | | 各类线脚 | 5 | 5 | 5 | 5 | 5 | 5 | 5 | 5 | 5 | |
| 12 | 门窗 | 钢木门窗 | 10 | 10 | 10 | 10 | 10 | 10 | 10 | 10 | 10 | 10 |
| 13 | | 油漆 | 7 | 5 | 5 | 5 | 5 | 5 | 5 | 7 | 5 | 5 |
| 14 | 楼地面 | 各类楼地面 | 4 | 5 | 5 | 5 | 5 | 5 | 5 | 5 | 5 | 10 |
| 15 | 内粉刷 | 内粉刷 | 5 | 5 | 5 | 5 | 5 | 5 | 5 | 5 | 5 | |
| 16 | 水、电、卫 | 各种照明 | 2 | 3 | 3 | 3 | 3 | 3 | 3 | 3 | 3 | 3 |
| 17 | | 卫生设备 | 5 | 3 | 3 | 3 | | | | 3 | | |
| 18 | | 给排水 | 2 | 3 | 3 | 3 | 3 | 3 | 3 | 3 | 3 | 3 |
| 19 | 落水 | 各种水落、水管 | 3 | 5 | 5 | 5 | 5 | 5 | 5 | 3 | 5 | 5 |
| 20 | 沟路 | 路面、明沟 | 2 | 3 | 3 | 3 | 3 | 3 | 3 | 3 | 3 | 3 |
| 21 | | 下水道 | 2 | 3 | 3 | 3 | 3 | 3 | 3 | 3 | 3 | 3 |
| 22 | 特种设备 | 消防、锅炉等 | 8 | | | | | | | | | |
| 23 | | 总计分数 | 100 | 100 | 100 | 100 | 100 | 100 | 100 | 100 | 100 | 100 |

（二）评分和计算房屋完好率的方法

先按房屋结构查定所属类型，再按该类型所分项目逐个按其完好程度，参照评分标准（见表1-2），评出该项目的得分，各项目的得分之和即为该房屋的完好得分，即完好率。房屋完好程度的评分是以一个独立建筑为一个评分单位。如公寓大楼是以一幢大楼为一个评分单位；独立式住宅或连接式住宅各为一个评分单位；里弄式房屋是以一排为一个评分单位；新工房住宅是以独立幢为一个评分单位；一幢为二单元或三单元组成的都作为一个评分单位。在实地评分时，对每一评分单位的房屋结构、屋面、外部建筑项目，包括外粉刷、上下管道等都应全面查看；内部建筑项目在平行连接四间以下为一个评分单位时，可从上到下抽查一间；平行连接四间以上的，每四间应抽查一间；如一个评分单位中成排房屋的完损程度相差较大时，则应多查看1~2间。

里弄式房屋，每个产业按评分单位评分后可计算产业完好率。整个里弄产业完好率等于各评分单位的完好率乘以建筑面积之和，再除以整个里弄产业全部面积之和。计算公式为：

$$产业完好率 = (AA' + BB' + CC' + \cdots)/(A' + B' + C' + \cdots)$$

式中 $A$、$B$、$C$——一个评分单位的完好率；

$A'$、$B'$、$C'$——一个评分单位的建筑面积。

（三）评定房屋的完损等级，建立“病历卡”

技术岗位上训练有素的专业技术人员按街坊、产业查勘鉴定后，按照房屋完好程度评定办法和标准，评定出房屋的完好率和完损等级。

房屋的完损等级，按每一个评分单位的完好得分分成下列五等：

**表 1-2　各建筑项目评分标准**

| | | 基本分 | 评分标准 5 分 | 评分标准 4 分 | 评分标准 2 ~ 3 分 | 评分标准 0 ~ 1 分 |
|---|---|---|---|---|---|---|
| 结构 | 屋架 | 5 分 | 完好牢固 | 房屋建造在 50 年以内，各种节点稍有稀缝，无白蚁蛀蚀 | 房屋建造在 50 年以上，各种节点明显稀缝，部分构件发现白蚁蛀蚀，天平大料稍有下沉及大料头子轻微腐烂 | 部分屋架倾斜及大料头子腐烂，天平大料下沉超过大料截面高度 1/2 以上 |
| 结构 | 檩条、搁栅、柱子 | 基本分 | 评分标准 5 分（7 分） | 评分标准 4 分（5 ~ 6 分） | 评分标准 2 ~ 3 分（3 ~ 4 分） | 评分标准 0 ~ 1 分（0 ~ 2 分） |
| 结构 | 檩条、搁栅、柱子 | 5 分（7 分） | 平直完好 | 轻微弯曲，表面腐烂，裂缝程度较轻，不影响构件牢固 | 部分构件腐烂或少量的弯曲变形，经过局部修理加固后，仍可使用 | 构件本身有操作或弯曲变形较大，已超过构件本身截面尺寸 1/2 以上，部分须予调换，部分构件节点有脱榫及腐烂 |
| 结构 | 承重砖墙 | 基本分 | 评分标准 9 ~ 10 分 | 评分标准 7 ~ 8 分 | 评分标准 5 ~ 6 分 | 评分标准 0 ~ 4 分 |
| 结构 | 承重砖墙 | 10 分 | 平直完好 | 局部轻微倾斜及有少量短裂缝出现 | 部分承重墙倾斜，弓凸或有裂缝，但不严重，暂时不需要拆砌，或个别部位少量弓凸较为严重，但可进行支撑加固，不需要拆砌的 | 部分或整垛承重墙倾斜，弓凸、裂缝严重，并有继续发展均势，灰缝砂浆酥松脱落，造成整座砖墙必须进行拆砌的 |
| 结构 | 钢筋混凝土框架构件（包括阳台等） | 基本分 | 评分标准 9 ~ 10 分 | 评分标准 7 ~ 8 分 | 评分标准 5 ~ 6 分 | 评分标准 0 ~ 4 分 |
| 结构 | 钢筋混凝土框架构件（包括阳台等） | 10 分 | 完好牢固 | 个别地方混凝土块剥落，不影响结构牢固 | 少量钢筋混凝土构件由于铁涨，引起混凝土块剥落，经过修补后，仍可承受荷载的 | 钢筋混凝土构件由于铁涨引起较多混凝土块松脱剥落，钢筋锈蚀严重，需立即采取措施 |
| 屋面 | 平屋面（包括晒台） | 基本分 | 评分标准 13 ~ 15 分 | 评分标准 10 ~ 12 分 | 评分标准 7 ~ 9 分 | 评分标准 0 ~ 6 分 |
| 屋面 | 平屋面（包括晒台） | 15 分 | 平整无好 | 防水层基本完好，虽有细裂缝及少量起壳，但不渗水 | 防水层局部松酥起壳，个别地方有渗水，经过修补后可解决 | 防水层大部分酥松、起壳，引起普遍渗水严重，需立即翻修的 |
| 屋面 | 平屋面（包括晒台） | 基本分 | 评分标准 13 ~ 15 分 | 评分标准 10 ~ 12 分 | 评分标准 7 ~ 9 分 | 评分标准 0 ~ 6 分 |
| 屋面 | 平屋面（包括晒台） | 15 分 | 平整完好 | 防水层基本完好，虽有细裂缝及少量起壳，但不渗水 | 防水层局部松酥起壳，个别地方有渗水，经过修补后可解决 | 防水层大部分酥松、起壳，引起普遍渗水严重，需立即翻修的 |
| 屋面 | 瓦屋面 | 基本分 | 评分标准 9 ~ 10 分 | 评分标准 7 ~ 8 分 | 评分标准 5 ~ 6 分 | 评分标准 0 ~ 4 分 |
| 屋面 | 瓦屋面 | 10 分 | 整齐平整、瓦楞直、瓦头匀、无碎瓦垃圾堆积 | 个别地方瓦片有风化及瓦楞有少量不直，无碎瓦垃圾堆积 | 少量瓦片碎裂，有风化现象及瓦楞不直，碎瓦垃圾堆积较少，致有漏水点出现，经过日常养护可以解决的 | 瓦片零乱，瓦头不齐，碎瓦多，垃圾堆积多，瓦缝灰尘多，致漏水严重，需进行翻修的 |

（续）

| | | | | | | |
|---|---|---|---|---|---|---|
| 屋面 | 各种屋脊 | 基本分 | 评分标准4分（5分） | 评分标准3分（4分） | 评分标准2分（2～3分） | 评分标准0～1分 |
| | | 3分（5分） | 屋脊无断裂和断瓦，两旁粉刷完好 | 无断瓦，两旁粉刷少量有裂缝，但不渗水 | 屋脊有断裂，部分松酥，两旁粉刷大部分有起壳，经过日常养护可以解决 | 屋脊松酥脱落，严重风化，漏水普遍，需立即翻修 |
| | 各种出线、泛水、烟囱、台口粉刷 | 基本分 | 评分标准3分（5分） | 评分标准2分（4分） | 评分标准1分（2～3分） | 评分标准0～1分 |
| | | 3分（5分） | 无起壳、裂缝，粉刷完好 | 稍有起壳、裂缝，但不渗水 | 起壳、裂缝较多，有渗水现象，需局部调换解决 | 起壳、裂缝普遍严重，有部分漏水，影响结构，日常养护无法解决 |
| | 天、斜沟 | 基本分 | 评分标准3分 | 评分标准2分 | 评分标准1分 | 评分标准0～1分 |
| | | 3分 | 无锈烂及破损，油漆未老化 | 稍有锈烂及破损，油漆剥落极少，且不渗水 | 部分锈烂及破损，油漆老化，有渗水现象，需局部调换解决 | 普遍锈烂及破损，严重漏水，需翻修解决 |
| 外粉刷 | 外粉刷 | 基本分 | 评分标准9～10分（13～15分） | 评分标准7～8分（10～12分） | 评分标准5～6分（7～9分） | 评分标准0～4分（0～6分） |
| | | 10分（15分） | 无起壳、裂缝，粉刷完好 | 稍有起壳、裂缝，但不渗水 | 起壳、裂缝占10% | 起壳、裂缝、剥落占30%左右 |
| | 各种线脚粉刷，雨篷、阳台、晒台等粉刷 | 基本分 | 评分标准5分 | 评分标准4分 | 评分标准2～3分 | 评分标准0～1分 |
| | | 5分 | 无起壳、裂缝，粉刷完好 | 稍有起壳、裂缝，但不渗水 | 起壳、裂缝占10% | 起壳、裂缝、剥落占30%左右 |
| 钢木门窗（裙板） | 钢木门窗 | 基本分 | 评分标准9～10分 | 评分标准7～8分 | 评分标准5～6分 | 评分标准0～4分 |
| | | 10分 | 门窗开关灵活，五金齐全 | 门窗基本完好，五金基本齐全 | 少量门窗开关失灵及五金残缺 | 门窗腐烂，翘裂变形，开关失灵，五金残缺，损坏占30%左右 |
| | 油漆 | 基本分 | 评分标准5分（7分） | 评分标准4分（5～6分） | 评分标准2～3分（3～4分） | 评分标准0～1分（0～2分） |
| | | 5分（7分） | 门窗油漆完好 | 门窗油漆尚好 | 门窗油漆少量老化 | 门窗油漆大部分剥落 |
| 楼地面 | 各种楼地面 | 基本分 | 评分标准5分（4分） | 评分标准4分（3分） | 评分标准2～3分（2分） | 评分标准0～1分 |
| | | 5分（4分） | 无裂缝、起壳、下沉 | 稍有裂缝、起壳、下沉 | 部分木地板腐烂及夹砂楼面呈有长裂缝，但不渗水，其他楼地面损坏较轻，经过日常养护能解决 | 破损起壳、脱落、残缺较多，楼面下沉影响使用，楼板稀缝普遍严重漏灰 |
| 内部粉刷 | 各种内部粉刷、踢脚线、磁砖等 | 基本分 | 评分标准5分 | 评分标准4分 | 评分标准2～3分 | 评分标准0～1分 |
| | | 5分 | 粉刷完好，磁砖不起壳 | 稍有起壳、裂缝 | 起壳、剥落占30%左右 | 普遍起壳剥落 |

（续）

| | | 基本分 | 评分标准3分（2分） | 评分标准2分（1分） | 评分标准1分 | 评分标准0～1分 |
|---|---|---|---|---|---|---|
| 水电卫 | 各种照明 | 3分（2分） | 电线及零件完好 | 电线及零件个别损坏 | 局部电线稍有老化，少量开关、零件、插座失灵需调换的 | 电线年久普遍老化，临时线路零乱，插座残缺破损，影响安全使用 |
| | 卫生设备 | 基本分 | 评分标准3分（5分） | 评分标准2分（4分） | 评分标准1分（2～3分） | 评分标准0～1分 |
| | | 3分（5分） | 各种设备完好，零件不损坏 | 各种设备完好，零件稍有损坏 | 各种设备稍有损坏，少量零件损坏 | 零件残缺不齐，设备部分损坏，使用不便 |
| | 给排水（水箱） | 基本分 | 评分标准3分（2分） | 评分标准2分 | 评分标准1分 | 评分标准0～1分 |
| | | 3分（2分） | 上、下水管完好，用水正常，水箱流水畅通，放大过水源 | 上、下水管完好，个别地方管子零件稍有损坏，水箱存水量较少 | 局部管道锈烂，流量稍有减少，用水稍有困难 | 大部分管道锈烂，流量少于原来的1/2，脚头松动较多，用水较为困难，给予改善 |
| 落水 | 各种水落、水管 | 基本分 | 评分标准5分（3分） | 评分标准4分（2分） | 评分标准2～3分（1分） | 评分标准0～1分 |
| | | 5分（3分） | 水落、水管无损坏，托钩铁脚完好 | 水落、水管基本上完好，少量托钩、铁脚损坏 | 少量水落、水管损坏及托钩、铁脚损坏，经日常养护可以解决的 | 少量水落、水管严重破损，托钩、铁脚腐烂及松脱，在日常养护无法解决 |
| 沟路 | 路面明沟等 | 基本分 | 评分标准3分（2分） | 评分标准2分 | 评分标准1分 | 评分标准0～1分 |
| | | 3分（2分） | 路面整体完好，明沟流水畅通 | 路面稍有裂缝破损，不起壳，明沟流水畅通 | 少量裂缝起壳，明沟底稍有裂缝，但不影响流水 | 裂缝起壳破损在30%以上，地下有空隙，明沟破损，流水不畅 |
| | 下水道阴井化粪池 | 基本分 | 评分标准3分（2分） | 评分标准2分 | 评分标准1分 | 评分标准0～1分 |
| | | 3分（2分） | 管道畅通无阻，阴井盖圈完好 | 管道畅通无阻，阴井盖圈稍有损坏 | 局部管道偶有阻塞 | 管道损坏严重，经常阻塞，化粪池经常冒溢 |
| 特种设备 | 电梯消防水龙带及暖气设备锅炉各种水泵等 | 基本分 | 评分标准7～8分 | 评分标准5～6分 | 评分标准3～4分 | 评分标准0～2分 |
| | | 8分 | 管道完好，各种设备及零件完整 | 管道完好，设备完好，零件稍有缺损 | 管道尚完好，零件有缺损，经过小修后能使用的 | 管道、零件残缺不全或需经常维修，目前勉强使用或已停止使用 |

（1）81 分至 100 分为完好房屋。

（2）61 分至 80 分为基本完好房屋。

（3）41 分至 60 分为一般损坏房屋。

（4）40 分以下为严重损坏房。

（5）结构得分在 50% 以下为危险房屋。

按产业建立“病历卡”，即“房屋维修记录卡”。其内容包括产业房屋的基础资料，建造年份，上次大修、中修时间，工程造价，工程质量，房屋完损等级和主要项目的损坏情况，居住、使用上存在的突出矛盾，维修工作中存在的突出问题等。

（四）制定房屋维修规划

按照“房屋维修记录卡”上评定的房屋完损等级，按街坊在 1/500 地形图上分别着色标明。

按房管部门的管辖范围，将各街坊的 1/500 地形图着色内容整理入 1/2000 地形图上，作为制定维修计划和维修规划的依据。

以产业为单位，在地形图上按照房屋完损等级初步确定大修、中修对象。

估算大、中修施工需要的工作量，根据资金、材料、劳动力的实际可能，综合平衡，研究确定年度大、中修计划和 2～5 年维修规划，绘制 1/2000 大中修规划图。

每年第四季度，在制订次年度大、中修计划时，对三年或五年规划进行一次调整。

**三、房屋维修工程施工**

房屋维修工程施工按原城乡建设环境保护部 1985 年 1 月 1 日发布试行的《房屋修缮工程施工管理规定（试行）》，1993 年 11 月 1 日发布施行的《民用房屋修缮工程施工规程》（CJJ/T53—1993）及其他国家和地方颁布的有关规范、规程、规定执行。

## 第六节　房屋建筑维修质量及验收

**一、房屋修缮工程质量检验评定标准**

维修后的房屋建筑必须按照原城乡建设环境保护部 1985 年 1 月 1 日发布试行的《房屋修缮工程质量检验评定标准（试行）》进行质量检验评定。

《房屋修缮工程质量检验评定标准（试行）》共分三篇。第一篇是土建部分，包括屋面工程，主体工程，楼地面工程，装饰工程，门窗及装修工程，基础、土方及垫层和路面、下水道工程。第二篇是电气部分，仅包括电气工程。第三篇是暖卫部分，包括管道安装工程，卫生、散热器具、锅炉及附属设备安装工程，室外供热管网安装及防腐、保温、防露工程。房屋修缮工程质量的检验和评定按“分项”、“分部”、“单位”工程三级进行。

分项工程按修缮工程的主要项目划分。分部工程按修缮房屋的主要部分划分。单位工程：大楼以一幢为一个单位；其他房屋可根据具体情况，按单幢或多幢（院落或门牌号）为一个单位。该标准的工程质量分为“合格”和“优良”两个等级，评定时按下列规定执行。

（一）分项工程的质量评定

合格：主要项目（即标准采用“必须”、“不得”用词的条文），均应全部符合标准的规定，一般项目（即标准中采用“应”、“不应”用词的条文），均应基本符合标准的规定，对有“质量要求和允许偏差”的项目，其抽查点数中，有60%及以上达到要求的，该分项质量应评为合格。

优良：在合格的基础上，对有“质量要求和允许偏差”的项目，其抽查点数中，有80%及以上达到要求的，该分项质量评为优良。

各分项工程如不符合本质量标准规定，经返工重做，可重新评定其质量等级，但加固补强后的工程，一律不得评为优良。

（二）分部工程的质量评定

各分项工程均达到合格要求的，该分部工程评为合格；在合格的基础上，有50%及以上分项质量评为优良的，该分部工程评为优良。

（三）单位工程的质量评定

各分部均达到合格要求的，该单位工程评为合格；在合格的基础上，有50%及以上分部质量评为优良的（屋面、主体分部工程必须达到优良），该单位工程评为优良。

由于房屋维修工程的对象是已建成的房屋建筑，维修的内容既包括对已发生病害的全面整治，又包括局部更新、改善以及对可能发生病害的预防。因此，与一般新建工程相比，房屋修缮工程质量检验评定办法具有以下两个特点。

（1）规定了整治病害的检验标准。房屋修缮工程质量检验评定办法除规定了各维修项目应达到的标准外，还规定了对整治病害的质量检验标准。竣工交付验收的维修工程，除应对各个维修项目的质量进行检验外，还应对整体工程的病害整治质量进行检验，并必须在病害整治达到了规定要求的前提下，方可进行整体工程的质量检验评定。经过维修的房屋建筑，一般不应留下结构危险、屋面严重漏雨以及容易引起触电、着火等影响使用安全的病害缺陷。如在验收时发现这类病害缺陷，无论属于应修、未修，还是设计和预算漏项，都应进行补修，并在补修完成后另行验收。这在质量检验上体现了整治主要病害是维修工作的重点。

（2）规定了维修的标准。标准要求：新旧连接牢固、平整、无显著差别，更换构件的尺寸应与原构件相符；对标准较高的房屋装修，应维修如新等。这在质量标准上保证了维修工作的整体性。

**二、房屋维修工程的竣工验收**

（一）房屋维修工程竣工验收的目的

房屋维修工程的竣工验收是全部工作过程的最后一个程序，而且是一个必不可少的重要程序。它是工程建设投资成果转入生产或使用的标志，是全面考核、检验设计和工程质量的重要环节。因此，竣工验收对促进工程项目的及时投入使用，发挥其经济效益，总结建设经验，都具有重要的作用。

（二）维修工程竣工验收的一般依据

（1）项目批准文件。

（2）工程维修合同。

（3）维修设计图样或维修方案说明。

（4）工程变更通知书。

（5）技术交底记录或纪要。

（6）隐蔽工程验签记录。

（7）材料、构件检验及设备调试等资料。

（三）维修工程竣工验收的标准

（1）符合维修设计或维修方案的要求，满足合同的规定。

（2）符合《房屋修缮工程质量检验评定标准（试行）》的规定。凡不符合的，应进行返修直到符合规定的标准。

（3）技术资料和原始记录齐全、完整、准确。

（4）窗明、地净、路通、场地清，具备使用条件。

（5）水、暖、卫、气、电、电梯等设备调试运行正常，烟道、通风道、沟管等畅通无阻。

（四）竣工验收的组织

房屋修缮施工单位在工程正式交验前，均应预检。对整个工程项目、设备试运转情况及有关技术资料全面进行检查。凡存在问题的，应做好记录，定期解决，然后才能邀请发包、设计单位正式验收。

房屋经营管理在接到房屋修缮施工单位的工程验收通知后，应及时组织有关单位人员进行工程验收。工程检验合格，应评定质量等级，并由经营管理单位签证；凡不符合质量标准的，应由修缮施工单位及时返修，返修合格后，方可签证。最后办理双方交接手续。

**三、施工单位和使用单位维修质量责任范围**

（一）施工单位的责任

（1）施工单位在办理工程交工时，应向使用单位提交《建筑工程保修书》和《建筑工程质量修理通知书》，并建立保修业务档案。

（2）施工单位自接到使用单位填写的《建筑工程质量修理通知书》通知之日起，最迟10日内必须到达现场与使用单位共同确定返修内容，并尽快进行修理。施工单位未按期到达，使用单位可再次通知。施工单位非因特殊原因，经使用单位两次通知而不能按期到达时，使用单位在不提高工程标准的前提下，有权自行返修。返修所发生的全部费用，由原施工单位承担，并不得提出异议。施工单位因机构转移等特殊情况不能按期到达现场时，应及时通知使用单位。使用单位在征得施工单位同意后，在不提高工程标准的前提下，可另行委托其他单位修理，其全部修理费用由原施工单位承担。

（3）在使用单位和施工单位商定修理时间后，施工单位应按商定的期限消除质量缺陷。如施工单位未按商定的期限消除质量缺陷时，施工单位应向使用单位交纳违约金。其数额按当地城乡建设主管部门规定执行。

（二）使用单位的责任

（1）建筑工程在保修期内，发生保修范围内的质量问题时，使用单位应填写《建筑工程质量修理通知书》通知施工单位。施工单位在进行修理时，使用单位应给予配合。

（2）使用单位按规定自行返修或委托其他单位修理，将工程质量问题处理完毕后，应列出返修的项目、工程量和费用清单，交原施工单位，作为结算的依据。

（三）分清责任

使用单位在填写工程质量通知书和按规定单方确定返修责任时，应认真查对设计图和竣工资料，并依据以下各点分清责任：

（1）凡因施工单位未按规范、规程、标准和设计要求施工，造成质量问题，由施工单位负责。

(2) 凡属设计责任造成的质量问题，由施工单位负责修理。但其返修费用通过使用单位向设计单位索赔，索赔的限额不超过该工程所收的设计费，不足部分由使用单位承担。

(3) 凡因原材料和构件、配件质量不合格引起的质量问题，属于施工单位采购的，或由使用单位采购而施工单位不进行检验而用于工程的，施工单位负责保修，属于使用单位采购，施工单位提出异议而使用单位坚持使用的，施工单位不承担经济责任。

(4) 凡有出厂合格证的设备、电气本身的质量问题，施工单位不承担修理责任。必须修理时，由使用单位另行提出委托。

(5) 凡因使用单位使用不善造成的质量问题，由使用单位自行负责。

(6) 凡因地震、洪水、台风、地区气候环境条件等自然灾害及客观原因造成的事故，施工单位不负担修理费用。

在规定的保修期内，不属于施工单位的责任造成的质量问题，当使用单位要求原施工单位修理时，原施工单位应本着对用户负责的精神，尽力协助处理，但返修费全部由使用单位承担。

## 思　考　题

1. 房屋接管验收具备的条件是什么？
2. 房屋接管验收应检索提交的资料有哪些？
3. 房屋接管验收的程序如何规定？
4. 建筑工程的保修期怎样规定？
5. 房屋完损等级有哪些？标准各是什么？
6. 什么是房屋维修？其意义、范围和标准各是什么？
7. 房屋维修技术管理的主要任务和内容是什么？
8. 房屋的维修周期是多少？
9. 如何制订房屋维修规划？
10. 房屋建筑的维修质量分几个等级？如何评定？
11. 维修工程竣工验收的一般依据和标准是什么？
12. 施工单位和使用单位维修质量责任范围是什么？

# 第二章 地基基础工程维修

在房屋的设计与施工过程中，地基基础是很复杂、很重要的部分。因为要保证房屋的安全与正常使用，就必须保证房屋的地基基础有足够的强度和稳定性。实践表明，建筑物事故的发生，很多与地基基础问题有关，由于地基基础属于地下隐蔽工程，产生病害、缺陷，往往不易被及时发现，日常养护预防工作，也往往容易被忽视。房屋建筑的地基基础常出现的通病有：产生过量的沉降和不均匀沉降等一些有害变形，引起上部结构出现一些不良现象，如裂缝、倾斜，结构的整体刚度、强度变差，以致于影响房屋建筑的正常使用，严重者，造成房屋倒塌或倾覆。这些不良现象常发生在一些特殊地基土地区，如软土、膨胀土、湿陷性黄土、季节性冻胀土等地区。

## 第一节 病害原因及其对上部结构的不良影响

使建筑物地基基础出现病害的原因很多，它们对上部结构造成的不良影响，也各有不同，为正确预防和整治病害，就要正确查明地基基础发生病害的部位和原因，从而采取行之有效的预防和整治措施。

### 一、病害及原因

导致地基基础出现病害的主要原因，归纳起来有以下几方面：

（一）地基不良

房屋建筑地基土为一些软土、膨胀土、湿陷性黄土、季节性冻胀土或为局部软硬不均匀土时，如处理不当或考虑欠周，房屋建筑建造后，往往会出现一些病害。

例如某办公楼，平面呈一字形，两层楼房，内外墙均为条形基础，地基持力层为近代冲积粘性土层。1980 年 6 月投入使用，使用约一年，西侧二楼墙面上发现裂缝。随后，裂缝数量不断增多，裂缝宽度不断变宽并延伸，且地面多处裂开。1984 年全楼共计大裂缝多达 33 条，缝宽 10～30mm，最长裂缝长度超过 2.8m。经查明，造成裂缝产生的原因是勘察失误，地基中存在软弱有机土和泥炭层，勘探人员未勘察和描述，导致病害出现，影响建筑物正常使用。

（二）基础不良

基础是房屋建筑的根基，基础开裂事故比墙体开裂事故更为严重，而且处理更为困难，应引起高度重视。

基础不良主要由以下两方面因素引起。

（1）基础本身砌筑、选材或施工等未按规定要求，使基础的强度及耐久性不够，留下隐患，荷载作用后，便出现破损、开裂等病害。

（2）外界因素对基础的不利影响。如周围地下水中有害成分对基础材料腐蚀，导致强度下降；基础位于软硬突变的地基土壤，在软硬交界处将发生裂缝，严重者，将使整个基础断裂，地基沉降加大；对于浅埋的基础，养护或维修不及时，部分基础因气候变化或动植物活动不断作用，导致基础外暴露而破损等。

（三）基础埋深选择不当

一些寒冷地区，房屋设计时，忽视地基土的冻胀现象。寒冷地区基础埋置最小深度是根据地基土冻胀程度确定的，以免基础遭到冻害现象。即冬胀、夏陷。但有些工程的设计与施工都未考虑或考虑欠周，基础埋置深度太浅，而遭到冻害，造成基础及上部结构开裂。

例如某试验楼为三层砖混结构房屋，建筑面积约 2000m$^2$，位于长春市解放大路。地基持力层为粘土，基础埋置深度为 1.4m，处于冻结深度以内（长春市标准冻结深度为 1.65m）。该房屋虽经使用多年，但由于近年冻害加剧，纵横墙交接处出现了宽度约 10mm 的剪拉裂缝，呈雁列形分布，通贯三层。外纵墙和窗间墙普遍开裂，纵墙下沉与楼板脱开了约 20mm。刚性屋面亦多处开裂，造成严重漏水。房屋结构已严重解体，而且冻裂仍有发展的趋势，因此，必须拆除重建。

（四）地基基础的防水、排水措施不利

（1）地表水或上下管道漏水，渗入地基；房屋四周维护墙、散水坡、挑水沟等破损、断裂，没及时修补，水渗入地基；部分墙根处或贴近墙根处经常积水，渗入地基。这些原因都将软化地基，引起地基湿陷。对于一些湿陷性黄土、膨胀土等，遇水湿陷、膨胀，强度大大下降，从而引起过量的不均匀沉降。

例如烟台某栋五层的职工住宅，1981 年初建成。不到一年，一端地基则发生了不均匀沉降，致使纵墙出现了多道裂缝，地面护坡与基础错动很大，使该住宅楼有可能发生破坏事故。查明地基不均匀沉降的重要原因是：下水管道破裂，排出的生活污水全部流入了素填土地基，使土质变软，承载力大为降低。

（2）地下水位升降会带来不利影响。地下水位上升会使土中含水量增大，土质变软，其强度就会降低，从而引起地基过量变形，基础断裂。而对湿陷性黄土、软弱土地区的影响更明显。另外，出现病害的严重程度还与房屋的形状和整体刚度，以及基础形式、地基土均匀程度等有关。通常地下水位上升较缓慢，往往地基基础产生沉降也比较缓慢均匀，如上部结构整体刚度较好，出现损害不会太严重。

（五）使用不合理

如在已建成的房屋附近或内部，随意堆放重物，增设机械设备，随着改变用途等，会使上部荷载局部增大，地基土在超载作用下，会出现过量的不均匀沉降，引起上部结构开裂，甚至坍落。

（六）相邻基础的影响

相邻两建筑物基础距离过近，地基附加应力将叠加增大，会引起附加沉降。常发生在新建筑物基础深于原有建筑物基础，又不能保证二者之间有足够的净距离（一般不宜小于该相邻基础底面高差的 1 ~ 2 倍），且没有采取适宜措施，将会影响邻近原有建筑物的安全。

例如天津市人民大会堂办公楼为两层楼房，工程建成，使用正常。1984 年 7 月在此楼西侧，新建天津市科学会堂学术楼，该楼为六层大楼。两楼接近，两楼外墙净距离仅 30cm，1984 年底，人民大会堂办公楼西端北墙出现裂缝，裂缝不断延伸并展宽。1986 年，用拳头可以在裂缝最宽处自由进入。开裂事故原因是相邻荷载影响所致。由于两楼紧接，学术楼产生的地基附加应力，扩散至人民大会堂楼西端地基中，引起软弱地基严重下沉。

**二、软土地基的不均匀沉降**

（一）概述

淤泥和淤泥质土是软弱土的主要土类，通称软土。这类土的特性是其大部分是饱和的，含有机质，天然含水量大于液限，孔隙比大于1。当天然孔隙比大于1.5时称为淤泥；天然孔隙比大于1而小于1.5时，则称为淤泥质土。这类土外观常为灰色或深灰色，甚为软弱，抗剪强度很低，压缩性较高，渗透性很小，并且有结构性，广泛分布于我国东南沿海地区和内陆江河湖泊的周围。

由于上述特征，软土地基上的房屋建筑往往是沉降和不均匀沉降较大，沉降速度快，沉降稳定所需时间长。由于过大的沉降会给建筑物带来不利的影响，如造成室内地坪标高低于室外地坪标高，而使雨水倒灌，管道断裂，污水不易排除等。然而对建筑物的最不利影响是不均匀沉降。在软土地基上，即使建筑物上部结构荷载分布均匀，而传到软土地基土上的荷载分布往往变成非直线分布，从而引起不均匀沉降，出现一些病害现象。

（二）不均匀沉降对上部结构的不良影响

软土地基上的不均匀沉降不仅与地基土的均匀性有关，而且还与房屋的整体刚度有关。房屋的整体刚度越大，地基的不均匀沉降就越小，反之，地基不均匀沉降就越严重。不均匀沉降对上部结构的不良影响常见部位和特征如下。

1. 弯曲变形

砌体承重房屋的长高比过大（长高比大于3:1时），整体刚度就差，地基的不均匀沉降很容易使纵墙因挠曲过度而出现斜裂缝，即弯曲变形。当软土地基比较均匀时，产生正向弯曲变形，纵墙上出现正“八”字斜裂缝，如图2-1所示。当软土地基分布不均匀或上部荷载分布不均匀时，会产生反向弯曲变形，纵墙上出现的是反“八”字斜裂缝。如图2-2所示。

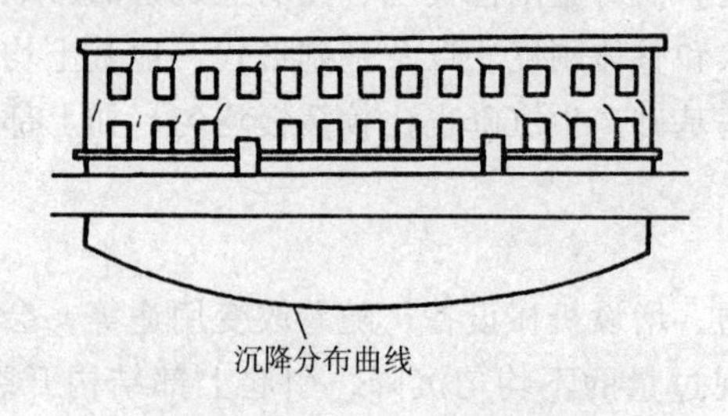


图2-1　纵墙上正“八”字斜裂缝

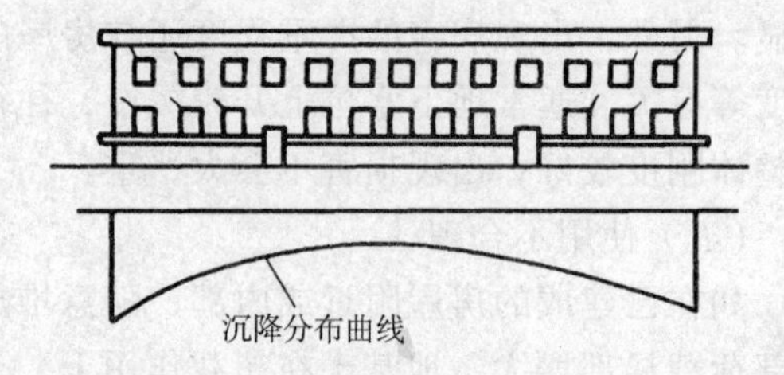


图2-2　纵墙上反“八”字斜裂缝

总之，弯曲斜裂缝典型形态是自下而上，倾斜地指向沉降较大的一方。这种斜裂缝实质是砌体的受拉破坏。

2. 局部倾斜

建筑物高低（或轻重）变化太大，地基各部分所受的荷载轻重不同，也容易出现过量的不均匀沉降。据调查，软土地基上紧接高差超过一层的砌体承重结构，房屋低者靠近高层部分局部倾斜过大使纵墙出现斜裂缝。如图2-3所示。

由于高差过大而产生沉降差，使结构破损现象，在多层楼房门斗上，尤为常见。如图2-4所示，由于主楼的下沉量超过门斗柱基的下沉量，门斗形成局部倾斜。

3. 沉降中心

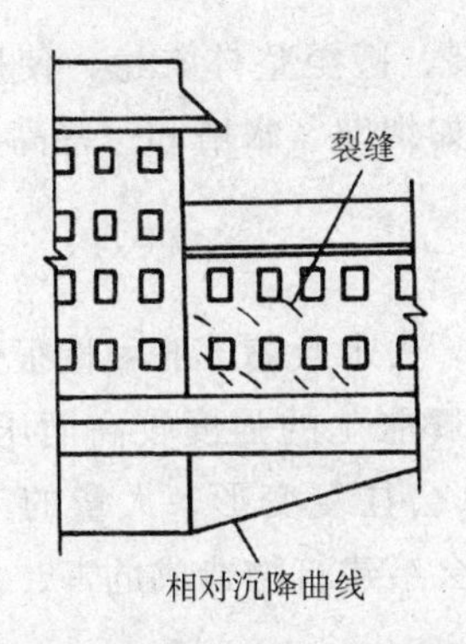


图 2-3 建筑物高差太大而开裂

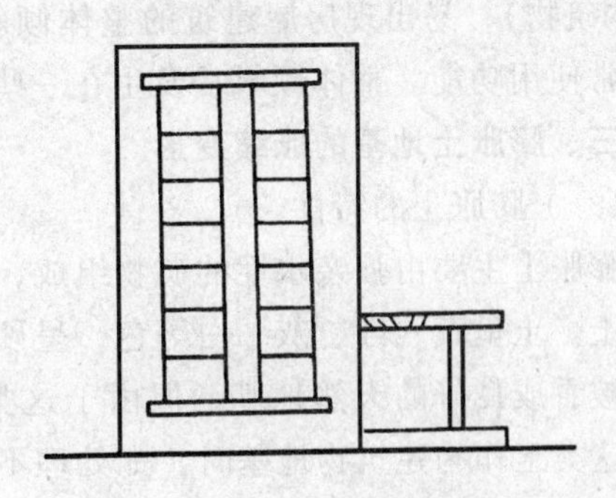

图 2-4 楼房门斗开裂示意图

平面形状复杂（如“L”、“T”、“Ⅱ”、“山”形等）的房屋建筑，纵、横单元交叉处基础密集，地基中由各单元荷载产生的附加应力互相重叠，必然出现比别处大的沉降。加之这类建筑物的整体性差，各部分的刚度不对称，很容易遭受地基不均匀沉降的损害。图 2-5 所示是软土地基上一幢“L”形平面的建筑物开裂的实例。

4. 相邻影响下的附加变形

地基中附加应力的向外扩散，使得相邻近建筑物的沉降互相影响。在软土地基上两建筑物的距离太近时，相邻影响产生不均匀沉降，可能造成建筑物的开裂或互倾。这种相邻影响主要表现为：原有建筑物受邻近新建重型或高层建筑物的影响；同期建造的两相邻建筑物之间，由于施工先后顺序不同也会彼此影响，特别是两建筑物轻（低）、重（高）差别太大时，轻者受重者影响。

图 2-6 所示是一幢二层房屋在新建五层大楼影响下开裂。低层房屋在靠近高层房屋一侧产生附加沉降，使纵墙出现裂缝。

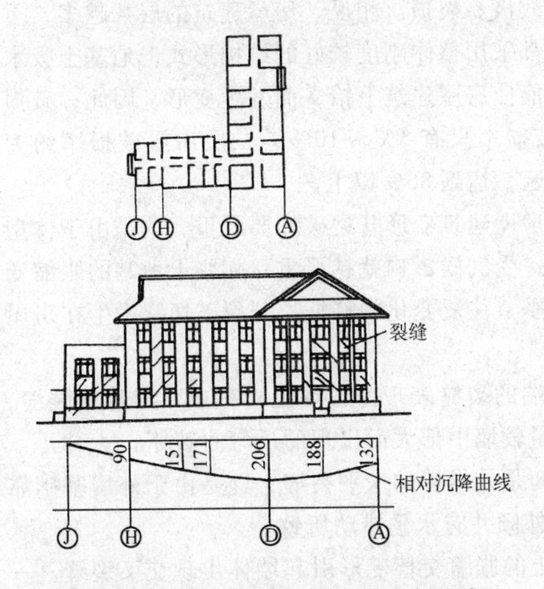


图 2-5 某“L”形建筑物一翼墙身开裂

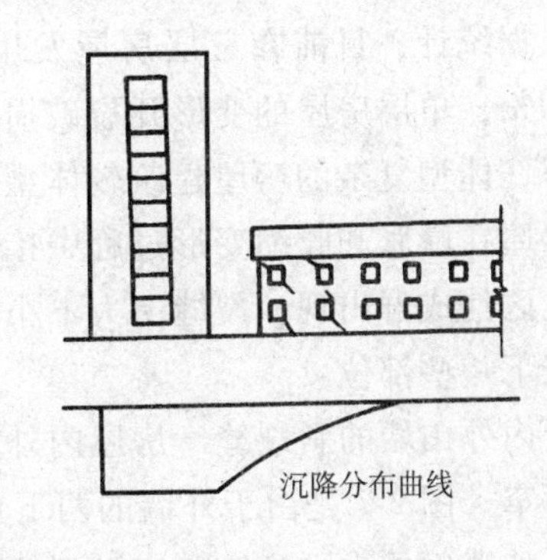


图 2-6 低层房屋相邻高楼影响开裂示意图

5. 整体倾斜

当软土地基分布不均匀或者上部偏心荷载较大时，对于上部结构整体刚度较好的建筑物

（或构筑物），易出现房屋建筑的整体倾斜，引起墙体开裂，甚至整体失稳，使房屋建筑失去正常使用功能。整体倾斜常发生在一些高耸构筑物上，如烟囱、水塔和一些高层建筑中。

## 三、膨胀土地基的胀缩变形

### （一）膨胀土的特性

膨胀土主要由强亲水性的矿物组成，是一种吸水膨胀、失水收缩，胀缩性很强的高塑性粘性土。土呈黄、红、灰、白等色，呈硬塑或坚硬状态。膨胀土的强度较高而压缩性较低，容易被看成良好的天然地基，但由于这类土有胀缩特性，会往复变形，大量的工程实践证明，这类土作为建筑物地基时，如处理不周或防范不够，会给建筑物造成危害，尤其是对轻型建筑、路基等都有破坏作用，并且不易修复。

膨胀土分布范围很广，根据现有资料，我国广西、云南、湖北、河南、安徽、四川、河北、山东、陕西、江苏、广东等地均有不同范围的分布，目前我国已制订了《膨胀土地区建筑技术规范》。

我国各地膨胀土的含水量随季节变化有一个波动幅度。但总的说来，含水量大体在塑限左右变动，所以，膨胀土多呈坚硬或硬塑状态。民间常用“天晴一把刀，下雨一团糟”来形容这种土的物理变化。裂缝发育是膨胀土的一个重要特性，常见的裂缝有竖向、斜交和水平三种。竖向裂隙有时出露地表，裂隙宽度上大下小，并随深度而逐渐减小。

### （二）胀缩变形对上部结构的不利影响

建造在膨胀土地基上的房屋建筑，随季节的变化会反复不断地产生不均匀的沉降，而使房屋破坏。大量的工程实践表明，膨胀土地基上房屋建筑的开裂破坏程度与上部结构类型、层数有关，还与基础的形成以及基础埋置深度有关。发生胀缩变形破坏的房屋建筑多数为一、二层砖木结构房屋，因为这类房屋建筑的重量轻，整体刚度较差，基础埋置深度较浅，地基土易受外界因素的影响而产生胀缩变形，故极易裂损。相反，房屋建筑的层数越多，重量也就越大，要求的基础埋深也越大，一般也都采用整体刚度较好的结构形式，地基土吸水后的膨胀力小于地基土所受的压力，膨胀力不能使房屋建筑上抬，而发生变形，因此，破损率较低。据统计，目前在三层房屋发生开裂破损率只有5%～10%，二层房屋破损率约为25%～30%，单层房屋的变形开裂破损最为普遍，达到85%以上。

另外，体型复杂的房屋建筑较体型简单的房屋建筑变形开裂破坏要严重，这是由于体型复杂的房屋在膨胀和收缩变形过程中接触面大，受气候影响就越严重。膨胀土地基的胀缩变形具有地区性成群出现，裂缝上大下小，并随季节往复变化的特征。开裂破坏常发生在房屋建筑的以下一些部位：

（1）内外山墙的斜裂缝　房屋内外墙面角端的裂缝表现为山墙上对称或不对称斜裂缝，缝上宽下窄。图2-7是由于外墙的两下角下沉量较墙中部大而出现的反弯曲破坏。

（2）外墙面的水平裂缝和交叉裂缝　图2-8是外纵墙的水平裂缝，这是由于外墙基础靠室内和室外两端的胀缩变形不均匀，使外纵墙外倾并有水平错动所致。

图2-9是外墙面的交叉裂缝，是由于地基土的胀缩交替变形引起墙体出现交叉裂缝。一般是在大幅度的上升与大幅度的下降交替胀缩变形情况下出现这种类型的裂缝。

（3）窗台中垂直裂缝　图2-10是由于此部分墙体的膨胀土地基两端下沉或中间上升，不均匀的沉降使墙体弯曲变形所致，裂缝出现在窗台下上宽下窄。

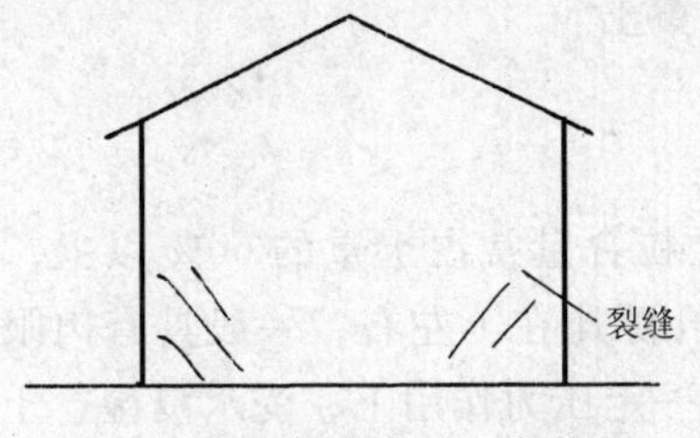


图 2-7　对称倒“八”字裂缝

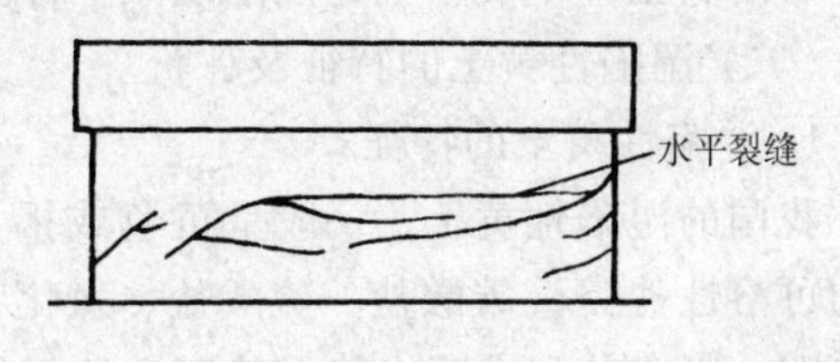


图 2-8　外纵墙水平裂缝

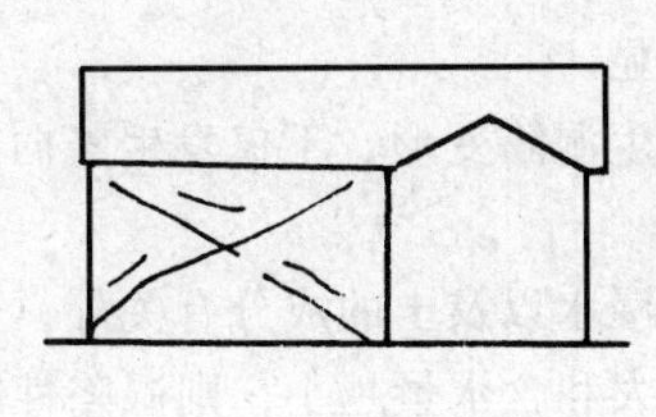

图 2-9　外墙面交叉裂缝

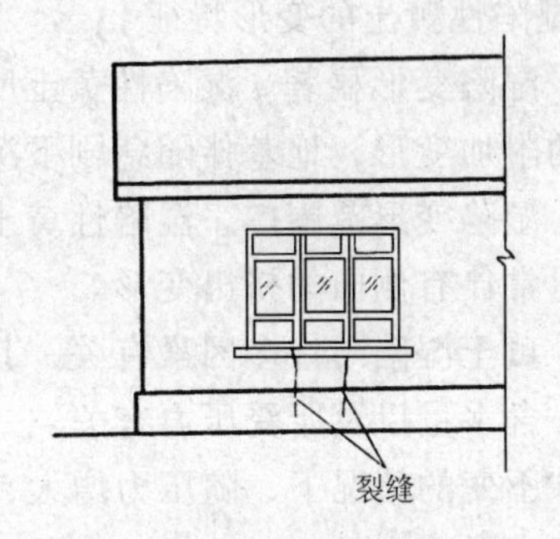


图 2-10　窗台中的垂直裂缝

(4) 独立柱出现水平裂缝　一些独立柱可能发生水平裂缝，并伴有水平位移和转动。多发生在外廊柱的柱头或柱脚处，以及柱中间断裂处。这是由于柱基向室外方向倾斜所致，如图 2-11。

(5) 外墙角裂成锥体　如图 2-12 所示，由于外墙角处下沉量大，而出现开裂，同时也引起散水开裂，这样外墙角的下部及散水沿纵横两方向裂成一个三角形锥体式的整体。

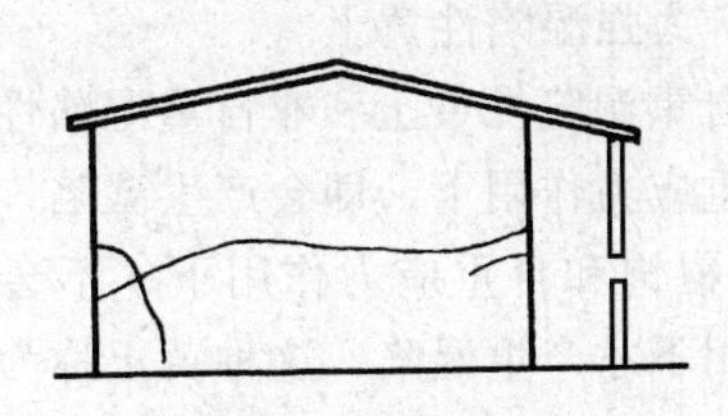

图 2-11　外廊柱断裂面

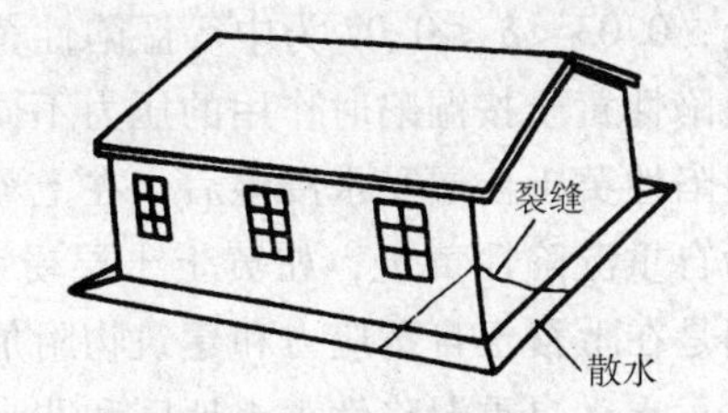


图 2-12　外墙角裂成锥体

此外，还有一些部位也会常出现裂缝，如吊顶与墙体相交处的水平缝，建筑体形复杂突出部分的墙体的斜裂缝等。

**四、黄土地基的湿陷变形**

(一) 概述

黄土主要分布在干旱、半干旱气候地区，遍布我国陕、甘、晋大部分地区以及豫、冀、鲁、宁夏、辽宁、新疆等部分地区。黄土是一种在第四纪时形成的，颗粒组成以粉粒为主的黄色粉状土。它含有大量的碳酸盐类，往往具有肉眼可见的大孔隙。由于在颗粒间具有较大的结构强度，故具有天然含水量的黄土，如未受水浸湿，一般强度较高，压缩性较小。但有的黄土在覆盖土层的自重应力或自重应力和建筑物附加应力的综合作用下，受水浸湿后，土的结构迅速破坏，并发生显著的附加下沉，其强度也随着迅速降低，称这类土为湿陷性黄土。有的黄土并不发生上述湿陷现象，称为非湿陷性黄土。

（二）湿陷性黄土的特征及评价

1. 湿陷性黄土的特征

我国的湿陷性黄土，一般呈黄色或褐黄色，粉土粒含量常占土重的60%以上，含有大量的可溶性盐类（碳酸盐、硫酸盐、氯化物），天然孔隙比在1左右，一般具有肉眼可见的大孔隙，竖向节理发育，能保持直立的天然边坡。在一定压力作用下，受水浸湿，土的结构迅速破坏而产生显著附加下沉，强度急剧下降，出现明显的湿陷现象。

2. 湿陷性黄土的变形特征

（1）湿陷变形显著。湿陷性黄土所受压力一旦超过土的湿陷起始压力，受水浸湿就会产生明显的附加变形，地基伴随急剧下沉，变形量大而明显。

（2）湿陷变形范围广。湿陷性黄土在压力作用下产生湿陷变形，不仅发生竖向的垂直变形，还时常伴有侧向的挤出变形。

（3）黄土湿陷与许多因素有关，其湿陷性除与外因浸水以及土的成分有关外，还与土的孔隙比、含水量以及所受压力有关。一般天然孔隙比越大和含水量越小，则湿陷性越强。在其他条件不变的情况下，随压力增大，湿陷变形也越大，但达到一定压力后，再增加压力，反而湿陷变形减小。

3. 黄土湿陷性的评定

黄土是否具有湿陷性，以及湿陷性的强弱程度如何，应按某一给定压力作用下土体浸水后测得的湿陷系数 $\delta_s$ 来衡量。湿陷系数由室内压缩试验测定，它是以一定压力作用后，土样稳定后高度与再浸水稳定后高度的差值与土样原始高度之比。《湿陷性黄土地区建筑规范》规定：$\delta_s < 0.015$ 时，定为非湿陷性黄土，$\delta_s \geq 0.015$ 时，定为湿陷性黄土。一般说来 $\delta_s$ 值越大，其湿陷性就越强。按 $\delta_s$ 值的大小可将湿陷性黄土分为三类：$\delta_s \leq 0.03$ 为轻微湿陷性黄土；$0.03 < \delta_s \leq 0.07$ 为中等湿陷性黄土；$\delta_s > 0.07$ 为强湿陷性黄土。

湿陷性黄土按湿陷时作用的压力不同进一步分为自重湿陷性黄土和非自重湿陷性黄土。

湿陷性黄土土层受水浸湿后，在上覆饱和土层自重应力作用下，即会产生湿陷，这种黄土称为自重湿陷性黄土；如黄土土层受水浸湿，在上覆饱和自重应力作用下，不会产生湿陷，而是在上覆土自重应力和建筑物附加应力综合作用下才产生湿陷，这种黄土称为非自重湿陷性黄土。自重湿陷性黄土地区和非自重湿陷性黄土地区的设计和施工等都要有所区别，采用自重湿陷系数 $\delta_{zs}$ 判定。自重湿陷系数测定与湿陷系数类似，只是采用的压力是饱和自重压力。《湿陷性黄土地区建筑规范》规定：

$\delta_{zs} < 0.015$ 时，定为非自重湿陷性黄土；

$\delta_{zs} \geq 0.015$ 时，定为自重湿陷性黄土。

4. 湿陷性黄土地基的评价

（1）建筑场地的湿陷类型划分，根据室内试验累计计算的自重湿陷量 $\Delta_{zs}$ 或实测的自重湿陷量 $\Delta_{zs}$ 来判别，规定：

$\Delta_{zs} \leq 7\text{cm}$ 时，定为非自重湿陷性黄土场地。

$\Delta_{zs} > 11\text{cm}$ 时，定为自重湿陷性黄土场地。

$\Delta_{zs}$ 为 7～11cm 时，应结合场地的地貌和当地建筑经验综合判定。采用野外试验方法时，$\Delta_{zs} > 7\text{cm}$ 时，定为自重湿陷性场地。

（2）湿陷性黄土地基的湿陷等级，湿陷等级应根据基底下各土层累计的总湿陷量和自重湿陷量的大小等因素，按表 2-1 判定。

**表 2-1　湿陷性黄土地基的湿陷等级**

| 湿陷类型 / 计算自重湿陷量/cm / 总湿陷量/cm | 非自重湿陷性场地 | 自重湿陷性场地 | |
|---|---|---|---|
| | $\Delta_{zs} \leqslant 7$ | $7 < \Delta_{zs} \leqslant 35$ | $\Delta_{zs} > 35$ |
| $\Delta_s \leqslant 30$ | Ⅰ（轻微） | Ⅱ（中等） | — |
| $30 < \Delta_s \leqslant 60$ | Ⅱ（中等） | Ⅱ或Ⅲ | Ⅲ（严重） |
| $\Delta_s > 60$ | | Ⅲ（严重） | Ⅳ（很严重） |

注：1. 当总湿陷量 $30cm < \Delta_s < 50cm$，计算自重湿陷量 $7cm < \Delta_{zs} < 30cm$ 时，可判为Ⅰ级。

2. 当总湿陷量 $\Delta_s \geqslant 50cm$，计算自重湿陷量 $\Delta_{zs} \geqslant 30cm$ 时，可判为Ⅱ级。

总湿陷量 $\Delta_s$ 是湿陷性黄土地基在规定压力作用下充分浸水后，可能发生的湿陷变形值。

（三）湿陷变形对上部结构的不利影响

由于湿陷性黄土受水浸湿就要产生较大的湿陷变形，从而导致房屋建筑产生过量的变形，这将会给房屋建筑带来较大的危害，常见的一些病害如下。

（1）基础及上部结构开裂　湿陷性黄土地基在外因水的侵扰下，将产生湿陷变形，引起房屋建筑下沉，导致基础、墙体、圈梁等开裂。

如某化工厂房是钢筋混凝土框架结构，基础建于湿陷性黄土层上，未对地基进行处理，地基基础施工时防水及排水措施不利，地基数次遭水浸泡，回填土时又未分层夯实。建成不久，由于生产中大量废水通过各种渠道浸入地基，终于引起湿陷，最大裂缝宽度达 42mm，造成厂房不均匀沉降，墙体、地面出现裂缝。

（2）房屋建筑整体沉降或倾斜　建（构）筑物地基由于浸水而引起整体均匀下沉，对于面积小、刚度大的构筑物，出现这类沉降较多。如西安某医院，由于地基浸水，不到 6 天病房楼下沉了 18cm。

如果房屋地基浸水不均匀，产生的湿陷变形也不均匀，地基受水浸的部分和没受水浸的部分，形成基础间的沉降差，使建（构）筑物发生倾斜。如青海某地有一水塔，该水塔地基为Ⅲ级自重湿陷性黄土，由于给水管道漏水，地基产生湿陷。事故发生后，基底下 1.5m 处的含水量（质量分数），东南面为 18%，西北面为 10.8%，使水塔顶部向东南方向倾斜 26.2cm。

一些整体性好的建筑物也因基础半边下沉而倾斜。

（3）联接部位的断裂　房屋建筑中一些有联接的构造之间以及一些管道等，往往由于地基受水湿陷变形，引起联接部位断裂、管道断裂等，造成危害。

**五、季节性冻土的冻害**

（一）季节性冻土的特性

凡是温度等于或低于 0℃，且含有冰的土均称为冻土。受季节影响，呈周期性冻结和融化的冻土，称为季节性冻土，它分布在我国华北、西北和东北广大地区。

细粒土（粉土、粉砂和粘性土）冻结前的含水量较高，且冰冻期间的地下水位也较高，在冻结时，水分结冻形成冰晶体，周围未冻结区的土中的自由水和结合水源源不断地向冻结区迁移、聚集，则冰晶体越来越大，形成冰夹层，土体发生膨胀，隆起成丘，即形成冻胀现象。

埋置在季节性冻土层内的基础，在冻结期间，基础周围产生很大的冻胀力，如图 2-13 所示。如冻胀力大于基底以上的荷重时，基础就会被抬起。当温升时，土体解冻，发生融陷，土中含水量很高，土质变软，强度降低，地基发生不均匀沉陷。基础因冻胀和融陷会产生严重的上抬、下陷，往往冻胀上抬和解冻融陷是不均匀的，容易导致建筑物破坏，会发生墙体开裂，门窗不能开启，围墙倾斜、倒塌，轻型建筑物基础逐年上抬等现象。

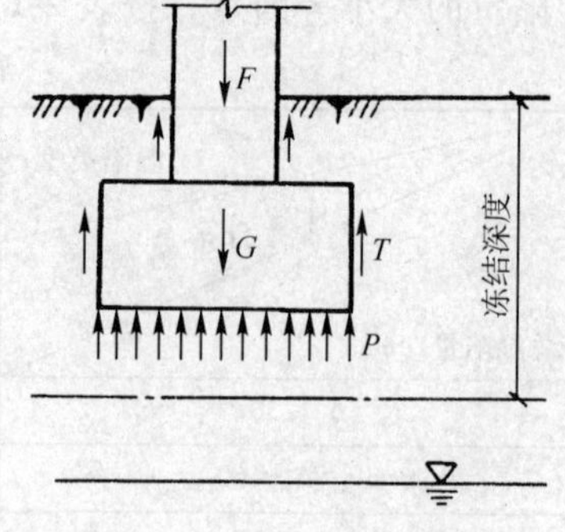


图 2-13　作用在基础上的冻胀力

地基土产生冻胀的三要素是：

（1）水分　水分由下部土向冻结区聚集、重新分布过程是产生冻胀现象必须有的水分迁移过程。迁移的结果是在冻结面上形成冰晶体或冰夹层，导致土体膨胀，隆起成丘。土体含水量越大，地下水位越高，越利于水分迁移，产生的冻胀力就越大。

（2）细颗粒土　冻胀与土颗粒的粗细有关。细颗粒土冻胀强烈，因为它具有足够的表面能，易于产生薄膜水吸附作用，使水分自下而上迁移形成聚冰现象；而粗颗粒土，虽然有大的孔隙，但形成不了毛细管，且表面能小，薄膜吸附作用少，一般不产生水分迁移。

（3）负温度　土在冻结锋面的负温梯度越大，越利于水分迁移。冻结速度越慢，迁移的水量越多，冻胀也越强烈。

（二）地基土冻害对上部结构的不利影响

地基土冬胀、夏陷造成房屋建筑开裂破坏，通称为冻害现象。一些冻害现象的结果将使墙体及基础出现裂缝、开裂、断裂等。常见病害及部位如下。

1. 裂缝

（1）斜裂缝　多出现在门窗口的上下角，因这些部位的刚度较薄弱。图 2-14 所示是外纵墙对称正“八”字斜裂缝。这是由于建筑物两端冻胀力大于中间处冻胀力时，墙体形成正向弯曲变形所致。

图 2-15 所示是外纵墙反“八”字斜裂缝，与产生正“八”字裂缝相反，墙体形成反向弯曲变形所致。

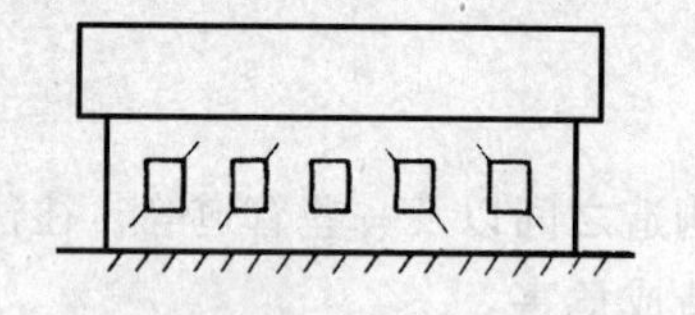

图 2-14　对称正“八”字斜裂缝

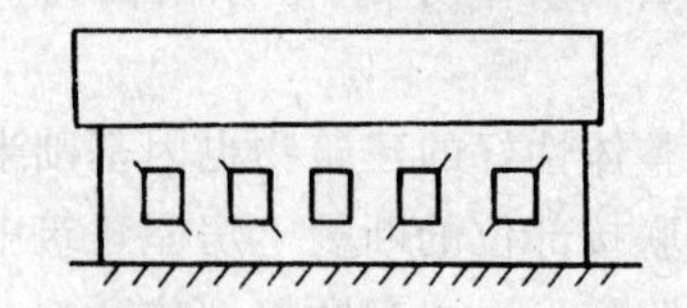

图 2-15　对称反“八”字斜裂缝

还有一种是非对称斜裂缝，由于地基土质差异，房屋建筑产生局部冻胀，此时裂缝往往呈非对称型的。如图 2-16 所示。

（2）水平裂缝　常在门窗口上下横断面上沿房屋长度方向出现水平裂缝。图 2-17 所示的水平裂缝由于环境不同，往往内外裂缝宽度也不同，易使墙体倾斜。如有些采暖房屋，因外冻内融，当基础外侧法向冻胀力很大时，将基础推向内侧，外墙出现呈外大内小的水平裂缝。

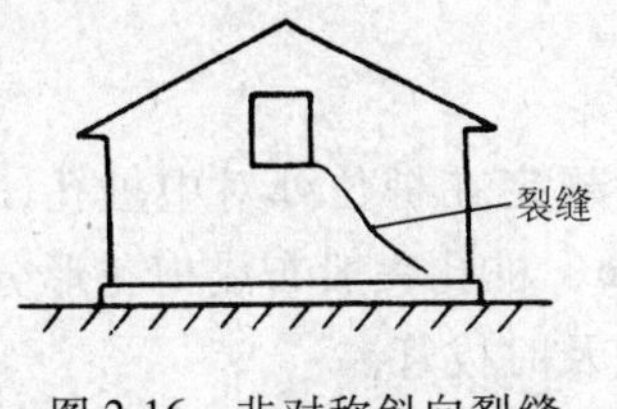


图 2-16　非对称斜向裂缝

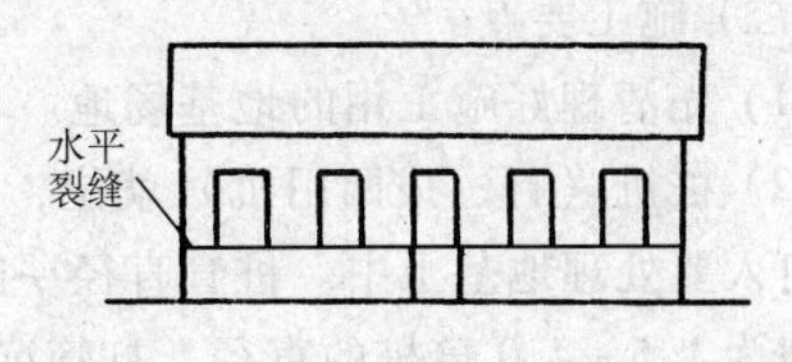


图 2-17　主墙水平裂缝

(3) 垂直裂缝　多出现在房屋的转角及内外墙联接处，以及外门斗与主体相接处。

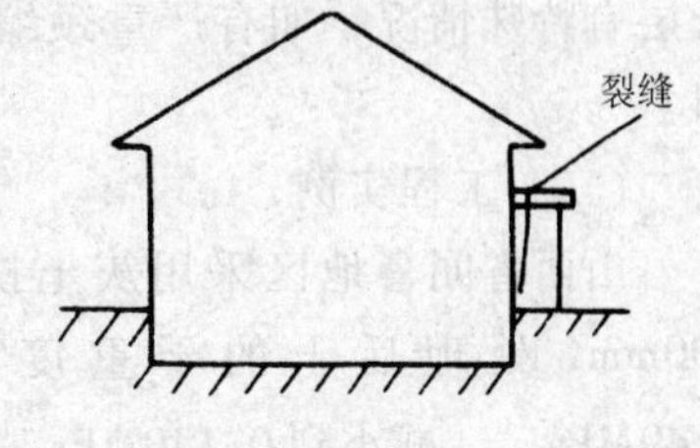


图 2-18　外门斗垂直裂缝

图 2-18 所示是外门斗与主体相接处出现垂直的裂缝情况。房屋外门斗因是附属结构，若基础埋置于冰冻线以上，常出现冻害现象，使门斗与主墙间出现垂直裂缝。

2. 倾斜

倾斜多发生在春季，围墙一类的建筑，一般东西向墙均向南倾斜，因为建筑物南墙附近土壤朝阳，冻土融化的早且速度快，基土被软化，承载力降低，使朝阳一侧基础沉陷。

3. 挠曲

平面整体挠曲，多半在无横墙的不采暖房屋中发生。

4. 其他

如门台阶冻起、天棚抬起、散水坡因冻害而冻裂等。

## 第二节　不良地基的加固方法及工程实例

一些不良地基往往导致上部结构出现病害、缺陷，引起房屋建筑的结构破坏或造成使用上的不良影响，因此要设法改善不良地基土，达到、恢复或提高地基土的承载力，控制或调整一些不利变形的发展。对地基进行加固处理是改善不良地基的有效措施。由于地基加固是在建筑物存在的情况下进行的，又要保证房屋建筑安全，施工起来比较困难，所以处理时要查明病因，从技术上先进、施工条件可行、经济合理及安全的角度出发，综合比较选定加固方案，必要时还应针对地基实际情况，综合采用多种方法。常用的几种地基加固方法详述如下。

### 一、挤密加固法

(一) 挤密作用机理

挤密法是用打桩机将带有特制桩尖的钢制桩管打入所要处理的地基土中至设计深度，拔管成孔，然后向孔中填入砂、石、灰土或其他材料，并加以捣实成为桩体。挤密法加固机理，主要靠桩管打入地基中，对土产生横向挤密作用，在挤密功能作用下，土粒彼此移动，小颗粒填入大颗粒的空隙，颗粒间彼此靠紧使土密实，地基土的强度也随之增强，地基的变形随之减小，桩体与挤密后土共同组成复合地基，共同承担建筑物荷载。

挤密法主要应用于处理松软砂类土、素填土、杂填土、湿陷性黄土等，将土挤密或消除湿陷性，其效果是显著的。处理湿陷性黄土地基时，一般采用透水性差的填料，以防地面水由桩体渗入地基土，产生湿陷现象，常用素土、灰土等填料。

（二）施工要点

（1）先清理好施工用的地基场地。

（2）桩机（打、拔两用机）就位，平稳后，按设计规定在桩位处对中桩孔，按顺序将桩管打入要处理地基土中。桩管直径一般为100～400mm，桩孔一般布成梅花形分布，中心距一般为1.5～4.0倍桩的直径，打管沉到设计深度后应及时拔管。

（3）拔管成孔后要及时检查桩孔质量，然后将填料分层填入并加以捣实。如成孔后发现土层有特殊情况，如有严重颈缩或回淤等，应采用重新沉管成孔，并填入干砂、石灰等填料。

（三）工程实例

山西省闻喜地区采用灰土挤密桩处理黄土类粘土，采用沉管方法成孔，桩孔直径为300mm，处理后土的干重度由13.6kN/m$^3$，增加到15.2kN/m$^3$，压缩系数$a_{1-2}$由0.49MPa$^{-1}$，减小到0.140MPa$^{-1}$，湿陷系数$\delta_s$由0.099，减小到0.016，湿陷性接近消除，压缩性明显降低，土的力学性质有明显改善。可见挤密法处理地基效果是明显的。

如果房屋建筑地基土为湿陷性黄土，受水浸湿时间又较长，产生的湿陷变形较大，导致上部结构病害较严重，为了有效制止变形继续发展，稳定地基土，除考虑切断水源外，最有效的处理方法是在基土中用石灰桩挤密加固。其处理机理是用生石灰吸收地基土中水分后，水解为熟石灰，产生膨胀作用把周围的湿土挤紧，并把湿土中水分挤出，被挤出的水进一步使石灰水解，使地基中含水量和孔隙减小，达到处理地基的目的。

烟台海洋渔业公司渔轮修造厂的一栋五层职工住宅，1981年初建成，不到一年，一端地基则发生了不均匀沉降，纵墙出现了多道裂缝，地面护坡与基础错动很大，使该住宅楼有可能发生破坏性事故。查明地基不均匀沉降的主要原因是下水管道破碎，排出的生活污水全部流入素填土地基，使地基土含水量达80%以上，土质变软，承载力大为降低。致使房屋不均匀沉降。

有关单位对此事故作了处理，处理办法是：①尽快修复破碎的下水管道；②灌注灰砂桩，加做条形基础。

灌注灰砂桩是为了挤密素填土加固地基。施工时灰砂桩按梅花形布置，桩直径采用100mm，用钢管打入墙基以下2000mm成孔，每根桩成孔后，拔出钢管，立即灌注灰砂，每灌入20mm捣实一次，直到灌注满为止，灰砂是采用粒径为30mm左右的生石灰块与粗砂拌和均匀。灌注完灰砂桩后，夯铺厚度为200mm的灰砂碎石垫层（宽度1000mm），在垫层之上加做L形钢筋混凝土条形基础，采用工字钢 I 10将原墙基与L形钢筋混凝土条形基础连成一整体。基础加固的构造示意如图2-19所示。

该工程按上述方法处理已经多年，未发现异常情况，可见用灰砂桩挤密加固效果比较理想。

**二、高压喷射注浆法加固**

（一）高压喷射注浆法加固原理

高压喷射注浆法是近年发展起来的一种化学加固法。这种方法是利用钻机把带有特殊喷嘴的注浆管钻至设计的土层深度，以高压设备使浆液形成压力为20MPa左右的射流从喷嘴中喷射出来冲击破坏土体，使土粒从土体剥落下来与浆液搅拌混合，经凝结固化后形成加固体。加固体的形状与注浆管的提升速度和喷射流方向有关。一般分为旋转喷射（简称旋喷）、定向喷射（简称定喷）和摆动喷射（简称摆喷）三种注浆形式。旋喷时，喷嘴边喷射边旋转和提升，可形成圆柱状或异形圆柱状加固体（又称为旋喷桩）。定喷时，喷嘴边喷射边提升而且喷射方向固定不变，可形成墙板状加固体。摆喷时，喷嘴边喷射边摆动一定角度和提升，可形成扇形状加固体。

高压喷射注浆法适用于处理淤泥、淤泥质土、粘性土、粉土、黄土、砂土、人工填土和碎石土等地基。

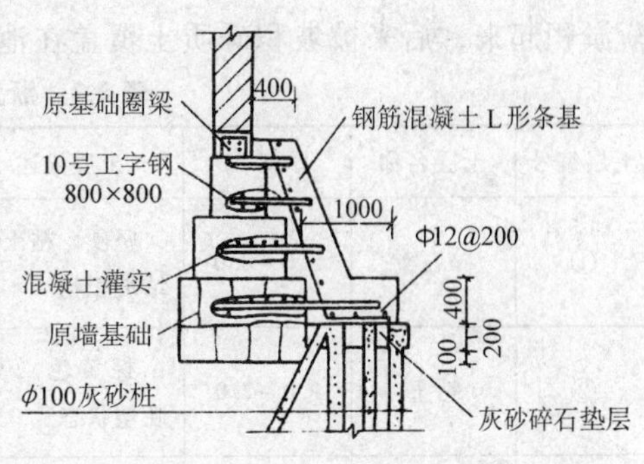

图 2-19　基础加固剖面

高压喷射注浆法的特点是：①能够比较均匀地加固透水性很小的细粒土，作为复合地基可提高其承载力；②可控制加固体的形状，形成连续墙，防止渗漏和流砂；③施工设备简单、灵活，能在室内或洞内净高很小的条件下对土层深部进行加固；④不污染环境，无公害，对于建筑物的事故处理，有它独到之处。

（二）高压喷射注浆法的施工工艺

高压喷射法的施工机具，主要由钻机和高压发生设备两部分组成。钻机常用 76 型振动钻机。高压发生设备是高压泥浆泵和高压水泵，另外还有空气压缩机、泥浆搅拌机等。其施工工艺如图 2-20 所示。根据工程需要和机具设备条件可分别采用单管法、二重管法和三重管法。单管法，只喷射水泥浆，可形成直径为 0.6 ~ 1.2m 的圆柱体；二重管法为同轴复合喷射高压水泥浆和压缩空气两种介质，可形成直径为 0.8 ~ 1.6m 的桩体；三重管法则为同轴复合喷射高压水、压缩空气和水泥浆液三种介质，形成的桩径可达 1.2 ~ 2.2m。

（三）工程实例

通过大量的工程应用，采用高压喷射注浆法后，有不少沉降严重拟报废重建或拆层减重的建筑物，沉降得到制止和纠正，建筑得以继续使用，一批因地基出现问题而中途停顿的工程，也迅速恢复了施工。下面介绍一个实例。

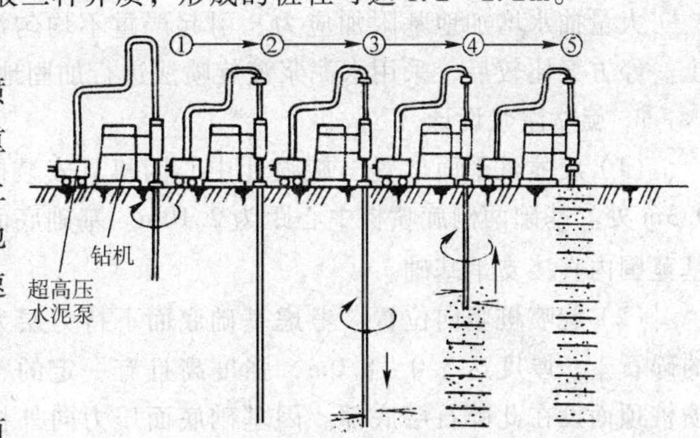

图 2-20　旋喷法施工程序
①钻进　②钻到设计深度　③高压旋喷
④边旋边提升　⑤旋喷结束

1. 工程概况

浙江大学第六教学楼，位于杭州市西部，平面呈 L 形，门厅为 5 层，两翼为 3 ~ 4 层建筑，建筑面积约 5000m$^2$。该楼地基持力层为坚硬状态碎石土，地基承载力为 200kPa，设计采用天然地基条形浅基础，基础底面宽度 1.50m。

1976 年，浙江大学为增加供水来源，在距本楼东部约 200m 处，打一口深井，井深为 315m，抽取石灰岩洞水。同时，将距该楼约 300m 的一股自流泉改为井泵，抽水量达 2000m$^3$/d，使地下水位下降超过 25cm。当年，该楼就发生了不均匀沉降，并随时间日趋严重，沉降速率不断增大。终于于 1978 年发生开裂与倾斜。一楼土工试验室地坪发生裂缝，二层墙上的水管被拉断，该楼成为危险建筑物。

2. 原因分析和各土层物理力学性质

钻孔表明，建筑物中部在地基表面碎石土厚5~8m以下，存在黑色淤泥与淤泥质软弱层，此软弱层厚度很大，最薄为15m，最厚达44m。此软弱土层平面分布呈椭圆形，为古池塘沉积物。在本建筑物门厅处原来是一个古泉口，在泉口周围形成一池塘，淤泥在池塘中逐渐淤积起来，后来被坡积砾质土覆盖在池塘沉积物体上。古池塘土层情况详见表2-2。

表2-2 浙大六教门厅古池塘土质

| 土层编号 | 土层名称 | 厚度/m | 土质描述 | $\gamma$/（kN·m$^{-3}$） | $W$（%） | $d_s$ | 备注 |
|---|---|---|---|---|---|---|---|
| ① | 碎石土 | 5.0~8.0 | 坚硬、粘土胶结坡积物 | | | | |
| ② | 粘土 | 1.0~2.0 | 棕黄色，硬、硬塑状态 | 20.0 | 26.8 | 2.68 | |
| ③ | 淤泥与淤泥质土 | 15~44.18 | 黑色，含大量有机质，有未腐烂的木块 | 15.2 | 40.7 | 2.73 | 有机质含量（质量分数）8.1% |
| ④ | 粘土 | | 灰白、朱红色，硬、凝灰岩风代残积土 | 17.3 | 44.2 | 2.70 | |
| ⑤ | 石灰土 | | 裂隙发育，化学风化 | | | | |

大量抽水增加地基附加应力，引起严重不均匀沉降。抽取石灰岩洞水，引起管涌、流土。经方案比较后，采用水泥浆液旋喷法进行加固地基，处理该工程事故。

3. 旋喷注浆设计

（1）旋喷桩平面位置　旋喷孔中心因机具安装限制，紧贴基础，旋喷孔中心在基础外0.3m处。基础两侧旋喷桩中心距为2.10m。基础底面宽度为1.5m。因此，旋喷桩无法在墙基范围内直接支承基础。

（2）旋喷桩竖向位置　考虑基础底面下持力层为坚硬胶结的碎石土，厚度达5.0~8.0m，强度高且有一定的整体性，旋喷桩顶面设在此碎石层底部。因基础底面压力向外扩散，扩散角按22°计算，至碎石土底面，压力影响范围超过10m，因此，旋喷桩是在压力传递范围内。碎石土起类似桩承台作用，作用力传递情况如图2-21所示。

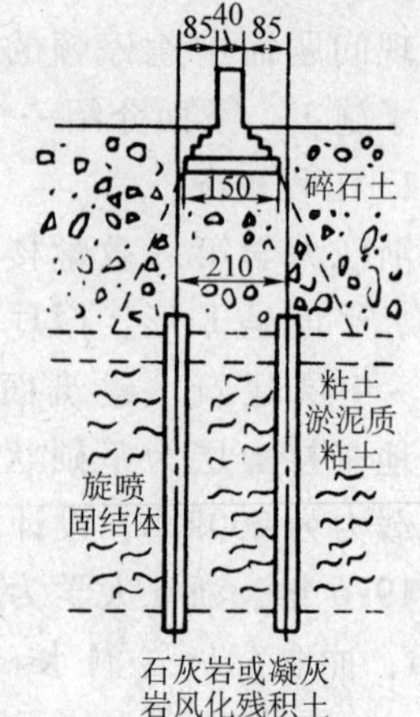

图2-21 基础力的传递情况

（3）旋喷桩直径　根据经验取为0.6m。

（4）旋喷桩单桩承载力　在未作承载力试验的情况下，根据试块抗压强度为3.2MPa设计。极限抗压强度值采用3.0MPa，安全系数按2.0考虑，则许用抗压强度为1.5MPa。因固体直径按$D=0.6$m计算，每个固体有效面积为0.283m$^2$。

单桩承载力：$R = [\sigma] A = 1.5 \times 10^6 \times 0.283\mathrm{kN} = 424.5\mathrm{kN}$

(5) 旋喷桩间距及排列　根据原设计，承重墙基底压力为 $200\mathrm{kN/m^2}$，围护墙基底宽 1.5m，则每延米 300kN。内隔墙基底宽度 1.2m，每延米 240kN。旋喷固体在围护墙下间距 $d = 424.5 \div 300 = 1.42\mathrm{m}$，在内隔墙下间距 $d = 434.5 \div 240 = 1.78\mathrm{m}$。按此间距计算，在需加固范围内应布置 80 根桩，形成旋喷固体。为安全起见，在施工中适当增加了一些旋喷桩，共布孔 104 个，旋喷桩少部分在楼外，大部分在层高很矮的楼内，实际有效成桩 92 根。基础两侧梅花形排列，如图 2-22 所示。

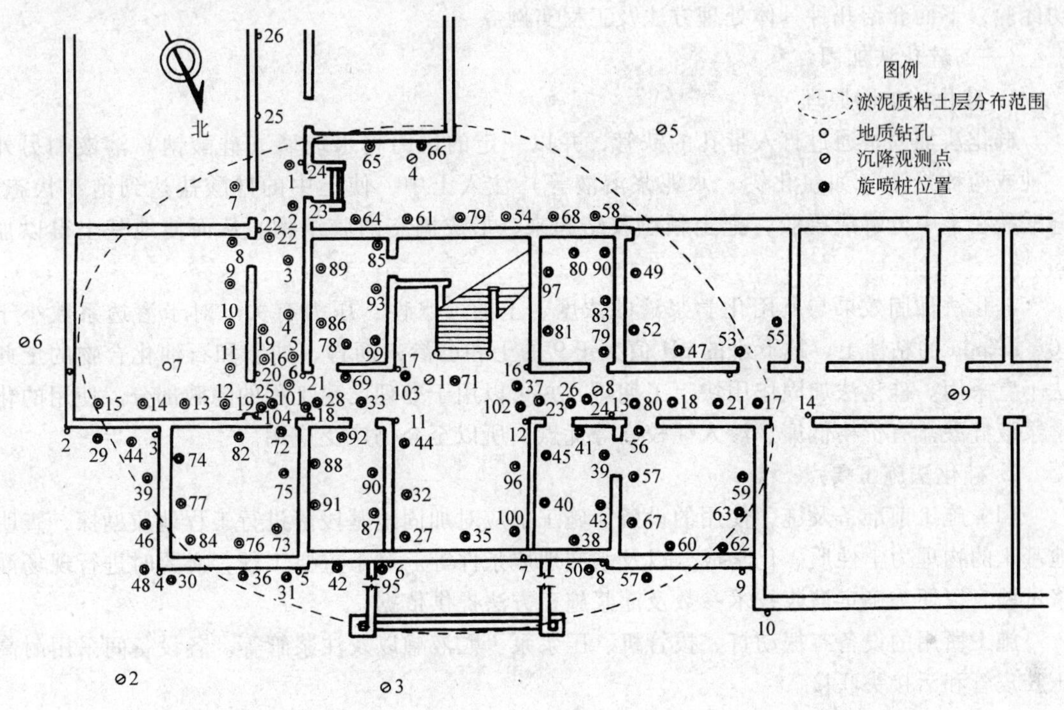


图 2-22　浙江大学第六教学大楼平面钻孔、旋喷桩布置及沉降点布置图

4. 旋喷桩施工

第六教学大楼旋喷桩加固地基，经试验后，于 1978 年 7 ~ 9 月集中进行施工，9 月底全部完工。当年 11 月底开始教学大楼上部结构加固，进行水泥灌浆修补。旋喷注浆时采用的化学浆液为普通硅酸盐水泥，水灰比（质量比）为 1∶1，共用水泥 268.5t，平均每米用水泥 0.176t，钻孔总进尺 2171m，旋喷总长度 1526m。

5. 效果及评价

本工程用高压旋喷注浆法加固地基效果是明显的。从各测点沉降曲线看，自 1978 年 9 月底旋喷完毕到 1978 年 11 月的两个月期间内，沉降已停止发展。房屋结构补修后至今再未发现裂缝，进一步证实用高压旋喷注浆法加固地基，已取得预期效果。

本工程加固包括全部设备添置和试验费用投资 12 万元，可见，旋喷法加固地基是较经济的。

**三、灌浆法加固**

灌浆法是利用液压、气压或电化学原理，通过注浆管把化学浆液注入地基的孔隙或裂缝中，以填充、渗透、劈裂和挤密方式，替代土颗粒间孔隙或岩石裂隙中的水和气。经一定时间结硬后，浆液对原来松散的土粒或有裂隙的岩石胶结成一个整体，形成一个强度大的固化体。灌浆法适用于土木工程中的各个领域，用于加固地基、纠正建筑物偏斜、防渗、堵漏等工程。主要用于处理砂及砂砾石、软粘土、湿陷性黄土地基。

灌浆法采用的化学浆液有许多种，目前工程上采用的主要有水泥系浆液（纯水泥浆、粘土水泥浆、水泥砂浆等）、水玻璃、丙烯酸胺和纸浆废液为主剂的浆液。根据要处理地基的土质情况，采用不同的化学浆液。对已有房屋建筑采用灌浆法进行加固处理，已有不少成功经验，下面介绍几种具体处理方法及工程实例。

（一）硅化法加固

1. 硅化法加固原理

硅化法加固是通过打入带孔的铁管，并以一定的压力将水玻璃（硅酸钠）溶液和另外一种或两种浆液（如氯化钙、水泥浆溶液等）注入土中，使土中的硅酸盐达到饱和状态。硅酸盐在土中分解成凝胶，把土颗粒胶结起来，形成固态的胶结物。从而使地基土得以加固。

硅化法加固效果与所用化学浆液的浓度、土的透水性、压力有关。对于渗透系数小于 $10^{-3}$m/min 的粘性土、地下水的 pH 值大于 9 的土和已渗入沥青、油脂和石油化合物的土此法不宜采用。硅化法加固作用快、工期短，并可以用于处理已建工程的隐蔽部分。使用的化学浆液硅酸盐有价格低廉、渗入性较高等优点，所以至今仍广泛应用。

2. 硅化法施工要点

（1）施工前准备及施工使用的设备　施工前应对加固地基段落进行工程地质勘探，查明地基土的物理力学性质、化学成分以及水文地质条件等。对于重要工程，必要时进行现场灌浆试验，以便为确定灌浆技术参数及灌浆施工方法提供依据。

施工所用的设备有振动打、拔管机、压浆泵、贮液罐以及注浆管等。各设备间采用耐高压胶皮管和活接头联接。

（2）灌浆范围及布置孔位　灌浆范围应根据房屋建筑的大小、基土胀缩量、地基土病害情况等沿房屋建筑的四周进行灌浆。

灌浆孔位应根据浆液影响半径和灌浆体设计厚度等进行布置，一般为 1.5m。可采用正方形布孔，亦可采用梅花形布孔。

(3) 施工程序

1）布置及清理加固地基场地。

2）定硅化孔位置。

3）打、拔管机定位，打入带孔的压浆管。注意，施工时如发现压浆管小孔堵塞，应及时拔管清洗干净。

4）在贮液罐内搅拌已配备好的浆液。

5）通过压浆泵注入浆液。施工时注意控制灌注压力，压力太大会使浆液流散。

6）以此重复，进行不同深度的灌浆，并不断接长压浆管，直至全部灌浆完成。

7）拔管、洗管，孔内填料捣实。

3. 工程实例——用硅化法纠正不均匀沉降

某高层建筑物的一侧座落在回填的粘砂土和砂粘土夹卵石层上，如图 2-23 所示。由于工期紧迫，施工前地基夯实不好，结果在建筑物刚建成后不久，西侧及东侧就产生了不均匀下沉，墙面被拉裂，最大沉降量达十几厘米，而且下沉还在继续发展，使此房屋变成危房。为制止建筑物继续下沉，恢复正常使用，需对地基进行加固处理。经方案比较后，决定采用硅化法加固地基。

(1) 浆液配方　加固浆液采用水泥水玻璃浆。水玻璃与水泥浆（水灰比为1∶1）的体积比为1∶2.5。

(2) 灌浆范围及灌浆孔的布置　经过试验，确定灌浆深度为8m（从基础底面算起）。在下沉量较小的地段采用单排斜孔。倾角7°，孔距1.5m；在下沉量最大的地段布设双排孔，内排为斜孔，倾角7°，外排为直孔，内排及外排孔距均为1m。双排孔的立面布置形式如图2-24所示。

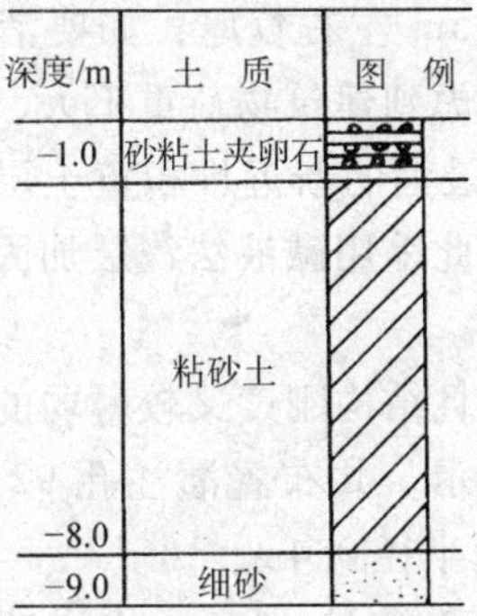

| 深度/m | 土质 | 图例 |
|---|---|---|
| −1.0 | 砂粘土夹卵石 | |
| | 粘砂土 | |
| −8.0 | | |
| −9.0 | 细砂 | |

图 2-23　地质柱状图

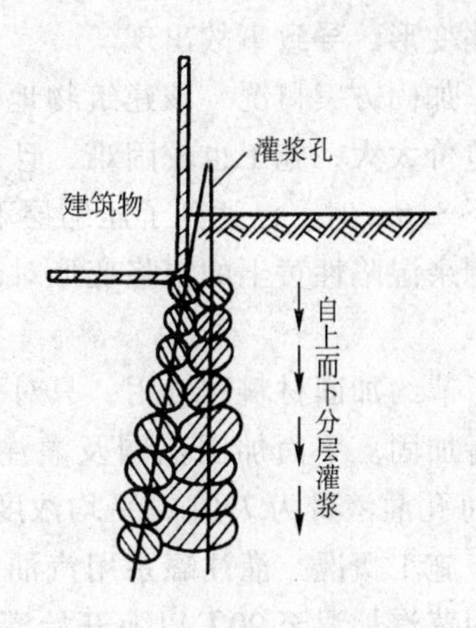


图 2-24　立面钻孔布置图

(3) 灌浆次序　在双排地段，先灌外排，后灌内排。在平面上都采用逐渐加密法。在深度上则采取自上而下灌注，共分8个灌浆层，每层1m段长。

(4) 灌浆压力　灌浆压力为试水压力的3～5倍，水泥浆的灌浆率为40～50L/min，水玻璃的灌浆率为30L/min。

(5) 灌浆效果　随着压入土中浆液的不断增多，建筑物下沉量逐渐减小，直至停止，甚至把建筑物大部分顶托起1～3mm。

灌浆后在几年的使用期间，经受了雨季的考验，建筑物基础没有任何变动，证明硅化法加固效果十分显著。

（二）碱液法加固

1. 碱液法加固原理

当碱液即氢氧化钠溶液灌入土中后，首先与土中可溶性及交换性碱土金属阳离子发生置换反应，逐步在土粒外壳形成一层主要成分为钠的硅酸盐及铝酸盐的胶膜，当土粒周围有充分的钙离子存在时，能使上述胶结物成为强度高和极难溶解的钙—碱—硅络合物，使土粒相互牢固地粘结在一起，土体因而得到加固。

应用氢氧化钠溶液加固湿陷性黄土地基是我国20世纪60年代首先试验成功的，效果较好，它具有设备简单、施工方便和费用低等优点。

试验证明，碱液加固后土体的湿陷性大大减小，压缩性显著降低，水稳定性也大大提高。有时为加快反应进程，在灌注氢氧化钠溶液时，将氢氧化钠溶液先加温到90℃左右再灌注。

碱液法加固施工要点与硅化法类似。

2. 工程实例——碱液法加固湿陷性黄土

（1）工程概况　陕西省焦化厂回收车间鼓风机室是一单层砖石结构建筑，建筑面积为153m²，采用天然地基，灰土基础埋深0.95m。因地基浸水湿陷，砖墙严重开裂，最大缝宽达35mm，累计最大沉降量为34.4cm，沉降差为18.3cm，最大局部倾斜达18.1%，沉降继续发展，该建筑物已成为危房，决定对该房屋进行地基加固。

分析事故原因，主要是该建筑物场地为Ⅲ级自重湿陷性黄土，表层为新近堆积黄土，厚度为4.2～4.5m，其下为晚期黄土，厚度为10.2m，再下为卵石层。该建筑物地基在浸水后发生湿陷变形，导致事故出现。

（2）加固方案概况　该建筑物地基湿陷性黄土层达15m左右较厚，如要消除全部湿陷性势必造价太大，施工也较困难，且会影响正常生产。考虑到建筑物荷重不大，加固深度取为基底下3.6m时，已达到了压缩层下限。把对建筑危害最大的新近堆积黄土层全部予以加固后，剩余湿陷性黄土的湿陷变形对建筑物危害不大，因此采用碱液法浅层加固是比较经济合理的。

为了节约加固材料和费用，只对裂缝较多、危害较大且结构刚度又较薄弱的主机室部分墙基进行加固。平面加固范围及灌注孔布置如图2-25所示。共布置灌注孔92个，孔距为0.7m，每孔灌液量为720L，平均浓度为1000mol/L，加固半径0.4m。

（3）施工概况　灌注罐系用汽油桶改装而成，每桶可贮溶液180L。将烧碱在桶内加水稀释后用蒸汽加温至90℃以上开始灌注。为了防止地基产生附加下沉，采用间隔跳跃方式进行灌注，同时灌注的两孔距离不小于3m，相邻两孔灌注时间间隔在两天以上。灌注一个孔一般需8～12h。

（4）效果及评价　整个加固工程共耗用烧碱6420kg（按100%碱量计算），加固土体积158m³，平均每加固1m³土用烧碱41kg。加固期间，通过沉降观测表明，附加下沉量最大为9mm，平均为4mm，每道墙沉降差在1～4mm之间，基本上达到均匀加固，至今建筑物裂缝没有继续发展，生产正常运行。

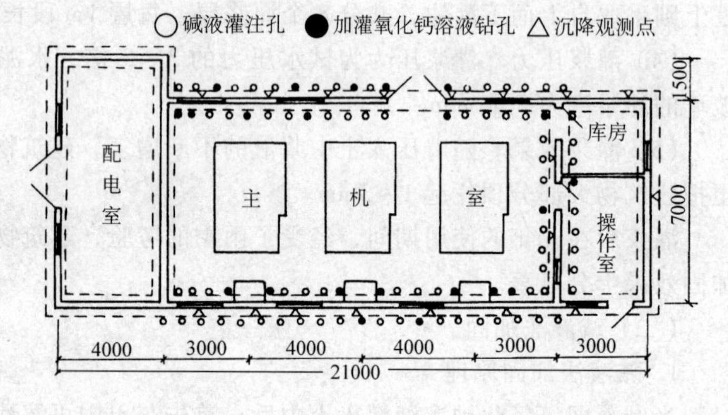


图2-25　鼓风机室地基碱液加固灌孔及沉降观测点平面布置

1983年又对外墙基加固土体进行取样检验，测得其7年平均无侧限抗压强度达到559～618kPa，比类似土质及相同加固条件一个月龄期平均强度增长1.7～2.0倍，最高强度达1.256MPa，证明碱液加固的长期强度是可靠的。

（三）石灰浆加固

1. 石灰浆加固原理

石灰浆加固法是用压力把石灰浆压灌入粘土的裂隙层理，呈片状分布。石灰浆同周围一定范围土层起离子交换作用后，形成硬壳层。硬壳层随时间增长而加厚，从而改变了地基土的性质和结构，达到加固地基的目的。

石灰浆加固主要适用于膨胀土地基的处理。通过在膨胀土中灌入石灰浆，使土的胀缩变形的内因被消除，从而使膨胀土地基趋于稳定。

石灰浆加固法的施工要点与硅化法加固施工要点类似。灌浆操作也分层进行，分层深度根据压浆泵压力大小而定。

2. 工程实例

(1) 工程概况　某学校附属工厂——砖混结构平房，建筑面积 $180m^2$，房屋地基土为膨胀土。建造后数年，由于周期性干旱较严重，使墙身开始出现裂缝，裂缝最大宽度达4.2cm，并且在继续发展。决定对该建筑物进行地基加固处理，方案比较后采用石灰浆加固法。

(2) 施工概况　石灰浆配备采用水灰比（质量比）1∶0.67。灌浆沿建筑物四周的地基土压入石灰浆。灌浆孔布置成梅花形，孔间距0.75m。灌浆孔深度为2.4m，分三个阶段压注。

第一阶段深度为地面下1.2m范围，第二阶段为地面下1.2～1.8m范围，第三阶段为1.8～2.4m范围。

(3) 效果及评价　经上述维修加固处理后，再对上部墙体进行修补裂缝，经过几年的使用裂缝没再出现。对处理后的地基土进行取样试验，灌浆后地基土内已形成硬壳层，基本上消除了原来的胀缩现象，可见石灰浆加固膨胀土地基效果是良好的。

## 第三节　基础病害的防治和加固措施

基础属隐蔽工程，它在房屋建筑中是影响全局的关键部分，要保证房屋的安全与正常使用，就必须保证房屋基础具有足够的强度和稳定性。基础又是以可靠的地基为前提而存在的，地基和基础是彼此联系和相互影响的整体。一旦基础破坏，又将增大地基的不均匀沉降。另一方面在一定程度上可以通过增强基础的措施来减弱或控制地基的病害。所以，在实际工程中应及时对一些病弱基础进行修复或加固，从而消除基础对地基及上部结构的不利影响。必要时可根据地基土的性质，对基础可能出现病害部位采取预防和加固措施，防止一些不利变形的发生或发展。

### 一、基础的修复

(一) 粘结法

对于病害较轻的砖或石砌筑的基础，常采用较简单的粘结法修补，即把一些粘结剂压入基础的病患处，以恢复有效范围内砂浆和砌体的质量。比较常用的粘结剂是纯水泥［灰水比（质量比）为1∶1～1∶10范围］。

这种方法具有设备简单、工作量小、施工安全方便等优点。在房屋建筑的一些工程中采用此法对病弱基础修复，均收到了较好的效果。

粘结法施工中主要使用的机具有风钻、喷枪、压浆泵、贮气罐等。其施工程序如下。

(1) 在病弱基础一侧先开挖出临时坑槽，使病弱基础外露，如图2-26所示。

(2) 在病弱基础上钻孔，孔径应大于喷枪直径 2～3mm，孔位按梅花形排列。

(3) 在各钻好的孔内顺序插入喷枪，并通过风压将水泥浆液压灌入基础中，水泥浆充填喷枪周围的空隙，形成球形牢固的砌体，达到修补的目的。

此法也可用于处理基础底面有局部软弱地基或是局部地基土被掏空情况。

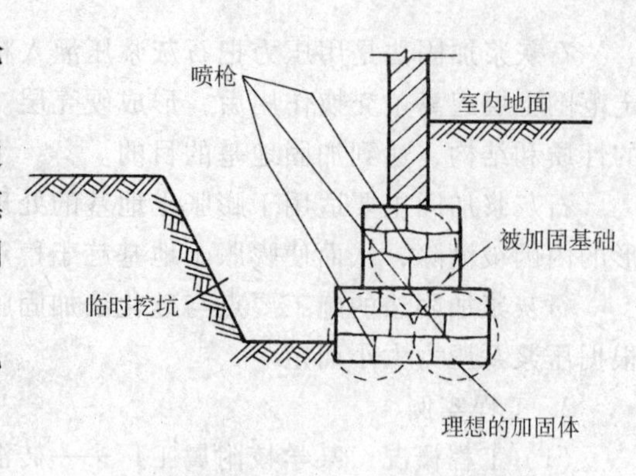


图 2-26 粘结法加固病弱基础图

(二) 更换法

当基础某些段落病害较严重时，可采用拆去病害段，换成好基础砌体的更换法。如果进一步查明病害产生是由于地基不良引起的，还要先局部更换地基土，即除去基础下一定范围内的不良基土，换成承载力高、压缩性低的好土，并分层夯实所换的好土，而后再砌筑新更换的基础。

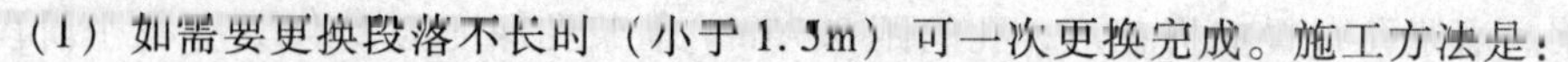

(1) 如需要更换段落不长时（小于 1.5m）可一次更换完成。施工方法是：

1) 先在贴近基础病弱段落处开挖临时施工坑槽至基础底面。同时要撑好坑壁，并用千斤顶支承好上部结构。

2) 拆去需更换的病弱段基础。如病因是由于地基土不良引起的，再进一步挖去基础下不良基土，换成好基土。

3) 砌筑新基础砌体。为保证新旧基础衔接质量，砌筑新基础前要做好旧基础的清除工作，砌筑后要做好新基础与上部结构联接部位，一般用干硬性水泥砂浆嵌实。

(2) 如需要更换基础段落较长时（长度超过 1.5m），为避免在更换时过分削弱原有基础，可采用下述两种方法施工：

1) 分段间隔施工，如图 2-27 所示。把需要更换的基础部分划分为长为 1～2m 的若干段落，并排好更换顺序，按排好的顺序和上述更换短段落的步骤更换每个段落。注意保证紧接施工的两个段落之间相隔至少两段，这两段可以是还没有开始更换的段落，可以是已更换完工而且砌体的强度已达到规定要求的段落。

2) 分段分批施工，如图 2-28 所示。把要更换的病弱基础部分分成若干段落，每段编排序号，同批更换的基础段落编成相同序号，按上述施工步骤拆旧换新。更换时标明 1 号的段落先同时开始施工，施工完这些段落后，再按次序更换标明 2 号的各段基础，以此顺推。施工时尽量先从基础病弱较严重，而墙体被门窗洞口削弱最少的地方开始。

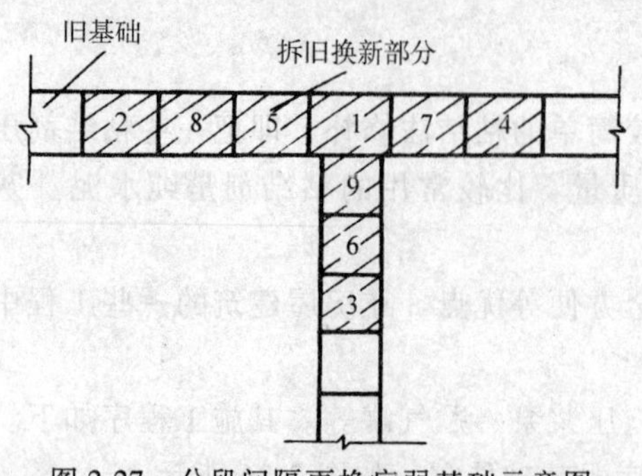


图 2-27 分段间隔更换病弱基础示意图

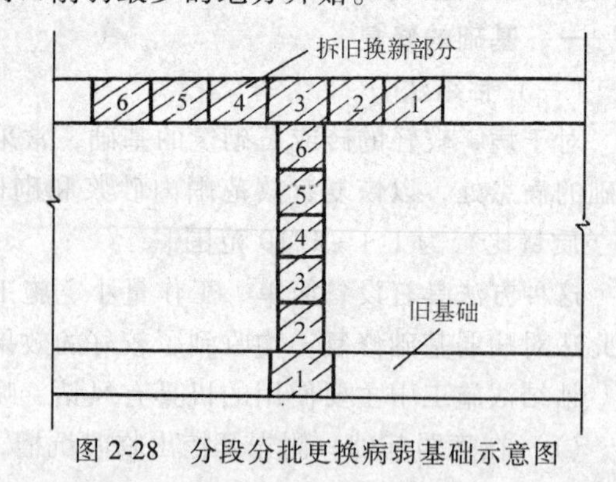


图 2-28 分段分批更换病弱基础示意图

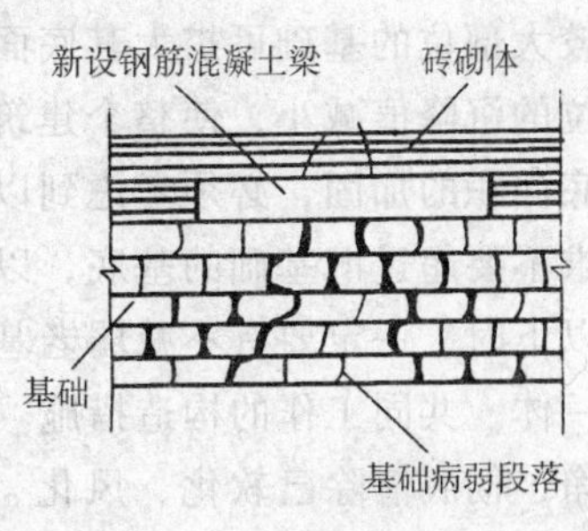


图 2-29　梁跨越病弱段落基础加固示意图

如果要更换的基础段落较短，而相邻近的原基础强度又较高时，也可不采用更换法，较简单的作法是卸荷法，即在病弱段基础顶面处墙体砌体内增设钢筋混凝土梁，使梁跨越病弱基础段落，从而减小病弱段基础的荷载，控制病害发展。如图 2-29 所示。

（三）外包法

此法主要用于抗弯、抗冲切强度不足，杯口深度过小，个别漏放钢筋的基础。对于抗弯强度不足者，可在基础杯口上增设钢筋混凝土套箍见图 2-30a，增设的受弯钢筋应与柱或基础壁的原竖向钢筋相焊。对于漏放钢筋的基础，适当增设钢筋如图 2-30b 所示。对于抗冲切强度不足及杯口过浅者，增设套箍时只需将柱基接触部分凿毛，将钢筋插入杯口内浇灌成整体即可，如图 2-30c 所示。

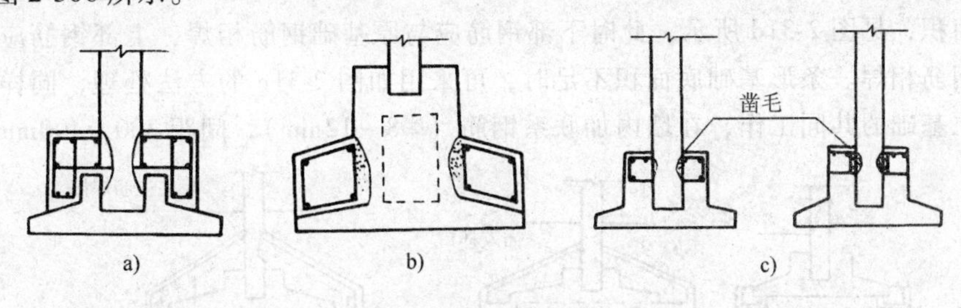


图 2-30　外包法

a）抗弯不足　b）漏放钢筋　c）抗冲切能力不足或杯口过浅

## 二、基础托换

对于许多房屋建筑，尤其是一些大型建筑，进行基础病害的处理多采用托换技术来进行加固整治。托换技术（基础托换）主要是解决原有建筑物的地基需要处理、基础需要加固或改建的问题和原有建筑物基础下需要修建地下工程以及邻近建造新工程影响原有建筑物的安全等问题的技术总称。凡是原有建筑物的基础不符合要求，需要增加埋深或扩大基底面积的托换，称为补救性托换。由于邻近要修筑较深的新建筑物基础，因而需将基础加深或扩大的，称为预防性托换。也可在平行于原有建筑物基础的一侧，修筑比较深的墙来代替托换工程，这种方法称为侧向托换。有时在建筑物基础下预先设置好顶升的措施，以适应预估地基沉降的需要，称为维持性托换。

托换技术是一种建筑技术难度较大、费用较高、建筑周期较长、责任性较强的特殊施工方法，需要有丰富的经验，因为它能涉及人身和财产安全，必须由设计和施工都有丰富经验的技术人员来参加这方面工作。

托换技术一般分两个阶段进行，一是采取适当而稳妥的方法，支托住原有建筑物全部或部分荷载。二是根据工程需要对原有建筑物地基和基础进行加固，改建或在原有建筑物下进行地下工程施工等。

我国托换技术的数量和规模，随着建筑业的发展在不断地增长，在对原有建筑物基础的托换方面，也积累了丰富的经验，下面介绍几种具体方法。

（一）基础扩大加固法

对由于地基土局部软弱或上部荷载较为集中而引起房屋建筑不均匀沉降的情况，对沉降较大部位的基础可扩大其底面积，使基础强度增大，降低该部位地基附加应力，从而使该部位的沉降值减小，使整个建筑物基础的沉降趋于均匀，达到修复和加固的目的。旧基础扩大底面积的加固，必须考虑到以下几方面。一是由于扩大部分紧靠旧基础，因此其开挖深度力求不要超过旧基础的基底，以免影响旧基础的承载能力。如果加固施工必须深入旧基础底面以下时，一定要有不减弱老基土承载力的可靠措施。二是要有保证荷载传递及新旧基础连成一体、共同工作的构造措施。三是与扩大连接有关的旧基础顶面和侧面，要将泥砂浮粒刷干净，彻底清除已软化、风化、变质、严重损坏的部分，并作凿毛处理，涂刷水泥浆等粘结剂，以提高新旧接合的牢固度。

当荷载较小或局部软弱不太严重时，可采用如图 2-31a、b 作法处理。但在垫扩挖掘时，宜在上部支撑卸荷载情况下进行，并注意不扰动原地基土；外扩基础的配筋可与原基础钢筋相焊接，或与柱子主钢筋焊接。荷载较大时或地基局部软弱较严重时，则应在外扩部分配置双层钢筋，并均与柱子主钢筋相焊，见图 2-31c 作法。亦可将两基础用地基梁相连，扩大基础的承载面积，见图 2-31d 所示，此时下部钢筋应与原基础钢筋相焊，上部钢筋应插入杯口或与柱主钢筋相焊。条形基础底面积不足时，可采用如图 2-31e 的方法处理，同样应注意新加部分与原基础的共同工作，在墙内加联系钢筋（ϕ8～12mm），间距 300～400mm。

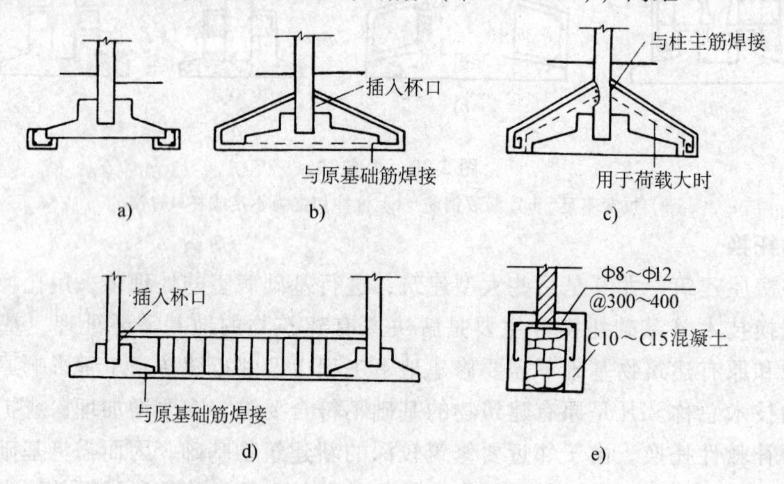


图 2-31　扩大法示意图

a）垫扩　b）～d）外扩　e）条扩

有些情况在扩大基底面积的同时，也将基础埋深加大，加固效果更好。

工程实例：某铁路水电车间，建于水塘边，砖混结构，钢筋混凝土屋面梁、板。基础为刚性毛石基础。建成后不久，由于基础的不均匀沉降，在靠近水塘一角的纵墙、山墙、拐角处，均有严重的开裂，且在继续发展，在墙体开裂部位验槽发现其下毛石基础也有明显的开裂。

分析原因：由于屋面梁传给壁柱的实际荷载是集中荷载，而壁柱下的基础宽度与窗间墙下的基础宽度相同，并未扩大，这样纵墙下基底压应力分布是不均匀的。又由于该段靠近水塘，地基软弱，又加大了不均匀沉降。因此，导致上部结构被削弱的墙体上出现裂缝。

加固方案：采用扩大基础底面积的方法进行加固，对墙体开裂部位两个壁柱、一个拐角及山墙中部一段，共四处进行加固，见图 2-32。施工时先卸除加固部分基础上的部分荷载，然后从基础两侧开挖坑槽，并将基础下的基土挖出，同时加大基础埋深，扩大加固基础的长、宽、厚度是按设计计算确定的。完成坑槽的开挖后浇捣混凝土，为保证新、旧基础连接牢固，浇筑的混凝土要高出原毛石基础底面。待加固基础部分的混凝土达到规定强度后，再对上部基础及墙体的裂缝进行修补，最后拆除临时支撑。加固后，经数年观测，基本稳定。

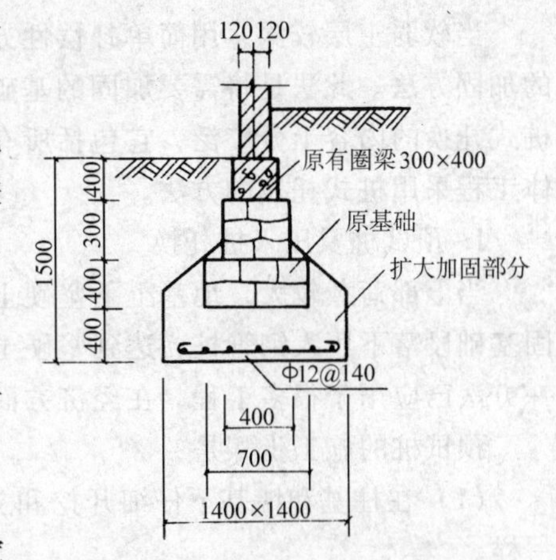

图 2-32 基础底面扩大加固剖面图

（二）坑式托换

坑式托换是直接在被托换建筑物的基础下挖坑后浇筑混凝土的托换加固方法，也称墩式托换。

坑式托换的施工步骤如图 2-33 所示。

（1）在贴近被托换的基础前面，开挖一个长×宽为 1.2m×0.9m 的导坑，深达基础底面以下 1.5m。

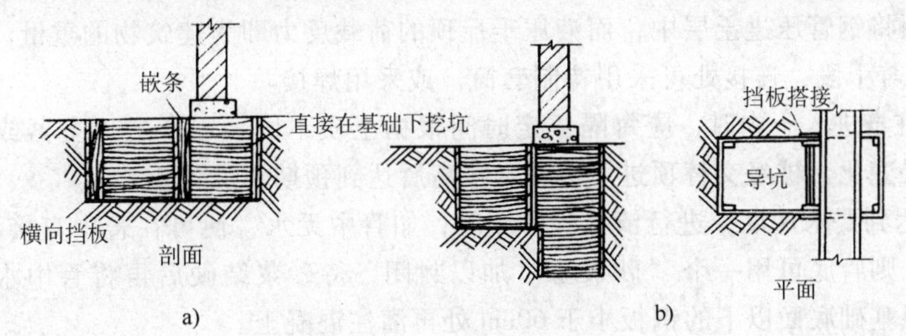

图 2-33 坑式托换

a）开挖导坑，直接在基础下挖坑，边挖坑边建立支撑 b）继续开挖和建立支撑

（2）将导坑再横向扩展到基础下面，并继续在基础下面开挖到要求的持力层标高。

（3）采用现浇混凝土浇筑已被开挖出来的基础下的坑槽体积，在离原有基础底面 8cm 处停止浇筑，养护一天后，再将水泥砂浆放进 8cm 的空隙内，并用铁锤锤击短木，使砂浆在填塞位置充分捣实，成为密实的填充层。由于该填充层厚度小，可视为不收缩层，因此不会引起建筑物附加沉降。

（4）同样，再分段分批地挖坑和浇筑混凝土墩，直至全部托换基础的工作完成为止。

在开挖过程中，所有坑壁都应用 5cm×20cm 的横向挡板挡土，横向挡板间还可相互顶紧，再在坑角处用 5cm×10cm 的嵌条钉牢。

混凝土墩是间断的还是连续的，主要取决于被托换加固建筑物的荷载和坑下地基土的承载力。间断墩应满足建筑物荷载条件对坑底土层地基承载力的要求。当间断墩的底面积不能对建筑物提供足够的支承时，则可设置连续墩式基础。连续墩基础施工时应首先设置间断墩以提供临时支承。当开挖间断墩之间土时，可先将坑侧板拆除，再在挖掉墩间土的坑内灌注混凝土，同样再进行干填砂浆后，就形成了连续的混凝土墩式基础。

对于大的柱基用坑式托换时，可将柱基面积划分成几个单坑，进行逐坑托换的方法。单坑尺寸视基础尺寸大小而异。但对托换柱子而不加临时支撑的情况下，通常一次托换不宜超过基础支承面积的 20%。

（三）桩式托换

当软弱土层较深，用简单补偿性方法和坑式托换方法难以处理病害时，可采用桩式托换的加固方法。此法是将需要加固的基础段落支托在新设置的桩上，以承担原基础上部荷载。桩式托换的内容十分广泛，它包括所有采用桩基形式进行托换的一切方法。下面介绍两个具体工程采用桩式托换的方法。

1. 预试桩及压入桩托换

当上部荷载较大，地基土下坚硬土层埋藏较深，基土中设有一些障碍物时，可在需要加固基础段落下压入钢管桩，达到坚硬土层，这样由钢管桩来承担加固段落基础承担荷载，这一方法已应用于很多工程，在经济方面取得了很大成效。

预试桩的施工步骤是：

(1) 在柱基和墙基下仔细开挖和支护导坑的坑壁，挖坑的施工方法如同坑式托换所述一样。

(2) 根据设计的桩所需承受的荷载。使用 30 ~ 40cm 直径的开口钢管，用设置在基底下的液压千斤顶将钢管压进土层中，而液压千斤顶的荷载反力即为建筑物的重量。钢管可截成约 1.2m 长的若干段，连接处可采用特制套筒，或采用焊接。

(3) 在桩身进入土中时，应每隔一定时间根据土质不同，用合适取土器或其他方法挖土来观察土层变化。桩经交替顶进、清孔和接高后达到预期深度为止。

(4) 桩达到要求深度，进行清孔到管底时，如管中无水，便可在管中直接灌入混凝土。如管中有水，则管底可用一个“砂浆塞”加以封闭，待砂浆结硬后再将管中水抽干，并把钢管接长到距基础底面以下的钢板小于 60cm 处再灌注混凝土。

(5) 桩的预试工作是在混凝土结硬以后进行的。一般用两个并排的千斤顶安置在钢管和基础之间，两个千斤顶之间要有一定的空隙以便稍后安放楔固的梁。通过千斤顶施加在桩上的荷载达到 150% 的设计荷载时，使荷载维持不变，若 1h 内沉降不增加，则可认为已稳定，此时将 30cm 的工字梁竖放在两个千斤顶之间，再用钢楔将填板嵌入工字梁和顶板之间，用大铁锤将钢楔打紧。最后停止千斤顶的工作并卸出，采用干填或在不大的压力下将混凝土注入基础底面并将桩顶和工字梁包围在内。预试桩的典型大样图见图 2-34。

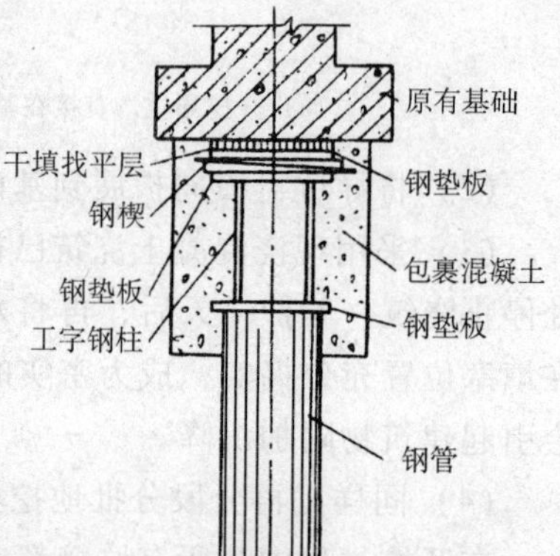

原有基础
干填找平层
钢垫板
钢楔
包裹混凝土
钢垫板
钢垫板
工字钢柱
钢管

图 2-34　预试桩的典型大样图

压入桩托换与预试桩托换的基本施工方法相同，而前者只是在撤出千斤顶前没有放进楔紧的工字钢梁，所以在撤出千斤顶后，在桩顶仍有回弹的缺点。因而，当建筑物正式荷载传递到压入桩上时，将仍会有一定的沉降量，但这个沉降量一般是很小的。

工程实例：呼和浩特市职业学校锅炉房基础加固托换工程。

(1) 工程概况　呼和浩特市职业学校锅炉房建于 1985 年春，该建筑物为单层混合结构，高度为 7m，建筑面积为 220m²，片石基础。

由于设计前没有详细进行地质勘察，施工时又没有进行验槽等工作，刚建成准备使用前夕，突然发现长达十几米的四、五段基础下沉；有 6m 多宽的地基土陷入基础下的防空洞里，造成基础梁悬空，上部墙体、梁等开裂，建筑物成为危房，因此决定局部加固地基采用压入桩的托换技术来处理。

(2) 地质条件　为了弄清房屋不均匀沉降的原因，对局部进行了复勘工作。发现整个锅炉房基础全部落在3.5～4.0m未经处理的杂填土上。基础下陷部位底部，是当时开挖过而没有衬砌好的防空洞。杂填土下是粘土，5.1m深处为粗砾砂层。

(3) 施工情况　设计确定基底下粗砾砂为持力层，确定桩长为5.4m，钢管桩直径为168mm，经计算单桩承载力为62kN，共用13根钢管桩。

施工步骤如下：

1) 将钢管截成1m长的短节，最下面的一节长些，并将此节桩端处加工成桩尖封闭的和锥角为60°的圆锥形。

2) 在室内开挖长×宽×深=2m×1.5m×1.8m的导坑，并逐步扩展到片石基础下面，并在基础中挖开0.5～0.8m的缺口。

3) 在缺口中垂直放进第一节带桩尖的钢管，桩管上放一块钢垫板，钢垫板上装有150～300kN而行程尽量大的抽压千斤顶，千斤顶上装压力传感器等，传感器上垫钢板顶住基础梁。

4) 驱动千斤顶加荷，开始时地基反力小于上部荷载，于是钢管桩被逐节压入土中，每节钢管是焊接连接，并注意找正垂直方向，当桩贯入到粗砾砂层时，从测力传感器的数字显示器上可观察到当桩的承载数值已超过设计单桩承载力0.5～1倍时，就可以停止加荷。

5) 在控制基础继续下沉和墙体开裂发展部位，先后托换好四根桩。在认为危险已排除的情况下，交错撤出千斤顶，并向桩管内浇灌C20混凝土，振实后，再砌好片石，在基础梁底下支模浇灌混凝土，最后把桩和基础浇灌在一起。其他各根钢管桩的托换施工方法相同，托换后建筑物使用正常。

2. 打入桩及灌注桩托换

在如下情况下应考虑采用打入桩或灌注桩托换：①预试桩和压入桩的托换适用范围受限，特别是桩管必须穿过存在障碍物的地层时；②当被托换的建筑物较轻及上部结构条件较差，而不能提供合适的千斤顶反力时；③当桩必须设置得很深，而费用较高时。

打入桩及灌注桩一般用在建筑物的隔墙基础托换，或设备不多且有一定净空高度的厂房基础托换。净空高度视施工设备情况可在3.6～4.0m之间，打入桩按净空要求将钢管桩截成短段，其直径约为300～350mm，壁厚约10mm。压缩空气桩锤安装在特制的龙门导架上或叉式装卸车上进行打桩。钢管的接头用铸钢的打桩套筒或焊接而成，打桩时应清出桩管中的土，若有障碍物时则可使用一种下凿式小冲击钻，通过开口钢管下端劈碎或钻穿而取出；桩打到要求的土层后，最后清孔和在钢管内浇筑混凝土。当打完按设计要求数量的桩以后，就可以利用搁置在桩上的托梁系统来支承柱或墙，其荷载靠钢楔或千斤顶来转移。打入桩托换的另一优点是开口的桩端排挤开较少的土，因而产生的振动比闭口的桩要小，这对于已经在下沉的建筑物基础托换加固是至关重要的。

灌注桩多采用钻孔灌注桩进行托换，灌注桩托换与打入桩托换的功能完全一样，它同样靠搁置在桩上的托梁系统来支承被托换的柱和墙。它与打入桩托换不同点仅在于沉桩的方法不一样。灌注桩是先在设计位置钻孔，安放钢筋笼，浇筑混凝土时下套管，边浇边振捣，边拔管，逐层浇筑，最后成桩。单桩长度、横截面面积和配筋等均根据上部荷载及地基土情况，计算后确定。

工程实例：湖北光化磷肥厂熟化车间基础托换工程。

(1) 工程概况　湖北光化磷肥厂熟化车间是一个单跨厂房，跨度 18m，桩距 6m，全长为 96m，轨顶标高 10m，柱顶标高 12.2m，有一台 50kN 桥式抓斗起重机，设计地面堆载 100kPa。而实际生产中堆放 7m 高的化肥，超载较多，并且化肥堆放也不均匀。厂房结构为钢筋混凝土柱，杯形基础，轻钢屋架上盖石棉瓦屋面，厂房地基在设计时未作处理。熟化车间平面及剖面如图 2-35 所示。

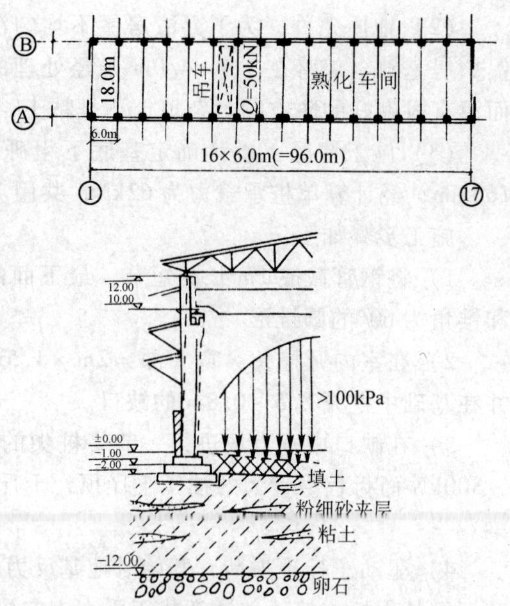


图 2-35　熟化车间平面及剖面

由于大面积堆化肥，使厂房出现不均匀沉降及倾斜，最大柱顶偏移 9.9cm，不均匀下沉 14.6cm，起重机已难于行驶，柱上裂缝宽达 5.25mm，严重地影响厂房的安全。

(2) 地质条件　该厂房持力层为夹粉细砂薄层的粘土，呈软塑到可塑，厚度达 12m，其下是卵石层。该厂房离汉江很近，汛潮到来时，土处于软塑状态，加剧了厂房的柱基变形。

(3) 设计和施工概况　根据计算，确定每根柱子的基础设置四根灌注桩，由承台将桩和原来基础联接在一起，如图 2-36。这样上部结构和吊车荷载通过桩直接传递到卵石层上，使柱基的沉降得以控制。对基础倾斜严重的，先采用基础加压纠偏法进行纠偏，再将桩与承台固定。同时对上部结构进行了加固，并调整了吊车梁和轨道。这个托换工程竣工后，取得了满意的加固效果。

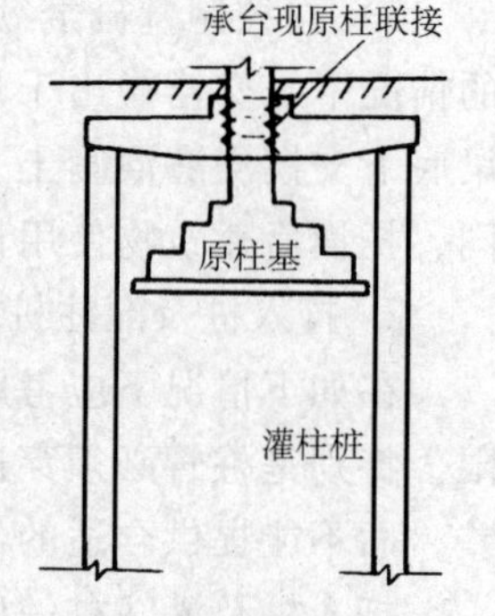


图 2-36　原柱基与灌注桩基用承台联接示意图

## 三、不良地基上基础的加固与稳定措施

### (一) 膨胀土上基础的加固与稳定措施

建造在膨胀土地基上的房屋建筑，要通过基础加固与稳定措施来消除或减小不均匀沉降的影响。应根据膨胀土的胀缩变形大小、破损影响程度以及基础和上部结构的构造类型、房屋建筑的重要性等几方面综合考虑来拟定加固与稳定方案。一些具体作法如下。

#### 1. 简单的防范方法

简单的防范法只适用于胀缩变形是由于防水、保湿措施不力而引起的情况，而且不均匀变形不能太大。

(1) 地基帷幕法　帷幕可以隔断地裂，通过房屋建筑，减小地裂胀缩力对基础的影响，同时还可作为地基土防水保湿屏障，以截断外界因素对地基水分的影响，从而保证地基中水分的稳定。帷幕形式有砂帷幕、填砂的塑料薄膜帷幕、填土的塑料薄膜帷幕、沥青油毡帷幕以及塑料薄膜灰土帷幕（如图 2-37 所示）等。一般帷幕的埋深是根据建筑物场地条件和当地大气影响急剧层深度来确定。根据地基土层水分变化情况，在房屋四周分别采取不同帷幕深度以隔断侧向土层对基础及地基土的不利影响。帷幕配合 1.5m 宽散水进行处理，效果更明显。

此法优点是工作量小、施工方便，缺点是效果不太明显。

（2）设置钢筋混凝土箍和缓冲带法　沿房屋建筑外墙基的四周或局部病弱段落，挖一条适当宽度的沟，紧靠基础侧面沟内砌筑毛石钢筋混凝土或钢筋混凝土，直至离沟的另一侧面为150mm为止，在宽为150mm剩余沟槽内回填细砂，并在墙基的内侧再设一道封闭式钢筋混凝土箍梁（特殊情况也可不封闭），如图2-38所示。

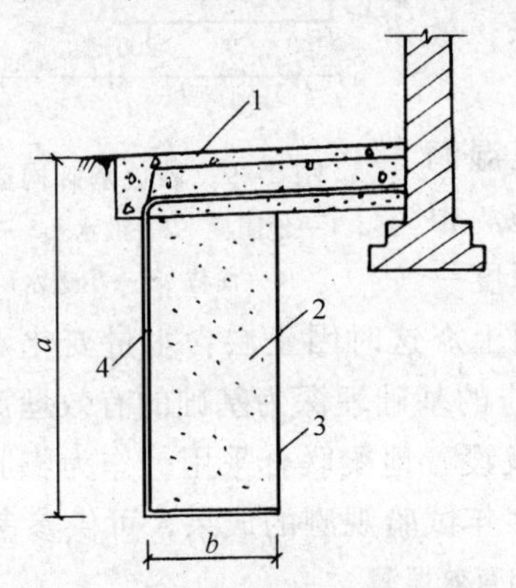


图2-37　塑料薄膜灰土帷幕构造

1—散水　2—2∶8灰土（质量比）

3—沟壁　4—塑料薄膜帷幕

$a$—合理的基础埋深　$b$—能施工的最小宽度

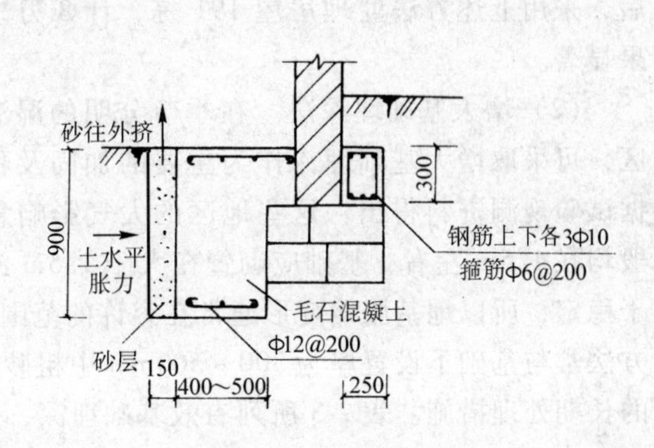


图2-38　钢筋混凝土箍和缓冲带截面图

经上述处理后，可以抵消部分膨胀土的水平胀力，因为当土的胀力传来时，由细砂带来缓解土的水平胀力，使传到基础上的水平力大大减小，而加设的钢筋混凝土箍梁和毛石钢筋混凝土带，使墙体的左右倾斜受到限制。

此法对减小水平胀力，抑制墙体左右倾斜效果较好，但对不均匀升降危害效果不明显。

2. 抽换或重作基础的加固措施

对于地基土胀缩变形较大，导致基础及上部结构破损较严重的房屋建筑，则应根据病害的严重程度采用分段抽换或重作基础的加固方法。常用的几种作法如下。

（1）砂包基础、油毡、地梁和散水坡结合方法　由于砂包基础能释放地裂应力，在膨胀土地裂发育地区，对中等胀缩性土地基，采用此法，可取得明显的效果。

施工步骤：

1）先对要更换基础段落作好上部荷载的支撑，拆除要更换段落，并作好基底的清除工作。

2）在要更换段落上用干砂作好基础底部砂垫层，砂垫层要分层夯实。砂垫层要有一定的厚度和宽度，这样才能起到作用。

3）在铺好的砂垫层上作好基础，在基础两侧回填一定厚度的干砂，并要夯实。

4）在基础顶面处设置一道油毡滑动层，其上再捣一道钢筋混凝土地圈梁。构造如图2-39所示。

5）在室外地面上作混凝土硬面散水。

上述方法主要是利用砂在膨胀土地基上应变能力较好的优势，设砂包基础可以调整地基变形，又能起保水作用，不致使基土过分失水而地裂。砂包基础和油毡滑动层可使基础自由移动，从而缓解膨胀土胀缩而产生的水平力对上部结构的影响。圈梁起着增加房屋整体刚度的作用，散水坡可以防止地表水侵入地基，又可以减少基土中水分蒸发。

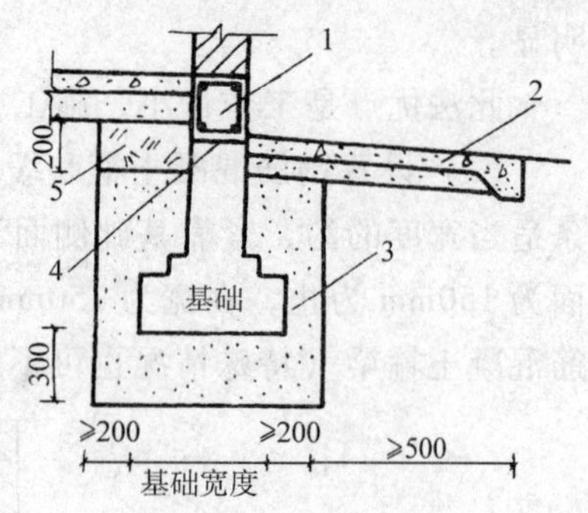


图 2-39　砂包基础构造图

1—地圈梁　2—散水　3—砂包　4—油毡　5—不透水层

广西武宜县从1974年以来，总结房屋普遍开裂的原因后，采用上述方法处理房屋191栋，计8万多平方米，效果显著。

（2）增大基础埋深法　在季节分明的湿润区和亚湿润区，可采取增大基础埋深作为主要的加固及稳定措施。根据试验观测资料得出：这些地区的大气影响急剧层深度一般均在1.5m左右，基础应砌置在大于1.5m深的土层上。这时因土层含水量变化不大或趋于稳定，所以地基胀缩变形通常在容许的范围内，相应的基础埋深为基础的有效埋深。这种方法常与基础下设置厚为300～500mm中粗砂垫层以及设置地梁联合采用，作为膨胀土地基的长期处理措施。表2-3所列有效基础埋深，是我国多年试验观测的成果，可供参考。

**表 2-3　膨胀土地基平地基础有效埋深**

| 地　区 | 深度/m | 说　明 | 地　区 | 深度/m | 说　明 |
|---|---|---|---|---|---|
| 宁明 | 1.5～2.0 | Ⅰ级膨胀土 | 光化 | 1.5 | |
| 宁明 | 2.0～2.5 | Ⅲ级膨胀土 | 郊县 | 1.5～2.0 | |
| 南宁 | 1.2～1.5 | Ⅰ级膨胀土 | 蚌埠 | 1.2～1.5 | Ⅰ、Ⅱ级膨胀土 |
| 南宁 | 1.5～2.0 | Ⅱ级膨胀土 | 合肥 | 1.2～1.5 | Ⅰ、Ⅱ级膨胀土 |
| 南宁 | 2.0～2.5 | Ⅲ级膨胀土 | | 1.2～1.5 | Ⅰ级膨胀土 |
| 柳州 | 1.2～1.5 | | 南阳 | 1.5～2.0 | Ⅲ级膨胀土 |
| 桂林 | 1.2 | | 叶县 | 1.5～2.0 | |
| 湛江 | 1.3～1.5 | | 汉中 | 1.5 | |
| 韶关 | 1.2 | | 安康 | 1.5 | |
| 个旧鸡街 | 2.5～3.0 | | 邯郸 | 1.5～2.0 | |
| 蒙自 | 2.5～3.0 | | 邢台 | 1.5～2.0 | |
| 文山 | 2.0～2.5 | | 唐山 | 1.2～1.5 | |
| 贵阳 | 1.2～1.5 | | 济南 | 1.2～1.5 | Ⅰ、Ⅱ级膨胀土 |
| 成都 | 1.5～1.8 | | 泰安 | 1.2～1.5 | Ⅰ、Ⅱ级膨胀土 |
| 南充 | 1.5 | | 兖州 | 1.2～1.5 | Ⅰ、Ⅱ级膨胀土 |
| 当阳 | 1.5 | | | | |

注：1. 深度从室外设计地面算起。
2. 表中幅度应根据地基评价等级和地貌条件确定。

在亚干旱地区，大气影响急剧深度一般较深，这时再采用上述方法处理已不经济，宜采用墩式基础或桩基。

（3）设置墩式基础　在墙体下设置钢筋混凝土基础梁，在基础梁下再设置间隔一定距离（距离的大小一般根据计算而定）的带有砂垫层的墩式基础。在墩基础顶面及钢筋混凝土基础梁底面之间铺设油毡滑动层。墩与墩之间发生地裂时，因设置了油毡滑动层，基墩可以任意移动，上部结构也不会因地裂而开裂。而设砂垫层又可以缓解墩基础下发生的地裂。钢筋混凝土基础梁采用现浇的连续梁，根据设计要求进行配筋，墩基础可以是毛石或砖砌筑的。

(4) 设置桩基础。在大气影响深度较深、基础埋深较大、选用墩式基础施工有困难或不经济时，可选用桩基础。膨胀土中的桩基础设计除符合一般地基土有关规定外，还要满足一些特殊要求。施工步骤如下：

1）清理、抽换或重作基础场地，作好支撑。

2）在设计桩位上用钻机钻孔，孔径一般为 250～350mm，深度通过桩长计算确定，并应大于大气影响急剧深度的 1.6 倍，且不得小于 4m，使桩支承在胀缩变形较稳定的土层或非膨胀性土层上。

3）桩身全长需配筋，可选用 6ϕ16mm 的钢筋，箍筋ϕ6～8mm，间距 200～300mm，灌注 C15 混凝土形成灌注桩。

4）桩顶设钢筋混凝土承台梁，承台梁配筋不小于ϕ12mm，间距 200mm。承台底面与地面之间留有间隙，其大小应等于或大于土层膨胀时的最大升量，且不得小于 100mm。

5）承台梁上砌墙，构造如图 2-40 所示。

（二）冻胀土上基础冻害的整治

1. 换填法

对标准冻深大于 2m，基底以下为强冻胀土上的采暖建筑，及标准冻深大于 1.5m，基底以上为冻胀土和强冻胀土上的非采暖建筑，为防止切向冻胀力对基础侧面作用所导致的冻害现象，一般采取在基础侧面换填粗砂、中砂、炉渣、火山灰等非冻胀性散粒材料，厚度不小于 150～200mm，如图 2-41 所示。

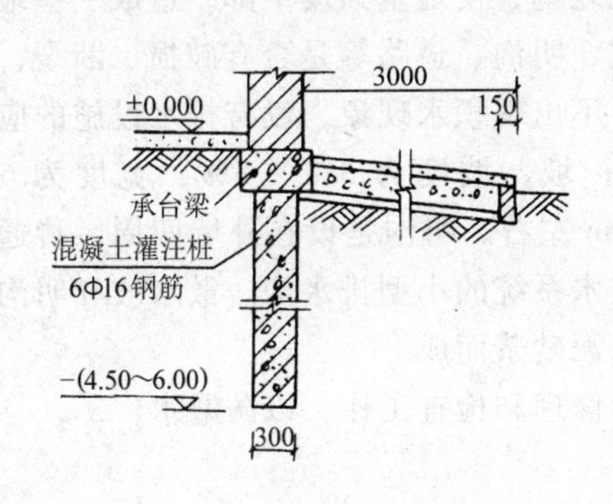


图 2-40　桩基构造图

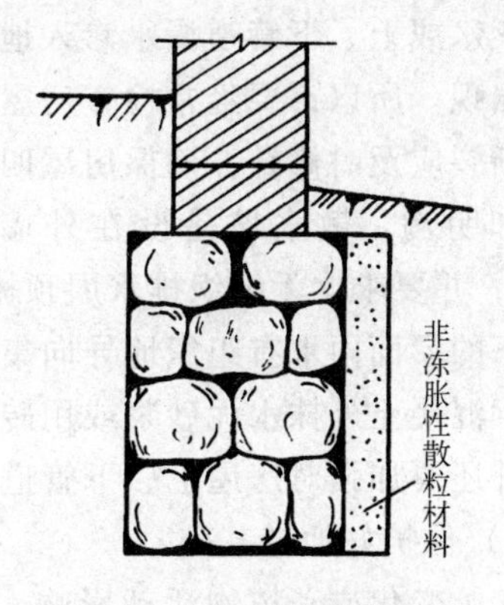


图 2-41　基础侧面回填非冻胀性材料示意图

2. 保温法

埋深过浅或场地低洼造成冻害现象，可在基础外侧（采暖建筑）或两侧（非采暖建筑）一倍冻深范围内填土加高地面，同时疏导排水。当标高受限制不允许加高时，可在地表下换铺一定厚度的保温材料，如炉渣、珍珠岩等，并作好地表防水。上述处理的目的都是为了减小地基冻结深度，消除基础冻害现象。

3. 增设钢筋混凝土基础梁或换土垫层

当冻害现象是由基底的法向冻胀力造成基础断裂，导致墙体破裂等，一般采用加强基础措施来整治病害。如果墙体破坏严重，可拆除后在基础顶面处加设钢筋混凝土梁，延伸到墙体无病害处，而后在其上重新砌墙体，使基础有抵抗冻胀力的能力。

在可能的条件下，对基底下为冻胀土的基础采用砂垫层，是最有效的方法。分段换掉冻胀土，换成不冻胀砂或碎石等，从而彻底消除了冻胀原因。

## 第四节　地基基础的防护措施

地基基础是房屋建筑的根本，地基基础的好坏直接关系着房屋建筑的安危，而它又属于地下隐蔽工程，事故一旦发生，补救并非容易。这就需要在日常使用中做好预防和保护工作，防止或消除使用过程中人为造成或环境造成的一些病害，保证房屋建筑地基基础的正常工作。

### 一、基本要求

房屋建筑地基基础的防护工作主要从以下几方面考虑防范：

（一）正确合理地使用房屋

房屋没有经过鉴定以及重新设计确定，不允许上部结构的使用荷载有大幅度增加，不允许在已建房屋基础周围堆放过重的重物等。因为无论是上部荷载增加，还是地表堆重都将使地基上的附加应力增加，从而使地基产生附加沉降。而附加沉降往往是不均匀的，也就造成了地基基础的不均匀沉降，导致上部结构开裂或基础倾斜等病害出现。所以房屋使用用户未经管理单位批准鉴定，不应随意改变使用功能或增设荷载等。

（二）做好地基和基础的防水、排水

地表水或上、下管道漏水渗入地基，都会软化地基，使地基强度下降，造成一些地基基础病害出现。所以，要经常检查房屋四周的散水坡、明沟、道路等是否有破损、断裂，如有破损、断裂应及时修补，确保房屋四周排水畅通，不出现积水现象，没有排水设施的应加做散水坡和明沟。散水坡是设在外墙四周的倾斜护坡，坡度为3%～5%，宽度为600～1000mm，并要求比无组织排水屋顶檐口宽出200mm左右。明沟是设在外墙四周，将通过雨水管流下的屋面雨水有组织地导向集水口，流向排水系统的小型排水沟。散水坡和明沟所用材料有素混凝土外抹水泥砂浆或用砖石砌筑再抹水泥砂浆而成。

另外还要加强对房屋上、下管道和暖气管道的修理和检查工作，以防漏水。

（三）保护好地基基础

因气候变化或动植物活动影响，易使基础上覆盖土散失。为不使基础外露受损伤而削弱，应及时填土夯实确保覆土的完整。防止在外墙四周随意挖坑。

要保证房屋四周勒脚的完整，因为勒脚的破损或严重剥落，将影响到基础的受力状态，亦会导致墙面雨水流入基础，乃至地基，造成病害。勒脚是建筑物四周与室外地面接近的那部分墙体，一般是指室内首层地面和室外地面之间的一段墙体，也有将勒脚提高至首层窗台下或更高。由于距室外地面最近，容易受到人、物和车辆的碰撞，以及雨、雪、土壤潮气的侵蚀而破坏。因此，须采取相应的构造措施加以防范，对已破损部分应及时修补，彻底清除病患处，重新做或加做具有一定防水能力的强度较高的勒脚。

### 二、特殊土地区的防护要求

在特殊土地区的房屋建筑的地基基础除按上述基本要求做好防护工作外，还要根据土的特殊性做好一些特殊的维护工作。

（一）季节性冻土地区的防护要求

(1) 采暖设计的房屋，在采暖季节使用时不应间断采暖，要保证各房间的正常采暖。当不能保证采暖时，要采取相应措施对内外墙基础做好保温。

(2) 有地下室的房屋，寒冷季节地下室门窗应严密封好，以防冷空气侵入地下室引起基础冻害，而在其他季节则要经常打开门窗，使地下室有良好的通风，防止墙体受潮等。

(二) 湿陷性黄土地区的防护要求

由于湿陷性黄土具有湿陷性，建在湿陷性黄土地区的房屋建筑，常由于对地基基础的防护不周而发生湿陷变形，所以对湿陷性黄土地区还要做好以下几方面的特殊防护工作。

1. 基本防水

不能随意在地面及房屋四周泼散废水；要保证房屋建筑周围排水畅通，不允许有积水现象；不得在房屋建筑周围规定范围内种菜（非自重湿陷性黄土地区规定5m，自重湿陷性黄土地区规定1m）；不得在建筑物周围10m以内随意开挖地面，如因施工或修理必需开挖地面时，要求提前做好防范，避免一些地面水流入坑中，施工后要及时处理好地面。

2. 防漏水寒冷地区

冬季对水管采取防寒保温措施，以防冻裂；每年供暖前要求对暖气管道进行系统检查，如冬季暖气管道出现事故停用时，要把管道中的存水放尽，以防管道被冻裂影响地基土；经常检查上、下系统管道，有无漏水，是否畅通，发现漏水立即切断，及时维修。

3. 预防防水

每年雨量大的季节，要对房屋附近的一些排水设施等进行必要的检查，排除一些不利于排水的隐患，使在大量降雨时，排水畅通，避免雨水泛滥。还要经常对房屋建筑进行沉降观测及地下水位观测，发现沉降有异常时，应及时进行各方面检查，及时进行必要的维修与管理。

(三) 膨胀土地区的防护要求

由于膨胀土具有遇水膨胀、缺水收缩的特性。建在膨胀土地区的房屋建筑在使用期间要减小地基土中含水量的变化，以便减小土的胀缩变形。所以要做好以下几方面防护工作。

1. 合理种植树木

房屋附近不宜种植吸水量大和蒸发量大的树木，因这类树木会使房屋建筑地基失水，出现地基下沉。应根据树木蒸发能力和当地气候条件等，在保证树木和房屋之间合理距离的前提下，合理选种树木，这样既可以绿化环境，有利于人类健康，又不会因种树而影响建筑物地基。

(1) 树木种类的选择　树木种类的选择主要是根据树木的蒸发能力、当地的气候条件和地下水补给情况综合考虑选择的。一般宜选择树干较矮和根系较浅的树种，如一些落叶树，浅根的常绿树。

(2) 种植部位　树木种植部位要合理，否则也会给房屋建筑地基带来病害。一般灌木或浅根树离房屋建筑3m以外种植为宜；乔木在5m以外种植为宜；高大的常绿树应远离房屋建筑20m以外，可成片种植。房屋周围为裸露地面情况，应尽量多种植些草皮、绿篱等，以减少太阳对土壤的辐射，从而减少地基土水分的蒸发。

(3) 定期修剪　为更好地做好膨胀土地区房屋建筑地基基础的防护工作，对周围树木、草皮、绿篱定期修剪，以限制树木长得过高。旱季要给树木培土浇水，必要时对一些年代久的树木定期更新。

2. 在房屋建筑周围做好宽散水

宽散水不仅其宽度要比一般散水大（宽度通常采用2～3m），且有保温隔热层及不透水的垫层。因此，它具有防水、保湿和保温、隔热的作用。许多实例表明，宽散水的制作质量直接影响防治效果，其作法必须严格按下列要求：

（1）面层厚8cm（可行驶机动车时，宜不小于10cm），C15混凝土随捣随抹面，其外边缘应局部加厚。

（2）保温隔热层厚10～20cm，1∶3（质量比）石灰焦渣或其他做法。

（3）垫层厚10～15cm，三合土或2∶8（质量比）灰土等不透水材料。

宽散水坡度及与墙交接处缝内填料与普通散水相同。宽散水构造如图2-42所示。

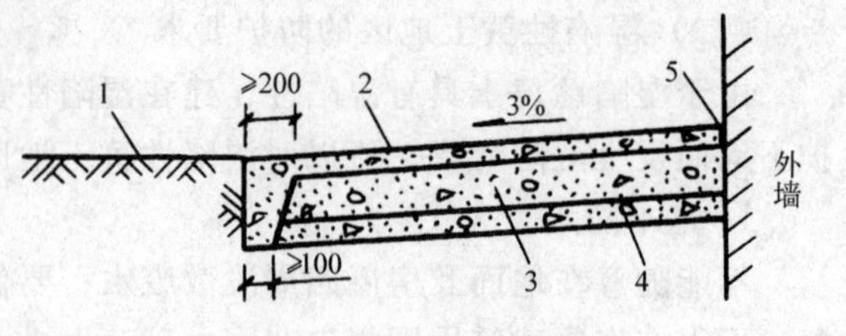


图2-42　宽散水构造图

1—室外地坪　2—面层　3—保温隔热层　4—垫层　5—变形缝

# 第五节　基础倾斜的矫正技术

在实际工程中，由于地基土分布不均匀、邻近建筑物附加应力扩散、特殊土地基局部浸水及基础承受偏心荷载等，都将导致房屋建筑整体向一侧倾斜，不仅影响房屋建筑的正常使用，还可能危及建筑的安全。对于上部结构整体完好、整体刚度又较大的房屋建筑，采用一些矫正技术以使整个房屋建筑的不均匀变形趋于均匀，达到纠倾的目的。常用在倾斜反侧加荷、浸水、掏土等方法，增加反侧地基的沉降量。具体的方法有以下几种。

## 一、浸水法和加压法矫正

对于湿陷性黄土地基的一些高耸构筑物和刚度较大的建筑物，由于地基局部浸水，往往使基础产生不均匀沉降，从而导致建（构）筑物倾斜，为防止意外，一般应对建（构）筑物进行倾斜矫正。

倾斜矫正中可利用湿陷性黄土遇水湿陷的特征，采用浸水、加压或浸水加压同时进行的方法进行矫正。具体方法选择应根据沉降量较小一侧地基土平均含水量决定。当地基主要受力层范围内湿陷性黄土的平均含水量（质量分数）低于16%，而湿陷系数$\delta>0.05$时，宜采用浸水矫正的方法；当黄土的平均含水量（质量分数）超过23%，而$\delta<0.03$或没有湿陷性时，宜采用在基础一侧进行加压矫正法；当黄土的含水量或湿陷性介于上述二者之间，或倾斜率较大，可采用浸水和加压综合的矫正法。这些矫正方法施工简单，费用较低，而矫正效果又好。我国应用这些方法解决了不少工程事故，取得了较好的经济效果，并积累了丰富的实践经验。

（一）浸水矫正法

1. 概述

在浸水矫正施工前，要根据主要受力层范围内土的含水量及饱和度，预估所需浸水量，然后分阶段将水注入地基中，注水时可通过注水孔或注水槽进行。注水孔孔径为10～30cm，孔深达基底以下0.5～1.0m，并在孔内填透水性大的砂石至基础底部，而后在注水孔内插入注水管注水。注水孔间距一般取0.5～1.0m，在基础倾斜反侧可布一排或2～3排。注水槽主要应用于刚度较大的建筑物倾斜矫正，槽宽一般 40 ~ 50cm，槽底与基础底面同一标高，注水槽根据矫正建筑物倾斜情况可分段设置，中间可用隔板隔断。

矫正过程中要用仪器随时进行监测，防止矫正速度过快，矫正先期注水量可大些，后期要减小注水量，要逐日测定各孔注水量，并做好记录。结合建（构）筑物顶部位移及基础沉降速率，随时调整各注水量，使基础底部能够均衡地恢复水平位置。

为防止施工中发生意外，对高耸构筑物一般在顶部或三分之二高度处设置 3 ~ 6 根钢缆绳，缆绳与地面成 25° ~ 30°倾角，并根据矫正速率逐渐将倾斜一侧缆绳放松，另一侧收紧。

2. 工程实例——兰州市某厂试验楼浸水矫正

兰州市某厂试验楼为三层混合结构，房屋地基土为Ⅲ级自重湿陷性黄土，湿陷性黄土厚达 15. 2m，分级湿陷量为 53. 0cm，自重湿陷量为 47. 0cm。由于房屋地基受水，使房屋产生向东北方向整体倾斜，最大沉降差超过 50. 1cm，局部倾斜最大在西山墙部位，达 34. 7‰。房屋长高比 1. 7，现浇钢筋混凝土楼面及屋面，钢筋混凝土条形基础，所以房屋的刚度较大，整体性也较好，裂缝只是在西山墙上出现一条。为防止裂缝发展，纠正整体倾斜，决定采用浸水法处理事故。

对房屋地基浸水采用注水槽注水。注水槽沿房屋基础两侧分段注水，为纠正该房屋，在地基中共注水 400t。施工了近 100 天。在注水施工过程中，基础各部位沉降正常，上部结构及基础没有出现新的裂缝。矫正完工后观测剩余沉降差最大为 18. 0cm，局部倾斜值为 12. 3‰ ~ 12. 5‰（在山墙部位处），沉降趋于均匀，已基本达到了预期的矫正效果。

（二）加压矫正法

1. 概述

建在湿陷性黄土或软弱土等不良地基上的建（构）筑物，当产生不均匀沉降后，会引起倾斜现象，可采用简易而又快速见效的加压矫正法来纠正基础倾斜。

加压矫正法是在建（构）筑物沉降较小的一侧上部结构上或基础上加荷载。适当增加这一侧的沉降，来减小不均匀沉降。

在加压矫正前应事先查明基底处压力大小以及压缩层范围内土的压缩性质，根据要纠偏值的大小，估算所需要压缩量，而后根据房屋建筑地基土的性质，计算上述压缩量所需要的附加应力增量，并算出所需加的荷载量。

荷载一般宜采用铁块或钢锭等一些重物。加压前还要验算建（构）筑物基础的强度是否满足，如不满足应先进行基础加固后再加压。所要施加的荷载应分级施加，刚开始加压时，每天施加 1 ~ 2 级，以后逐渐减慢加荷速度，后期 3 ~ 5 天加 1 级，加荷速率还要根据纠偏速率不断调整。

2. 工程实例——西安机瓦厂烟囱加压纠倾

西安机瓦厂砖烟囱高 55m，直径 9. 2m，基础埋深为 2. 57m，地基为Ⅱ级非自重湿陷性黄土，基底以下为新近堆积黄土，厚度为 6m，而其下为比较致密的马兰黄土，地基土承载力为 120kPa。新近堆积黄土的平均物理力学性质指标如表 2-4 所示。烟囱由于地基受水而往西南方向倾斜 93. 4cm，地基土的含水量增加到 24. 7%，为有效地纠正烟囱倾斜，采用加压矫正法。

加压矫正时，在倾斜反侧半圆范围内用铁块加荷，为保证不出意外，并在东、北、东北方向拉设 3 根钢丝绳。加压之前并对砖基础用钢筋混凝土加固，如图 2-43 所示。

**表 2-4　场地土的物理力学性质平均值**

| $e$ | $\gamma$/（kN/m³） | $w$（%） | $w_L$（%） | $w_P$（%） | $I_P$ | $\delta_S$ | $a_{1-2}$/MPa$^{-1}$ |
|---|---|---|---|---|---|---|---|
| 1.03 | 16.3 | 21.6 | 27.6 | 17.4 | 10.2 | 0.044 | 0.84 |

整个施工过程在基础上共加了重1623kN铁块，分25个荷载等级施加。经上述矫正后使烟囱已基本恢复原位，效果良好。

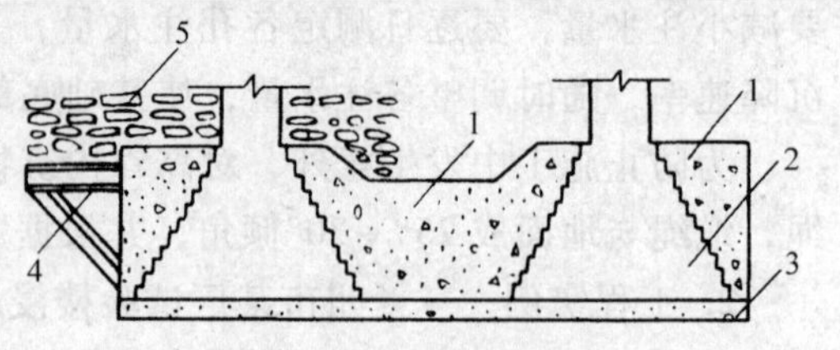


图 2-43　加压装置示意图

1—用钢筋混凝土加固的基础　2—原砖基础的大放脚　3—75号素混凝土垫层　4—钢筋　5—荷载块

有时加压矫正速度较慢，且效果不明显，这时在采用加压的同时对其下局部地基土进行振捣，以加速反侧地基土的沉降，同时对倾斜一侧进行撑顶，以保证沉降按设计要求而得到控制。振捣的目的是使土壤在振动力的作用下呈流塑状态，地基土能力显著下降，土体趋于密实，孔隙率降低，沉降会明显加速。

振捣时采用插入式振捣棒，在施振地基土中巡回振捣。布置的振点要均匀，振捣棒的插入深度应随沉降量要求而定，振捣的时间也要严格控制，不能太长。

（三）浸水与加压矫正法

1. 概述

有时为了加速矫正速度，提高矫正效果，或当倾斜较大时，仅采用浸水法难以使建（构）筑物恢复垂直位置，此时可采用浸水与加压相结合的方法矫正。

浸水与加压矫正法的施工方法基本与上述两种矫正法相同，但在注水量及荷载量的估算方面应考虑相互影响。

2. 工程实例——兰州市某医院锅炉房烟囱基础浸水加压矫正法

兰州市某医院锅炉房烟囱，高29m，筒身与基础都为钢筋混凝土整体浇筑，基础直径7m，基础埋深3.5m，地基土为Ⅲ级自重湿陷性黄土。由于地基局部浸水产生湿陷，使烟囱向锅炉房方向倾斜，倾斜率较大。决定采用浸水与加压矫正法。首先在基础沉降较小的一侧布置5个注水孔，注水孔分别采用1.0m×0.4m，0.6m×0.4m及直径为0.3m的不同截面。成孔后在孔底处铺30cm厚石子，然后在注水孔内插入注水管注水，共注水77900kg，分三个阶段进行。在注水过程中用浮标控制水位，并在注水的同时在烟囱浸水方向地面均布施加500kN荷载。共矫正倾斜值超过33cm，矫正后至今历时多年，一直正常使用，效果良好。

**二、排（掏）土纠倾法**

排（掏）土纠倾法是指抽（掏）砂（土）、钻孔取土、穿孔取土纠倾等方法的技术总称。用以对建（构）筑物的整体或局部纠倾。

（一）掏土法

在倾斜反侧方向的基础底面下，局部掏挖并取出适量基土，使倾斜反侧基土的沉降量相对加大，从而使整体结构的沉降趋于均匀，达到纠倾的目的。这种方法工具简单，施工方便，工程量小，投资少，并对邻近建筑物不会有不良影响。

掏土法使用的工具主要有小铁铲、小锄或大齿铁锯，其握柄可用钢管任意接长。

施工时是先根据倾斜方向轴线的偏斜情况确定基土需掏挖的区域位置。而后从确定的掏挖区底边缘开挖施工坑道，坑道宜按倾斜轴线对称布置，其宽度取决于掏土方法，一般为2

~3m，长度根据工作需要定。然后从基础底面下，沿基础边缘向中心逐步掏挖一定数量的基土，使这部分的基土形成削弱区。掏土时可以采用把削弱区内基底下一定厚度的基土逐步全盘掏出的方法；或采用把削弱区内的基底下的基土掏挖成沟道，沟道与沟道间保留适当宽度的基土的方法；或者采用上述两种方法结合的掏挖方法。随着削弱区的逐渐形成，基础倾斜反侧沉降逐渐增大，从而使倾斜逐步得以矫正。

（二）钻孔取土纠倾法

软粘土的特性是强度低而变形大，如果控制加荷速率，则可以提高地基承载力和减小地基变形；如果加荷速率过大，有可能使地基进入不排水的剪切状态，从而产生较大的塑性流动使基底软土侧向挤出，不但增大了地基变形，有时甚至会导致地基剪切破坏。而钻孔取土纠倾法就是利用基底软土侧向挤出这样的原理来调整变形和倾斜的。

例如：上海钢铁一厂开坯车间的露天跨东端三个柱基，基础埋深为2.1m，基础的底面尺寸为4.3m×28m，基底下约有1m厚的黄褐色粘土，其下都是淤泥质粘性土，地下水位在-1.2m的深度。因跨内放有大量钢坯，柱基有不同程度的倾斜，采用钻孔取土纠倾法来矫正倾斜。

为了增大柱的附加压力，以利于钻孔后土从侧向挤出，钻孔前在柱基上均匀加荷50kPa，使基底附加压力达70kPa，接近地基土的比例极限。钻孔布置在基础外侧四周，离基础边缘距离30cm，钻孔中心距约10cm左右。钻孔深度分别采用基底下1.4m、1.0m和0.7m。钻孔采用外径40mm的手摇麻花钻以及外径70mm的手摇螺旋钻。钻孔后，由于孔壁附近产生了应力集中使部分土体侧向挤出。与此同时，在整个基础范围下的土体中，由于边界条件的改变使应力重分布，使整个基础都有附加下沉，而外侧下沉大于内侧下沉，取得了倾斜调整的效果。

（三）穿孔取土法

含有瓦砾的人工杂填土，经长时间压密后，固结程度大有改善，如果只削弱少量基底支承面积，瞬时塑性变形是不可获得的，而短期浸水也不能使其“软化”。因此，必须适量地削弱原有支承面积，急剧增加其所受的附加应力，才能使局部区域产生塑性变形。地基穿孔纠倾就是在基底下采用穿孔掏土和冲水扩孔的施工措施，对建筑物进行纠倾的。

穿孔用的主要工具有榔头、耙子、软水管、手摇水泵、冲水扩孔用的射水头、手电筒等。

施工步骤：

（1）清理场地，创造穿孔条件。

（2）标出穿孔位置，安置观测装置等，备好堵洞用的石渣材料。

（3）进行穿孔。先穿通约20cm×20cm的洞孔再逐渐由孔壁扩孔，孔距为50cm。

（4）对于瓦砾含量较少的填土，为进一步提高穿孔功效，进行冲孔扩孔，孔径易于控制。对于瓦砾含量多的填土，作用不大。

（5）经沉降观测已基本满足扩孔要求的孔洞均填以石渣。

实践证明，采用“穿孔取土纠倾”消除建筑物的沉降差异，效果很好，施工也简便，费用低。目前排（掏）土纠倾法已发展到“沉井排土纠倾”和“地基深层冲孔纠倾”等纠倾措施，但施工要求加强变形量测和控制变形速率，切忌矫枉过正。

# 思 考 题

1. 地基基础出现病害的原因有哪些？
2. 软土地基的不均匀沉降对上部结构的不良影响有哪些？
3. 湿陷变形对上部结构的不利影响有哪些？
4. 不良地基的加固方法有哪些？它们加固地基的原理和施工要点是什么？
5. 病害基础的修复方法有哪些？
6. 地基基础的基本防护要求有哪些？
7. 膨胀土地区和湿陷性黄土地区地基基础防护有哪些特殊要求？

# 第三章 砌体工程维修

## 第一节 旧砌体房屋的质量评定

砌体房屋的质量评定是对其维修、加固和改造的科学依据。房屋的质量评定，亦即房屋的可靠性鉴定与评估，其内容包括房屋的安全性、适用性和耐久性三个方面。

**一、旧砌体房屋质量评定的标准**

（一）可靠性等级评定的分级标准

可靠性等级评定可分为四级。其中，砌体结构构件（也称“子项”）以a、b、c、d表示；砌体结构（也称项目）以A、B、C、D表示，其分级标准如下。

1. 砌体结构构件

a级：满足现行设计规范要求；

b级：略低于规范要求，可不采取措施；

c级：不满足规范要求，需采取措施；

d级：严重不满足规范要求，必须立即采取措施。

2. 砌体结构

A级：基本满足现行规范要求；

B级：承载能力略低于规范要求，但尚可保证使用要求，个别构件可能需要采取措施；

C级：承载能力不满足规范要求，需要采取措施，个别构件可能需要立即采取措施；

D级：承载能力严重不满足规范要求，必须立即采取措施。

（二）砌体结构构件的质量评定

砌体结构构件的质量评定包括承载能力、变形裂缝、构造与连接四个子项，其中以承载能力为主。

1. 承载能力评定

砌体结构构件的承载能力以$R/\gamma_0 S$来表示，$R$为实际构件承载力设计值；$S$为实际构件内力设计值；$\gamma_0$为结构重要性系数，安全等级为一、二、三级的结构构件，分别取1.1、1.0、0.9。

构件的实际承载力设计值和实际内力设计值按《砌体结构设计规范》（GB 50003—2001）的规定计算。

构件的计算简图按构件实际受力状态确定。

构件的计算截面面积采用实际有效截面面积，但应考虑由于留洞、风化剥落、损伤、开裂等引起的有效截面的削弱，或由于加固引起的截面积的增加。

经测定，当块体和砂浆强度等级与原设计一致，砌筑质量符合《砌体工程施工及验收规范》的要求时，可按规范确定砌体强度设计值；当不满足条件时，应通过实测确定。此时，砌体强度设计值应按《建筑结构可靠度设计统一标准》（GB 50068—2001）第5.0.3条和《砌体结构设计规范》（GB 50003—2001）第4.1.5条的规定确定。

经调查，荷载符合现行《建筑结构荷载规范》（GB 50009—2001，2006 年修订版）取值者，按该规范采用；与规范严重不符者，可按《建筑结构可靠度设计统一标准》（GB 50068—2001）第 4.0.4 条 ~ 第 4.0.7 条的原则取值。各种作用效应的分项系数和组合系数按现行荷载的规定使用。应考虑温度作用、墙柱位移引起的附加内力。

砌体结构构件承载能力按表 3-1 评定等级。

**表 3-1　砌体结构构件承载能力分级标准**

| 承载能力等级 | a | b | c | d |
|---|---|---|---|---|
| $R/\gamma_0 S$ | ≥1.0 | ≥0.92 | ≥0.87 | <0.87 |

当砌体结构构件已出现明显的受压、受弯、受剪、局部受压等受力裂缝时，视其严重程度可直接评为 c 级或 d 级。

2. 变形裂缝评定

变形裂缝系指地基不均匀沉降或温度、收缩变形引起的裂缝。砌体变形裂缝以表 3-2 所列裂缝宽度等级为主，结合裂缝的位置、长度、数量、稳定与否，以及房屋有无振动等因素综合判断评定等级。砌体变形裂缝分级标准参见表 3-2。

**表 3-2　砌体变形裂缝宽度分级标准**

| 变形裂缝宽度等级 | a | b | c | d |
|---|---|---|---|---|
| 墙 | 无裂缝 | 墙体产生轻微裂缝，$W_r<1.5$ | 墙体开裂较严重 $W_r=1.5\sim1.0$ | 墙体开裂严重 $W_r>1.0$ |
| 柱 | 无裂缝 | 无裂缝 | $W_r<1.5$，且未贯通柱截面 | 柱断裂或产生水平错位 |

3. 变形评定

墙、柱变形或倾斜按表 3-3 和表 3-4 评定等级。

**表 3-3　单层房屋墙、柱、变形或倾斜评定等级标准**

| 构件 | 变形或倾斜（墙柱高、总柱高 $H\leq10$m） | | | |
|---|---|---|---|---|
| | a | b | c | d |
| 无起重机房屋墙柱 | ≤10mm | ≤30mm | ≤60mm 或 $H/150$ | >60mm 或 $H/150$ |
| 有起重机房屋墙柱 | $\leq H_1/1250$ | 有倾斜，但不影响使用 | 影响起重机运行，但可调节 | 影响起重机运行，无法调节 |
| 独立柱 | ≤10mm | ≤15mm | ≤40mm 或 $H/170$ | >40 或 $>H/150$ |

**表 3-4　多层房屋墙、柱变形或倾斜评定等级标准**

| 构件 | 层间变形或倾斜 | | | | 总变形或倾斜（总高 $H\leq10$m） | | | |
|---|---|---|---|---|---|---|---|---|
| | a | b | c | d | a | b | c | d |
| 墙、带壁柱墙高 | ≤5mm | ≤20mm | ≤40mm 或 $\leq h/100$ | >40mm 或 $>h/100$ | ≤10mm | ≤30mm | ≤65mm 或 $\leq H/120$ | >65mm 或 $>H/120$ |
| 独立柱 | ≤5mm | ≤15mm | ≤30mm 或 $\leq h/120$ | >30mm 或 $>h/120$ | ≤10mm | ≤20mm | ≤45mm 或 $\leq H/150$ | >45mm 或 $>H/150$ |

4. 砌体结构构件的评定

砌体结构构件的评定分 a、b、c、d 四级，按承载能力、变形裂缝、变形、构造与连接四个子项，以承载能力、构造与连接为主确定。

(1) 当变形裂缝、变形与承载能力或构造与连接相差不大于一级时，以承载能力、构造与连接中最低等级作为该构件的评定等级。

(2) 当变形裂缝、变形与承载能力或构造与连接相差二级时，以承载能力、构造与连接中最低等级降一级作为该构件的评定等级。

(3) 变形裂缝、变形与承载能力及构造与连接等级评定不同时，均按较低等级取用。

(三) 砌体结构房屋的综合评定

砌体结构房屋的评定按下列顺序进行：

(1) 将房屋以开间为单位划分为若干单元。

(2) 单元内砌体结构构件划分为基本构件或非基本构件。基本构件失效将导致其他构件失效；非基本构件失效只是孤立事件。

(3) 单元按基本构件中最低等级评定。非基本构件最低等级低于基本构件最低等级二级时，按基本构件最低等级降低一级确定。

(四) 砌体结构的等级

按下述方法确定：

(1) A 级砌体结构不含 C 级单元，且 B 级单元不大于 30%。

(2) B 级砌体结构不含 D 级单元，且 C 级单元不大于 15%。

(3) C 级砌体结构的 D 级单元不大于 5%。

(4) D 级砌体结构的 D 级单元不大于 5%。

(五) 鉴定报告

对 C、D 级承重砌体结构构件的数量、位置、处理与使用建议应作详细说明。

**二、旧砌体房屋耐久性的评定标准**

建筑物的耐久性是指该建筑物的耐久年限、使用寿命和剩余寿命的综合指标。

所谓耐久年限是指建筑物从建成到报废所经历的预期时间，亦即《建筑结构可靠度设计统一标准》所称的设计基准使用期。《建筑结构可靠度设计统一标准》中规定一般建筑物的耐久年限为 50 年，重要的和纪念性建筑物为 100 年，简易建筑或临时建筑为 20 年及以下。

建筑物的使用寿命是建筑物实际的使用时间。建筑物的使用寿命是旧房评价鉴定中的一个重要指标，是旧房改造、加固、维修设计中不可缺少的参数。

建筑物的剩余寿命是指在确保建筑物可靠性前提下的剩余使用年限，它可以通过可靠性检测鉴定，根据结构的损伤程度、损伤速度、维护状况及周围环境对结构的危害程度来评估。

**三、砌体结构构件的耐久性评估**

砌体结构的剩余耐久年限 $Y_\gamma$ 定义：砌体结构使用 $Y_0$ 年之后，根据其耐久性破坏速度推算，当墙体截面削弱达 1/4，或柱截面面积削弱达 1/5 时，即使通过一般维修和局部更换已不能满足评定 B 级要求。砌体结构处于这种状态的年限，定义为该砌体自然寿命剩余耐久年限 $Y_\gamma$。

砌体结构的剩余耐久年限的计算公式为

$$Y_\gamma = \{[(\alpha_m / A_{m0}) / (A_{m0} - A_{m\gamma})] - 1\} Y_0$$

式中 $A_{m0}$——砌体结构墙体柱原有截面面积；

$A_{m\gamma}$——现时剩余截面面积；

$\alpha_m$——砌体结构耐久极限系数，墙砌体为0.25，柱砌体为0.20。

## 第二节　旧砌体房屋的维修技术

砌体房屋建成后的维修是保证房屋使用功能和延长使用寿命的必要手段。先进的维修技术和科学的管理方法则是实现维修目标的重要保障。

房屋维修工程应按维修工程的内容和范围进行分类，并按各自的维修周期，有计划地组织实施，以使房屋建筑及设备经常处于完好状态。

### 一、砌体的耐久性破坏

砌体结构房屋的耐久性主要取决于块材材质的性质和灰浆的性质。块材耐久性的破坏，从表面轻微破坏开始，逐步扩大和深化，直至影响砌体失去承载能力。整个过程可表示如下：

抹灰层起壳→抹灰层碎裂脱落→砌体表面出现麻面、起皮、酥松→砌体表面剥落→破坏部分向砌体深度发展，向四周扩大以至连成带式成片→灰缝粉化，砌体一侧受力→砖块松动，以至掸出造成砌体完全破坏。

（一）砖砌体耐久性破坏的主要原因

砖砌体耐久性破坏的主要原因是冻融循环造成的破坏、风化造成的破坏和化学腐蚀造成的破坏。冰冻破坏是由于在冬季砌体受冻后，其内部的水分结冻体积增大，由于冰冻的压力使砖受到损坏。随着冻融次数的增加致使砌体变质，以致损坏砌体整体的强度。风化是由于砖砌体材料中的溶解质溶于水，水蒸发后，溶解物结晶体积膨胀，导致砌体的破坏。地上地下的各种酸、碱、盐腐蚀介质对砖砌体侵蚀后，造成砌体和砂浆结构疏松，从而影响砌体强度。耐久性的破坏实质是砌体受腐蚀的结果。

（二）防止砌体耐久性破坏的措施

在房屋使用过程中，为防止砌体受潮和受腐蚀，主要应做好以下工作：

（1）加强对砌体受潮和受腐蚀情况的观测和监视，要及时采取有利措施。

（2）加强对防水层、各种排水设施的维护与修理，防止砌体结构受潮及浸水腐蚀。

（3）加强热工性能不足的外墙、檐口等部位的保温措施，消除“结露”、“挂霜”现象。

（4）对于因风化、浸渍在墙面上的结晶物，应及时处理掉，以防继续腐蚀墙体。

（5）禁止对墙体的人为破坏，如随意在墙上开洞，排放有害污水及蒸汽等。

### 二、砖砌体裂缝

砌体产生裂缝是常见的一种破坏现象。裂缝影响房屋的美观和安全感。裂缝引起透风、漏雨，影响建筑物的正常使用，降低了保温隔热效果，也降低了结构的强度、刚度和稳定性，使砌体整体性受到破坏。

（一）砖砌体房屋裂缝的观测

砌体房屋裂缝开展的观测是房屋质量检测的重要内容之一。

裂缝宽度可用10~20倍裂纹放大镜和刻度放大镜进行观测，可从放大镜中直接读数。裂缝是否发展，常用宽50~80mm，厚10mm的石膏板，固定在裂缝两侧，若裂缝继续发展，石膏板将被拉裂。

裂缝深度的量测，一般常用极薄的薄片插入裂缝中，粗略地测量深度。精确测量可用超声波法。在裂缝两侧钻孔充水作为耦合介质，通过转换器对测，振幅突变处即为裂缝末端深度。

砌体房屋裂缝的判别。房屋裂缝检测后，绘出裂缝分布图，并注明宽度和深度。应分析、判断裂缝的类型和成因。一般墙柱裂缝主要由砌体的荷载、地基基础的沉降、温度变化及材料干缩等引起。

（二）砖砌体裂缝产生的原因

1. 砖砌体的荷载裂缝

常见的砖砌体荷载裂缝有：

（1）受压裂缝　通常顺压力方向开裂，当有多处单砖断裂时，说明承载力不足，裂缝超过 4 皮砖时已接近破坏。

（2）受弯或大偏心受压裂缝　一般在远离荷载一侧产生水平裂缝。

（3）稳定性裂缝　长细比过大，砖砌体发生弯曲区段中部的水平裂缝。

（4）局部受压裂缝　大梁底部局部压力过大，发生局部范围的竖向受压裂缝。

（5）受拉裂缝　受拉构件，当拉力过大常发生与拉力方向垂直的直缝或齿缝。

（6）受剪裂缝　在水平推力的作用下，砖砌体出现水平通缝或阶梯形受剪裂缝。

砌体强度不足引起的裂缝，是一种性质严重的砌体质量事故，需复校原设计资料和施工情况，查明裂缝产生的原因，迅速采取加固措施。

2. 砖砌体的沉降裂缝

地基不均匀沉降时，房屋发生弯曲和剪切变形，在墙体内产生应力，当超过砌体强度时，墙体开裂。

（1）剪切裂缝　房屋剪切变形引起主拉应力阶梯形斜裂缝。有洞口时，斜裂缝发生在洞口的角部或窗间墙处。剪切裂缝发生在沉降曲线率变化较大部位。当曲线呈向下凹形时，裂缝集中在房屋的下部，往上逐渐减轻，当曲线呈向上凸形时，裂缝集中在房屋上层，向下逐渐减轻。斜裂缝呈 45°，并向沉降量较大处倾斜。

（2）弯曲裂缝　房屋的弯曲裂缝是由房屋弯曲变形引起的垂直裂缝。

房屋各部分高差较大或荷载相差悬殊，在高度较低或荷载较轻部分沉降有较大变化，引起墙体开裂，空间刚度较弱，裂缝密集。横墙刚度大，一般不会开裂。

此外，纵横墙交接处如有沉降差，会剪裂，季节冻土上的房屋，膨胀土上的房屋，地基复杂的差异变形，会引起各种裂缝。

3. 砖砌体的温度、收缩变形裂缝

钢筋混凝土的线膨胀系数较砖石大一倍以上，混凝土的收缩与砌体也不同，混合结构房屋的屋盖、墙体和楼梯等各部的材料因温度变化或收缩引起不同的变形量，它们间互相约束而产生温度、收缩应力。当主拉应力超过墙体的抗拉强度时，就产生裂缝。

（1）正八字缝　升温时，混凝土屋盖变形大，墙体变形小，屋盖受压，墙体受剪、受拉，两端受力最大，会产生正八字形裂缝。

（2）倒八字形裂缝　降温时，屋盖混凝土缩短较砖墙大，受到砖墙约束，产生两端倒八字形裂缝。

（3）包角裂缝　由温度变化在圈梁下皮产生包角或水平裂缝。

（4）温度裂缝　一般为对称分布，多发生在顶层，一年后趋于稳定。

砖墙开裂、屋面渗漏和基础下沉构成了混合结构的三大难题。砖墙开裂更具普遍性，究其原因可归结为两类：一是由荷载引起的裂缝，它反映了砌体的承载力不足或稳定性不够；二是由于温度变化或地基的不均匀沉降所产生，占 90% 以上，该种墙体开裂会影响结构的受力和整体稳定，甚至造成结构的破坏。故应慎重分析判别，制定正确的维修及加固方案。

（三）砖砌体裂缝修补方法

砖砌体的裂缝，除荷载裂缝以外的稳定裂缝，均应及时修补。裂缝是否趋于稳定可采用如下办法来判断，即涂抹或粘贴一层石膏或白灰，经过一段时间观察，若不断裂，则说明裂缝已趋于稳定。修补的方法主要有以下几种。

1. 填缝密封修补法

对结构安全尚未形成威胁的裂缝，可用嵌补或密封法进行修理。

（1）水泥砂浆嵌缝法　水泥砂浆填缝的工序为：先将裂缝清理干净，用勾缝刀、抹子、刮刀等工具将 1:3 水泥砂浆或比砌体原砌筑砂浆等级高一级的水泥砂浆，也可用掺有 107 胶的聚合水泥砂浆填入砖缝内填平抹齐。

配筋水泥砂浆填缝的修补方法为：每隔 4～5 皮砖在砖缝中先嵌入细钢筋，然后按水泥砂浆填缝的修补工序进行。

当缝宽较小时，可用 2:1 水泥和苯乙烯二丁脂乳液配成乳液水泥浆，刷进裂缝中。嵌缝后，对砌体的美观、使用、耐久性可起到一定作用，但对加强砌体强度和提高砌体整体性方面作用不大。

（2）密封法　温度裂缝的缝宽随温度变化而开合，宜采用密封法修补。

1）简单密封法是将裂缝的裂口开槽，清理干净并保持干燥，嵌入氯乙烯胶泥，或环氧胶泥，或聚脂酸乙烯乳液砂浆等密封材料。

2）弹性密封法是用丙烯树脂、硅树脂、聚氨酯或合成橡胶等弹性材料嵌补裂缝。施工方法是将裂口凿成矩形槽口，并凿毛用以增加粘结力，槽底设隔离层以免与槽底墙体粘结，随温度升高时撕裂弹性材料。槽口宽度应不少于最大缝宽的 4～6 倍。

2. 水泥灌缝修补法

水泥灌缝修补法是将纯水泥浆、水泥砂浆、水泥粘土或水泥石灰浆用压力设备压灌入砌体的裂缝或孔洞中，用以恢复其强度、整体性及耐久性。

砌体灌浆一般采用不低于 32.5 级的普通硅酸盐水泥和纯水泥，它们的水灰比（质量比），宜取 0.7～1.0 和 0.3～0.6，并可掺入缓凝剂、塑化剂或加气剂。掺加适量的悬浮剂，可阻止水泥沉淀。悬浮剂一般用聚乙烯醇或水玻璃和 107 胶。其配制方法分别为：聚乙烯醇与水的质量比为 2:98，先将聚乙烯醇放入 98℃的热水中，再加热到 100℃溶解后，边搅拌边加水泥，水泥与水溶液之比为 1:0.7，最后制成混合浆液。水玻璃作为悬浮剂时，只需将 2%（按水的质量计）的水玻璃溶液倒入刚搅拌好的纯水泥浆中，再搅拌均匀即可。

灌浆设备包括空气压缩机、压浆罐、输浆管道及灌浆嘴。其工作原理是利用空气压缩机产生的压缩空气，迫使压浆罐内的浆液流入墙体的缝隙内。

灌浆法修补裂缝的工艺过程为：将裂缝清理成一条通缝，在裂缝交叉点和缝端设灌浆嘴，其间距一般为 50～10mm，灌浆嘴可用 $\phi16$～19mm 的钢管制成，灌浆嘴和排气管分别插入并嵌固于灌浆孔内，用砂浆或水玻璃麻刀塞实，表面抹灰。砌体裂缝灌浆压力，通常采用 98～294kPa（1～3at）；混凝土墙体裂缝灌浆压力采用 392～588kPa（4～6at）。为使浆液畅通应先扩缝，并用 1∶2.5 或 1∶3 水泥砂浆勾缝和抹灰封闭裂缝表面。达一定强度后，先灌入适量水，然后自下而上灌浆。当发现局部冒浆时，应停 15min 或用水泥临时堵塞后再进行，直至灌满为止，并应保持压力 2～10min。然后，拆除或切断灌浆嘴，抹平孔眼，冲洗设备。

## 三、砖砌旧房的拆修与矫正

砖砌旧房的拆修与矫正是房屋维修工程中的重要内容，拆修与矫正是在不损伤原结构工件状态下的复原修理技术，工作条件困难，技术性强，现仅就砖砌体的拆修，砌体倾斜矫正，基础倾斜矫正以及防潮层和防水层的更换等技术作一简要介绍。

### （一）砖砌体的拆修技术

当砖砌体由于腐蚀、裂缝、倾斜和鼓凸变形等病害发展到严重损坏阶段时，应考虑将砌体局部或大面积拆除重砌，以恢复其应有的强度和功能。拆修砌体的要求是：消除隐患，缩小范围，新旧结合，保持原貌。

#### 1. 大面积墙体的拆砌

保持上部砌体或楼面结构不动，对下部大面积墙体的拆修，首先应做好上部墙体和各楼层荷载的全部支托工作，使之通过支撑系统传递到地面上，然后开始对墙体进行掏砌。支托方法是墙体拆砌技术的关键。支托方法可采用临时支撑或钢筋混凝土托梁。

（1）临时支撑构架拆修法　临时支撑架是用木料搭设的支托墙体的一种临时构架。主要包括地面上墙体两侧的卧木及其上的垫木，垫木上两排立柱，柱顶处跨墙横木，沿墙两侧用木撑、扒钉，以固定构架。用木楔将横梁与上部墙体顶紧，以使立柱传递至地面。临时支撑架搭建后，拆除旧墙体砌筑新墙体，其砂浆、粘土砖的强度等级以及墙身尺寸均按原设计要求施工。

新砌体达规定强度后，才能拆除全部临时支撑架。

（2）钢筋混凝土托梁拆修法　钢筋混凝土托梁拆修法与临时支撑构架拆修法的工作原理类似。仅将木支撑的复杂搭设改为较为简单的钢筋混凝土预制空心托架的搭砌。托架是由两块空心 U 形构件、一块顶板和一块凹形底板组成。其安装工序为：先在墙体下部损坏部分，开挖若干孔洞，凹形底板扣放在铺有砂浆的砖墙底座上，可防止砂浆散落；两 U 形构件背放，另一侧与上、下板面相接，板缝均为砂浆或胶泥薄层；托架顶板上安放起顶装置，起顶装置可使用轻型液压式千斤顶或螺旋式起顶器。起顶器底部与托架顶板间铺一层砂浆或胶泥薄层，上部与墙表面之间填以纤维薄片。

安放好两相邻托架后，起动起顶器，顶紧墙体，并固定托架座后，立即挖除两托架之间的墙体；依次做下一托架，并挖除其间墙体，直至把全部需拆砌的墙体挖除为止。然后通过 U 形空腔铺设钢筋和箍筋，安装横板，现浇成与托架相连的钢筋混凝土托梁，当混凝土达一定强度后，分段拆除托梁下的墙体及基础。然后再砌筑新砖墙砌体，使之复原，而后，卸掉起顶器。上部墙身荷重由托梁分布到新砌体上，如图 3-1 所示。

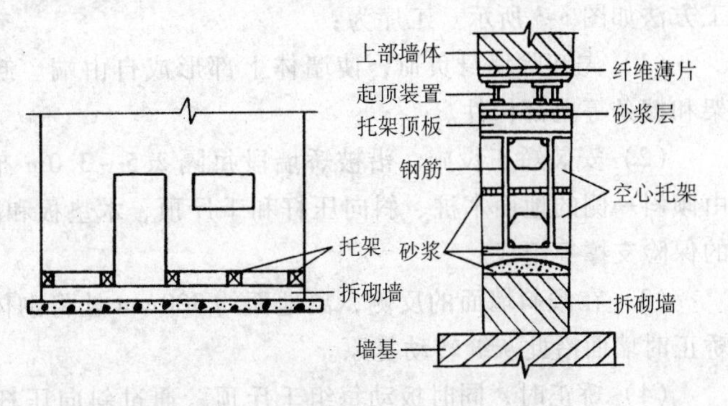


图 3-1　钢筋混凝土托梁拆修法示意图

2. 过梁与窗间墙的拆砌

（1）砖过梁被大量贯通裂缝破坏时，应全部拆砌或部分拆砌。拆砌的方法为：先架设临时支架，支架由过梁底部的帽木和撑木立柱组成，撑木下用木楔打实；支撑牢固后，拆除砖块，将两侧保留的砌体面清刷干净，并润湿，砖块也应润湿，再用高一级强度等级的砂浆砌筑，达一定强度后，拆除支架。

（2）砖过梁改换为钢梁或钢筋混凝土梁的施工方法。钢梁或预制钢筋混凝土梁，根据荷载、跨度，经计算后确定断面尺寸及配筋，每洞口放置两根过梁。其安装方法为：用临时支撑将过梁上部梁板托住；开凿洞口两侧水平槽，槽高为预制梁高加 40～60mm，深度为梁宽加粉刷厚，长度为支承长度。清除碎砖后，槽内先刷一层素水泥浆，把第一根预制梁安放在主槽内，用楔子嵌牢。用干硬水泥砂浆将预制梁与砖墙之间空隙嵌实。待砂浆硬化后，再开始在洞口另一侧安装第二根预制梁。

（3）窗间墙拆砌方法。先将窗间墙两侧窗洞口用帽木和撑木构成的支架托住，并楔紧撑牢，然后进行拆砌。

（4）梁端支承砌体局部更换。梁端未设混凝土垫块，因墙体局部受压强度不足而破碎，可采用托梁加垫法进行处理。先用临时支撑将大梁撑住，支撑数量和截面需经计算确定；然后，拆除梁下被压裂的砌体，再用比原设计高一级强度的砂浆重新砌筑（如图 3-2 所示）。

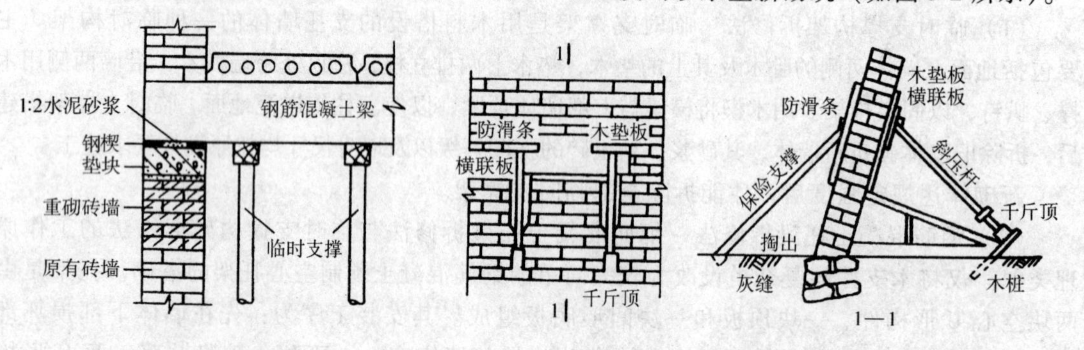


图 3-2　托梁加垫法

图 3-3　砖墙整体矫正

（二）砖墙整体矫正

对整体倾斜的墙体，如果质量较好，墙面平整，无严重鼓凸情况，而地基基础已趋于稳定时，可进行整体矫正，迅速复原，投入使用。局部向外或向内倾斜的墙体，矫正倾斜的施工方法如图 3-3 所示。工序为：

（1）先卸除墙身负荷，使墙体上部形成自由端。卸荷办法是用临时支撑撑托大梁、屋架和檩条等上部构件。

（2）安装矫正设施。沿被矫墙段每隔 2.5～3.0m 布设一组矫正顶撑装置。顶撑装置是由倾斜一侧的地面木桩、斜向压杆和千斤顶、木垫板和防滑条、三角形木架以及倾斜反侧面的保险支撑等组成。

（3）在倾斜墙面的反侧，离地面约 300mm 处将砌体横向灰缝内的灰砂掏去一部分，使矫正时墙面沿此灰缝转动复原。

（4）矫正时，同时扳动每组千斤顶，通过斜向压杆对墙体施加推力，同时，逐步放松反侧面的保险支撑，使墙体逐步扶正，回复到垂直位置。

(5) 倾斜一侧的灰缝陆续开裂，应清除裂缝内砂浆并用薄钢板嵌塞裂缝后，再用1:1干硬性水泥砂浆填密。

对于墙面凸凹不平或腐蚀严重的倾斜墙面，不宜采用整体扶正法。

## 第三节　旧砌体房屋结构承载力的鉴定

旧砌体房屋改造设计，应先对旧砌体的承载力及稳定性进行实测鉴定，然后确定对原砌体加固的方法和采取的措施。

### 一、旧砌体结构承载力的鉴定

(一) 旧砌体抗压强度的鉴定方法

砌体结构强度的现场原位检测方法很多，以往常用的方法为取样检测方法，即在实际的墙体中挖取砌体试件，在实验室进行抗压试验。该法自取样、加工至运输，均较为麻烦，而且使实际建筑受到较大损伤，因此，并非理想方法。近年来，国内外对砌体结构强度的现场原位非破损或微破损检测技术应用和研制了一些快速、准确而又实用的方法，主要有扁式液压顶法、剪切法、冲击法和点荷载法等，这些方法在实际应用中应视具体情况而加以综合运用。

1. 直接取样法

该法是在普遍观察的基础上，选择既反映砌体受力性能又便于挖取的部位确定取样点位，一般每层墙体挖取3个试件，试件尺寸为240mm×370mm×720mm。试件运送到实验室进行砌体抗压强度试验，取3个试件的强度平均值后计算出其标准值和设计值。

2. 扁式液压顶法

扁式液压顶法，简称扁顶法。它是在砌体的水平灰缝处按照扁式千斤顶的尺寸挖除砂浆形成一条水平槽口，这时，砌体的变形发生一定程度的改变，引起垂直于槽面的应力释放；然后，在槽口内安装扁式千斤顶，加压后使砌体复原位，可测得受压工作应力。当设置上下两水平槽口时，通过扁式千斤顶，使两水平槽口间的砌体受力，开裂至破坏，可测得砌体的弹性模量、产生第一批裂缝的荷载及砌体的抗压强度。砖墙中砌体的抗压强度$f_m$可按下式计算：

$$f_m = \sigma_u / \xi_1 \tag{3-1}$$

$$\xi_1 = 1.18 + 4\ (\sigma_0/\sigma_u)\ - 4.18\ (\sigma_0/\sigma_u)^2 \tag{3-2}$$

式中　$\sigma_u$——两槽间砌体破坏时千斤顶中测得的压应力；

$\sigma_0$——上部墙体荷载在所测部位墙体处产生的垂直压应力，可由计算或实测确定；

$\xi_1$——强度影响系数。

扁顶法检测步骤要点如下：

首先选择3个测试部位，并清理墙面；用手持式应变仪或千分表量测砌体的初始变形值；开两条相距7~8皮砖高的略大于扁式千斤顶尺寸的槽口，安装千斤顶，读取变形值；加载后，每隔3~5min记录每级荷载和砌体变形值及开裂情况；卸除千斤顶；修补墙体；最后分析测试结果，确定砌体抗压强度。

扁式千斤顶的尺寸有370mm×240mm×5mm和240mm×240mm×5mm两种，由1mm厚优质合金钢片焊成的扁形密封油腔制成。扁顶法比取样法可节省工时90%，节省经费70%以上，砌体结构基本无损伤。该法较其他间接法显得直观、准确、可靠性好，故可广泛应用于混合结构房屋墙体的质量鉴定、加层、加固、修复，以及工程事故的分析处理中。

3. 剪切法

剪切法，也称顶剪法。该法是采用 JQJ—1 型剪切仪，对砌体内单块砖施加水平力，直接测定砖砌体沿通缝截面的抗剪强度。测试时，先将试样前端的竖缝和后部的砖块挖除，在被挖除砖块位置安放外形尺寸为 125mm × 112mm × 65mm 的千斤顶。当千斤顶施加水平力后，砖试样受双剪作用。砖试件的受剪强度主要受受剪面面积、上部荷载在受剪面上产生的压应力 $\sigma_0$ 以及内侧竖向灰缝作用的影响。因此，砖墙中砌体沿通缝截面的抗剪强度可按下式计算：

$$f_{vm}=[(F/2bl)-\beta\sigma_0]/a \tag{3-3}$$

式中 $F$——剪切破坏荷载（N）；

$b$——受剪面宽度（mm）；

$l$——受剪面长度（mm）；

$\beta$——$\sigma_0$ 的影响系数，可取 $\beta=1.05$；

$\sigma_0$——上部荷载在受剪面产生的压应力（$N/mm^2$）；

$a$——竖缝影响系数，对丁砌砖可取 $a=1.05$，对顺砌砖可取 $a=1.10$；当试样双侧无竖向灰缝时，$a=1.0$。

测试一般选取 12 个部位，如不考虑 $\sigma_0$ 的影响时，可挖除水平灰缝；加载至破坏，一般控制在 1～3min，所测 12 个部位的砌体抗剪强度平均值 $f_{vm}$ 不应小于现行规范的砌体抗剪强度平均值。求得砖砌体的抗剪强度后，再由抗剪强度与抗压强度的关系，间接取得砖砌体的抗压强度值。

4. 超声快速测定法

该法是采用专用的超声仪和探头等设备，根据超声波在介质中的传播速度与结构材料力学性能之间的关系，测出砂浆的强度统计值或混凝土的强度统计值。

（二）砌体承载能力验算

砌体主要构件是墙、柱、拱等，主要承受压力作用。受压作用方式主要有轴心受压、偏心受压及局部受压等不同情况。此外，砌体结构构件尚有轴心受拉、受弯及受剪等形式。设计中，一般先根据建筑使用要求和工程经验确定截面尺寸、构造作法和材料强度等级，然后再作强度验算。若不能满足要求，则可考虑增加截面尺寸采用配筋砌体或组合砖砌体等加固措施。

1. 无筋砌体受压构件的承载力计算

无筋砌体受压构件的承载力应按下式计算：

$$N\leqslant\varphi fA \tag{3-4}$$

式中 $N$——轴向力设计值（N）；

$f$——砌体抗压强度设计值（$N/mm^2$）；

$A$——按毛截面计算的截面面积（$mm^2$）；

$\varphi$——高厚比 $\beta$ 和偏心距 $e$ 对受压构件承载力的影响系数，可按表 3-5～表 3-7 的值取用；轴向力的偏心距 $e$ 按内力设计值计算，并不应超过 $0.6y$，$y$ 为截面重心到轴向力所在偏心方向截面边缘的距离；对于烧结普通砖、烧结多孔砖的砖墙和砖柱，其高厚比 $\beta$ 按式（3-5）、式（3-6）计算，还应满足 $\beta\leqslant\mu_1\mu_2[\beta]$。

$$\text{矩形截面}\quad \beta=H_0/h \tag{3-5}$$

**表 3-5　影响系数 $\varphi$（砂浆强度等级≥M5）**

| $\beta$ | $\frac{e}{h}$或$\frac{e}{h_T}$ | | | | | | | | | | | | |
|---|---|---|---|---|---|---|---|---|---|---|---|---|---|
| | 0 | 0. 025 | 0. 05 | 0. 075 | 0. 1 | 0. 125 | 0. 15 | 0. 175 | 0. 2 | 0. 225 | 0. 25 | 0. 275 | 0. 3 |
| ≤3 | 1 | 0. 99 | 0. 97 | 0. 94 | 0. 89 | 0. 84 | 0. 79 | 0. 73 | 0. 68 | 0. 62 | 0. 57 | 0. 52 | 0. 48 |
| 4 | 0. 98 | 0. 95 | 0. 90 | 0. 85 | 0. 80 | 0. 74 | 0. 69 | 0. 64 | 0. 58 | 0. 53 | 0. 49 | 0. 45 | 0. 41 |
| 6 | 0. 95 | 0. 91 | 0. 86 | 0. 81 | 0. 75 | 0. 69 | 0. 64 | 0. 59 | 0. 54 | 0. 49 | 0. 45 | 0. 42 | 0. 38 |
| 8 | 0. 91 | 0. 86 | 0. 81 | 0. 76 | 0. 70 | 0. 64 | 0. 59 | 0. 54 | 0. 50 | 0. 46 | 0. 45 | 0. 39 | 0. 36 |
| 10 | 0. 87 | 0. 82 | 0. 76 | 0. 71 | 0. 65 | 0. 60 | 0. 55 | 0. 50 | 0. 46 | 0. 42 | 0. 39 | 0. 36 | 0. 33 |
| 12 | 0. 82 | 0. 77 | 0. 71 | 0. 66 | 0. 60 | 0. 55 | 0. 51 | 0. 47 | 0. 43 | 0. 39 | 0. 36 | 0. 33 | 0. 31 |
| 14 | 0. 77 | 0. 72 | 0. 66 | 0. 61 | 0. 56 | 0. 51 | 0. 47 | 0. 43 | 0. 40 | 0. 36 | 0. 34 | 0. 31 | 0. 29 |
| 16 | 0. 72 | 0. 67 | 0. 61 | 0. 56 | 0. 52 | 0. 47 | 0. 44 | 0. 40 | 0. 37 | 0. 34 | 0. 31 | 0. 29 | 0. 27 |
| 18 | 0. 67 | 0. 62 | 0. 57 | 0. 52 | 0. 48 | 0. 44 | 0. 40 | 0. 37 | 0. 34 | 0. 31 | 0. 29 | 0. 27 | 0. 25 |
| 20 | 0. 62 | 0. 57 | 0. 53 | 0. 48 | 0. 44 | 0. 40 | 0. 37 | 0. 34 | 0. 32 | 0. 29 | 0. 27 | 0. 25 | 0. 23 |
| 22 | 0. 58 | 0. 53 | 0. 49 | 0. 45 | 0. 41 | 0. 38 | 0. 35 | 0. 32 | 0. 30 | 0. 27 | 0. 25 | 0. 24 | 0. 22 |
| 24 | 0. 54 | 0. 49 | 0. 45 | 0. 41 | 0. 38 | 0. 35 | 0. 32 | 0. 30 | 0. 28 | 0. 26 | 0. 24 | 0. 22 | 0. 21 |
| 26 | 0. 50 | 0. 46 | 0. 42 | 0. 38 | 0. 35 | 0. 33 | 0. 30 | 0. 28 | 0. 26 | 0. 24 | 0. 22 | 0. 21 | 0. 19 |
| 28 | 0. 46 | 0. 42 | 0. 39 | 0. 36 | 0. 33 | 0. 30 | 0. 28 | 0. 26 | 0. 24 | 0. 22 | 0. 21 | 0. 19 | 0. 18 |
| 30 | 0. 42 | 0. 39 | 0. 36 | 0. 33 | 0. 31 | 0. 28 | 0. 26 | 0. 24 | 0. 22 | 0. 21 | 0. 20 | 0. 18 | 0. 17 |

**表 3-6　影响系数 $\varphi$（砂浆强度等级 M2. 5）**

| $\beta$ | $\frac{e}{h}$或$\frac{e}{h_T}$ | | | | | | | | | | | | |
|---|---|---|---|---|---|---|---|---|---|---|---|---|---|
| | 0 | 0. 025 | 0. 03 | 0. 075 | 0. 1 | 0. 125 | 0. 15 | 0. 175 | 0. 2 | 0. 225 | 0. 25 | 0. 275 | 0. 30 |
| ≤3 | 1 | 0. 99 | 0. 97 | 0. 94 | 0. 89 | 0. 84 | 0. 79 | 0. 73 | 0. 68 | 0. 62 | 0. 57 | 0. 52 | 0. 48 |
| 4 | 0. 97 | 0. 94 | 0. 89 | 0. 84 | 0. 78 | 0. 73 | 0. 67 | 0. 62 | 0. 57 | 0. 52 | 0. 48 | 0. 44 | 0. 40 |
| 6 | 0. 93 | 0. 89 | 0. 84 | 0. 78 | 0. 73 | 0. 67 | 0. 62 | 0. 57 | 0. 52 | 0. 48 | 0. 44 | 0. 40 | 0. 37 |
| 8 | 0. 89 | 0. 84 | 0. 78 | 0. 72 | 0. 67 | 0. 62 | 0. 57 | 0. 52 | 0. 48 | 0. 44 | 0. 40 | 0. 37 | 0. 34 |
| 10 | 0. 83 | 0. 78 | 0. 72 | 0. 67 | 0. 61 | 0. 56 | 0. 52 | 0. 47 | 0. 43 | 0. 40 | 0. 37 | 0. 34 | 0. 31 |
| 12 | 0. 78 | 0. 72 | 0. 67 | 0. 61 | 0. 56 | 0. 52 | 0. 47 | 0. 43 | 0. 40 | 0. 37 | 0. 34 | 0. 31 | 0. 29 |
| 14 | 0. 72 | 0. 66 | 0. 61 | 0. 56 | 0. 51 | 0. 47 | 0. 43 | 0. 40 | 0. 36 | 0. 34 | 0. 31 | 0. 29 | 0. 27 |
| 16 | 0. 66 | 0. 61 | 0. 56 | 0. 51 | 0. 47 | 0. 43 | 0. 40 | 0. 36 | 0. 34 | 0. 31 | 0. 29 | 0. 26 | 0. 25 |
| 18 | 0. 61 | 0. 56 | 0. 51 | 0. 47 | 0. 43 | 0. 40 | 0. 36 | 0. 33 | 0. 31 | 0. 29 | 0. 26 | 0. 24 | 0. 23 |
| 20 | 0. 56 | 0. 51 | 0. 47 | 0. 43 | 0. 39 | 0. 36 | 0. 33 | 0. 31 | 0. 28 | 0. 26 | 0. 24 | 0. 23 | 0. 21 |
| 22 | 0. 51 | 0. 47 | 0. 43 | 0. 39 | 0. 36 | 0. 33 | 0. 31 | 0. 28 | 0. 26 | 0. 24 | 0. 23 | 0. 21 | 0. 20 |
| 24 | 0. 46 | 0. 43 | 0. 39 | 0. 36 | 0. 33 | 0. 31 | 0. 28 | 0. 26 | 0. 24 | 0. 23 | 0. 21 | 0. 20 | 0. 18 |
| 26 | 0. 42 | 0. 39 | 0. 36 | 0. 33 | 0. 31 | 0. 28 | 0. 26 | 0. 24 | 0. 22 | 0. 21 | 0. 20 | 0. 18 | 0. 17 |
| 28 | 0. 39 | 0. 36 | 0. 33 | 0. 30 | 0. 28 | 0. 26 | 0. 24 | 0. 22 | 0. 21 | 0. 20 | 0. 18 | 0. 17 | 0. 16 |
| 30 | 0. 36 | 0. 33 | 0. 30 | 0. 28 | 0. 26 | 0. 24 | 0. 22 | 0. 21 | 0. 20 | 0. 18 | 0. 17 | 0. 16 | 0. 15 |

T 形截面　　$$\beta = H_0/h_T \qquad (3\text{-}6)$$

式中　$H_0$——受压构件的计算高度，对于无起重机的单层和多层房屋，按表 3-8 确定；表中 $s$ 为房屋横墙间距；$H$ 为构件高度，在房屋底层，$H$ 为楼板顶面到基础顶面的距离（有刚性地坪时取室外地面下 500mm 外），在房屋其他层，$H$ 为楼板间的距离；对于有起重机的单层房屋，其受压构件的计算高度见《砌体结构设计规范》（GB 50003—2001）表 5. 1. 3。

$h$——墙厚，或矩形面轴向力偏心方向的边长，当轴心受压时为截面较小边长；

$h_T$——T形截面的折算厚度，可近似按3.5$i$计算；

$i$——截面回转半径；

$[\beta]$——墙、柱的允许高厚比，按表3-9采用；

$\mu_1$——自承重墙允许高厚比的修正系数；当墙厚为240mm时，取1.2；墙厚90mm时，取1.5；当90mm<墙厚<240mm时，可按插值法取值；

$\mu_2$——有门窗洞口墙允许高厚比的修正系数；洞口高度≤$\frac{墙高}{5}$时，取1.0。

**表3-7　影响系数$\varphi$（砂浆强度等级0）**

| $\beta$ | $\frac{e}{h}$或$\frac{e}{h_T}$ | | | | | | | | | | | | |
|---|---|---|---|---|---|---|---|---|---|---|---|---|---|
| | 0 | 0.025 | 0.05 | 0.075 | 0.1 | 0.125 | 0.15 | 0.175 | 0.2 | 0.225 | 0.25 | 0.275 | 0.30 |
| ≤3 | 1 | 0.99 | 0.97 | 0.94 | 0.89 | 0.84 | 0.79 | 0.73 | 0.68 | 0.62 | 0.57 | 0.52 | 0.48 |
| 4 | 0.87 | 0.82 | 0.77 | 0.71 | 0.66 | 0.60 | 0.55 | 0.51 | 0.46 | 0.43 | 0.39 | 0.36 | 0.33 |
| 6 | 0.76 | 0.70 | 0.65 | 0.59 | 0.54 | 0.50 | 0.46 | 0.42 | 0.39 | 0.36 | 0.33 | 0.30 | 0.28 |
| 8 | 0.63 | 0.58 | 0.54 | 0.49 | 0.45 | 0.41 | 0.38 | 0.35 | 0.32 | 0.30 | 0.28 | 0.25 | 0.24 |
| 10 | 0.53 | 0.48 | 0.44 | 0.41 | 0.37 | 0.34 | 0.32 | 0.29 | 0.27 | 0.25 | 0.23 | 0.22 | 0.20 |
| 12 | 0.44 | 0.40 | 0.37 | 0.34 | 0.31 | 0.29 | 0.27 | 0.25 | 0.23 | 0.21 | 0.20 | 0.19 | 0.17 |
| 14 | 0.36 | 0.33 | 0.31 | 0.28 | 0.26 | 0.24 | 0.23 | 0.21 | 0.20 | 0.18 | 0.17 | 0.16 | 0.15 |
| 16 | 0.30 | 0.28 | 0.26 | 0.24 | 0.22 | 0.21 | 0.19 | 0.18 | 0.17 | 0.16 | 0.15 | 0.14 | 0.12 |
| 18 | 0.26 | 0.24 | 0.22 | 0.21 | 0.19 | 0.18 | 0.17 | 0.16 | 0.15 | 0.14 | 0.13 | 0.12 | 0.12 |
| 20 | 0.22 | 0.20 | 0.19 | 0.18 | 0.17 | 0.16 | 0.15 | 0.14 | 0.13 | 0.12 | 0.12 | 0.11 | 0.10 |
| 22 | 0.19 | 0.18 | 0.16 | 0.15 | 0.14 | 0.14 | 0.13 | 0.12 | 0.12 | 0.11 | 0.10 | 0.10 | 0.09 |
| 24 | 0.16 | 0.15 | 0.14 | 0.13 | 0.13 | 0.12 | 0.11 | 0.11 | 0.10 | 0.10 | 0.09 | 0.09 | 0.08 |
| 26 | 0.14 | 0.13 | 0.13 | 0.12 | 0.11 | 0.11 | 0.10 | 0.10 | 0.09 | 0.09 | 0.08 | 0.08 | 0.07 |
| 28 | 0.12 | 0.12 | 0.11 | 0.11 | 0.10 | 0.10 | 0.09 | 0.09 | 0.08 | 0.08 | 0.08 | 0.07 | 0.07 |
| 30 | 0.11 | 0.10 | 0.10 | 0.09 | 0.09 | 0.09 | 0.08 | 0.08 | 0.07 | 0.07 | 0.07 | 0.07 | 0.06 |

**表3-8　受压构件的计算高度$H_0$**

| 房屋类别 | | | 柱 | | 带壁柱墙或周边拉结的墙 | | |
|---|---|---|---|---|---|---|---|
| | | | 排架方向 | 垂直排架方向 | $s>2H$ | $2H \geqslant s>H$ | $s \leqslant H$ |
| 无起重机的单层和多层房屋 | 单跨 | 弹性方案 | $1.5H$ | $1.0H$ | $1.5H$ | | |
| | | 刚弹性方案 | $1.2H$ | $1.0H$ | $1.2H$ | | |
| | 多跨 | 弹性方案 | $1.25H$ | $1.0H$ | $1.25H$ | | |
| | | 刚弹性方案 | $1.10H$ | $1.0H$ | $1.1H$ | | |
| | 刚性方案 | | $1.0H$ | $1.0H$ | $1.0H$ | $0.4s+0.2H$ | $0.6s$ |

注：1. 对于上端为自由端的构件，$H_0=2H$。

2. 独立砖柱，当无柱间支撑时，柱在垂直排架方向的$H_0$应按表中数值乘以1.25后采用。

3. 自承重墙的计算高度应根据周边支承或拉接条件确定。

## 2. 砌体局部受压承载力计算

当荷载产生的轴向压力$N$仅作用于砌体局部截面面积$A_1$上时，称为局部受压。工程事故中，局部受压破坏的事例颇多，故应对旧房改造后的砌体进行局部受压强度验算。局部受

表 3-9 墙柱的允许高厚比 [$\beta$] 值

| 砂浆强度等级 | 墙 | 柱 |
|---|---|---|
| M2.5 | 22 | 15 |
| M5.0 | 24 | 16 |
| ≥M7.5 | 26 | 17 |

注：1. 组合砖砌体构件的允许高厚比，可按表中数值提高 20%，但不得大于 28。

2. 验算施工阶段砂浆尚未硬化的新砌砌体高厚比时，允许高厚比对墙取 14，对柱取 11。

压强度验算可有下述三种情况：

(1) 局部均匀受压。局部均匀受压承载能力计算公式为

$$N_1 \leqslant \gamma f A_1 \tag{3-7}$$

$$\gamma = 1 + 0.35\sqrt{A_0/A_1 - 1} \tag{3-8}$$

式中 $N_1$——局部受压面积上轴向力设计值；

$A_1$——局部受压面积；

$\gamma$——砌体局部抗压强度提高系数；

$A_0$——影响砌体局部抗压强度的计算面积，按图 3-4 计算。

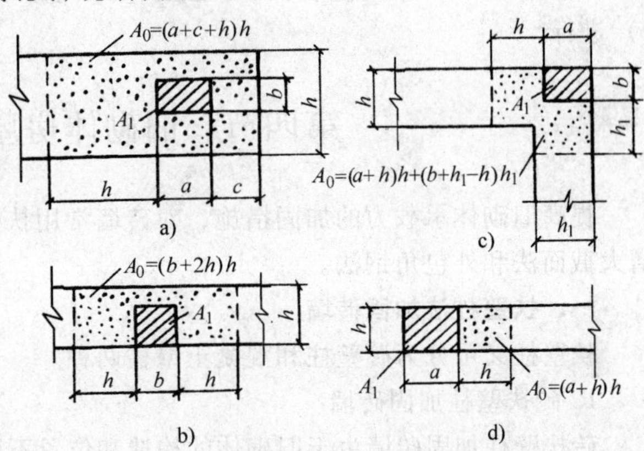


图 3-4 砌体局部受抗压强度计算面积 $A_0$

$a$、$b$—矩形局部受压面积 $A_1$ 的边长 $c$—矩形局部受压面积 $A_1$ 外边缘到砌体外边缘的较小距离（当 $c>h$ 时，取为 $h$） $h$—墙厚或柱的较小边长 $h_1$—墙厚

(2) 梁端支承处砌体局部受压。可按下式计算：

$$\psi N_0 + N_1 \leqslant \eta \gamma f A_1 \tag{3-9}$$

式中 $N_1$——梁端荷载设计值产生的支承压力；

$N_0$——局部受压面积内上部轴向力设计值，$N_0 = \sigma_0 A_1$；

$\sigma_0$——上部平均压应力设计值，$\sigma_0 = N_u/A$；

$N_u$——计算单元内上部荷载；

$A$——计算截面面积；

$A_1$——局部受压面积，$A_1 = a_0 b$，$b$ 为梁的截面宽度；

$a_0$——梁的有效支承长度，$a_0 = 10\sqrt{h_c/f}$；

$h_c$——梁的截面高度（mm）；

$\psi$——考虑内拱卸荷作用的有利影响，上部荷载的折减系数，$\psi = 1.5 - 0.5A_0/A_1$；

$\eta$——梁端底面压应力图形完整系数，一般取 0.7，对过梁和墙梁取 1.0。

(3) 梁端下设有垫块时支承处砌体的局部受压。

当有预制刚性垫块时，可按下式计算：

$$N_0 + N_1 \leqslant \varphi \gamma_1 A_b f \tag{3-10}$$

式中 $N_0$——垫块面积 $A_b$（$=a_b b_b$）内上部轴向力设计值，$N_0 = \sigma_0 A_b$；

$\sigma_0$——上部平均压应力设计值；

$N_1$——梁端荷载设计值产生的支承压力；

$\varphi$——垫块上 $N_0$ 及 $N_1$ 合力的影响系数，$\varphi = 1/[1 + 12(e/h)^2]$，取 $\beta \leqslant 3.0$（短柱）；

$h$——垫块伸入墙内长度，可取 $a_b$；

$e$——（$N_0 + N_1$）合力至垫块中心的距离；

$f$——砌体抗压强度设计值；

$\gamma_1$——垫块外砌体面积的有利影响系数，取 $\gamma_1 = 0.8\gamma$，并不小于 1.0。

当为现浇刚性垫块时，受力情况类似未设垫块时的不均匀受压状态，但加大了计算局部受压面积，$A_1 = a_0 b_b$，$a_0$ 的计算中也应以 $b_b$ 代替 $b$。砌体局部受压承载力的计算可按式（3-9）进行。

## 第四节　旧砌体房屋的加固技术

提高旧砌体承载力的加固措施，对砖墙常用扶壁柱法和钢筋网水泥法；对于砖柱多采用增大截面法和外包角钢法。

### 一、扶壁柱法加固砖墙

扶壁柱又可分为砖壁柱和混凝土壁柱两种。

1. 砖扶壁柱加固砖墙

砖扶壁柱加固砖墙由于旧砌体的构造和位置不同可有：在窗间墙或横墙的适当部位增设扶壁砖柱；原带有扶壁柱的砖墙或独立砖柱可在柱的一端或两个端面镶砌砖垛，以增加柱截面高度，如图 3-5 所示。

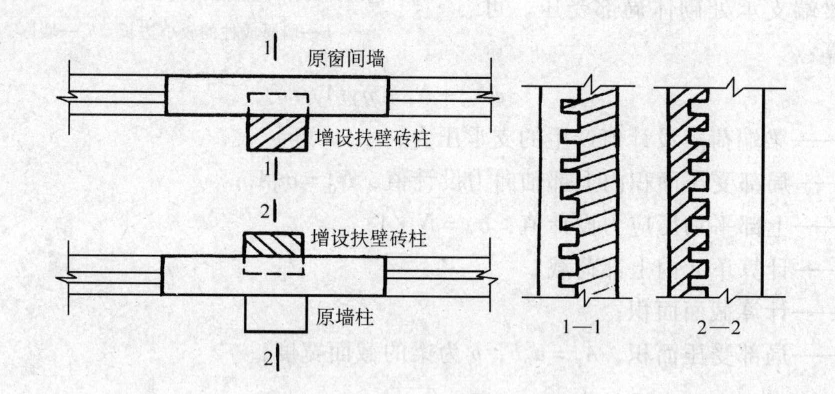


图 3-5　砖砌体增设砖扶壁柱构造图

增设的扶壁柱与原砖砌体的连接，可采用挖镶法或插筋法施工。

挖镶法，也称为“咬口”连接。施工时，先将墙上顶砖挖去，每边加砌砖厚应取半砖长的倍数，“咬口”最大间距不宜超过 5 皮砖，即每 5 皮砖内至少有 1 皮砖镶插入旧砌体内，深度为半砖长，砂浆强度等级不得低于旧砌体砂浆强度等级，也不应低于 M2.5 级，最好掺入适量膨胀水泥，以保证新旧砌体上下顶紧。

插筋法施工的具体作法是：剥除粉刷层，冲洗干净后在灰缝中打入ф4 或ф6 钢筋插筋，水平间距应小于 120mm，竖向间距以 240～300mm 为宜，在开口边绑扎ф3 封口筋；然后用

M5 ~ M10 级混合砂浆和 MU7.5 级以上的砖砌筑壁柱。壁柱宽度不应小于 240mm，排出厚度不应小于 125mm。砌至楼板底或梁底时，应采用硬木顶撑，或用膨胀水泥砌筑最后 5 皮砖的灰缝，以保证其有效地发挥作用。

砖墙砌体所需增设的扶壁柱的数量及间距应由计算确定。加固砖墙的受压承载力可按下式验算：

$$N \leqslant \varphi(fA + 0.9f_1A_1) \tag{3-11}$$

式中 $N$——荷载设计值所产生的轴向力；

$\varphi$——高厚比 $\beta$ 和轴向力的偏心距 $e$ 对受压构件承载力的影响系数，可按表 3-5 ~ 表 3-7 取用；

$f$，$f_1$——原砖墙和新砌扶壁砖柱的抗压强度设计值；

$A$，$A_1$——原砖墙和新砌扶壁柱的抗压强度设计值；

0.9——扶壁柱强度设计值 $f_1$ 的降低系数。考虑后砌扶壁柱存在应力滞后现象，当砌体进行承载力验算所采用的系数；当进行高厚比和正常使用极限状态验算时可不予考虑。

2. 混凝土扶壁柱加固砖墙

窗间墙设混凝土扶壁柱或增设混凝土贴墙柱用以加固砖砌体，可帮助原砖墙承担较多荷载，混凝土扶壁柱的截面宽度不宜小于 250mm，厚度不宜小于 70mm；采用的混凝土强度等级可用 C15 ~ C20 级；开口箍筋插入原砖墙灰缝内不应少于 120mm，闭口箍筋应穿墙后再弯折，当插入箍筋困难时，可先用电钻钻孔后插入。纵筋直径不得小于 8mm，并应伸入下部扩大的混凝土新基础内。

混凝土扶壁柱与原砖墙的连接十分重要，其连接方式与砖扶壁柱基本相同。当原墙厚度小于 240mm 时，U 形连接箍筋应穿透原墙体，并加以弯折。U 形箍筋竖向间距不应大于 240mm，纵筋直径不宜小于 12mm。混凝土扶壁柱与原墙也可采用销键连接法，销键的纵向间距不应大于 1000mm。

混凝土扶壁柱加固砖墙的构造作法如图 3-6 所示。

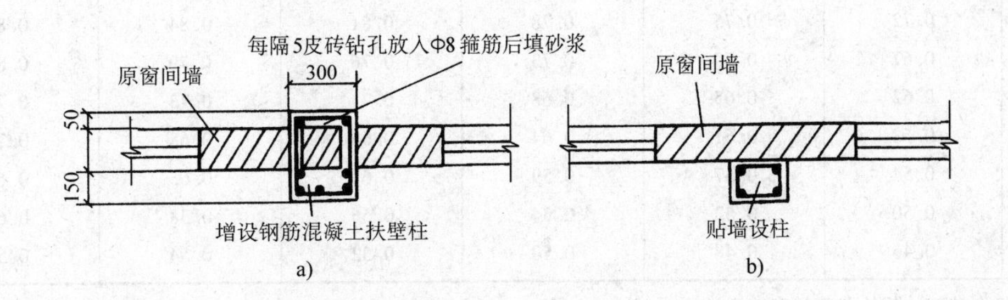


图 3-6 混凝土扶壁柱加固砖墙示意图

混凝土加固原墙壁柱的方法，可采用单面加固和两面加固两种方法，其构造如图 3-7 所示。用混凝土加固原砖墙时，宜采用喷射混凝土施工法，补强混凝土的厚度不宜小于 50mm，连接箍筋可采用两个开口箍和一个闭口箍间隔放置的办法，开口箍应插入原墙灰缝内不少于 120mm 深，封口箍在穿墙后再行弯折；当插入箍筋有困难时，可先用电钻钻孔后再将箍筋插入。纵筋的直径不应小于8mm。

用混凝土扶壁柱加固砖墙时，加固墙体的承载力验算方法为：经混凝土扶壁柱法加固后的墙体已成为组合砖砌体，考虑到新浇混凝土扶壁与原墙体的受力状态有关，并存在着应力滞后，因此在计算组合砖砌体承载力时，应对原公式引入新浇扶壁柱强度折减系数 $\alpha$。

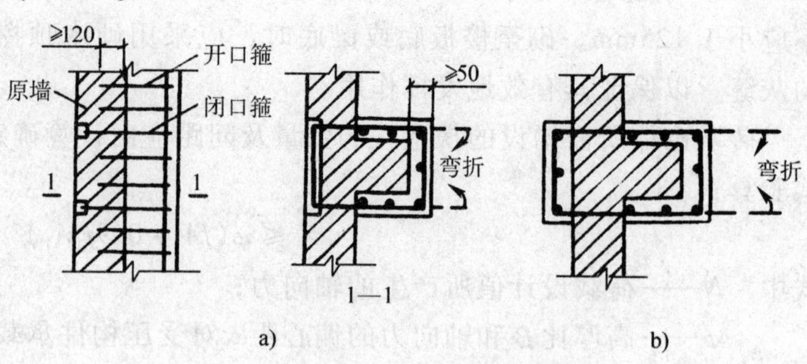


图 3-7 混凝土加固原墙壁柱示意图

a）单面加固 b）两面加固

轴心受压组合砖砌体承载力，可按式（3-12）计算：

$$N \leqslant \varphi_{com}[fA + \alpha(f_c A_c + \eta_s f_y' A_s')] \tag{3-12}$$

偏心受压组合砖砌体承载力，可按式（3-13）或式（3-14）计算：

$$N \leqslant fA' + \alpha(f_c A_c' + \eta_s f_y' A_s') - \sigma_s A_s \tag{3-13}$$

$$Ne_N \leqslant fS_s + \alpha[f_c S_{c \cdot s} + \eta_s f_y' A_s'(h_0 - a')] \tag{3-14}$$

此时受压区的高度 $x$ 可按式（3-15）确定：

$$fS_N + \alpha(f_c S_{c,N} + \eta_s f_y' A_s' e_N') - \sigma_s A_s e_N = 0 \tag{3-15}$$

式中 $\varphi_{com}$——组合砖砌体构件的稳定系数，按表3-10取用；

表 3-10 组合砖砌体构件的稳定系数 $\varphi_{com}$

| 高厚比 $\beta$ | 配筋率 $\rho$（%） | | | | | |
|---|---|---|---|---|---|---|
| | 0 | 0.2 | 0.4 | 0.6 | 0.8 | ≥1.0 |
| 8 | 0.91 | 0.93 | 0.95 | 0.97 | 0.99 | 1.00 |
| 10 | 0.87 | 0.90 | 0.92 | 0.94 | 0.96 | 0.98 |
| 12 | 0.82 | 0.85 | 0.88 | 0.91 | 0.93 | 0.95 |
| 14 | 0.77 | 0.80 | 0.83 | 0.86 | 0.89 | 0.92 |
| 16 | 0.72 | 0.75 | 0.78 | 0.81 | 0.84 | 0.87 |
| 18 | 0.67 | 0.70 | 0.73 | 0.76 | 0.79 | 0.81 |
| 20 | 0.62 | 0.65 | 0.68 | 0.71 | 0.73 | 0.75 |
| 22 | 0.58 | 0.61 | 0.64 | 0.66 | 0.68 | 0.70 |
| 24 | 0.54 | 0.57 | 0.59 | 0.61 | 0.63 | 0.65 |
| 26 | 0.50 | 0.52 | 0.54 | 0.56 | 0.58 | 0.60 |
| 28 | 0.46 | 0.48 | 0.50 | 0.52 | 0.54 | 0.56 |

注：组合砖砌体构件截面的配筋率 $\rho = A_s'/bh_0$。

$\alpha$——新浇扶壁柱材料强度折减系数，若原砖砌加固时状态完好，取0.95；若原砌体有荷载裂缝或有破损现象时，取0.90；

$A$——原砖砌体的截面面积；

$f_c$——扶壁柱混凝土或砂浆面层的轴心抗压强度设计值，砂浆的轴心抗压强度设计值可取同等强度等级混凝土设计值的70%，当砂浆为M7.5级时，其值为3MPa；

$A_c$——混凝土或砂浆面层的截面面积；

$\eta_s$——受压钢筋强度系数，当为混凝土面层时，取1.0；当砂浆面层时，取0.9；

$A_s'$，$f_y'$——受压钢筋的截面面积和抗压强度设计值；

$A'$——原砖砌体受压部分的面积；

$A_c'$——混凝土或砂浆面层受压部分的面积；

$S_s$——砖砌体受压部分的面积对受拉钢筋 $A_s$ 的重心的面积矩；

$S_{c,s}$——混凝土或砂浆面层受压部分的面积对受拉钢筋 $A_s$ 重心的面积矩；

$S_N$——砖砌体受压部分的面积对轴向力 $N$ 作用点的面积矩；

$S_{c,N}$——混凝土或砂浆面层受压部分的面积对轴向力 $N$ 作用点的面积矩；

$e_N'$，$e_N$——受压钢筋 $A_s'$ 和受拉钢筋 $A_s$ 重心至轴向力 $N$ 作用点的距离，$e_N'=e+e_i-(h/2-a')$，$e_N=e+e_i+(h/2-a)$；

$e$——轴向力的初始偏心距，按荷载标准值计算，当 $e<0.05h$，取 $e=0.05h$；

$e_i$——组合砖砌体构件在轴向力作用下的附加偏心距，$e_i=\frac{\beta^2 h_0}{2200}(1-0.022\beta)$；

$h_0$——组合砖砌体构件截面的有效高度，$h_0=h-a$；

$\sigma_s$——受拉钢筋 $A_s$ 的应力，当大偏心受压时，即 $\xi<\xi_b$，$a_x=f_y$；当小偏心受压时，即 $\xi\geqslant\xi_b$，$\sigma_s=(650\sim800)\xi$；

$a'$，$a$——钢筋 $A_s'$、$A_s$ 重心至截面较近边的距离；

$\xi$——组合砖砌体构件裁面受压区相对高度，$\xi=x/h_0$；

$\xi_b$——组合砖砌体构件受压区截面相对高度界限值，对HPB235级钢筋，取0.55；对HRB335级钢筋，取0.425。

## 二、钢筋网水泥浆法加固砖墙

钢筋网水泥浆法是指在被加固墙体表面附设$\phi$4～8mm的钢筋网片，然后用喷射砂浆或细石混凝土以达到提高砌体承载力、抗侧移刚度以及墙体延性的目的。

1. 适用范围

地震或火灾致使整片墙体的承载力不足或刚度降低，房屋加层或超载而引起砌体承载力不足，因施工质量差而使墙体承载力普遍达不到设计要求等情况时，可采用钢筋网水泥浆予以加固。对孔径大于15mm的空心砖墙，砌体砂浆强度等级很低的墙体（<M2.5），严重酥碱的墙体，或油污不易消除、不能保证抹面砂浆粘结质量的砌体时，不宜采用该法。

2. 承载力验算

经钢筋网水泥加固的墙体，也称夹板墙组合砖砌体，其正截面承载力计算可按式（3-11）～式（3-15）进行。

夹板墙斜截面承载力计算，应考虑砂浆面层厚度和抗剪强度、钢筋网的配置量和强度、原砖墙的厚度和抗剪强度以及上部墙体压应力等影响因素。夹板墙的抗剪承载力验算可按式（3-16）进行。

$$V_k\leqslant\frac{(f_v+0.7\sigma_0)A_k}{1.9} \tag{3-16}$$

当面层砂浆强度控制时

$$f_v=\frac{nt_1}{t_m}f_{v1}+\frac{2}{3}f_m+\frac{0.03nA_{sv2}}{\sqrt{s}\cdot t_m}f_{yv} \tag{3-17}$$

当钢筋强度控制时

$$f_{v}=\frac{0.4nt_{1}}{t_{m}}f_{v1}+0.26f_{m}+\frac{0.35nA_{sv1}}{\sqrt{s}\cdot t_{m}}f_{yv} \tag{3-18}$$

式中 $V_k$——第 $j$ 楼层第 $k$ 道夹板墙承受的剪力（N）；

$\sigma_0$——夹板墙在 1/2 层高处截面的平均压应力（$N/mm^2$）；

$A_k$——第 $j$ 楼层第 $k$ 道夹板墙在 1/2 层高处横截面面积（扣除门窗孔洞面积）（$mm^2$），对于空斗砖墙与空心砖墙，均取包括空斗与空心部分面积在内的截面毛面积，也应扣除门窗洞口孔洞面积；

$f_v$——夹板墙折算成原砖墙砌体的抗剪强度（$N/mm^2$），简称折算抗剪强度，根据不同的修复和加固条件，取式（3-17）和式（3-18）两种情况计算结果的较小值；

$t_1$——砂浆面层或钢筋网砂浆面层厚度（mm）；

$t_m$——原砖墙的厚度（mm）；

$n$——一道夹板墙的加固面层层数，

$f_{v1}$——面层砂浆抗剪强度（$N/mm^2$），$f_{v1}=1.4\sqrt{M}$；

$M$——面层砂浆强度等级；

$f_m$——砖砌体通缝抗剪强度（$N/mm^2$），对不修复裂缝的开裂墙体，$f_m$ 取零；

$A_{sv1}$，$A_{sv2}$——单根钢筋的截面面积（$mm^2$）；

$s$——钢筋网中钢筋的间距（mm），式（3-17）和式（3-18）中$\sqrt{s}$的单位仍取为 mm。

3. 构造要求

钢筋网水泥浆法加固砖墙的构造作法如图 3-8 所示。

当采用水泥砂浆面层加固时，加固层的厚度宜为 20～30mm；当采用钢筋网水泥砂浆面层时，厚度宜为 30～45mm，钢筋外保护层厚度不应小于 10mm。钢筋网的钢筋直径为Φ4～8mm，方格网间距不宜小于 150mm，也不宜大于 500mm；双面钢筋网需用Φ4～6mm 穿墙 S 形拉结筋与墙体固定；单面钢筋网可用Φ4“U”形钢筋钉入墙内代替 S 形筋；拉结筋的间距宜取 1000mm。钢筋网穿墙筋的孔洞，必须用机械钻孔，楼板穿筋孔洞也宜用机械钻孔。为加强钢筋网与墙体的固定，必要时在中间还可以增设Φ4mm 的 U 形筋或用铁钉钉入墙体砖缝内，加以固定。

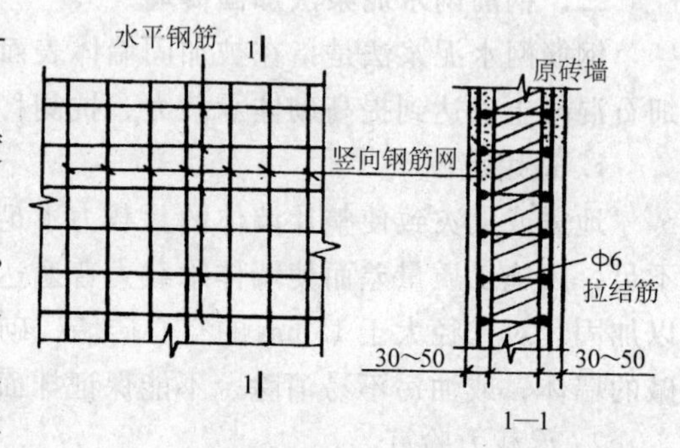


图 3-8 钢筋网水泥浆法加固砖墙构造

钢筋网的横向钢筋遇到门窗洞口时，宜将钢筋垂直墙沿洞边弯成 90°的直钩加以锚固。

水泥砂浆的强度等级宜为 M7.5～M15。

**三、增大截面法加固砖柱**

增大截面法加固砖柱可有侧面加固和四周加固两种形式，如图 3-9 所示。

1. 侧面加固砖柱

当砖柱承受弯矩较大时，可在弯矩平面受压一侧或两侧增设混凝土加固层，扩大截面用

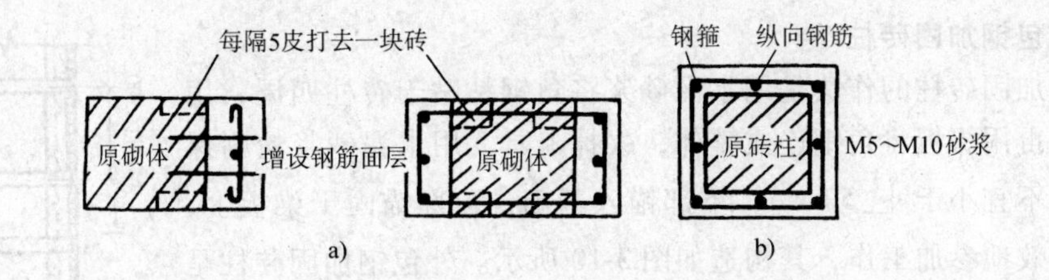


图 3-9 增大截面法加固砖柱类型

a）侧面加固 b）四周加固

以提高砖柱承载力，提高抗弯能力。

侧面加固可采用仅在受压一侧增加混凝土层的方法；因条件限制亦可在两侧面增设混凝土面层的方法，予以加固。

采用侧面加固砖柱应处理好新旧柱的连接构造。单面加固时，应将膨胀螺柱打入旧柱中；双面加固时，应采用连通的拉结箍筋，以增强新旧柱的连接。此外，应将原砖柱的角砖每隔 5 皮打掉 1 块，以便新混凝土与原砖柱很好地咬合。新混凝土的强度等级宜用 C15 级或 C20 级；受力钢筋至砖柱的距离不应少于 50mm；受压钢筋的配筋率不宜少于 0.2%，直径不应小于 8mm。

侧面增设混凝土层加固后的砖柱已成为新的组合砖砌体，其受压承载力计算方法可按式（3-12）~式（3-14）计算。

2. 四周外包混凝土层加固砖柱

四周外包层内应设置$\phi$4~6mm 的封闭箍筋，间距不宜超过 150mm；新浇混凝土的强度等级宜用 C15 或 C20 级，当外包层较薄时，可用水泥砂浆，砂浆强度等级不得低于 M7.5 级。

由于四周外包混凝土，且有封闭箍筋侧向约束作用，可减小砖柱横向变形，受力类似网状配筋砖砌体，对于轴心受压及小偏心受压砖柱，其承载能力有显著效果。

四周外包混凝土加固砖柱的受压承载力可按式（3-19）计算。

$$N \leqslant N_1 + 2\alpha_1\varphi_n\frac{\rho_v f_y}{100}\left(1-\frac{2e}{y}\right)A \tag{3-19}$$

式中 $N_1$——加固砖柱按组合砖砌体计算，所得的受压承载力，按式（3-11）~式（3-15）；

$\varphi_n$——网状配筋砖砌体受压构件承载力影响系数，按《砌体结构设计规范》（GB 50003—2001）附录 D 表 D.0.2 取用；

$\rho_v$——体积配箍率，$\rho_v=\frac{2A_{sv1}\ (a+b)}{abs}\times100\%$；

$a$、$b$——箍筋的长、宽；

$s$——箍筋间距；

$A_{sv1}$——单肢箍筋截面面积；

$f_y$——箍筋受拉强度设计值；

$e$——轴向力偏心距，$e=M_k/N_k$；

$A$——被加固砖柱的截面面积；

$\alpha_1$——新浇混凝土的材料强度折减系数，原砖柱未破损时，取 0.9；部分破损，或受力较大时，取 0.7。

## 四、外包钢加固砖柱

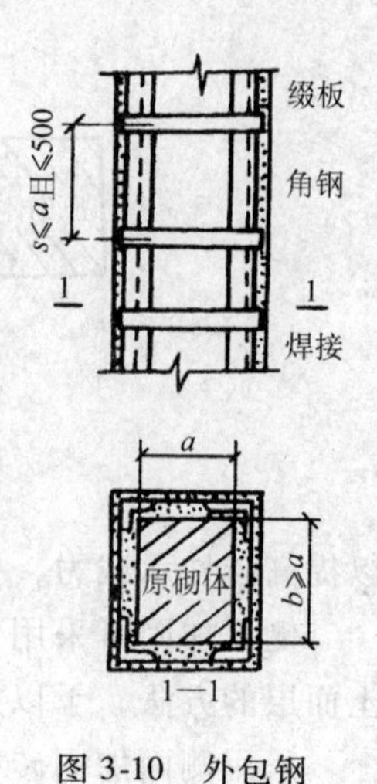


图 3-10 外包钢加固砖柱

外包钢加固砖柱的作法是用水泥砂浆将角钢粘贴于砖柱四周，用卡具卡紧后再用缀板将角钢连成整体，去掉卡具，用水泥砂浆粉刷保护层。角钢不宜小于 ∟50×5，下部锚入基础，顶部锚固于梁板上，用以保证有效地参加工作，其构造如图 3-10 所示。外包钢加固砖柱是一种组合砖柱，由于缀板与角钢组成的框架套箍对原砖柱的侧向约束作用，从而提高了砖砌体的抗压强度，并大幅度地提高了砖柱的抗侧力能力，并从本质上改变了砖柱的脆性破坏特征。

外包钢加固砖柱的承载力计算方法，参照混凝土组合砖柱及网状配筋砖砌体的计算方法可按式（3-20）或式（3-21）计算。

轴心受压时

$$N \leqslant \varphi_{com}(fA + \alpha f_a' A_a') + N_{av} \tag{3-20}$$

偏心受压时

$$N \leqslant fA' + \alpha f_a' A_a' - \sigma_a A_a + N_{av} \tag{3-21}$$

$$N_{av} = 2\alpha_1 \varphi_n \frac{\rho_{av} f_{av}}{100}\left(1 - \frac{2e}{y}\right)A \tag{3-22}$$

$$\rho_{av} = \frac{2A_{av1}(a+b)}{abs} \tag{3-23}$$

式中 $f_a'$——加固型钢的抗压强度设计值；

$A_a'$，$A_a$——受压与受拉加固型钢的截面面积；

$N_{av}$——由于缀板和角钢对砖柱的约束作用使原砖砌体强度提高而增大的承载力，可按式（3-22）计算；

$\rho_{av}$——体积配筋率，当取单肢缀板的截面面积为 $A_{av1}$，间距为 $s$ 时，可按式（3-23）计算；

$f_{av}$——缀板的抗拉强度设计值；

$\sigma_a$——受拉肢型钢 $A_a$ 的应力。

其余符号意义同前。受压区高度 $x$ 可参考式（3-15）计算。

外包钢加固法也可用于加固窗间墙，其方法是用角钢和扁钢将已损坏的窗间墙包起来，用以提高其承载力。当墙的宽厚比大于 2.5 时，为了有效地约束墙的中部，宜在窗间墙中部两边各增设一根扁钢，并用螺栓拉结。加固埋件外侧抹以砂浆保护层，以防止角钢锈蚀，并起建筑装饰作用。用角钢加固窗间墙的承载力计算方法与外包钢加固砖柱的计算方法相同。

## 五、砖过梁加固

砖过梁在砌体结构中是出现裂缝较多的构件，为了避免其承载力降低，应及时采取加固措施。根据不同情况，可采取如下加固措施。

（1）当跨度小于 1m，且裂缝不严重时，可将砖过梁的 3～5 皮砖缝凿深约 40mm，且延伸入两侧窗间墙的长度不少于 300mm 的缝隙，然后，嵌入钢筋，并用 M10 级水泥砂浆抹缝，也可在梁下附设钢筋后抹灰。

（2）当跨度较小时，可用木过梁替代砖过梁。

(3) 在砖过梁的下边缘两侧嵌入角钢，并用水泥砂浆粉刷。角钢的型号视过梁跨度及破损情况而定。

(4) 当跨度较大且破损严重时，可用钢筋混凝土过梁替换砖过梁。

新替换的过梁与原砖砌体之间应塞满砂浆以保证紧密接触；施工时，应有必要的安全措施，如增设临时支撑或分两次替换过梁。

**六、计算实例**

**例 1** 某办公楼原横墙为 240mm 厚，间距为 4m，进深 6m，层高 3m，楼板为 120mm 厚，现浇钢筋混凝土板。内横墙承受 280kN/m 压力，处于危险状态。经检测砖为 MU7.5 级，砂浆为 M2.5 级，查表 $f=0.79\text{MPa}$。试对该内横墙进行加固设计。

[解]

(1) 对原墙进行高厚比及承载力验算

$$H_0=0.4S+0.2H=0.4\times6+0.2\times3=3.0\text{m}\quad h=0.24\text{m}\quad [\beta]=16$$

$$\beta=H_0/h=3.0/0.24=12.5<\mu_1\mu_2\ [\beta]=1.0\times1.0\times16=16$$

原墙高厚比满足要求。

内横墙为轴心受压构件，$e/h=0$，$\varphi=0.765$

$$N_u=\varphi fA=0.765\times0.79\times240\times1000=145.004\text{kN}<N=280\text{kN}$$

该砖墙必须进行加固处理。

(2) 砖扶壁柱加固设计方案

采用两侧加砖扶壁柱的方法加固该横墙。将原横墙打入间距为 240mm 的ϕ4 的连接钢筋；然后，采用 MU10 级砖，M10 级混合砂浆砌筑扶壁砖柱，查得 $f_1=1.99\text{MPa}$，当砌筑到楼板下 5 皮砖时，采用水泥膨胀剂砂浆砌到顶。扶壁柱尺寸为 240mm × 490mm。取间距 1000mm 设一扶壁柱，如图 3-11 所示。

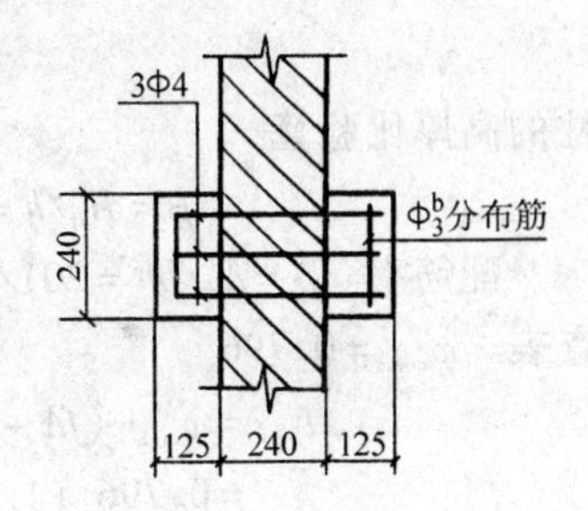


图 3-11 例 1 图

承载力验算：

计算截面取 $A=(1000\times240+240\times250)\text{mm}^2=300000\text{mm}^2$

$$I=\frac{1}{12}[(1000-240)\times240^3+240\times490^3]\text{mm}^4=3.23\times10^9\text{mm}^4$$

折算厚度为

$$h_T=3.5i=3.5\times\sqrt{I/A}=3.5\times\sqrt{3.23\times10^9/3.0\times10^5}\text{mm}=364\text{mm}$$

$$\beta=H_0/h_T=2700/364=7.4,\ \varphi=0.92$$

$$\begin{aligned}N_u&=\varphi\ (fA+0.9f_1A_1)\\&=0.92\times\ (0.79\times240\times1000+0.9\times1.99\times240\times250)\ \text{N}\\&=2.73\times10^5\text{N}<N=2.8\times10^5\text{N}\end{aligned}$$

不满足要求，进行调整。取扶壁柱间距为 (2.73/2.8) m = 0.975m，共 6 个扶壁柱，中距为 0.86m。

(3) 钢筋网水泥砂浆面层法加固方案

卸载后，铲去粉刷层进行修补，将墙面用电钻打孔，穿“S”形拉结钢筋，固定两侧钢筋网，喷射水泥砂浆面层。加固后墙体厚度取 300mm。

钢筋采用 HPB235 级，水泥砂浆采用 M10 级。

$$f_1 = 0.7 \times 5\text{MPa} = 3.5\text{MPa}$$

$$\beta = H_0/h = 2700/300 = 9.0\text{，查得 } \varphi_{com} = 0.89$$

$$N_u = \varphi_{com}[fA + \alpha(f_c A_c + \eta_s f'_y A'_s)]$$
$$= 0.89 \times [0.79 \times 240 \times 1000 + 0.9 \times (3.5 \times 60 \times 1000 + 0.9 \times 210 \times A'_s)]$$

已知 $N = 2.58 \times 10^5\text{N}$，代入上式后可得 $A'_s < 0$，按构造配置钢筋网为ф6@500 双向。

**例 2** 一截面为 240mm×240mm 砖柱，经鉴定知该砖柱为 MU10 级砖和 M5 级砂浆。旧房改造后其承载已显不足，故采用两面增加混凝土面层的加固方案。面层内设 4ф8mm 纵向钢筋，并由穿砖柱封闭钢箍拉结，面层厚 120mm，采用强度等级为 C15 级混凝土。该砖柱为轴心受压，轴向力 $N=350\text{kN}$，加固的组合柱截面尺寸为 240mm×490mm，计算高度 $H_0 = 3400\text{mm}$，试验算该组合柱加固后的承载力。如图 3-12 所示。

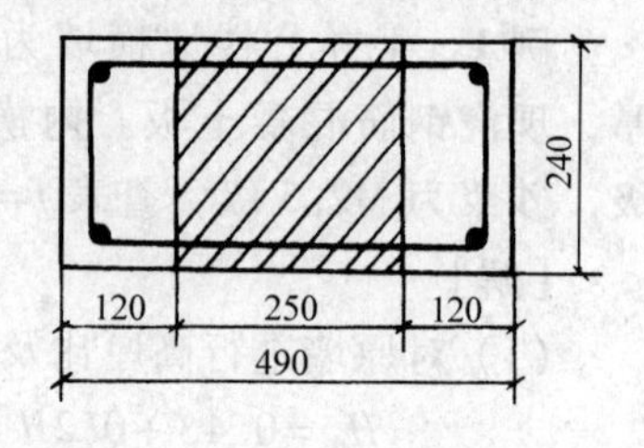

图 3-12 例 2 图

[解]

$$A = 240 \times 250\text{mm}^2 = 60000\text{mm}^2$$

$$A_c = 2 \times 120 \times 240\text{mm}^2 = 57600\text{mm}^2$$

$$f = 1.50\text{N/mm}^2\text{，}f_c = 7.2\text{N/mm}^2$$

$$f'_y = 210\text{N/mm}^2\text{，}\eta_s = 1.0$$

柱的高厚比验算

$$\beta = H_0/h = 3400/240 = 14.2 < [\beta] = 16\text{，满足要求。}$$

配筋率 $\rho = A'_s/bh = 201/240 \times 490 = 0.171\%$

查表 $\varphi_{com} = 0.796$

$$N_u = \varphi_{com}(fA + f_c A_c + \eta_s f'_y A'_s)$$
$$= 0.796(1.56 \times 60000 + 7.5 \times 57600 + 1.0 \times 210 \times 201)\text{N}$$
$$= 452000\text{N} = 452\text{kN} > N = 350\text{kN}$$

该加固后的组合柱满足承载力要求。

**例 3** 一独立旧砖柱，截面为 370mm×370mm，查明为 MU7.5 级砖，M2.5 级砂浆砌筑。柱高 3.8m，两端为不动铰支点，加层后需要承受轴向压力 $N=250\text{kN}$，包括砖柱自重。试验算原砖柱承载能力并进行加固设计。

[解]

（1）高厚比验算

M2.5 级砂浆，$[\beta] = 15$，$H_0 = 1.0H = 3.8\text{m}$，$h = 0.37\text{m}$

$$\beta = H_0/h = 3.8/0.37 = 10.27 < [\beta] = 15$$

满足要求。

（2）原砖柱承载力验算

$$N = 250\text{kN}$$

$$A_0 = 0.37 \times 0.37\text{m}^2 = 0.1369\text{m}^2 < 0.3\text{m}^2$$

$$\gamma_a = 0.7 + A = 0.7 + 0.14 = 0.84$$

$$f = 1.19\text{N/mm}^2$$

$e/h = 0$，M2.5 级砂浆，$\beta = 10.27$，查得 $\varphi = 0.82$，$N_u = \gamma_a \varphi f A_0 = 0.84 \times 0.82 \times 0.1369 \times 1.19 \times 10^3 \text{kN} = 111.86\text{kN} < N = 250\text{kN}$

不满足要求，需进行加固。

(3) 加固设计

采用四周外皮混凝土层加固砖柱方案。选用 8 根ϕ8mm 竖向构造钢筋和ϕ 4@125 钢箍外抹 M10 级水泥砂浆的构造作法。抹灰层厚 40mm，$f_c = 3.5\text{MPa}$。ϕ4mm 箍筋 $A_{sv} = 12.6\text{mm}^2$，$f_y = 210\text{N/mm}^2$，忽略箍筋的有利影响。如图 3-13 所示。

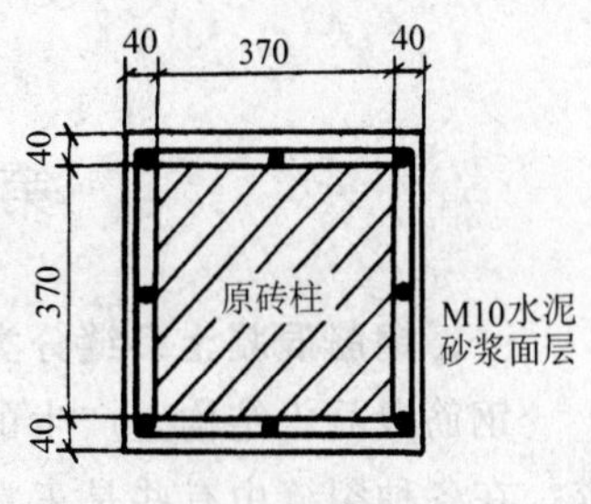


图 3-13　例 3 图

$$N \leqslant N_u = \gamma_a \varphi_{com} [fA + \alpha(f_c A_c + \eta_s f_y' A_s')]$$

式中，$\alpha = 0.95$，因砖砌体完好：

$$\eta_s = 0.9$$

$$A_s' = 8 \times 50.3\text{mm}^2 = 402.4\text{mm}^2,\ f_y' = 210\text{kN/mm}^2$$

$$\rho = A_s'/bh = 402.4/450 \times 450 = 0.198\%$$

每侧 0.1% 基本符合组合砖砌体砂浆面层每侧配筋率不少于 0.1% 的构造要求。

$$\beta = H_0/h = 3.8/0.45 = 8.44$$

$$A = 0.45 \times 0.45\text{m}^2 = 0.2025\text{m}^2 < 0.3\text{m}^2$$

$$\gamma_a = 0.7 + A = 0.7 + 0.203 = 0.903$$

$$\varphi_{com} = 0.925$$

$$N_u = 0.903 \times 0.925 [1.19 \times 0.1369 \times 10^6 + 0.95 \times (3.5 \times 0.0656 \times 10^6 + 0.9 \times 210 \times 402.4)] \text{N}$$
$$= 0.903 \times 0.925 \times 0.469 \times 10^6 \text{N} = 0.392 \times 10^6 \text{N} = 392\text{kN} > N = 250\text{kN}$$

承载力满足要求。

## 思　考　题

1. 说明旧砌体房屋裂缝产生的原因及修补方法。
2. 拆修砖砌体的方法有哪些？
3. 怎样进行砖墙的整体矫正？
4. 常见的砖砌体的加固技术有哪些？

# 第四章 混凝土工程维修

## 第一节 钢筋混凝土结构裂缝

### 一、钢筋混凝土裂缝分类及原因

钢筋混凝土结构上产生的裂缝按其原因和性质可分为很多种，根据房屋建筑的使用要求，在各种裂缝中有些是正常的、允许的，而有些则是使用上不允许的，有的甚至会对建筑物构成危害。对待钢筋混凝土结构上的各类裂缝，必须认真分析其性质和产生原因，然后采取正确的补救措施和处理方法。

（一）钢筋混凝土裂缝分类

钢筋混凝土裂缝按其产生的原因和性质，主要分为温度裂缝、干缩裂缝、应力裂缝、施工裂缝、化学作用裂缝等。

（二）钢筋混凝土裂缝原因分析

1. 温度裂缝

钢筋混凝土结构在温度影响下产生裂缝的原因主要有：

（1）由于大气温度变化、周围环境的影响

1）因为混凝土具有热胀冷缩的性质，其线膨胀系数一般为 $1\times10^{-5}$/℃，当环境温度发生变化或水泥水化热使混凝土温度发生变化时，钢筋混凝土结构就产生温度变形。当温度升至60～100℃时，混凝土中游离水将大量蒸发，就能出现发丝裂缝；当温度达到150℃以上时，水泥石产生收缩变形，而骨料发生膨胀，这就导致水泥石和骨料间的粘结逐渐破坏而产生裂缝。建筑物中的结构构件（受弯、受拉或受压等构件）在温度变形和约束的共同作用下，产生温度应力，当这种应力超过混凝土的抗拉强度时，就产生裂缝。另外，混凝土受热后强度也将迅速降低，使裂缝加剧，其强度降低系数见表4-1。钢筋受热后强度也将随温度升高而降低，其降低系数见表4-2。

**表4-1 普通混凝土在不同温度作用下的强度降低系数**

| 温度/℃ | 20 | 60 | 100 | 150 | 200 | 250 | 300 |
|---|---|---|---|---|---|---|---|
| 棱柱及挠曲强度的降低系数 | 1 | 0.90 | 0.85 | 0.80 | 0.70 | 0.60 | 0.40 |
| 抗拉强度的降低系数 | 1 | 0.75 | 0.70 | 0.60 | 0.55 | 0.50 | — |

**表4-2 钢筋在不同温度作用下的强度降低系数**

| 温度/℃ | | 20 | 60 | 100 | 150 | 200 | 250 | 300 |
|---|---|---|---|---|---|---|---|---|
| 强度极限的降低系数 | 一般钢筋 | 1 | 1 | 0.95 | 0.92 | 0.85 | 0.75 | 0.60 |
| | 冷拉钢筋 | 1 | 1 | 0.90 | 0.85 | 0.80 | 0.70 | — |
| 徐变极限的降低系数 | | 1 | 1 | 0.95 | 0.92 | 0.85 | 0.75 | 0.30 |

2）钢筋混凝土中钢筋与混凝土间的粘结力，将随温度升高而降低，其降低系数见表4-3。其中变形钢筋的粘结力由于机械咬合力较长圆钢筋的粘结力强，因此，它受温度的影响性较光圆钢筋小。在受热作用下混凝土和钢筋的弹性模量也将有所降低，见表4-4和表4-5。因混凝土受热后，会增加水泥石和骨料之间的温度变形，在骨料周围的水泥石中产生微细裂缝；水泥石脱水，内部也产生裂缝。因此随着温度的增加，粘结力和弹性模量的降低，不断增加了钢筋混凝土结构的变形和裂缝。

**表4-3　圆钢筋和变形钢筋与混凝土间粘结力在不同温度下的降低系数**

| 温度/℃ | 20 | 60 | 100 | 150 | 200 | 250 | 300 | 400 |
|---|---|---|---|---|---|---|---|---|
| 圆钢筋的降低系数 | 1 | 0.82 | 0.75 | 0.60 | 0.48 | 0.35 | 0.17 | 0 |
| 变形钢筋的降低系数 | 1 | 1 | 1 | 1 | 1 | 1 | 0.99 | 0.75 |

**表4-4　混凝土不同温度作用下弹性模量的降低系数**

| 温度/℃ | 20 | 60 | 100 | 150 | 200 | 250 |
|---|---|---|---|---|---|---|
| 弹性模量降低系数 | 1 | 0.85 | 0.75 | 0.65 | 0.55 | 0.50 |

**表4-5　钢筋在不同温度作用下弹性模量的降低系数**

| 温度/℃ | 20 | 60 | 100 | 150 | 200 | 300 | 400 |
|---|---|---|---|---|---|---|---|
| 一般钢筋弹性模量降低系数 | 1 | 1 | 1 | 0.97 | 0.95 | 0.90 | 0.80 |
| 冷拉钢筋弹性模量降低系数 | 1 | 1 | 0.90 | 0.87 | 0.85 | 0.75 | — |

（2）由于大体积混凝土施工产生的水化热等因素的影响　钢筋混凝土在温差过大时易引起构件表面出现裂缝，特别是大体积混凝土在硬化期间水泥释放出大量水化热，内部温度急剧上升，使混凝土表面和内部的温度相差很大。或者当对钢筋混凝土预制构件蒸汽养护时，混凝土降温控制不严，降温过速，致使混凝土表面温度急剧下降而产生较大的降温收缩，此时表面受到内部混凝土的约束将产生较大的拉应力，而混凝土早期抗拉强度和弹性模量很低，因而出现裂缝，见图4-1。

2. 干缩裂缝

混凝土的干缩裂缝由湿收缩和自收缩两部分组成，湿收缩是指混凝土随温度降低，体积减小而产生的收缩，其收缩量占总收缩量的80%～90%；自收缩是指水泥水化作用引起的体积减小而产生的收缩，占前者的1/5～1/10。产生干缩裂缝的主要原因有：

（1）混凝土浇筑后养护不当的影响　在混凝土浇筑完成后，养护不及时，受到风吹日晒，表面水分散失过快，体积收缩大，而内部混凝土温度变化小，收缩也小，因而表面变形受约束后出现拉应力而导致表面开裂。

（2）综合因素的影响　如混凝土构件长期露天堆放，表面湿度经常发生剧烈变化；混凝土经过过度振捣，表面形成水泥含量较多的砂浆层；水泥和骨料的品种与质量、混凝土配和比、化学外加剂等都会对干缩裂缝产生影响，导致裂缝的产生。见图4-2。

3. 应力裂缝

钢筋混凝土结构在静荷载或动荷载作用下，或由于地基的不均匀沉降而产生的裂缝称为应力裂缝。这类裂缝较多出现在混凝土构件的受拉区、受剪区或振动较严重的部位，根据不同的受力性质和受力大小而具有不同的形状和规律。

（1）受弯构件　钢筋混凝土受弯构件常见的裂缝有正截面垂直裂缝和斜截面裂缝。

1）正截面裂缝一般出现在梁、板结构弯矩最大的截面上，如简支梁裂缝首先出现在跨中截面底部，然后向上发展，其数量和宽度与荷载大小有关。当荷载较大时，裂缝随之增多和扩大，见图4-3。

2）斜截面裂缝一般发生在剪切力最大部分，如梁的支座附近。由梁的下部开始，沿45°方向，向跨中上方扩展，是弯矩与剪切力共同作用的结果，随着荷载的增加，裂缝数量将不断增多和扩展延伸。

（2）受压构件

1）轴心受压钢筋混凝土柱在正常情况下一般不会出现压裂的裂缝。如果出现裂缝则预示混凝土结构破坏的开始，当发现这种情况时，必须及时进行加固处理。

2）小偏心受压和受拉区钢筋较多的大偏心受压构件，裂缝和破坏情况基本上和轴心受压构件相似，只是在承压较大的一侧产生裂缝导致构件破坏。大偏心受压且受拉区配筋不多的构件，基本上同受弯构件相似。图4-4为某金工车间钢筋混凝土矩形柱裂缝情况。由于地基横向不均匀沉降，引起钢筋混凝土柱偏心受压加大，与受弯构件相似，柱的受拉区内产生很多水平裂缝。

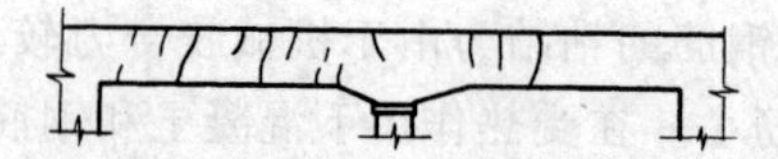

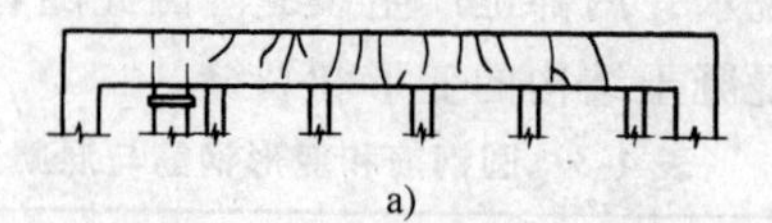


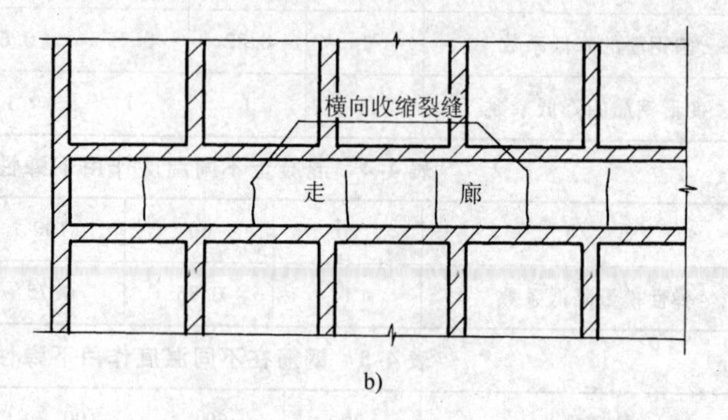


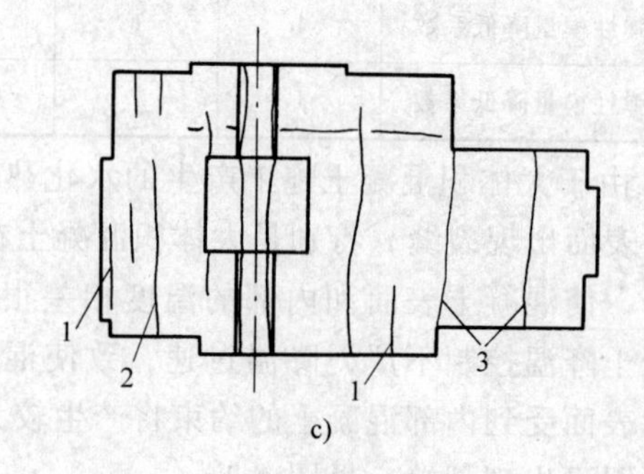


图4-1　温度裂缝示意图

a）高温车间大梁裂缝　b）内走廊板收缩裂缝

c）大体积混凝土温度裂缝

1—表面裂缝　2—深进裂缝　3—贯穿裂缝

3）双肢柱内常见腹杆和肢杆连接处的裂缝。这类裂缝有进入肢杆中的水平裂缝，进入腹杆的竖向裂缝，有的裂缝贯穿肢杆或腹杆部分截面。这类裂缝主要由于腹杆的节点弯矩所造成。图4-5为某钢厂双肢柱裂缝情况，主要由于地面沉降，基础向一侧倾斜，造成肢杆与腹杆的节点弯矩增大而在节点处出现裂缝。

4）钢筋混凝土牛腿上的裂缝。实验表明，一般在荷载达到极限荷载的20%～40%时牛腿开始出现裂缝，但它展开很小，对牛腿受力性能影响不大。当荷载增至极限荷载的40%～60%

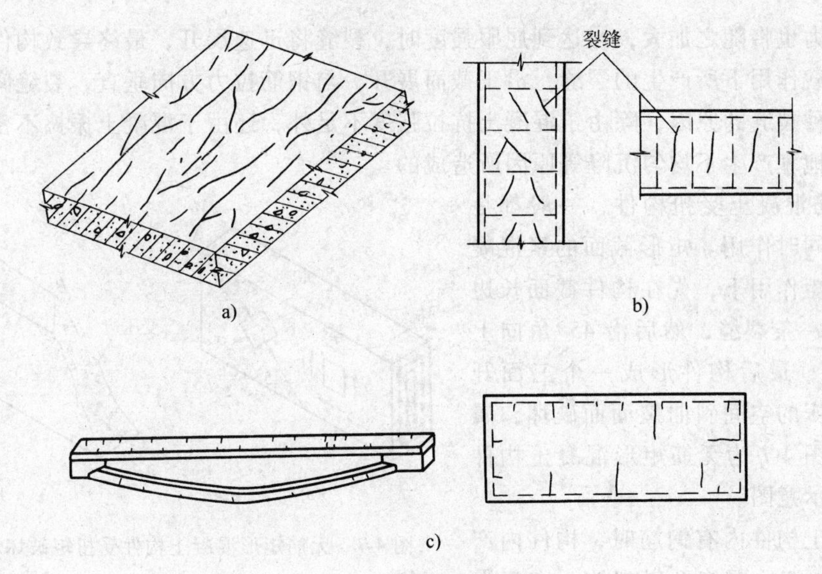


图 4-2　干缩裂缝示意图

a）板面干缩裂缝　b）梁、柱干缩裂缝　c）梁、板干缩裂缝

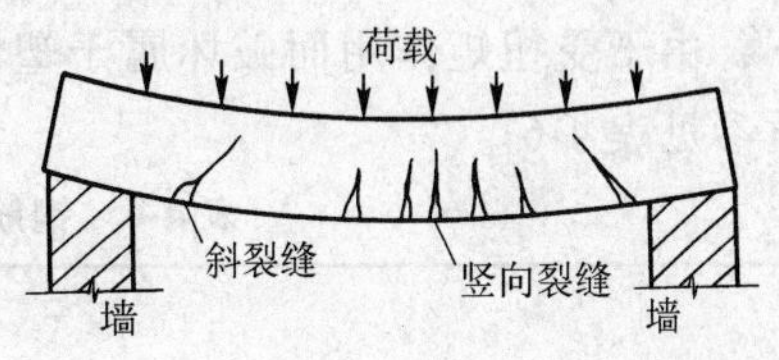


图 4-3　简支梁正截面裂缝示意图

时，在加载板内侧附近出现第一条斜裂缝，如图 4-6 所示裂缝①。此后继续加载，除这条裂缝不断发展外，几乎不再出现第二条裂缝。当荷载加至极限荷载的 80% 时，突然出现第二条裂缝（见图 4-6 所示裂缝②），预示牛腿将临近破坏。

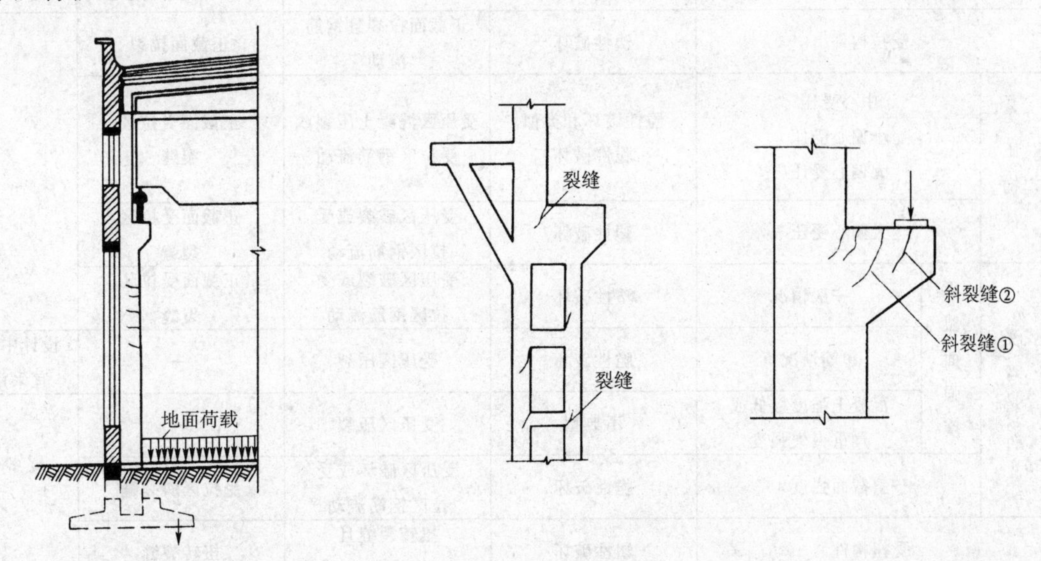


图 4-4　矩形柱偏心受压裂缝示意图　　图 4-5　双肢柱节点裂缝示意图　　图 4-6　牛腿压裂缝示意图

（3）受拉、受扭构件

1）在钢筋混凝土轴心受拉构件中，由于混凝土的抗拉强度较低，当构件上的拉力不大时，混凝土就会发生开裂，此时钢筋中的应力还很小。随着荷载的不断增加，裂缝不断发

展，钢筋应力也将随之加大，当达到屈服强度时，裂缝将迅速展开，最终导致构件破坏。受拉构件在荷载作用下所产生的裂缝，沿正截面展开，与钢筋拉力方向垂直，裂缝间距大致相等。造成这种裂缝的原因，除由于混凝土抗拉强度不足外，还由于混凝土振捣不密实，养护条件不好，地基产生不均匀沉降等原因所造成的。

2）钢筋混凝土受扭构件，一般都是扭矩和弯矩同时作用。矩形截面的素混凝土构件在扭矩作用下，先在构件截面长边中点处产生一条裂缝，然后沿45°角向上下两边延伸，最后构件形成一个三面开裂、一面受压的空间斜曲裂面而破坏，属脆性破坏。图4-7为无筋矩形混凝土构件受扭矩破坏示意图。

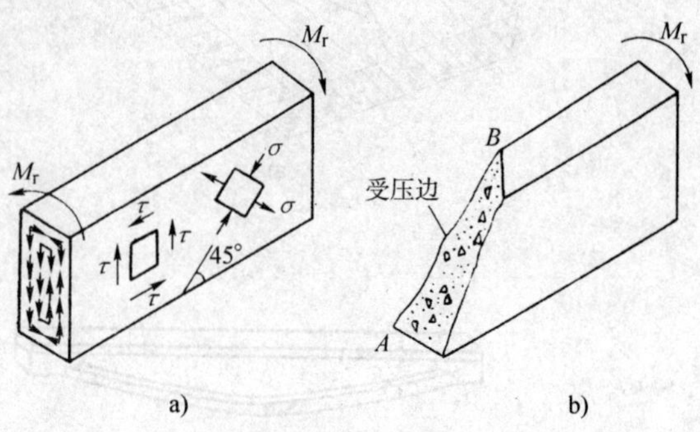


图4-7　无筋矩形混凝土构件受扭矩破坏示意图

当混凝土构件内有钢筋时，构件内产生近45°倾斜角的螺旋形斜裂缝。由于大部分拉力由钢筋承担，构件破坏时的抗扭承载力大大增加。钢筋混凝土结构，在一般情况下，由于受扭矩作用而破坏属于塑性破坏。有关钢筋混凝土典型受力构件破坏特征及裂缝性质参见表4-6。

**表4-6　钢筋混凝土典型构件破坏特征及裂缝性质**

| 典型受力构件 | | | 破坏特征 | 裂缝性质：破坏开始产生的裂缝 | 裂缝性质：受力正常时可产生的裂缝 | 备注 |
|---|---|---|---|---|---|---|
| 受拉构件 | | | 塑性破坏 | 正截面拉裂且钢筋流动 | 正截面拉裂 | |
| 受压构件 | 中心受压<br>小偏心受压<br>大偏心受压 | | 脆性破坏和类似脆性破坏 | 受压区混凝土压裂或受拉区钢筋流动 | 正截面受拉区裂缝 | |
| 受压构件 | 大偏心受压 | | 塑性破坏 | 受压区破裂或受拉区钢筋流动 | 正截面受拉区裂缝 | |
| 受弯构件 | 正截面强度 | 一般情况 | 塑性破坏 | 受压区破裂或受拉区钢筋流动 | 正截面受拉区裂缝 | |
| 受弯构件 | 正截面强度 | 超筋情况下 | 脆性破坏 | 受压区压裂 | — | 设计中不宜采用 |
| 受弯构件 | 正截面强度 | 混凝土强度极低或严重夹失强度 | 不典型 | 受压区压裂 | — | |
| 受弯构件 | 斜截面强度 | | 脆性破坏 | 受压区破坏或受拉区钢筋流动 | 受拉区斜裂缝 | |
| 受扭构件 | | | 塑性破坏 | 扭转裂缝且钢筋流动 | 扭转裂缝 | |
| 局部承压 | 一般情况下 | | 类似脆性破坏 | 大范围压裂 | 小范围压裂 | |
| 局部承压 | 后张法预应力结构端部等特殊情况下 | | 塑性破坏 | 端部压裂 | — | |
| 局部承压 | 冲切面 | | 脆性破坏 | 冲切面裂缝 | — | |

4. 施工裂缝

钢筋混凝土结构由于施工不当而产生的裂缝因素很多，主要有：

(1) 施工时由于混凝土配合比不当，水灰比过大或为了加快进度，随意提高混凝土强度，而使单位水泥用量加大等都可能使混凝土产生裂缝。

(2) 混凝土是一种混合材料，混凝土的均匀性和密实性都与其施工质量有关。从混凝土的搅拌、运输、浇筑、振捣到养护的各道工序中的任何缺陷都可能造成混凝土裂缝，特别是混凝土早期养护的质量与裂缝的关系密切，早期表面干燥或早期受冻都可能使混凝土产生裂缝。

(3) 模板支架系统的质量与施工裂缝有关，模板构造方案不当，漏水、漏浆，模板及支撑刚度不足，支撑处地基下降等都可能造成混凝土开裂。

(4) 构件脱模时，受到剧烈振动，或地面砂子摊铺不平，吊钩位置不当使构件受力不均匀或受扭，易引起构件纵向或斜向裂缝。

(5) 装配式结构的构件安装工艺、焊接工艺与顺序不当时，也可能造成构件裂缝。

(6) 构件运输、堆放时，支承垫木不在一条直线上，或悬挑过长，运输时构件受到剧烈振动，吊装时吊点位置不正确，或桁架等侧向刚度较差的构件，侧向未采取临时加固措施，都可能使构件产生裂缝。

5. 化学作用裂缝

(1) 由于水泥安定性不合格，或选用活性砂石作骨料，再加上使用含碱外加剂，这样就会产生碱-骨料反应，从而造成结构裂缝。

(2) 混凝土中的钢筋，在受到酸、碱、盐等化学物质作用时会产生腐蚀。钢筋腐蚀会使断面逐渐减少，同时钢筋由于锈蚀而体积膨胀，会使混凝土保护层破裂甚至脱落。

## 二、钢筋混凝土裂缝鉴别与检查

### (一) 重要性

建筑物的破坏，特别是钢筋混凝土结构的破坏往往是从裂缝开始的。但是，并不是所有裂缝都是危险的，只有那些影响结构承载力、稳定性、刚度以及节点构造可靠性的裂缝，才可能影响结构的正常使用。由于裂缝产生的原因是错综复杂的，因此，对裂缝的修补和处理，应经过认真的检查、鉴定、分析，在明确裂缝对结构受力安全有影响的基础上进行。对影响结构强度和有碍正常使用的裂缝，必须对产生裂缝的构件采取加固或其他安全措施。同时，在保证结构强度安全的情况下，还应按照构件所处的条件以及使用和有关要求，控制各种裂缝的宽度不超过规定的允许值，从而防止钢筋锈蚀，不使构件产生有害影响。对宽度超过规定的裂缝，应进行必要的处理。所以，准确鉴别不同类型的裂缝十分重要。

### (二) 裂缝鉴别检查的主要内容

1. 裂缝位置与分布特征

一般应查明裂缝发生在第几层，出现在哪些构件（墙、梁、柱）上，裂缝在构件上的位置，如梁的两端或跨中，梁截面的上方或下面等。裂缝数量较多时，常用开裂面的平（立）面图表示。

2. 裂缝的方向与形状

一般裂缝的方向同主拉应力方向垂直，因此要注意分清裂缝的方向，如纵向、横向、斜向、对角线以及交叉等。要注意区分裂缝的形状是上宽下窄，或相反，或两端窄、中间宽等不同情况。

3. 裂缝分支情况

裂缝分支角是指与主裂缝的夹角，常见的有锐角、90°角、120°角；裂缝分支数，指以裂缝点计算的裂缝数（包括主裂缝），常见的是三支裂缝。

4. 裂缝宽度

裂缝宽度常用带刻度的放大镜测量，操作时应注意以下几点：

（1）测量与裂缝相垂直方向的宽度。

（2）注意所量裂缝的代表性，以及其他缺陷的影响。

（3）每次测量的温度、湿度条件尽可能一致，如为淋雨的构件，宜在干燥2～3天后测量。

（4）受弯构件，应测量受力钢筋一侧的裂缝宽度。

5. 裂缝长度

裂缝长度包括：某条裂缝长度，某个构件或某个建筑物裂缝总长度，单位面积的裂缝总长度。

6. 裂缝深度

主要区别浅表裂缝、保护层裂缝、较深的甚至贯穿性裂缝。

7. 开裂时间

它与开裂原因有一定关系，因此要准确查清楚。要注意发现裂缝的时间不一定就是开裂时间。对钢筋混凝土结构，拆模时是否出现裂缝也很重要。

8. 裂缝发展与变化

裂缝长度、宽度、数量等方面的变化，要注意这些变化与环境温度、湿度的关系。

9. 其他

混凝土有无碎裂、剥离；裂缝中有无漏水、析盐、污垢，以及钢筋是否严重锈蚀等。

（三）有害裂缝的鉴别

根据以上几方面内容，来鉴别钢筋混凝土结构的裂缝是否有害及危害性大小。一般可以认为凡引起下列后果的裂缝是有害裂缝：

（1）损害建筑物的功能，如水池、水塔因渗漏水而影响使用。

（2）引起其他因素的破坏，如钢筋锈蚀或水泥石溶出性侵蚀。

（3）降低结构刚度或影响建筑物的整体性。

（4）损害结构表面功能，如美观等。

在钢筋混凝土建筑物中，还经常根据能否引起钢筋锈蚀来区分有害裂缝与无害裂缝。一般认为裂缝宽度如果超过现行设计规范的规定值，就引起钢筋锈蚀，在这种环境条件下裂缝是有害裂缝。

对于抗裂性有严格要求的建筑物（如某些化工车间等），任何可见裂缝都是有害裂缝。

## 三、钢筋混凝土裂缝的预防措施和修补方法

（一）预防措施

1. 温度裂缝的预防措施

预防混凝土温度裂缝的产生，可从控制温度，改进设计和施工操作工艺，改善混凝土性能，减少约束条件等方面采取措施，一般有：

（1）尽量选用低热或中热水泥（如矿碴水泥、粉煤灰水泥）配置混凝土，或在混凝土中掺适量粉煤灰，或利用混凝土的后期强度，降低水泥用量，以减少水化热。

（2）在混凝土中掺缓凝剂，减缓混凝土浇筑速度，以利于散热。或掺木钙粉、MF 减水剂等，以改善和易性，减少水泥用量。在设计允许情况下，可掺少于混凝土 25% 体积的毛石，以吸收热量并节约混凝土。

（3）大体积混凝土应采取分层浇筑、养护，每层厚度不大于 30cm，以利于热气散发，并使温度分布较均匀，同时也利于振捣密实。

（4）浇筑混凝土后，表面应及时用草帘或草袋、锯末、砂等覆盖，并洒水养护。夏季应适当延长养护时间。在冬季寒冷季节，混凝土表面应采取保温措施。拆模时，构件中部和表面的温差不宜大于 20℃以防止急剧冷却造成表面裂缝。

（5）蒸汽养护构件时，要控制升温速度≤25℃/h，降温速度≤20℃/h，并缓慢揭盖，及时脱模，避免引起过大的温度应力。

2. 干缩裂缝的预防措施

混凝土干缩裂缝的预防措施主要有：

（1）严格控制混凝土的水泥用量、水灰比和砂率，防止过大。

（2）控制骨料含泥量，不要使用过量粉砂。

（3）混凝土浇捣密实，并要初凝后终凝前进行二次抹压面板，以减少收缩量；注意振捣时间不要过长，防止表面产生过多水泥浆，加大收缩量。

（4）加强早期养护并延长养护时间；长期在外堆放的构件应覆盖以免曝晒。

3. 应力裂缝的预防措施

钢筋混凝土应力裂缝预防措施主要有：

（1）防止因设计、施工错误而导致构件承载力不足，以及产生过大变形。

（2）如因地基过大，或在独立基础附近堆放超载重物，引起地基不均匀沉降则应尽早处理。

4. 施工裂缝的预防措施

钢筋混凝土结构施工裂缝的预防措施主要有：

（1）用翻转模板生产构件时，应在平整、坚实的铺砂地面上进行，翻转、脱模应平稳，防止剧烈冲击和振动。

（2）用以预留构件孔洞的钢管要平直，预埋前应除锈、刷油，混凝土浇筑后，要定时转动钢管。抽管时间以手压混凝土表面不显印痕为宜，抽管时应平稳缓慢。

（3）混凝土构件堆放，应按其受力特点设置垫块。重叠堆放时，垫块应在一条竖直线上，同时，板、柱等构件应作好标记，避免反放。

（4）运输构件时，构件之间应设置垫木并互相绑牢，防止晃动、碰撞。

（5）吊装大型构件时应按规定设置吊点。对于屋架等侧向刚度差的构件，吊装时可用脚手杆横向加固，并设置牵引绳，防止吊装过程中碰撞。

（二）修补方法

1. 裂缝治理原则

（1）必须充分了解设计意图和技术要求，严格遵循设计和施工规范。

（2）应认真分析裂缝产生的原因和性质，根据不同受力情况和使用要求，分别采取不同的治理方法。

（3）裂缝处理后应保证结构原有的承载能力、整体性以及防水、抗渗性能。处理时要考虑温度、收缩应力较长时间的影响，以免处理后出现新的裂缝。

（4）防止进一步人为损伤结构和构件，尽量避免大动大补，并尽可能保持原结构的外观。

（5）处理方法应从实际出发，在安全可靠的基础上，要考虑技术上的可能性，力求施工简单易行，以符合经济、合理的原则。

2. 工程中常用的治理方法

（1）表面修补法

1）表面涂抹水泥砂浆　将裂缝附近混凝土表面凿毛，或沿裂缝凿成深15～20mm，宽150～200mm的凹槽，用压缩空气或压力水除去表面灰尘，再洒水湿润，先刷水泥浆一层，然后用1:1～1:2的水泥砂浆分2～3层涂抹，总厚度控制在10～20mm左右，并用铁抹压光。有防水要求时，应用水泥浆（厚2mm）和1:2.5的水泥砂浆交替抹压4～5层刚性防水层，涂抹3～4h后，进行覆盖，洒水养护。如果在水泥砂浆中掺入水泥质量1%～3%的氯化铁防水剂，可起到促凝和提高防水性能的效果。

2）表面涂抹环氧胶泥　胶泥具有粘结力高、收缩小、硬化后耐化学性好、电气绝缘性能优良、机械性能高、防水性好等优点，用于修补裂缝，只要配制工艺符合技术要求，施工严格遵守操作规定，就有较好的防潮、防渗水及防有害介质侵入的效果。涂抹环氧胶泥前，先将裂缝附近80～100mm宽度范围内的灰尘用压缩空气吹净，或用钢丝刷、砂纸、毛刷清除干净并用水洗净，油污可用丙酮或酒精擦洗。如表面潮湿，应用喷灯烘烤干燥、预热，以保证环氧胶泥与混凝土粘结良好。若基层难以干燥，则用环氧煤焦油胶泥涂抹。涂抹时，用毛刷或刮板均匀蘸取胶泥，并涂刮在裂缝表面，环氧胶泥及环氧煤焦油胶泥的配合比（质量比）分别见表4-7和表4-8。

**表4-7　环氧胶泥配合比**

| 材料名称 | 规格 | 配合比（质量比） | |
|---|---|---|---|
| | | Ⅰ | Ⅱ |
| 环氧树脂 | E—44或E—42 | 100 | 100 |
| 邻苯二甲酸二丁脂 | 工业 | 30 | 10 |
| 甲苯 | 工业 | | 10 |
| 二乙烯三胺 | 工业 | 13～15（8～10） | 13～15（8～10） |
| 水泥 | | 350～400 | 350～400 |

**表4-8　环氧煤焦油胶泥配合比**

| 材料名称 | 规格 | 配合比（质量比） |
|---|---|---|
| 环氧树脂 | E—44 | 100 |
| 煤焦油 | 高温焦油，用时脱水 | 33 |
| 二乙烯三胺 | 工业 | 13～15（8～10） |

（续）

| 材料名称 | 规格 | 配合比（质量比） |
|---|---|---|
| 甲苯 | 工业 | 0～10 |
| 水泥 | | 100～150 |

3）采用环氧粘贴玻璃布　玻璃布使用前应在碱水中煮沸30～60min，然后用清水漂净并晾干以除去油蜡，保证粘结。一般贴1～2层玻璃布，第二层玻璃布的周边应比下面一层宽10～12mm以便压边。

4）表面凿槽嵌补　先将混凝土裂缝凿成V形或倒梯形槽，其深度和宽度如图4-8所示。其中V形槽用于一般裂缝的治理，倒梯形槽用于渗水裂缝的治理。表面处理后，在缝槽内嵌水泥砂浆或环氧胶泥、聚氯乙烯胶泥、沥青油膏等，最后作砂浆保护层，具体构造见图4-9。环氧煤焦油胶泥，可在潮湿状态下堵补，但不能有滴水现象。

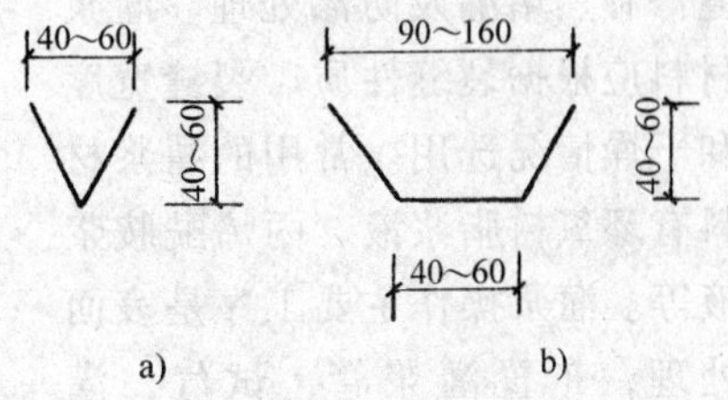


图4-8　凿槽形状与尺寸

a）V形　b）倒梯形

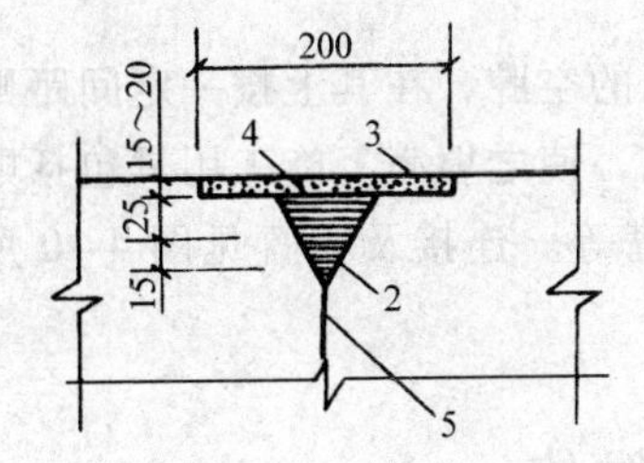


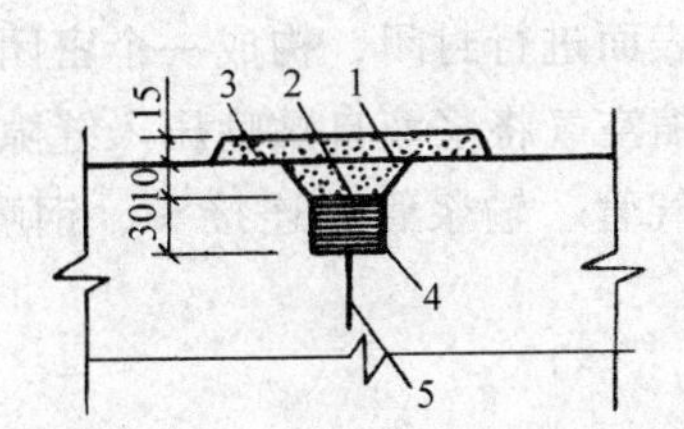


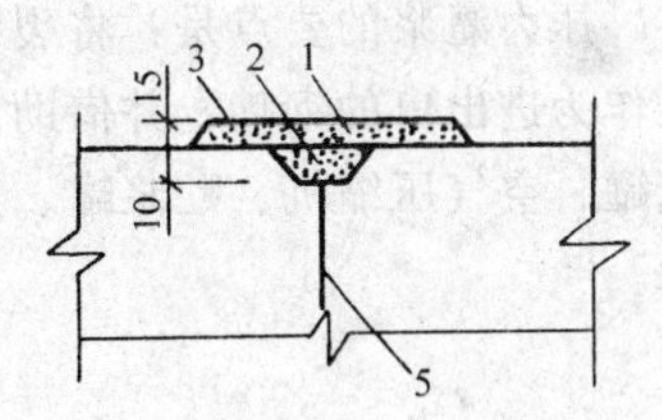


图4-9　表面凿槽嵌补裂缝的构造处理

1—厚2mm的水泥砂浆　2—环氧胶泥或1:2水泥砂浆　3—刚性防水五层作法或1:2水泥砂浆　4—聚氯乙烯胶泥或沥青油膏　5—裂缝

（2）内部修补法　内部修补法是用压浆泵将胶结浆液压入裂缝中，由于其凝结、硬化后而起到补缝作用，以恢复结构的整体性。这种方法适用于对结构整体有影响，或有防水、防渗要求的裂缝修补。常用的灌浆材料有水泥和化学材料，可按裂缝的性质、宽度、施工条件等具体情况选用。一般对宽度大于0.5mm的裂缝，可采用水泥灌浆；对宽度小于0.5mm的裂缝，或较大的温度收缩裂缝，宜采用化学灌浆。

1）水泥灌浆　一般用于大体积混凝土结构裂缝的修补，主要施工程序包括以下各项：

①　钻孔　采用风钻或打眼机，孔距1～1.5m。除浅孔采用骑缝孔外，一般钻孔轴与裂缝呈30°～45°斜面，孔深应穿过裂缝面0.5m以上，当有两排或两排以上的孔时，应交错或呈梅花形布置。应注意防止沿裂缝钻孔。

②　冲洗　每条裂缝钻孔完毕后，应进行冲洗，其顺序按竖向排列自上而下逐孔进行。

③　止浆和堵漏　是在缝面冲洗干净后，在裂缝表面用1:2水泥砂浆（或环氧胶泥）涂抹，将裂缝封闭严实。

④　埋管　安装前应在外壁塞上旧棉絮并用麻丝缠紧后旋入孔中，孔口管壁周围的孔隙要塞紧，并用水泥砂浆或硫磺砂浆封堵，防止冒浆或灌浆管从孔口脱出。

⑤　试水　用压力水作渗水试验，采取灌浆孔压水，排气孔排水的方法，检查裂缝和管

路畅通情况，然后关闭排气孔，检查止浆堵漏效果。

⑥ 灌浆 可采用2∶1、1∶1等水灰比的水泥浆，灌浆压力一般为0.294～0.491MPa。压浆完毕时浆孔内应充满灰浆，并填入湿净砂，用棒捣实。

2）化学灌浆 化学灌浆能控制凝结时间，有较高粘结强度和一定的弹性。恢复结构整体性效果好，适用于各种情况下的裂缝修补、堵漏及防渗处理。灌浆材料应根据裂缝性质、裂缝宽度和干燥情况选用。常用的灌浆材料有环氧树脂浆液、丙烯酰胺浆液等。灌浆操作主要工序是表面处理，布置灌浆管，试气，灌浆，封孔。一般采取骑缝直接用灌浆嘴施灌，不另外钻孔。

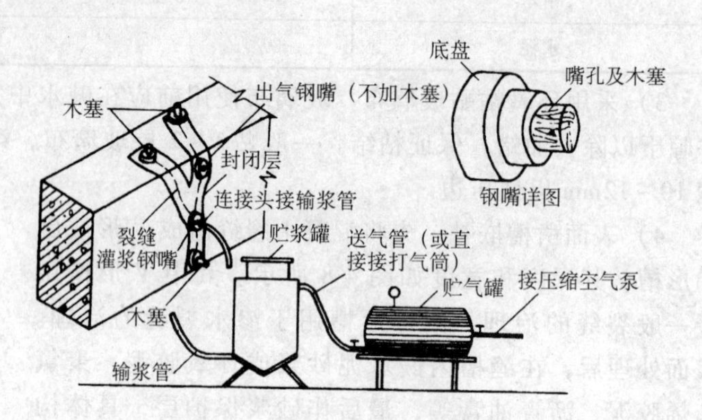


图4-10 压力灌浆法修补裂缝示意图

压力灌浆的要点是：将裂缝表面进行封闭，构成一个密闭的空腔，在其上按一定间距贴上作为进出口的钢嘴，并借助压缩空气将浆液自贴嘴压入缝隙，使之填满。施工用具包括贮气罐、空气压缩机、贮浆罐、送气管、输浆管、连接头、钢嘴等。连接及布置见图4-10所示。

## 第二节 钢筋锈蚀的防治与维修

在钢筋混凝土内钢筋的锈蚀，主要有两种情况，一种是钢筋保护层先遭破坏，从而导致钢筋的锈蚀，使钢筋截面逐渐减小，造成和混凝土之间的粘结力降低，影响构件的使用安全；另一种是钢筋先发生锈蚀，钢筋由于锈蚀而体积膨胀（约增大2倍以上），会使混凝土保护层破裂甚至脱落，从而降低结构的受力和耐久性能。尤其对预应力混凝土构件内的高强度钢丝，锈蚀造成的危害性更大。所以，对钢筋的锈蚀应引起高度重视。

### 一、钢筋锈蚀的主要原因

（一）混凝土不密实或裂缝造成的锈蚀

（1）混凝土在浇筑过程中，由于振捣不实等原因易造成混凝土蜂窝、麻面或酥松等现象，这样就会使水、氧和其他酸碱等有侵蚀性的介质渗透到钢筋表面，导致钢筋的锈蚀。

（2）空气中的相对湿度对钢筋锈蚀影响很大，相对湿度低于60%时，钢筋表面难以形成水膜，几乎不发生锈蚀；当空气相对湿度达到80%时，混凝土中的钢筋锈蚀发展较快；相对湿度接近100%时，混凝土的吸附水膜饱和，隔离了空气中的氧与钢筋的接触，使钢筋难以腐蚀。

（3）混凝土的裂缝对钢筋的腐蚀的影响程度，随裂缝的情况而不同。

1）横向裂缝（与钢筋垂直）对腐蚀的影响不大。因为横向裂缝与钢筋接触面小，裂缝处钢筋表面的水溶液只是一层湿气膜，导电性差，而离裂缝远处的钢筋又被混凝土包裹着，不能成为有效阳极，因而腐蚀强度不大。

2）对于裂缝宽度在0.2mm以上的较宽裂缝，在相对湿度大于60%，且有腐蚀性介质的环境中，以及沿钢筋长度方向有纵向裂缝时，钢筋的腐蚀就比较严重。

（二）混凝土碳化和侵蚀性气体、介质的侵入造成的钢筋腐蚀

（1）空气中的二氧化碳气体被混凝土表层中的氢氧化钙的碱性溶液吸收，反应生成碳酸钙。这种现象称为混凝土的碳化。混凝土的碳化不断自内部深化，当碳化深度达到或超过钢筋保护层厚度时，钢筋表面的钝化膜遭到破坏，此时如有侵蚀性气体侵入，会使钢筋腐蚀。

（2）混凝土的碳化对混凝土强度影响不大，但碳化能导致钢筋锈蚀。因为钢筋锈蚀后体积会膨胀，使混凝土和钢筋之间的粘结强度降低，从而影响构件的受力性能，尤其对于薄壳钢筋混凝土结构和预应力高强度钢丝构件等，容易造成严重的结构损坏事故。混凝土碳化与钢筋锈蚀的关系见图4-11。

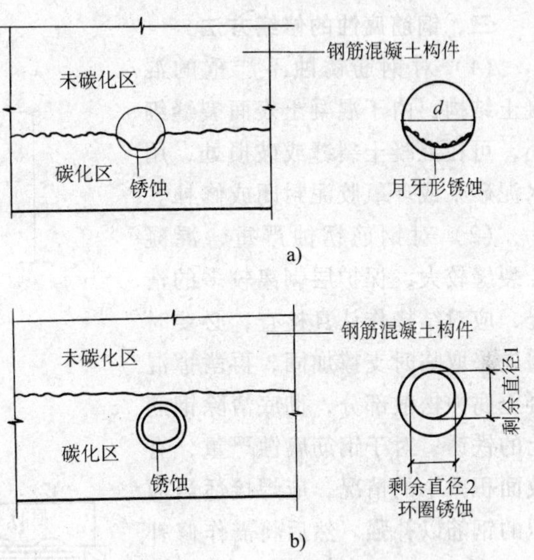


图4-11 混凝土碳化与钢筋锈蚀的关系示意图
a）碳化区未超过钢筋 b）碳化区超过钢筋

（三）施工时混凝土内掺入较多的氯盐造成钢筋的腐蚀

（1）在混凝土冬季施工时，常用氯化钠作防冻剂，或为了提高混凝土早期强度，在混凝土内掺一些氯盐，如氯化钙等。这样，混凝土中过剩的氯盐会以氯离子的状态存在。而氯离子能破坏钢筋表面的钝化膜，致使钢筋腐蚀。

（2）氯盐能与水泥发生反应，易造成混凝土产生细微裂缝；同时，能使水泥水化作用不完全，收缩量增加；造成混凝土早期裂缝，再加上氯盐本身的吸湿性较大，这样加速了钢筋的腐蚀。

（3）钢筋腐蚀生成物中的氯化铁（$FeCl_2$）水解性强，使氯离子能长期反复地起作用，因此，它的危害性是较严重的。

（四）高强度钢筋中的应力腐蚀

应力腐蚀是发生在预应力混凝土结构中的一种较特殊的腐蚀形式。它一般以微型裂缝的形式出现，并不断发展，直到破坏。这种腐蚀一般在钢筋表面只有轻微损害或看不见损害时就出现了，破坏发生是突然的，没有任何预兆，所以这种腐蚀非常危险。

（五）杂散电流导致钢筋的锈蚀

如直流电解厂、地下火车、电气化铁路等的电流泄漏，导致结构中的钢筋锈蚀。

**二、钢筋腐蚀的预防措施**

（1）提高施工质量，保证混凝土的密实度，减少混凝土裂缝的发生，阻止腐蚀性介质侵入混凝土内。

（2）对侵蚀性气体或介质严重的地方，应适当增加混凝土保护层厚度，或在构件表面涂抹沥青漆、过氯乙烯漆、环氧树脂涂料等进行防护。

(3) 在浇筑混凝土时，应严格按施工规范控制氯盐用量，对禁止使用氯盐的结构，如预应力、薄壁、露天结构等处，则绝对不能使用，以防止钢筋锈蚀。

(4) 防止高强钢筋的应力腐蚀，可采取在钢筋表面涂刷有机层（如环氧树脂等）和镀锌的措施，然后再浇筑混凝土。

(5) 加强通风措施，及时排走室内的侵蚀性气体、粉尘等，同时降低温度，减小它们对钢筋的腐蚀作用。

(6) 防止杂散电流的腐蚀。

**三、钢筋腐蚀的修缮方法**

(1) 对钢筋锈蚀不严重的混凝土结构，由于混凝土表面裂缝细小，可在混凝土裂缝或破损处，用水泥砂浆或环氧胶泥封闭或修补。

(2) 对钢筋锈蚀严重，混凝土裂缝较大，保护层剥离较多的情况，应对结构作认真检查，必要时需先采取临时支撑加固，再凿掉混凝土腐蚀松散部分，彻底清除钢筋上的铁锈；对于钢筋腐蚀严重，有效面积减小的情况，应焊接适当面积的钢筋以补强。然后将需作修补的旧混凝土表面凿去，对有油污处，用丙酮清洗，再用高一级的细石混凝土对裂缝和破损处作修补。

(3) 对钢筋腐蚀很严重，混凝土破损范围较大的情况，应先对锈蚀钢筋除锈补强和清除混凝土破碎部分后，再采用压力喷浆的方法修补。锈蚀钢筋的补强见图 4-12。

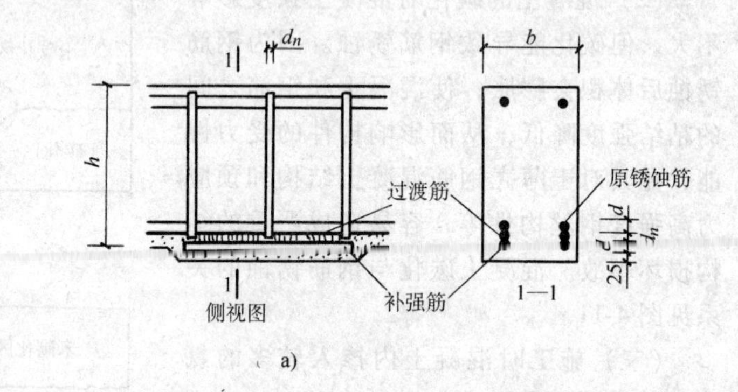


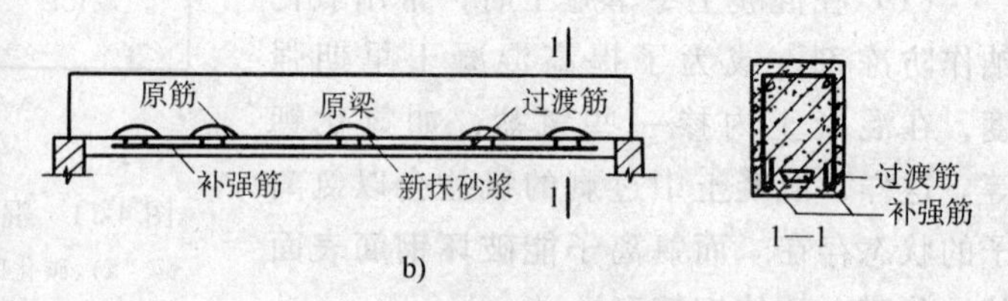


图 4-12 锈蚀钢筋补强示意图

a) 例一 b) 例二

## 第三节 混凝土缺陷、腐蚀及渗漏的防治与维修

混凝土由于受材料质量差，施工、养护和使用不当等各方面因素的影响，会形成各种缺陷，使混凝土产生腐蚀或渗漏等损害。混凝土的缺陷主要有：蜂窝、空洞、露筋、麻面、缺棱掉角、强度不足等。这些缺陷会不同程度地造成钢筋锈蚀和混凝土渗漏，造成结构强度、刚度、稳定性、耐久性不足等问题。

**一、混凝土产生缺陷、腐蚀、渗漏的损坏原因和现象**

(一) 混凝土产生缺陷的原因及损坏现象

1. 由于施工不当造成的缺陷

如施工时水质差、水泥强度等级低、用量不足、砂石含泥量过大等会造成混凝土强度的严重下降；混凝土在浇筑时振捣不良，水灰比选择不当，会造成混凝土空洞、蜂窝、露筋等缺陷；钢筋位置偏差、模板移位、养护不及时等，会造成构件强度或刚度下降。

2. 由于使用和维护不当造成的缺陷

钢筋混凝土结构构件使用不当或缺乏必要的维护措施，使构件受到碰撞、环境高温、有害介质侵蚀，或未及时修补破损处、在构件上任意开洞挖槽、增大使用荷载（如悬挂重物）等，而导致混凝土出现露筋、掉角、酥松起砂等缺陷。

（二）混凝土腐蚀的原因和损坏现象

1. 酸、碱、盐的腐蚀作用

（1）硫酸、盐酸、硝酸和碳酸等酸类，对普通混凝土都有侵蚀作用。硫酸能与混凝土中的水泥石反应生成石膏（$CaSO_4$），体积发生膨胀，使混凝土破坏；盐酸、硝酸能与混凝土中水泥石的游离石灰（CaO）反应生成易溶于水的氯化钙和硝酸钙，使混凝土强度降低而破坏；碳酸能与水泥石中的氢氧化钙反应后生成易溶于水的碳酸氢钙，从而使混凝土发生强烈的腐蚀和破坏。

（2）碱对混凝土的侵蚀主要和碱的浓度有关，浓度低的碱对混凝土侵蚀性不大或不发生腐蚀；浓度高的碱对混凝土腐蚀非常严重。碱对混凝土的腐蚀同样是通过对水泥石的破坏，从而使混凝土强度降低。

（3）盐类对混凝土的腐蚀，一般是硫酸盐较多。常见的硫酸钠（$Na_2SO_4$）与水泥石反应生成具有结晶的硫酸钙和氢氧化钠，硫酸钙体积膨胀，使混凝土破坏；氢氧化钠使铝酸钙生成不具有胶凝性的铝酸钠，使混凝土破坏；在一定条件下，硫酸钙还能与水泥石中铝酸钙化合生成新的复盐，其结晶体的体积是硫酸钙的2倍左右，对混凝土的破坏很大。因此，水泥中含铝酸钙越多，则硫酸盐的腐蚀就越严重。

2. 地下水侵蚀和水溶解的腐蚀作用

（1）当地下水中含有酸、碱等侵蚀性介质时，会对地下混凝土结构产生腐蚀。

（2）硬度很小的水大量渗入混凝土内部时，混凝土中氢氧化钙能被硬度小的水溶解，当石灰浓度下降到一定程度时，硅酸钙水化物和铝酸钙水化物将随着分解，使混凝土产生空隙，强度下降而破坏。

3. 大气环境及周围环境有害气体的腐蚀作用

（三）混凝土渗漏原因和损坏现象

混凝土渗漏原因是由于混凝土本身存在缺陷并遇到腐蚀，或混凝土的防水构造节点设计不合理或年久失效，使地下防水抗渗工程中的混凝土产生不同程度的渗水。如混凝土墙体、水塔、水池壁底、变形缝、管道穿墙孔、施工缝等处渗水，影响正常使用，加速钢筋锈蚀，进而影响到结构的强度、刚度、耐久性等，主要表现为孔洞渗漏和裂缝渗漏。

**二、混凝土缺陷、腐蚀、渗漏的预防措施**

1. 缺陷预防

严把质量关，混凝土中使用的水、水泥、砂石等材料及用量必须符合设计要求，选择合适的水灰比，钢筋模板位置要准确，防止漏捣，及时养护。混凝土搅拌时，应严格控制配合比，搅拌均匀，适当延长搅拌时间；浇筑混凝土时，应分层多段振捣密实，严防漏振；模板应充分润湿、洗净，板缝拼接严密，防止漏浆；混凝土浇筑后应认真洒水养护，不应过早拆模，保证混凝土的质量。合理使用加强维护，如防止超载、防止碰撞、防止腐蚀性介质（气、液）等与构件直接接触，不任意损伤构件，及时修补破损处等；应增设防护设施，如柱角加焊角钢等，防止混凝土结构遭到破坏，预防病害的发生和发展。

2. 腐蚀的预防

为防止酸、碱、盐类，地下水、水溶解对混凝土的腐蚀，对于长期处在有侵蚀性介质地下水中的钢筋混凝土结构，混凝土表面应根据侵蚀性介质的危害程度采取防护措施，如涂刷沥青或另抹防护层。同时尽可能减少侵蚀性介质（气、液）的渗、漏，以减轻腐蚀；定期对混凝土结构的变形缝、预埋件和排水管道等的使用情况进行检查，如发现有腐蚀、开裂等情况，要及时维修。

3. 渗漏的预防

提高混凝土的抗渗性，主要从设计、施工方面予以解决。尤其对施工缝、伸缩缝、沉降缝等处，更应注意其防水构造设计和施工质量。如将接缝处清扫干净，做好止水带、预埋件的除锈和固定工作，混凝土振捣密实等。具体做法见图 4-13、图 4-14。

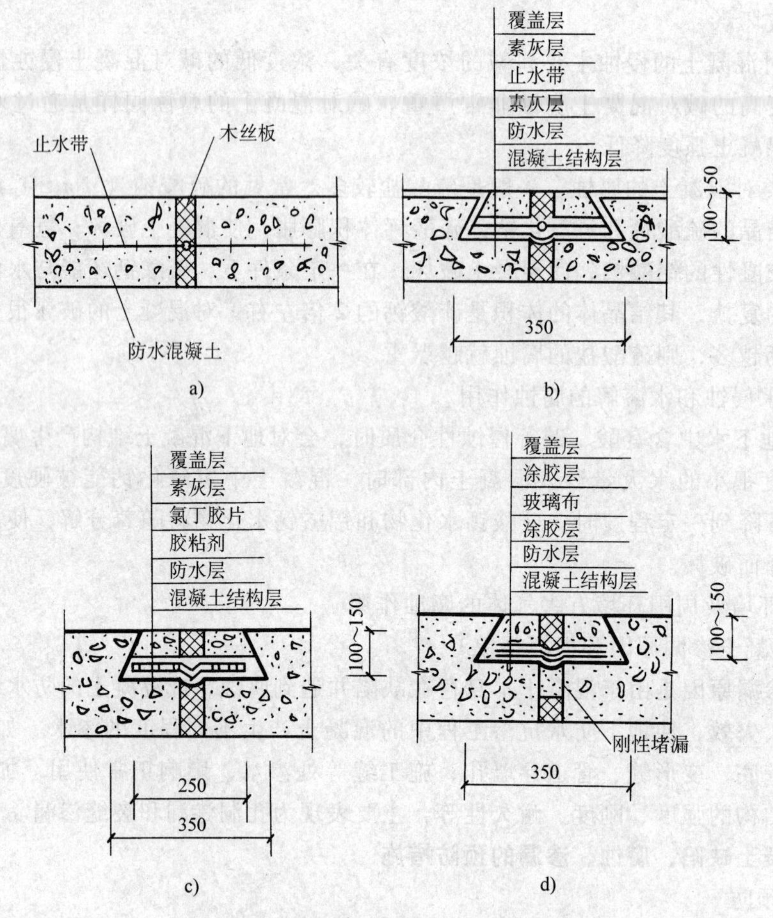


图 4-13　混凝土变形缝处防水构造图

a）埋入式止水带　b）后埋式止水带片　c）粘贴式氯丁胶片止水带

d）涂刷式氯丁胶片止水带

## 三、混凝土缺陷、腐蚀、渗漏的修补方法

### （一）缺陷和腐蚀的修补方法

1. 表面缺陷的修补

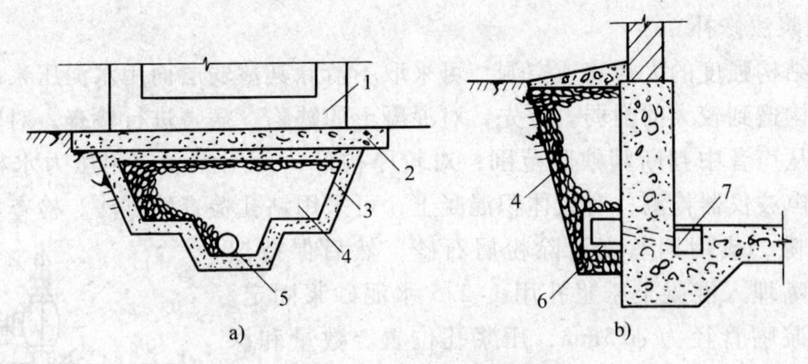


图 4-14　渗排水层构造图

a）水平渗排水层构造　b）垂直渗排水层构造

1—建筑物　2—混凝土垫层　3—混凝土槽　4—鹅卵石

5—排水管　6—墙外排水沟　7—墙内排水沟

1）蜂窝的修补　混凝土有小蜂窝，可先用水冲洗干净，然后用1∶2或1∶2.5水泥砂浆或环氧砂浆修补；如果是大蜂窝，则先将松动的石子和突出的颗粒剔除，尽量剔成喇叭口，外边大些，然后用清水冲洗干净，湿透，再用强度等级高一级的细石混凝土捣实，加强养护。

2）麻面的修补　对于表面不再装饰的麻面部位应加以修补，方法是：将麻面部位用清水刷净，充分润湿后用水泥浆或1∶2水泥砂浆抹平。

3）露筋的修补　先将混凝土露筋部位的混凝土残碴和铁锈清理干净，用水冲洗、湿润，再用1∶2或1∶2.5水泥砂浆抹压平整，若露筋较深，应将薄弱混凝土剔除，冲刷干净、湿润，用强度等级高一级的细石混凝土捣实。

4）孔洞的修补　先将混凝土孔洞处不密实的混凝土和突出的石子颗粒剔除掉，再用清水冲洗，并充分润湿。然后浇筑高一级强度等级的细石混凝土，采用小振捣棒分层捣实，认真做好养护。

2. 局部缺陷的修补

对混凝土中较大的蜂窝、孔洞、露筋或较深的腐蚀等，可通过嵌填新混凝土或环氧砂浆的方法，消除局部缺陷，恢复材料功能。如缺陷对构件的承载能力有影响，修理时应采取临时局部卸载措施或临时支撑加固措施。

1）局部基层处理　先将需修补范围内的软弱、松散的混凝土层和松动的石子凿掉，再将结合面凿毛，对缺陷区内钢筋进行检查，对已锈蚀或损伤的钢筋应作好除锈或局部焊筋补强。结合面上的尘土应清理干净。

2）细石混凝土修补法　将结合面用压力水冲洗干净，充分润湿后抹上水泥浆一层，再嵌入比原混凝土强度等级高一级的细石混凝土，边嵌边分层捣实。为了减小收缩变形，尽量采用干硬性混凝土，水灰比控制在0.5以内。为了加强新、旧混凝土的粘结，必要时，可在细石混凝土内掺入水泥用量万分之一的铝粉，修补区填满混凝土后，表面直接抹平或另用水泥砂浆抹平。

3）环氧砂浆修补法　根据缺陷处的不同情况，可采取环氧树脂配合剂进行局部修补，其优点是强度高，干硬快，结合面清洗干净并干燥后，用丙酮或二甲苯擦洗，先涂刷环氧粘结剂一层，再用环氧砂浆填补，尽量用力压抹。如修补的缺陷较多时，可分多次填补压抹。填补压实后，表面再刷涂环氧粘结剂一层。

3. 水泥压浆法修补

对于影响结构强度的大蜂窝或空洞，可采取不清除其薄弱层而用水泥压浆的方法进行补强，以防止结构遭到较大的削弱。首先，对混凝土的缺陷、病害进行检查，对较薄构件，可用小锤敲击，从声音中判断其缺陷范围；对较厚构件，可用灌水或用压力水检查。有条件的，可采用超声波仪器检测；对大体积混凝土，可采用钻孔检查的方法。检查后，用水或压缩空气冲洗缝隙，或用钢丝刷清除粉屑石碴，然后保持湿润，并将压浆嘴埋入混凝土压浆孔用1∶2.5水泥砂浆固定，见图4-15。压浆嘴管径为$\phi$25mm，压浆孔位置、数量和深度，应根据蜂窝、孔洞大小和浆液扩散范围确定。一般孔数不少于2个，即一个为压浆孔，一个为排水孔，水泥浆液的水灰比一般为0.7~1.1。根据施工要求，必要时可掺入一定数量的水玻璃溶液作为促凝剂，水玻璃掺量为水泥质量的1%~3%，将水玻璃溶液慢慢加入配好的水泥浆中，搅拌均匀后使用。灌浆压力，粗缝采用0.15MPa，细缝采用0.2~0.5MPa。

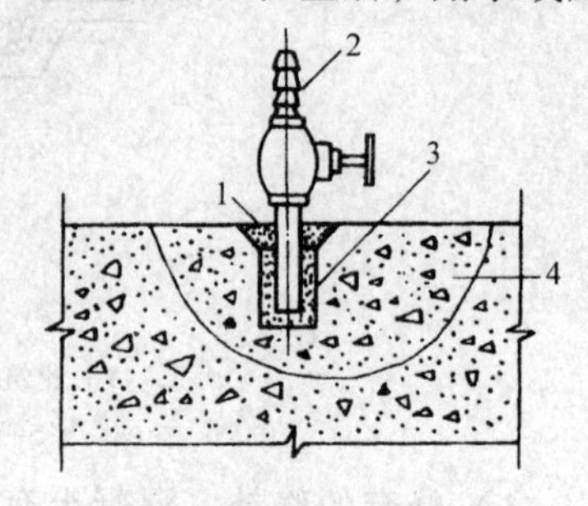

图4-15 压浆嘴的埋设
1—水泥砂浆 2—压浆嘴
3—快凝胶浆 4—蜂窝孔洞

（二）渗漏的修补方法

混凝土的渗漏可分为孔洞漏水和裂缝漏水两种情况。堵修的原则是：先变大漏为小漏，变丝漏为点漏，变片漏为孔漏，使漏水集中于一点或数点，最后将集中点处的渗漏彻底堵住。

常用的孔洞渗漏堵修方法有：直接堵漏法、下管堵漏法、预制套盒堵漏法、木楔堵漏法。

常用的裂缝漏水堵修方法有：直接堵塞法、下线堵漏法、墙角压铁片堵漏法、下半圆铁片堵漏法。

## 第四节 钢筋混凝土结构的加固

钢筋混凝土结构的加固，应通过对结构变形、裂缝的检查和观测，对使用状态和周围环境的调查，以及对有关资料的验算、分析后，在弄清病害原因、找准问题关键的基础上进行，加固方法力求经济合理、简易可靠。本节主要介绍在钢筋混凝土结构中，由于梁、板、柱的病害影响，使结构的功能降低而常用的加固措施。

### 一、钢筋混凝土板的加固

（一）钢筋混凝土现浇板的加固

1. 分离式加固法

分离式加固法是在原有钢筋混凝土板上另作一层钢筋混凝土板，这两层板是分离的，或认为它们之间没有结合在一起，用以减小旧板的荷载，即由两层板分别承担外荷载，见图4-16。

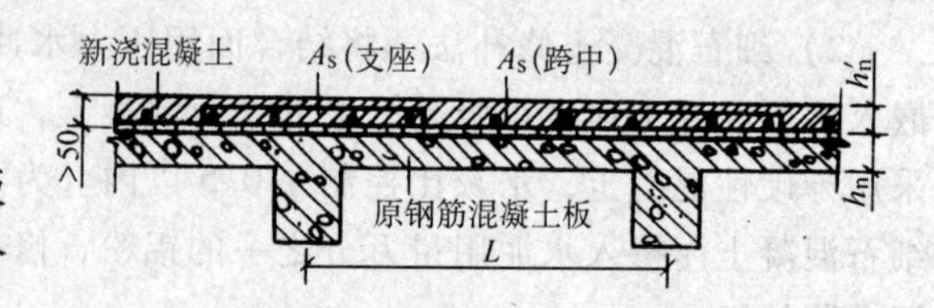

图4-16 整体现浇板的分离式加固

（1）适用情况

1）由于设计或施工的原因，造成板的厚度不够，配筋不足，混凝土强度等级不足。

2）由于使用上的需要，板上的荷载较原设计荷载增加，而旧板上的混凝土浇过热沥青或板面上经常有大量油污等，这些油剂已渗入到混凝土中，无法清洗干净，也就无法保证新浇的混凝土能与旧混凝土的结合，因而只能采用分离式补强。

（2）加固方法

1）板面处理　将原来的钢筋混凝土板的面层凿掉，清除板面上的碎屑杂物，并用压力水清洗干净。

2）加设顶撑　在板的跨中加顶撑，顶撑下垫木楔要保证顶紧。顶撑在顺次梁方向的间距为1m，以承担新板没有达到设计强度时的荷载。

3）配筋　在旧板上重新配置受力钢筋和分布钢筋，配筋的截面和数量应根据计算确定。

4）浇筑新板　在旧板上浇筑厚度不小于50mm新钢筋混凝土板，在浇筑混凝土前，旧板要润湿；浇筑混凝土后，要采取措施加以养护。混凝土达到设计强度后，可拆除顶撑，投入使用。

2. 板上整体式加固法

板上整体式加固法是在原钢筋混凝土板面上，经处理后再浇筑一层新钢筋混凝土板，使两层板合二为一，成为一个新的整体。加固后的抗弯能力按新旧板总厚度计算，故其承载能力大大提高，见图4-17。

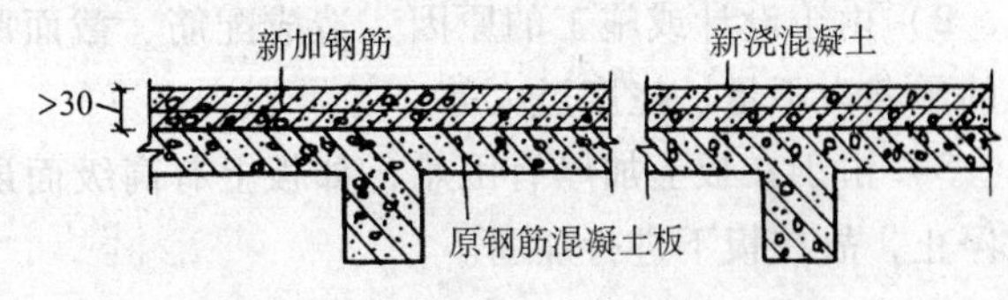


图4-17　在现浇板上作整体式加固

（1）适用情况

1）由于设计或施工的原因，造成配筋量、截面厚度、混凝土强度等级不足。

2）由于使用荷载增加或其他原因，造成刚度不足，挠度或裂缝过大，但结构尚未破坏。

（2）加固方法

1）板面处理　用热碱水将新旧混凝土结合面刷洗并用清水冲洗干净，再将结合面凿毛，凿毛点的纵横间距不得大于200mm，凿毛点的深度为3～7mm，然后扫清凿毛的碎屑，用压力水洗净。

2）加设顶撑　在板的跨中部位下面设置临时支撑，顶撑下利用木楔调整使板的挠度减小或消失。

3）配筋　根据受力需要，只要在板的支座处配置抵抗负弯矩的钢筋。但是为了使较薄的新混凝土层具有抗收缩的能力，必须配置间距不大于300mm的钢筋网。

4）浇筑新板　浇筑混凝土前再用压力水冲洗一次，浇筑混凝土层厚度不小于30mm，混凝土强度等级不低于C20，加强振捣，精心养护。在补强层混凝土达到设计强度后，拆除顶撑，投入使用。

3. 板下整体式加固法

板下整体式加固法是在整体现浇板的下面，凿去下部受力筋的部分保护层，焊上短钢筋，再将新增钢筋焊在短钢筋上，然后在下面加做一层细石混凝土或水泥砂浆，使新旧钢筋混凝土结合成整体，见图4-18。

（1）适用情况

1）由于钢筋混凝土板下层受力钢筋的保护层脱落，引起钢筋的锈蚀范围较大。

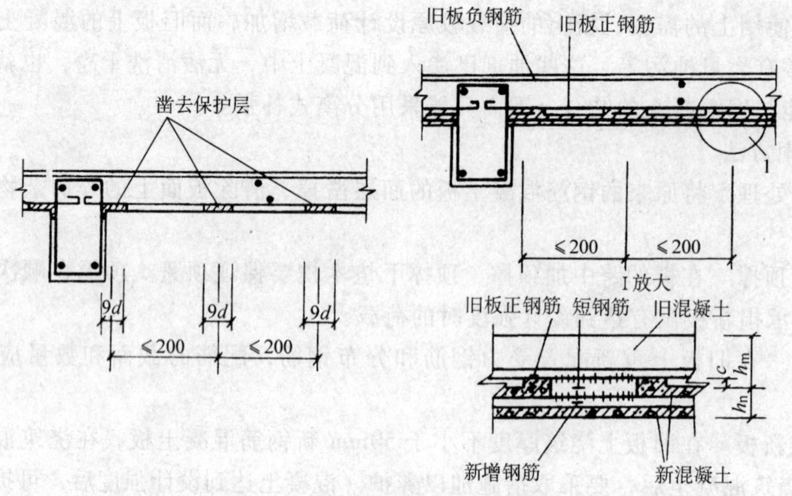


图 4-18　在现浇板下整体式加固

2）由于设计或施工的原因，造成配筋、截面厚度、混凝土强度等级不足，以及由此引起的承载力不足、挠度过大等。

3）由于在板上加厚有困难，如板上有高级面层不宜拆除，或板上的生产与使用活动不能停止，故在板下进行加固。

（2）加固方法

1）设置顶撑　在板的跨中部位下面，设置临时顶撑，顶撑间距为 1m，顶撑下加木楔将板顶紧。

2）板下处理　将板下需要焊接新钢筋处的混凝土保护层凿掉，一根受力筋的保护层只需凿掉几处，板的两端以及板下梁的两侧必须凿去，其他凿掉处间距不能大于 200mm，用压力水冲洗结合面。

3）配筋　根据计算，在板下配置受力钢筋，所有新配置的受力钢筋通过短钢筋焊在原来的受力筋上，要保证焊接质量。

4）喷射混凝土层　用喷枪在板下喷射细石混凝土层，厚度≥30mm，然后再将表面压光。待新混凝土层养护到设计强度后，方可拆除顶撑。拆除顶撑后，将顶撑头留下的凹洞补好。

（二）钢筋混凝土预制空心板的加固

1. 适用情况

钢筋混凝土空心板因混凝土强度等级不足，钢筋与混凝土之间粘结强度不足，或运输、安装不慎而产生裂缝的情况。

2. 加固方法

将板两侧的两个圆孔从顶部凿穿后，在孔底各放纵向主筋一根（主筋直径根据板面荷载经计算后确定，一般为$\phi$12～$\phi$16mm 并在板面设$\phi$4mm 间距为 200mm 的双向钢筋网，其中横向钢筋一端弯折带钩，交叉伸入两侧的圆孔内与纵向主钢筋绑扎牢固，最后用细石混凝土将两侧的圆孔浇灌密实并将板面加厚 30～40mm，见图 4-19。加固后的多孔板相当于带肋的槽形板。

## 二、钢筋混凝土梁的加固

（一）梁上整体式加固法

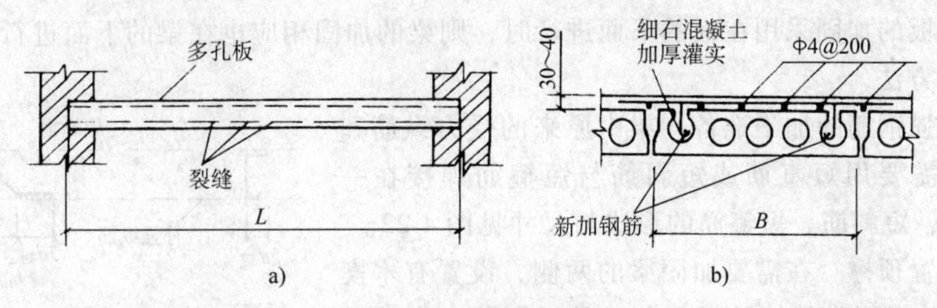


图 4-19　多孔板加固

a）板裂缝示意图　b）加固横截面示意图

在板上作整体式的补强加固时，对梁上的补强层采取适当措施以后，可提高梁的承载能力。补强示意图见图 4-20。

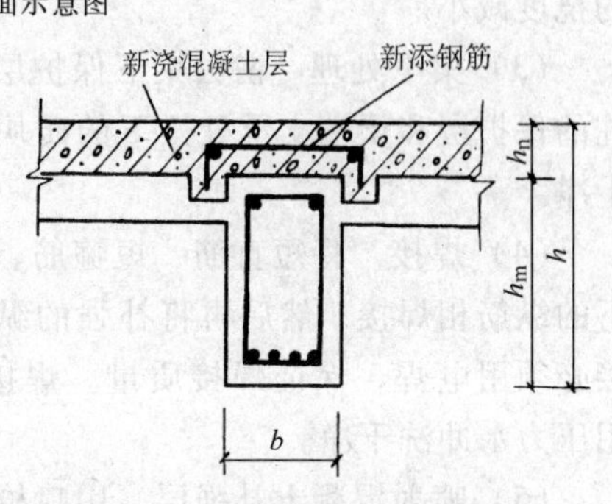


图 4-20　梁上整体加固示意图

1. 适用情况

（1）由于设计或施工的原因，造成配筋、断面或混凝土强度不足时。

（2）由于使用荷载增加或超负荷使用，造成梁的挠度和裂缝过大，但受拉钢筋未达到屈服强度。

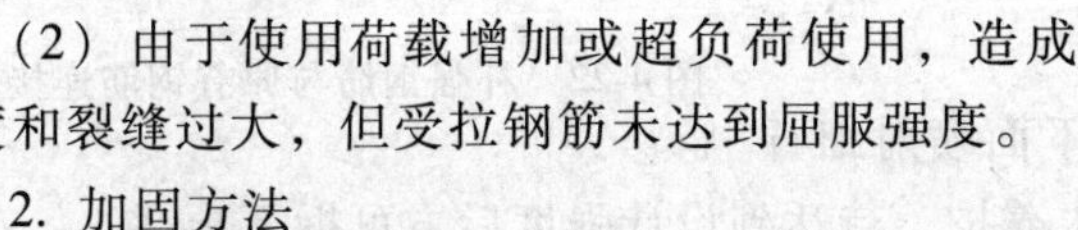

2. 加固方法

（1）加设顶撑　在梁下设置有木楔的顶撑，利用木楔调节，使挠度减小。顶撑的间距不大于 2m，并应沿梁长方向均匀布置。

（2）面层处理　将梁的面层凿去，并用清水冲洗干净。

（3）钻孔　在表面凿毛清洗的同时，沿梁的两侧，距梁侧 30mm 处，用电钻钻两排孔（两排孔距离为 $b+60$mm），每排孔之间距离不大于 200mm，也不宜大于原来梁内箍筋的间距 $S$。钻孔的孔径为 25mm，钻孔深度为 30mm，见图 4-19。钻孔完毕后，孔内的碎屑与粉末也应冲洗干净。

（4）配筋　在钻孔内设置附加⏋形箍筋，在此箍筋内，根据计算确定是否设置负弯矩钢筋或架立钢筋，见图 4-21。

（5）浇筑混凝土面层　在梁上部的板面上重新浇筑细石混凝土保护层。混凝土强度等级可采用原来的或提高一级。浇水养护，待达到设计强度后，拆去顶撑。

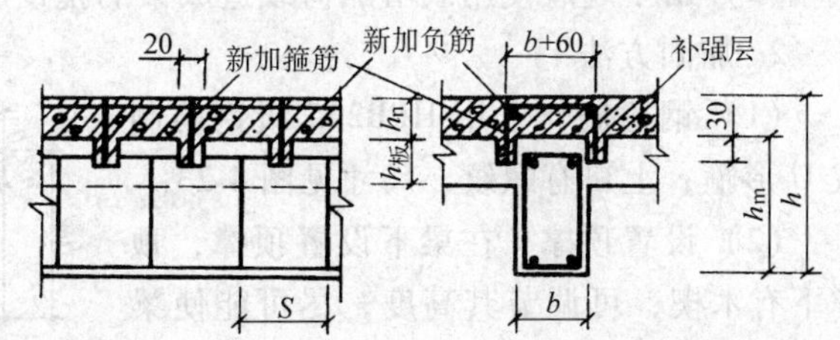


图 4-21　利用板的上面层作整体式加固

（二）梁下整体式加固法

将梁下的保护层剥去，在原来纵筋上用短钢筋焊接上附加纵筋，从而提高梁的抗弯与抗剪能力。

1. 适用情况

（1）由于设计或施工原因，导致截面高度、配筋量、混凝土强度等级的不足，造成承载能力不足。

（2）由于超载使用或荷载增加，造成挠度和裂缝过大，但受拉钢筋尚未屈服。

（3）当梁上的板为预制钢筋混混土板时，往往只能在梁下进行加固。

（4）当板的加固采用在板的下面进行时，则梁的加固相应也在梁的下面进行。

2. 加固方法

（1）补强钢筋的加工准备　梁中原来的受力纵筋和补强纵筋，需要用短直筋或短斜筋与短箍筋焊接在一起。短直筋、短斜筋、短箍筋的形式与尺寸见图4-22。

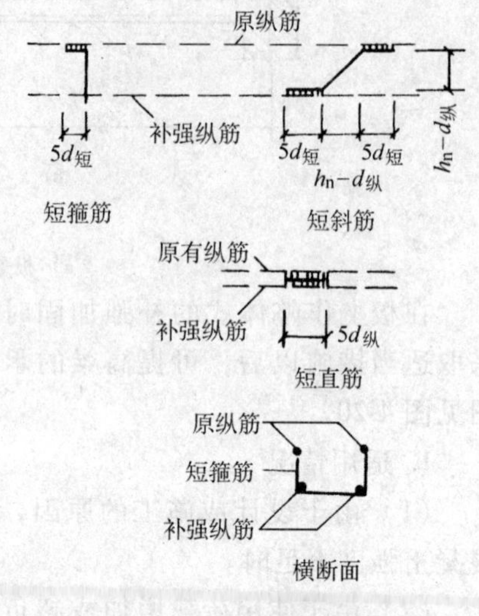


图4-22　补强钢筋与原有钢筋连接图

（2）设置顶撑　在需要加固梁的两侧，设置有木楔的顶撑，将与梁形成整体的板顶住，然后调节木楔使梁的挠度减小。

（3）梁下处理　凿去梁下保护层，并凿去梁侧范围柱的保护层和梁端支承处梁下的砖块，再用压力水冲洗干净。

（4）焊接　将短直筋、短箍筋、短斜筋分别与原梁下的纵筋相焊接，然后再将补强的纵筋焊在短筋上。焊接必须用电焊，保证焊接质量。焊接完以后清除焊渣，用压力水冲洗干净。

（5）喷射混凝土补强层　用喷枪在梁下面喷射细石混凝土或水泥砂浆补强层，压实抹平后浇水养护，待达到设计强度后方可拆下顶撑。

（三）梁下角钢加固法

在梁下用U形箍将角钢与原混凝土梁连接在一起形成组合梁，使其抗弯、抗剪能力得以提高。

1. 适用范围

（1）由于设计或施工的原因，导致截面高度、配筋量或混凝土强度等级不足，造成承载能力下降。

（2）由于超载使用或增加荷载造成梁的挠度和裂缝超过允许值。

2. 加固方法

（1）钢箍制作　用HPB235级钢筋制成U形箍，上口有螺纹，尺寸见图4-23。

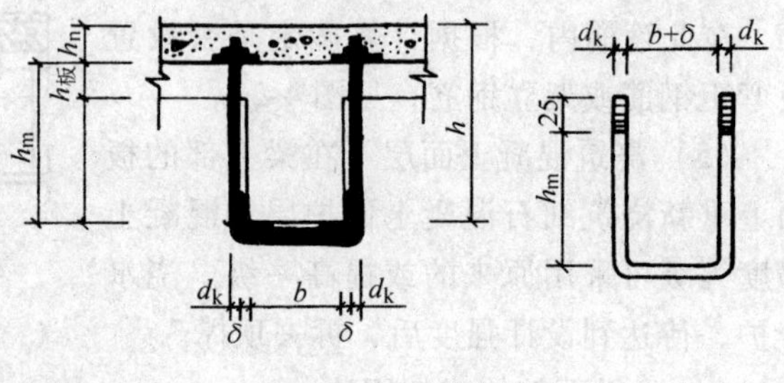


图4-23　U形箍

（2）设置顶撑　在梁下设置顶撑，顶撑下有木楔，可调节其高度，尽可能使梁的挠度减小。

（3）梁面处理　梁表面的涂料层、油漆层以及石灰质粉刷层必须铲除。楼板面上的面层如果起壳、开裂，也须铲除。

（4）固定埋件　埋件与混凝土表面接触时，埋件须先涂上防锈漆，混凝土表面抹上1:2水泥砂浆，在板上用冲击电钻打洞，孔径比箍筋直径大2mm，用压力水冲洗干净后，再用U形箍将角钢固定在梁下。用注射器将膨胀水泥浆灌入板的螺栓孔内，并立即将螺栓拧紧，螺母下要用垫圈。

（5）表面处理　板上面层可用1:2水泥砂浆，必要时也可用钢丝网细石混凝土，用何种材料，可根据补强需要而定。

(四) 用钢筋混凝土围套加固法

在钢筋混凝土梁的侧面和下面用钢筋混凝土围起来，从而使梁的刚度和抗弯能力增加。

1. 适用情况

(1) 用于当钢筋混凝土板上有较高级面层，不宜在上面补强，而且板本身也不需要补强时。

(2) 用于吊车梁的补强。

2. 加固方法

(1) 面层处理　先将原来梁的两侧及底面上的面层剥去，将三个面凿毛，凿毛间距≤50mm，凿毛深度≤2mm，然后用压力水冲洗干净。

(2) 设置顶撑　在梁侧设有木楔的支撑。调节木楔，使挠度减小。

(3) 绑筋支模　在梁底和两侧绑筋，钢筋的数量根据计算确定，然后支好模板，模板必须十分牢固。楼板上端开口以便浇筑混凝土。

(4) 浇筑混凝土　在模板中浇筑混凝土，模板上装置附着式振捣器，以保证浇筑质量，然后浇水养护，待混凝土达到设计强度后，方可拆除模板和顶撑。钢筋混凝土三面围套加固法见图 4-24。

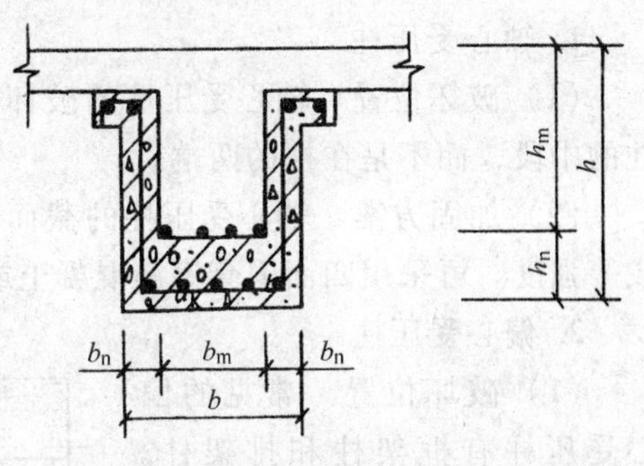


图 4-24　钢筋混凝土三面围套加固

(五) 斜截面局部补强法

由于斜截面抗剪能力不足而出现剪切裂缝的梁，可在抗剪薄弱段的外侧安设横向箍筋或横向钢板缀条进行加固。横向箍筋，由两端带螺纹的 U 形圆钢及连接件组成，通过扣紧螺母而套固在梁的两侧并在箍筋内产生预应力，以保证与被加固的梁共同工作。

1. 适用情况

(1) 由于设计或施工原因，造成个别斜截面承载力不足时。

(2) 由于使用功能的改变，楼盖或屋盖需要增加使用荷载，造成个别斜截面承载力、抗裂性或刚度不足时。

2. 加固方法

(1) 裂缝处理　先用顶撑抵消挠度，并将裂缝闭合，在关闭裂缝之前，将裂缝用压力水冲洗干净，再灌入纯水泥浆或其他胶粘剂。同时，将加固范围内梁的面层剥去，冲净。

(2) 设置钢垫板　为了避免 U 形箍把混凝土压碎，因此在梁上下两面设置 3mm 厚的钢板，并用环氧树脂胶粘上。为防止加固时 U 形箍滑动，在钢筋垫板上隔一定间距焊上防滑条。防滑条可采用ф6mm 的钢筋。U 形箍、防滑条、钢垫板的位置和间距由设计确定，见图 4-25。

(3) 加固　在环氧树脂胶的强度达到后，套上 U 形箍，并将螺栓拧紧，使螺栓内获得预加应

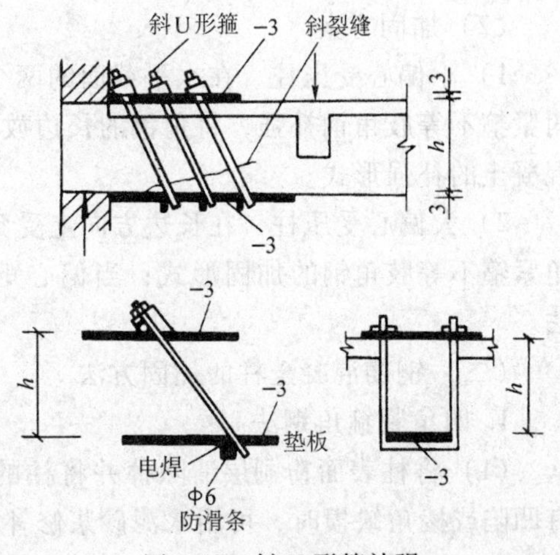


图 4-25　斜 U 形箍补强

力。加固的效果取决于螺栓内的紧固力。

## 三、钢筋混凝土柱的加固

钢筋混凝土柱由于设计或施工等原因而引起柱的正截面抗压强度不足，导致柱子倾斜或产生纵向裂缝，这样需要对柱子进行补强加固处理。

目前，常见的加固方法有：四角包套型钢套箍；单面、双面或四面加大断面和配筋量；包套钢筋混凝土封闭套层；安设预应力补强钢撑杆等。可根据工程事故的具体情况及使用的具体要求选用。

加固范围：可以作局部性的加固，也可对整根柱作全面性加固。根据被加固柱的缺陷和内力情况确定。

（一）钢筋混凝土柱的加固方案

1. 轴心受压柱

（1）破坏位置　轴心受压柱的破坏，一般是由于失去稳定而导致的，故破坏部位常在柱的中段，而不是在柱的两端。

（2）加固方案　轴心受压柱的截面常为正方形或圆形，在水平截面的两个方向，宜做成等强度。可采用四面围套钢筋混凝土或四角紧箍等肢角钢的加固形式。

2. 偏心受压柱

（1）破坏位置　常见的偏心受压柱有框架柱和排架柱。框架柱的破坏位置在每段柱的两端见图4-26a。因此，柱的加固补强必须与大梁和基础的加固补强相结合，即补强的结构部位必须与大梁或基础固接。排架柱的破坏位置在牛腿的上下截面以及基础的顶面处，见图4-26b。上柱的补强结构必须与下柱连接成整体。而下柱所需的补强又必须与基础固接。

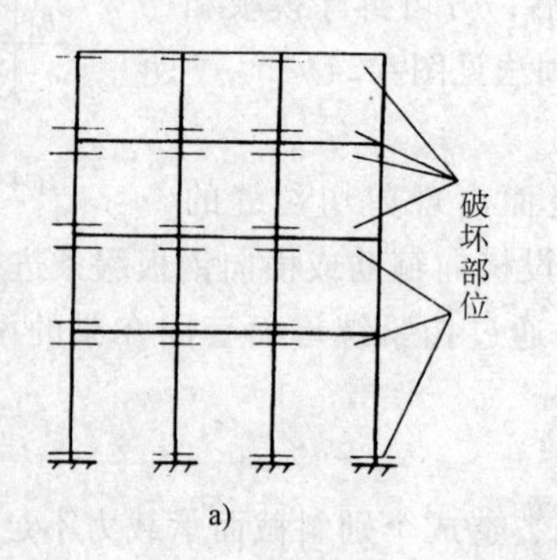


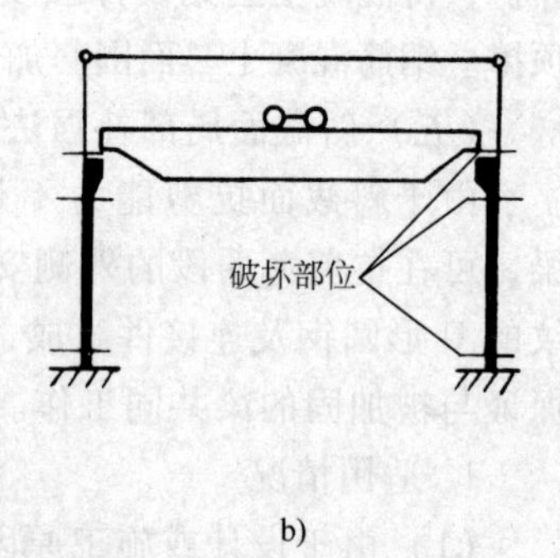


图4-26　偏心受压柱破坏位置示意图
a）框架柱　b）排架柱

（2）加固方案

1）小偏心受压柱　在水平截面的两个方向，其受力略有区别。当荷载较小时，可用四角紧箍不等肢角钢补强，将角钢的长边放在柱的短边上，当荷载较大时，可用四面围套钢筋混凝土的补强形式。

2）大偏心受压柱　在长边方向上受到较大的弯矩，因此，当偏心矩不大时，可采用四角紧箍不等肢角钢的加固形式；当偏心矩较大时，可采用单面或双面围套钢筋混凝土的方法。

（二）钢筋混凝土柱的加固方法

1. 四角紧箍角钢法

（1）将柱表面粉刷层清除掉并将柱的棱角修成小圆角，再用压力水冲洗干净，柱正面有凹陷或棱角缺损时，可用水泥砂浆修补。

（2）在需加固的范围内用U形箍将角钢固定在柱上，拧紧螺栓。加固前，U形箍要先在沸水中加热，以保证加固后螺旋内具有良好的紧固力。U 形箍的开口方向要依次变换，以保证角钢在各个方向的紧固性。

（3）在柱的四周喷射水泥砂浆，再用手工压实抹光并注意养护。

2. 围套钢筋混凝土法

（1）将柱子需要加固面的混凝土保护层剥除，同时将基础顶凿毛，再用压力水冲洗干净。

（2）在基础顶面量准位置用电钻打孔，用压力水冲洗干净。用压缩空气将孔内水分挤出并吹干。

（3）将补强箍筋按位置焊上，再把补强纵筋从上向下插入新的箍套内，并将下端插入基础孔内。纵筋用短钢筋分别与原有对应纵筋焊接牢固，然后把焊渣清除干净，在基础孔洞内，灌入环氧树脂胶或环氧砂浆。

（4）在旧混凝土与钢筋表面刷一层水泥浆作为胶结剂，然后，立即浇筑混凝土。最好用膨胀水泥混凝土。

（5）为了保证混凝土的浇筑质量，模板最好能分段加高，模板要有较好的刚度，最好用钢模板，以避免浇筑混凝土时发生膨胀变形。混凝土浇筑完毕后，要浇水养护。待混凝土达到设计强度后，方可拆模。

3. 钢筋混凝土柱间增设支撑法

当纵向柱列未按规定设置垂直支撑，或柱列出现纵向倾斜超过柱高的 1/250 左右时，应加设柱间支撑进行加固，必要时，还应在柱顶补设纵向刚性水平劲杆，以增强结构的纵向稳定。在现有钢筋混凝土柱上补设支撑，常用的连接方法有：

（1）将支撑连接点处柱的保护层凿去小一段，露出柱内纵向主筋，在主筋上焊接支撑的节点板（钢支撑时）或支撑内主筋（钢筋混凝土支撑时），最后修补好连接处的混凝土面层，见图 4-27a、b。

（2）在支撑连接点处的柱表面加设钢套箍，将节点板焊于套箍上，见图 4-28。

（3）柱顶加设水平劲杆，可利用柱顶原有预埋件，同时钢筋混凝土水平劲杆预制时，在两端也安设好预埋件，安装时与柱顶预埋件焊接固定，见图 4-29。

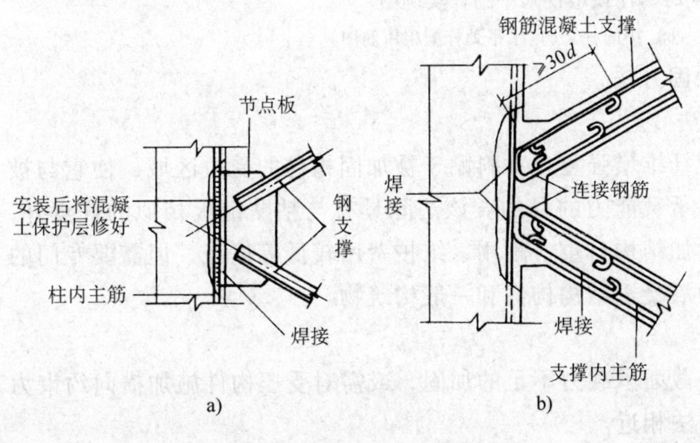


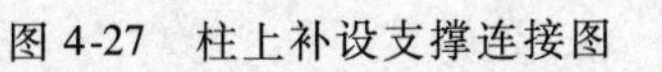
图 4-27　柱上补设支撑连接图

a）钢支撑与柱内主筋连接　b）钢筋混凝土支撑与柱内主筋连接

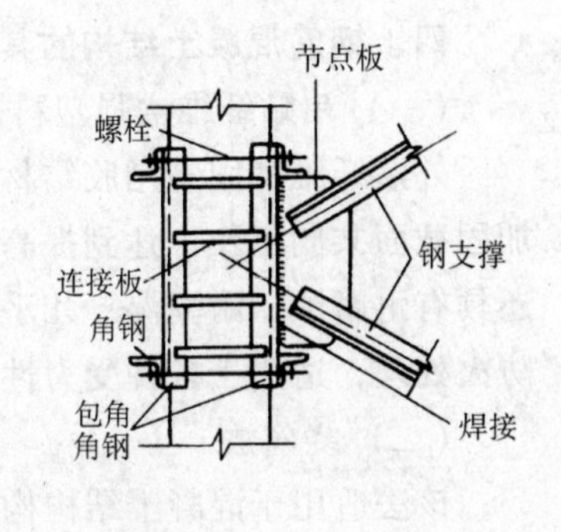


图 4-28　柱上设钢套箍连接

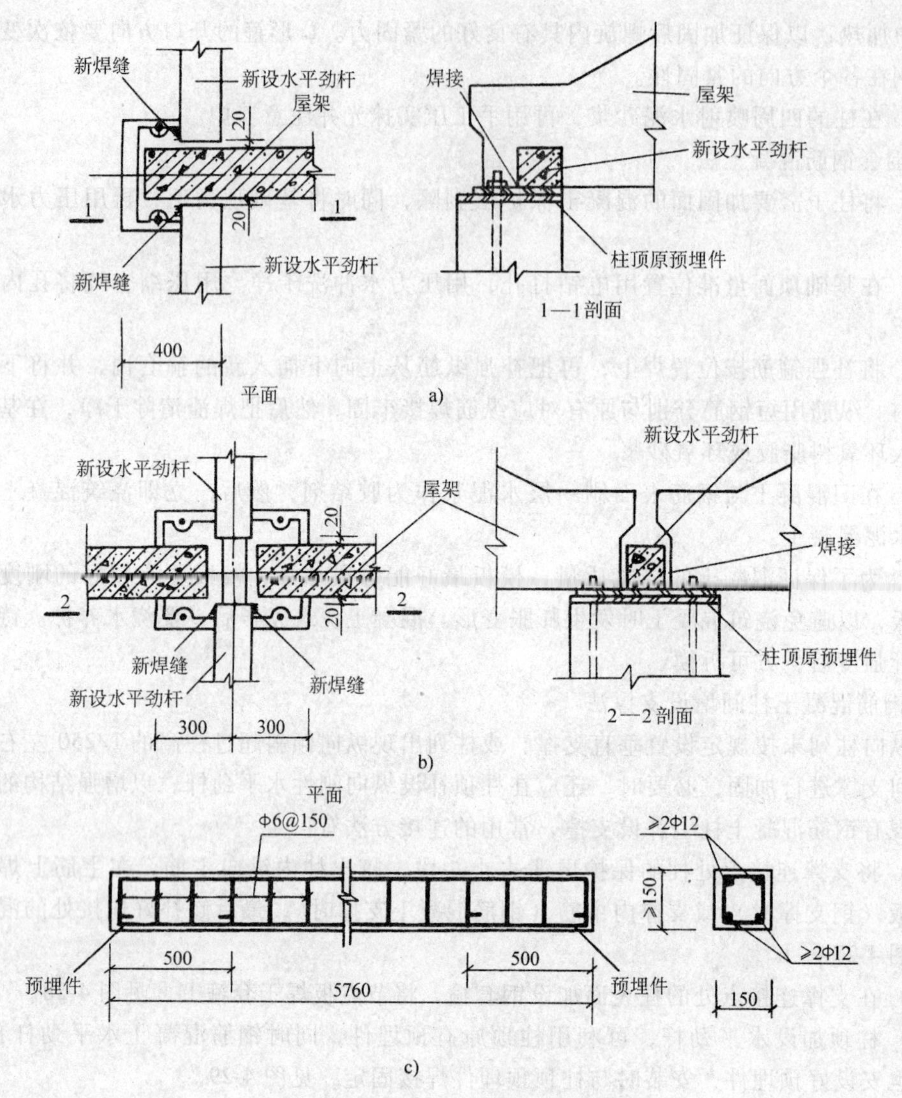


图 4-29 柱顶增设水平劲杆实例图

a）边柱 b）中间柱 c）水平劲杆配租用筋图

## 四、钢筋混凝土结构的其他加固方法

### （一）粘贴纤维增强塑料加固法

外贴纤维加固是用胶结材料把纤维增强复合材料贴于被加固构件的受拉区域，使它与被加固截面共同工作，达到提高构件承载能力的目的。该法除具有与粘贴钢板相似的优点外，还具有耐腐蚀、耐潮湿、几乎不增加结构自重、耐用、维护费用较低等优点，但需要专门的防火处理，适用于各种受力性质的混凝土结构构件和一般构筑物。

### （二）绕丝法

该法适用于混凝土结构构件斜截面承载力不足的加固，或需对受压构件施加横向约束力的场合；该法的优缺点与加大截面法相近。

### （三）预应力拉杆加固法

1. 预应力水平拉杆加固法

用该法加固混凝土受弯构件可以提高构件的抗弯能力。又由于拉杆传给构件的压力作用，使构件中的裂缝发展得到缓解和控制，从而斜截面抗剪承载力也随之提高。

2. 预应力下撑拉杆加固法

该法能降低被加固构件的应力水平，并能较大幅度地提高结构整体承载力，但加固后对原结构外观有一定影响；适用于大跨度或重型结构的加固以及处于高应力、高应变状态下的混凝土构件的加固，但在无防护的情况下，不能用于温度在60℃以上环境中，也不宜用于混凝土收缩徐变大的结构。

采用预应力拉杆加固方法的要点如下：

1）在安装前必须对拉杆事先进行调直校正，拉杆尺寸和安装位置必须准确。

2）张拉前应对焊接接头、螺杆、螺母质量进行检验，保证拉杆传力正确可靠，避免张拉过程中断裂或滑动，造成安全和质量事故。

3）要注意撑杆末端处角钢（及其垫板）与混凝土构件之间的嵌入深度以及传力焊缝的质量检验。

4）检验合格后，将撑杆两端用螺栓临时固定。

5）用环氧砂浆或高强度水泥砂浆进行填灌，加固的压杆肢、连接板、缀板和拉紧螺栓必须涂防锈漆进行防腐。

## 第五节　新旧混凝土的结合措施

在钢筋混凝土结构的修补、加固或改建过程中，一般需要在旧的混凝土上增加一层新的混凝土。实践和试验表明，新旧混凝土结合面往往是一个薄弱环节，新旧混凝土结合面与整体混凝土相比，可能存在以下弱点：结合面上抗拉、抗剪、抗弯强度降低；新混凝土的凝缩、弹性变形、塑性变形等与旧混凝土存在差异；结合面上抗渗、抗冻性能降低等。为了确保新旧混凝土结构共同受力的可靠性及耐久性，需要从施工工艺上采取适当措施，以提高新旧混凝土的粘结强度，减少新旧混凝土的收缩，必要时还应在修补、加固或改建的设计时采取适当构造措施。

### 一、影响新旧混凝土结合的因素

（一）新旧混凝土结合面的形式与方向

（1）新旧混凝土结合面的形式有：平缝、斜缝、阶梯形缝、锯齿形缝等。斜缝、阶梯形缝和锯齿形缝增大了新旧混凝土的接触面，可提高粘结效果。

（2）新旧混凝土结合面的方向有：水平向上、水平向下、倾斜、垂直等。新浇筑混凝土在上，旧混凝土在下的水平方向及斜向的结合面，粘结效果良好；新浇筑混凝土在下的水平方向结合面粘结效果最差。

（二）旧混凝土结合面的处理

旧混凝土结合面的粗糙程度直接影响新旧混凝土粘结效果和抗剪强度。结合面越粗糙，摩擦阻力就越大，抗剪强度就越高。所以，对旧混凝土的结合面需根据具体情况进行凿糙处理。

（三）结合面上涂抹的胶结剂

新旧混凝土结合面上涂抹的胶结剂的抗拉强度直接影响混凝土的粘结强度。采用强度等级高的水泥砂浆，掺有铝粉的水泥浆或砂浆、环氧砂浆等都能大大提高新旧混凝土的粘结强度，同时能增强结合缝处的抗渗漏能力。

（四）新浇混凝土的配合比及塌落度

新浇混凝土的强度等级越高，水灰比及塌落度越小，则结合面粘结强度越大。所以，新浇筑混凝土宜采用低流动性、强度等级高的混凝土。如果新浇混凝土厚度较大，可考虑在结合缝附近浇一层这种低流动性、强度等级高的混凝土作过渡层。

（五）结合体混凝土的养护

新旧混凝土结合体的养护影响到粘结强度和收缩裂缝的产生。由于旧混凝土的收缩已大体完成，而新混凝土的收缩刚刚开始，因此，如果养护不好会使新混凝土收缩量增大，强度不够则形成裂缝。不仅新旧混凝土不能共同工作，而且对钢筋混凝土的抗渗性、抗冻性和耐久性都有影响。

由以上分析可知，只要采取正确的方法和施工措施，是可以保证新旧混凝土结合质量的。表 4-9 为实验室所做的新旧混凝土粘结强度试验的结果，可供参考。

**表 4-9　新旧混凝土粘结强度试验结果**

| 编号 | 试验时施工工艺条件 | 粘结强度与整体混凝土相比 |
|---|---|---|
| 1 | 1）旧混凝土不作凿糙处理；<br>2）新旧混凝土均为：水灰比 0.6，坍落度 6cm，养护室养护，震动台震动；<br>3）结合面未涂胶结剂；<br>4）新老混凝土结合面方向沿垂直方向 | <30% |
| 2 | 结合面一般刷糙处理，其余同 1 | 30% ~40% |
| 3 | 结合面石子露出一半，其余同 1<br>结合面平缝，涂抹 1:3 水泥砂浆或 1:3 铝粉水泥砂浆，其余同 1 | 40% ~ 50% |
| 4 | 结合面石子露出一半，新老混凝土结合面沿水平方向，其余同 1<br>结合面平缝，涂抹 1:1、1:2、1:2.5 水泥砂浆或 1:0.4 水泥净浆，其余同 1 | 50% ~ 60% |
| 5 | 结合面一般刷糙，涂抹 1:2、1:3 水泥砂浆，其余同 1 | 60% ~70% |
| 6 | 结合面涂抹 1:1 铝粉水泥砂浆，其余同 1<br>结合面一般刷糙，涂抹 1:2.5 水泥砂浆，1:0.35 水泥浆，1:0.5 水泥浆，1:3 铝粉水泥砂浆，其余同 1<br>结合面一般刷糙，新混凝土水灰比 0.55 或 0.6，坍落度 3cm，其余同 1 | 70% ~80% |
| 7 | 结合面一般刷糙，抹 1:0.4 水泥浆，1:1 铝粉水泥砂浆，1:0.4 铝粉水泥浆，其余同 1<br>结合面一般刷糙，新混凝土水灰比 0.4，其余同 1<br>结合面涂环氧树脂，其余同 1 | 80% ~90% |
| 8 | 结合面一般刷糙，结合面涂环氧树脂，其余同 1<br>结合面一般刷糙，涂抹 1:2.5 水泥砂浆，新混凝土水灰比 0.4，坍落度 2cm，水中养护，其余同 1<br>结合面一般刷糙，抹 1:0.4 水泥浆，1:2.5 铝粉水泥砂浆，新混凝土水灰比 0.4，坍落度 6cm，其余同 1 | 80% ~100% |

（续）

| 编号 | 试验时施工工艺条件 | 粘结强度与整体混凝土相比 |
|---|---|---|
| 9 | 结合面一般刷糙，涂抹1:0.4水泥浆，新混凝土水灰比0.4，坍落度2cm，水中养护，其余同1 | >100% |
| | 结合面一般刷糙，抹环氧树脂，新混凝土水灰比0.4，坍落度6cm，其余同1 | |

## 二、保证新旧混凝土结合的措施

（一）增大结合面积

（1）增糙处理　采用将结合面凿成比较粗糙状，用钢丝刷刷毛，或用风镐凿成锯齿形，见图4-30。增糙的深度，视单位结合面受力大小而定，板可小些，梁、柱应大些。这样增加新旧混凝土的结合面，使其粘结强度和抗剪强度提高。

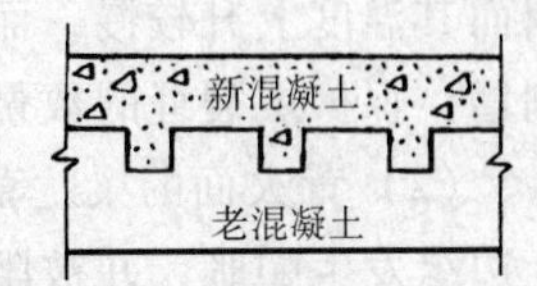

图4-30　锯齿形结合面

（2）使结合面形成斜面　有意识地将旧混凝土凿成斜面，这样不仅增加了新旧混凝土的结合面积，而且把新旧混凝土结合面上的剪力转化为旧混凝土与新混凝土本身的剪切，使其抗剪能力大大增加。

（二）加强结合面的清理

（1）旧混凝土表面的风化、蜂窝、麻面和酥松部分必须清除，无面层混凝土或钢筋混凝土裸露构件，其表面如采用凿毛措施的，应用热碱水（≤50℃）刷洗干净，然后即用清水冲干净，以防油污阻隔新旧混凝土的结合。

（2）表面经过机械处理后，必须用压力水将碎屑、粉末彻底冲洗干净。否则，这些粉屑的存在将影响新旧混凝土的结合。

（3）钢筋轻度锈蚀的斑点，如能增加钢筋与混凝土之间摩擦力的可不必除去，但钢筋严重锈蚀后产生的鳞片，必须用钢丝刷除去。

（4）对结构加固、补强时，留下的焊渣应及时清理干净，否则影响混凝土的粘结。

（三）结合面上采用胶结剂

（1）新混凝土对旧混凝土的粘结力是很弱的，因为混凝土的胶结力来源于水泥化学变化形成水泥胶体的过程。新旧混凝土结合面的抗拉强度（或粘结强度）必然低于新旧混凝土本身的抗拉强度。因此，结合面应采用胶结剂进行加强处理。

（2）在新旧混凝土之间涂上一层胶结剂，这种胶结剂能与新旧混凝土的胶体或骨料结合，而具有不低于新旧混凝土的粘结强度，这样就使新旧混凝土在结合面上的粘结强度接近，甚至超过新旧混凝土本身的抗拉强度。

（3）常用的胶结剂有：纯水泥砂浆、高强度等级水泥砂浆、掺铝粉的纯水泥浆或水泥砂浆、环氧树脂胶、环氧树脂砂浆等，可根据不同需要采用不同的胶结剂。

# 第六节　钢筋混凝土结构火灾后的维修

## 一、火灾后修复的意义

钢筋混凝土结构是比较耐火的结构，人们往往容易忽视其防火，因而国内外火灾事故逐年增加。事实上，由于房屋室内的家具、装修材料、地毯及其他用品大多数是可燃的，而钢筋混凝土结构在火灾下也会发生不同程度的破坏。因而由于火灾造成的经济损失屡见不鲜。钢筋混凝土结构遭受火灾后，绝大部分是能修复的，需要拆建的部分较少。从经济上来说，修复的费用一般不会超过重建的50%；从时间上来说，修复要比拆建快得多。

## 二、火灾后钢筋混凝土构件破损形态

### （一）梁

（1）迎火面的梁　火灾使梁的下边缘受热膨胀，但是又受到限制，因此，其纵向的伸长变为向下的弯曲，与梁上荷载产生的弯曲相叠加，对结构受力很不利。梁的保护层较厚，因而其温度上升较慢，而当水泥砂浆面层开始破坏，钢筋温度达到300℃时屈服，塑性挠度剧增，保护层裂缝的数量与宽度剧增时，梁便很快被烧坏。

（2）背火面的梁　背火面温度一般不会太高，热量也不会向混凝土的深度传递。如果上边缘发生膨胀，并被阻挡以后，梁将发生向上的弯曲，这将与荷载造成的向下弯曲相抵消。

### （二）板

（1）板的保护层厚度一般比梁的小，因此，对下部受力钢筋的保护作用较差，如果板下设有粉刷层，则可能保护层还未破坏，而钢筋已屈服，造成破坏。

（2）板内的钢筋较细，因而其表面积较大，受热升温较快。预制板用更细的高强度钢丝，由于受热而屈服，使板失去承载力，破坏发生得更快。

（3）火灾发生时，热气流常常流过梁角，集中到板跨的中部，形成灼热点，灼热点又往往是荷载弯矩最大的地方，所以，它是火灾发生后最先发生破坏的部位。

### （三）柱

柱是侧面受热构件，虽然它侧面受到烧烤，但是它所受到的热量比楼盖和梁少得多。由于不对称受热，柱可能向近火一侧方向发生弯曲。如果在柱子附近有高热能物质燃烧，达到柱破坏的临界温度，引起纵向钢筋屈服，致使柱子破坏。破坏时柱子表面有很多纵向裂缝，钢筋向外凸出，粉刷层与保护层剥落，被压碎的混凝土呈酥松散粒状。

在同一场火灾中，相对受损害最严重的是迎火面的板，其次是迎火面的梁，然后才是侧火面的柱和背火面的梁。因此，经常会看到，火灾后梁板已破坏，而柱却丝毫无损的现象。

## 三、火灾后的现场勘察

火灾发生后，要立即勘察，搜集资料，对结构构件的损伤情况进行检查与鉴定，然后针对不同的破坏情况，采取不同的修补措施。

### （一）了解火灾情况

火灾发生时，由于被燃烧物不同，因而产生的温度也不同，可根据现场的残余物推测出火灾的温度。同时，还需要了解火灾起火位置、涉及的范围和持续的时间等情况。

### （二）损伤的检查与鉴定

（1）混凝土表面毫无损伤，敲击有金属声，则表示完好；混凝土表面有微细裂缝，敲击有金属声，则此裂缝是混凝土在高温时被消防冷水射中，发生突然收缩的裂缝，只要将其修补就可以了。

（2）混凝土表面呈粉红色，说明表面温度曾达到350～400℃，接近混凝土临界破坏状态，这种颜色只有在火灾刚结束时才能看到，时间久了就会逐渐消失。

（3）混凝土保护层出现散粒、疏松，构件变形过大，表明混凝土已破坏，钢筋已经屈服。

（4）柱的纵筋弯曲而外露，则表明此钢筋已屈服，详细检查其他部位，如有竖向裂缝，则表明此部位混凝土也已破坏。

**四、火灾后的修复**

（一）顶撑与卸荷工作

（1）火灾以后，在对火灾现场杂物清理之前，应先对梁、柱等一些重要部位设支撑，防止发生坍塌事故，危及施工人员的生命安全，因此，凡属修补范围的楼面上下，在未支撑之前，严禁任何人员进入。

（2）为了减轻已破坏楼面的负荷，在顶撑支好后，这些部位的一切可搬走的设备、物品、家具都要搬离。

（二）混凝土的清理工作

（1）用常压流水，对所有混凝土与钢筋混凝土表面，全面冲洗一次，这样便于完全烧坏的混凝土在水流的冲击下脱落，使表面的裂缝更加清晰地显露出来。

（2）将凸出表面的、体积膨胀的、酥松的、剥离的混凝土用锤敲碎并剔除。如有条件，可用40MPa高压射流水进行清理。

（3）裂缝密集的混凝土，用锤敲击试探，如有声音暗哑，或有空壳声音，一律敲开剔除。

（4）梁板挠度很大，超过允许范围，并伴有较大裂缝的，则其下面混凝土保护层也应剔除，因为其内的抗拉钢筋已经屈服，需要更换。

（三）钢筋的整理与修复

梁与板的损坏钢筋，一般均在构件的下截面，根据热气流与灼热点的特点，越是靠近跨中损坏越严重，因此，可将补强主筋搭接在靠近支座的原主筋上。

1. 多跨连续板的钢筋

（1）在剔除破坏的混凝土后，将跨中下层钢筋在计算跨度的1/5以内切断并将弯钩做好，各相邻断点也必须互相错开30$d$的长度，见图4-31。

（2）将补强的主筋与附加钢筋，按原有规格、直径和间距绑扎成网，或焊接成网。

（3）将补强的钢筋网以30$d$的搭接长度与原有钢筋扎接。为了使补强钢筋网能够承受喷射的细石混凝土的冲击而不移位，须设置直径6mm的膨胀螺栓，固定在上层完好的混凝土中，其间距300mm，然后将补强钢筋网固定在膨胀螺栓上，见图4-32。

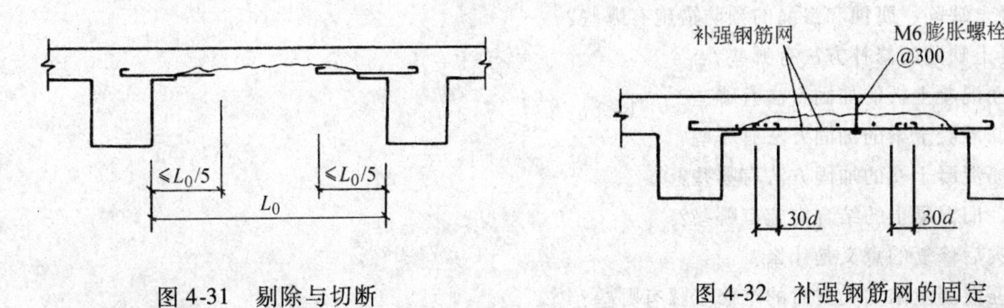


图4-31　剔除与切断

图4-32　补强钢筋网的固定

2. 多跨连续梁的钢筋

（1）已破坏的混凝土剔除后，将下层钢筋切除，但保留靠近支座的一段根部，根部长度$\leqslant L_0$（$L_0$为净跨度），以便补强纵筋有错接的地方。相邻两根筋的断点，应错开一个搭接长度。剔除混凝土后裸露的箍筋也全部切除。

（2）按照原有钢筋的规格与报数，加工准备好补强用的钢筋，并用电弧焊焊接在原有钢筋根部上。原有钢筋与补强钢筋在水平方向放成一排，以保持原计算高度$h_0$不变。原来处于下面的钢筋，其补强钢筋应放在其外侧。焊接时要用双面焊缝。

（3）在近梁侧的板上钻孔，将U形螺栓穿入孔内固定，再将补强的纵筋绑扎在U形螺栓底边上。U形螺栓的规格与设置间距均与原箍筋相同，见图4-33。

3. 柱的钢筋

（1）纵筋所有凸出曲段都必须切除，包括外观已经鼓起而未露筋的凸出曲段，也应打开保护层将其切除，一般弯曲段的长度就是箍筋的间距。

（2）用过渡筋的方式，将切除的钢筋断面积补足，因此，原有被切除的一根钢筋的断面积，由两根过渡钢筋的断面积来代替，过渡筋与上下未被切除的钢筋用电焊搭接，每端搭接长度为10倍过渡钢筋的直径。

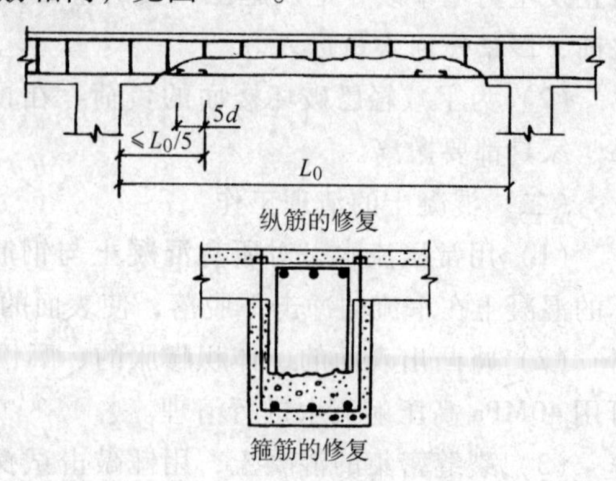


图4-33　梁钢筋的修复

（四）混凝土的修补

（1）梁与板的修补尽量采用喷射细石混凝土或水泥砂浆的方法。

（2）柱的修补用浇筑混凝土，可同时掺入少量膨胀剂。

（3）在修补混凝土之前的清洗、涂刷胶结剂等措施仍然应照常实施。

## 思考题

1. 钢筋混凝土裂缝主要分为哪几类？
2. 怎样鉴别钢筋混凝土结构的有害裂缝？
3. 钢筋混凝土结构裂缝的修补方法有哪些？
4. 钢筋锈蚀的主要原因有哪些？
5. 钢筋锈蚀如何预防和治理？
6. 钢筋混凝土缺陷主要有哪些？
7. 混凝土渗漏的主要原因有哪些？
8. 混凝土缺陷、腐蚀和渗漏的预防措施有哪些？
9. 混凝土缺陷的修补方法有哪些？
10. 钢筋混凝土板的加固方法有哪些？
11. 钢筋混凝土梁的加固方法有哪些？
12. 钢筋混凝土柱的加固方法有哪些？
13. 新、旧混凝土的结合措施有哪些？
14. 火灾后修复的意义是什么？
15. 钢筋混凝土结构火灾后的维修步骤有哪些？

# 第五章 钢结构工程的管理与维修

钢结构是钢材制成的工程结构，一般由型钢和钢板制成的梁、桁架、柱、板等构件组成，各部分之间用焊缝、螺栓或铆钉连接。钢结构具有重量轻、强度高、传力可靠、密封性好、运输安装方便、施工期限短、便于机械化制造等优点，因而在工业、民用建筑上得到广泛的应用。钢结构在日常使用过程中主要的病害有锈蚀、有害变形和破损。因此，房管部门对钢结构工程管理和维护的主要内容就是：通过日常定期的检查，掌握钢结构使用过程中的变化，及时对钢结构锈蚀病害进行防治；对影响钢结构功能的变形进行矫正；对发现的钢结构的破损进行修复；对已经不能满足强度、刚度和稳定性要求的钢结构，聘请专家鉴定后，进行局部或全面的加固。

## 第一节 钢结构锈蚀的危害与维修

钢结构如果长期暴露于空气或潮湿的环境中，其表面又没有采取有效的防护措施时，就要产生锈蚀现象。锈蚀对钢结构造成的损害是相当严重的，它不但能使钢结构的构件承载力迅速降低，还会造成应力集中现象的产生，使结构过早地破坏。因此，如果要使钢结构正常工作并保证其有合理的使用寿命，对钢结构定期检查和维护就显得非常重要。

### 一、锈蚀病害的产生机理和危害性

（一）钢结构锈蚀病害的产生机理

钢结构锈蚀的机理有化学锈蚀和电化学锈蚀两种。

1. 化学锈蚀

表面没有防护或防护方法不当的钢铁与大气中的氧气、碳酸气、硫酸气等腐蚀性气体相接触时，钢铁表面将发生化学腐蚀。由于钢铁的化学锈蚀的最终产物是氧化铁即铁锈，所以钢铁的化学锈蚀也叫生锈。它的特点是即使在干燥之地或常温状态下，化学锈蚀也会发生。例如在日常生活中使用的铁器，长时间地放置在干燥的环境中，其表面也会颜色发暗、光泽减退，这种现象就是钢铁表面发生化学锈蚀产生氧化膜的结果。如果钢铁不是处于浓度很高、腐蚀性很强的介质中，其表面的化学锈蚀发生速度很慢，所以钢结构的大多数锈蚀病害是电化学腐蚀或化学腐蚀和电化学锈蚀共同作用的结果。

2. 电化学锈蚀

形成钢铁的电化学锈蚀的主要机理是钢铁内部含有不同的金属杂质，当它们与潮湿的空气或电解质溶液（如酸、碱溶液）接触时，就会在它们之间形成得失电子倾向不同的电极电位，从而在钢铁内部构成了无数个微电池，引起钢铁失去电子溶解为铁离子的电化学反应，产生钢铁锈蚀。钢铁杂质含量越高，在钢铁内部所形成的微电池数目就越多，钢铁锈蚀的速度就越快。一般来说，钢铁的锈蚀速度除了与杂质含量有关外，还与所处环境的湿度、温度及有害介质的浓度有关。温度越高、湿度越大、有害介质浓度越高，钢铁的锈蚀速度也就越快。此外，在钢铁表面不平处或有棱角的地方，由于电解质的作用，也会产生不同的电位差而形成微电池，发生电化学锈蚀。

通过上述对钢铁锈蚀机理的分析可以看出，只要钢铁表面不与氧气、水分、有害介质相接触，锈蚀就不易产生，这在理论上，为我们防止钢铁锈蚀指明了方向。

（二）锈蚀的危害性

锈蚀对钢结构的破坏不仅表现为构件有效截面的减薄上，还表现在构件表面产生“锈坑”上。前者使构件承载力下降，导致钢结构整体承载力的下降，对薄壁型钢和轻型钢结构的破坏尤为严重；后者使钢结构产生“应力集中”现象，当钢结构在冲击荷载或交变荷载作用下，可能会突然发生脆性断裂。由于脆性断裂发生时没有明显的变形征兆，人们事先不易察觉，所以引起的破坏损失也相当严重，甚至可能引起钢结构的整体坍塌并危及生产和人身安全。

锈蚀在经济上造成的损失是相当惊人的。国外曾对锈蚀损失作过多次调查，结果表明几个主要发达国家的锈蚀损失约占其国民经济总产值的4%左右，每年因锈蚀而损失的钢材量约占钢铁年产量的1/4。如果我国的房管部门对所管理的钢结构工程能够做到定期检查，及时维修，就可有效地减慢钢结构发生锈蚀的速度，延长钢结构的使用年限，为国家节省大量的钢材和建设资金。

**二、钢结构锈蚀的等级划分**

为了衡量钢结构的锈蚀状况和保护涂层的损坏程度，以便采取相应的维护措施，将钢结构的锈蚀程度分为以下四个等级。

A级：良好程度。构件的保护涂层完好，漆膜有光泽，除个别构件上有少量锈点外，其他构件均没有锈蚀。

B级：局部锈蚀程度。构件的面漆有局部的脱落，而底漆是完好的。除个别构件上有少量锈点或在构件边缘、死角、缝隙等隐蔽部位有锈外，构件基本上没有锈蚀。

C级：较严重锈蚀程度。构件的面漆脱落面积达20%左右，底漆也有局部透锈现象产生，构件局部有锈蚀但基体金属是好的。这种情况下建议房管部门作维修准备工作。

D级：严重锈蚀程度。构件的保护涂层已经大面积脱落，构件表面发生锈蚀面积达40%左右，但锈蚀深度很浅，构件基本金属面没有被破坏。此时建议房管部门应立即着手对钢结构进行维修。

以上四级均属于构件金属没有遭到破坏的范畴。对钢结构的维修也只限于重新涂刷防护涂层。如果钢结构的构件锈蚀程度非常严重，锈蚀深度较深，已经影响到构件的承载能力时，需采用较精密的测量工具如游标卡尺、千分尺等，测定构件的锈蚀深度，查明构件截面被削弱的程度，通过计算校核确定是否需要对构件采取更换或加固补强措施。

**三、防止钢结构锈蚀的方法**

防止钢结构锈蚀的方法很多，通常采用的有以下几种。

1. 采用不易锈蚀的合金钢制作钢结构

通过在钢中加入铜、镍、铬、锌等合金元素，来改变金属内部的组成成分，制造出耐锈蚀的不锈钢，再用不锈钢制成钢结构。这种方法虽然能很有效地防止钢结构的锈蚀病害的产生，但由于使用了价格比较昂贵的不锈钢，因而制作成本高，除一些必需场合外，一般很少采用。

2. 化学氧化层防护法

将钢材用氢氧化钠和硝酸混合液浸泡处理，使钢材表面产生一层结构致密的氧化物保护层。也可以用磷化方法使钢材表面生成一层不溶于水的磷酸亚铁保护层。这种方法由于受到钢结构的尺寸限制，一般只能应用到钢结构的小型配件防腐蚀处理上。

3. 采用金属镀层防护法

常用的是镀锌防护，就是在金属件表面镀上一层厚度在 80～150μm 的镀锌层。采用镀锌方法虽然费用较高，但由于耐久性较好，可以减少钢结构的维修次数，综合经济效果还是很好的。此外镀锌对钢结构的外观也起到一定的装饰作用，故有条件或者对于重要的钢结构工程可以考虑采用。

4. 非金属涂层防护法

此法是采用涂料、塑料等将钢结构表面保护起来，不使其直接和周围的腐蚀介质相接触，来达到防止锈蚀的目的。这种方法防止钢结构锈蚀效果较好，价格低廉，而且涂料品种很多，供选择范围广，适应性强，不受构件形状和大小的限制，能随构件表面的任何形状成膜，附着牢固，温度变化时，又能随着构件而伸缩，使用方便有利于现场施工，还可以给予构件外观以美丽的颜色。非金属涂层防护法的缺点主要是耐久性较差，需要定期进行维修。目前，在所有钢结构的防锈措施中，非金属涂层防护法应用最广，所以我们下面重点介绍纲结构的涂层防护。

**四、钢结构的非金属涂层防护**

施工简便易行的钢结构非金属涂层防护（以下简称涂层防护），能有效地防止钢结构的锈蚀 。常年积累的调查资料表明，一般室内的钢结构，如在钢结构表面处理得好、涂料质量优良、涂刷工艺好、涂层有合理的厚度和结构且干燥正常等条件下，涂层的有效防锈年限可达 20 年以上；即使是处于有害介质包围中的钢结构，在正常情况下，防护涂层也可保持 3～5 年不坏。因此，我们完全有理由认为，只要做到定期检查和维修，处于不利环境中的钢结构，也可以利用涂层防护来解决锈蚀问题。

（一）涂层防护的机理

根据钢结构的锈蚀机理，如果我们能设法使钢结构的表面同有害介质隔离，阻止钢铁起电化学反应，就能有效地防止钢结构的锈蚀。钢结构的涂层能够起到防锈作用，就是因为涂层中的涂料具有以下作用：

（1）涂料具有坚实致密的连续膜，可使钢结构的构件同周围有害介质相隔离。

（2）含有碱性颜料的涂料（如红丹漆）具有钝化作用，使铁离子很难进入溶液，阻止钢铁起阴极反应。

（3）把含有大量锌粉的涂料（如富锌底漆）涂刷在钢铁表面，在发生电化学反应时，由于比钢铁活泼的锌粉成为阳极，而钢铁成为阴极，保护了钢铁。

（4）一般涂料都具有良好的绝缘性，能阻止铁离子的运动，故使腐蚀电流不易产生，起到保护钢铁的作用。

（5）用于特殊用途的涂料，通过添加特殊成分，可具有耐酸、耐碱、耐油、耐火、耐水等功能。例如在涂料中加入片状颜料云母氧化铁，涂料就可具有耐酸、耐碱等功能。

（二）涂层破坏的原因

一般来说钢结构涂层损坏的原因是多种多样的，但在日常维护工程中所遇到的涂层损坏，基本上是由于涂刷时对钢结构表面处理不当引起的。

1. 渗透锈蚀

在涂刷时如果钢结构表面有腐蚀作用的杂质没有清除干净，隐藏到涂层与钢铁基层之间，当水与氧渗透进入涂层时，钢铁基层受腐蚀介质的侵害而产生气泡，使涂层发生胀裂而加快了钢结构的锈蚀速度，这种现象叫做渗透腐蚀，见图 5-1。

（1）对钢结构表面的浮锈、灰尘、油污清理不彻底就进行涂刷，虽然可将它们暂时地掩盖起来，但当钢结构受到机械振动或大气腐蚀作用后，涂层就会过早地开裂、脱落。

（2）对钢结构表面在焊接过程中引起的缺陷（如孔眼、焊渣、焊瘤残余等）处理不当，可引起涂层厚度不匀、附着不牢固、漏涂等弊病。

2. 隙缝腐蚀

其产生的过程是当涂层没有全部覆盖住被保护的钢结构表面时，使得涂层底部的氧与其边缘的浓度不同，进而产生氧的浓度差腐蚀电池，涂层下面由于氧的浓度低而使钢结构基层成为失电子的阳极而被腐蚀。由于这种腐蚀可不停地向深处发展，最终可使涂层全部破坏，见图 5-2。

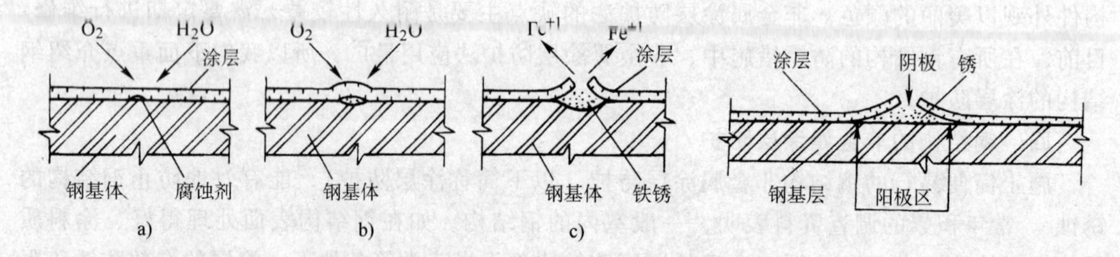


图 5-1　渗透腐蚀破坏示意图

a）氧与水渗入涂层　b）氧与水渗入后涂层开始起泡　c）气泡破裂、涂层破损

图 5-2　隙缝腐蚀破坏涂层示意图

3. 其他原因

在基层清理、涂料选用和涂刷工艺质量都符合技术要求时，由于涂层与基层膨胀系数不同，反复的胀缩作用也可以使涂层损坏、脱落或产生裂纹。此外光的老化作用使涂层变脆而产生裂纹，也是引起涂层破坏的主要原因。完整的涂层表面只要形成裂纹或微小的针孔，其被保护的钢结构基体就会发生腐蚀破坏，所以要对涂层进行必要的日常维修，延长涂层的寿命。

（三）涂层日常维修时的要求

对于房管人员来说，对钢结构的日常维修，首先是对钢结构表面防护涂层的维修。对涂层维修的好坏，直接影响到钢结构的使用寿命。因此，对钢结构防护涂层的日常维护问题应引起房管人员的高度重视。要搞好对钢结构防护涂层的日常维修，就必须从以下几点入手：

（1）必须保持钢结构表面的清洁和干燥，对钢结构易积尘的地方（如钢柱脚处、节点板处）应定期清理。

（2）定期检查钢结构防护涂层的完好状况，凡出现下列情况之一者应及时进行维修：

1）发现涂层表面失去光泽的面积达到 90%；

2）涂层表面粗糙、风化、干裂的面积达 25%；

3）涂层发生漆膜起泡且构件有轻微锈蚀的面积达 40%。

(3) 受高温和高温影响的钢结构部位应加设防护板，起到保护涂层免遭高温破坏的作用。

(4) 尽量避免构件与有侵蚀作用的物质接触，对于已经接触的应及时清理。

**五、钢结构锈蚀病害的检查**

定期对钢结构的锈蚀状况进行检查，是合理维修钢结构的必要前提条件，它可以帮助房管人员积累资料，总结被维修钢结构的损坏周期，在制定维修计划和采取补救措施时，做到心中有数。在对钢结构作定期检查时应特别注意对易锈蚀部位的检查。易锈蚀部位主要有：

(1) 油漆难于涂刷处。如型钢组合截面的净空小于120mm处，角钢组合截面的背与背连接处，见图5-3。

(2) 厂内侵蚀性介质的聚集处，湿度大且易积灰尘处，可能漏雨处。如钢结构中各大型构件之间的连接节点处，天窗架的挡风板处，见图5-4。

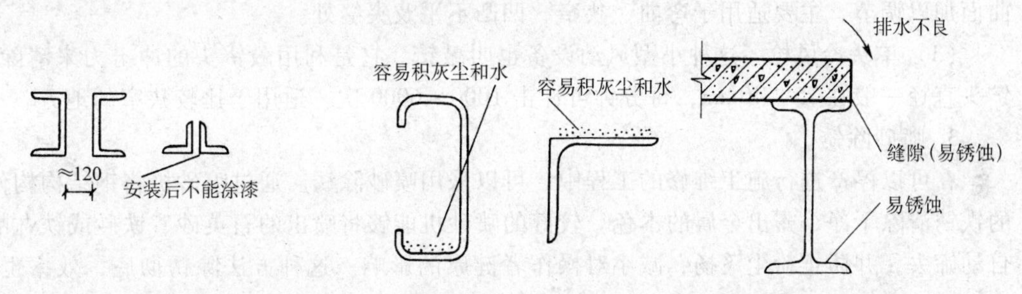


图5-3 难于涂刷涂料处的构件示意图　　图5-4 易积灰或有水积存处构件示意图

(3) 截面的外型形状复杂且截面厚度小的薄壁构件。

(4) 与木材等其他材料结合的缝隙等隐蔽部位。

(5) 自然地面附近。

(6) 埋入地下的钢结构又未包混凝土保护层的，埋设在砖墙内的钢结构支座部分。

检查时如果发现上述部位的保护涂层部分失效，应及时进行修补，以防涂层损坏面积扩大，过早地使钢结构保护涂层失效，造成不必要的损失。

**六、涂层的修复与更新**

对已经损坏的防护涂层进行修复和更新是钢结构日常维修工作中的主要内容。为了做好这项工作，保证施工质量，施工人员应重点解决好涂层的设计、涂层的施工方案、钢结构基体表面的除锈清理等问题。下面分别对这几个问题作具体说明。

(一) 构件表面的除锈

对于使用一段时间以后的钢结构工程来说，其表面不可避免地存在着一些附着物，如铁锈、污垢、灰尘、旧漆膜等。在对钢结构表面进行涂刷前，如果不将这些附着物清除彻底，涂刷后虽然可暂时将它们遮盖起来，但由于它们起着隔离的作用，使得涂层与构件基体间的粘合力严重下降，漆膜会过早脱落，最终导致表面涂层抗锈蚀能力降低，发挥不出涂层应有的防护作用。因此，在对构件表面涂刷前，应对钢结构表面的附着物进行彻底的清理。

在钢结构维护工程的施工中，表面清理工作主要包括除锈和清除旧漆膜。在除锈过程中，由于受施工条件的限制一般采用的方法主要有：

1. 人工除锈

此种方法是利用刮刀、铲刀、手锤、钢丝刷等钢制工具，靠手工敲铲，以及用砂布、砂纸和砂轮进行手工打磨来去除污物，使构件表面基本达到无油污、无铁锈、无毛刺。此种方法由于方便易行，所需设备简单，劳动成本低，且不受施工现场条件和构件尺寸的限制，是钢结构维护工程中经常采用的除锈方法。它的主要缺点是劳动条件差，工作效率低，除锈不彻底，质量不易保证。因此，当采用此法除锈时，管理人员应重点强调质量要求。

2. 机动除锈

为了提高除锈质量和工作效率，改善施工人员的劳动条件，现在的钢结构除锈工作中已经大量采用风动或电动小型设备。利用设备的主要除锈方法有：

（1）角向磨光机　这种小型电动设备主要用于清理平面地方，它根据需要可以使用砂纸、砂轮和钢丝刷。

（2）针束除锈机　这种小型风动设备上一般装有30~40个针束，针束可随不同的工作曲面加以调节，主要适用于弯曲、狭窄、凹凸不平及夹缝处。

（3）单头冷风枪　这种小型风动设备也叫敲铲，它是利用敲铲头的冲击力来清除铁锈，铲头直径一般在25~40mm，每分钟可冲击1000~6000次，适用于比较狭窄的地方。

3. 喷砂除锈

在可以停产进行施工维修的工程中，可以采用喷砂除锈。通过喷砂机将钢结构构件表面的铁锈清除干净，露出金属的本色。较好的喷砂机能够将喷出的石英砂、铁砂或铁丸的细粉自动筛去，并防止粉尘飞扬，减小对操作者健康的影响。这种方法除锈彻底，效率也较高，在发达国家已普遍采用，是一种较先进的除锈方法。

4. 用酸洗膏除锈

市场上可购买到专用除锈的酸洗膏，使用方法是将酸洗膏涂在被处理的构件表面上，其厚度约为1~2mm，浸润适当时间后，剥开一小片酸洗膏检查除锈情况，若构件表面露出金属本色，则将酸洗膏剥去，用水冲洗干净，彻底清除残留的酸液。除一些特殊情况外，此种除锈方法目前已经很少采用。

（二）国际上常用的除锈质量标准

国际上普遍采用的由瑞典制定的除锈质量标准，其具体内容如下。

（1）对于人工除锈，在除锈之前先清除表面的污垢，并铲除厚锈。

St1级：用钢丝刷轻刷。

St2级：彻底地用铲刀铲刮，用钢丝刷刷擦，除去疏松的氧化皮、铁锈和其他杂物，清理后的构件表面应具有淡淡的金属光泽。

St3级：用铲刀非常彻底地铲刮构件表面后，用钢丝刷刷擦，使构件表面的除锈效果比St2级更为彻底，清理后的构件表面应具有明显的金属光泽。

（2）对于喷砂除锈，分为以下几级。

Sa1级：轻度喷砂除去构件表面疏松的氧化皮、铁锈及其他杂物。

Sa2级：彻底地喷砂除去几乎所有的氧化皮、铁锈和其他杂物，使构件表面稍呈灰色。

Sa2$\frac{1}{2}$级：非常彻底地喷砂，使构件表面的氧化皮、铁锈和其他杂物仅剩有轻微的点状或条纹痕迹。

Sa3级：喷砂除锈到出白，构件表面具有均匀一致的金属光泽。

人工除锈不宜低于 St3 级，对附着力强的油漆，允许放宽到 St2 级。喷砂除锈一般只要求不低于 Sa1 级。

(三) 构件表面旧漆模的清理

对于构件表面旧漆膜的清理可根据旧漆膜的不同情况，相应采取不同措施。

(1) 如旧漆膜坚固完整，构件表面附着良好，可用肥皂水或稀碱水将旧漆膜表面的杂质去除干净，用清水冲洗揩干，经打磨后就可涂刷上漆。

(2) 如旧漆膜大部分与构件附着良好，局部须清除时，除按以上方法清洗干净外，还应经过上腻子、打磨、补漆等工序，力求做到该处与旧漆膜平整一致，颜色相同。

(3) 如旧漆膜大部分已经破损脱落，需将其全部彻底清除，清除方法有下列几种：

1) 火喷法　即用喷灯火焰将漆膜烧化后，立即用铲刀刮去。此法一般用于小面积的旧漆膜清理。

2) 碱水清洗法　用石灰和纯碱配成的稀溶液或 5%～10%（质量分数）的氢氧化钠溶液，涂刷 3～4 遍，使旧漆膜起皱脱落，再用铲刀刮去，用清水洗净。

3) 刷脱漆剂法　用市面出售的脱漆剂涂刷在旧漆膜上，约半小时后，旧漆膜膨胀起皱，用铲刀、钢丝刷将旧漆膜铲除干净，清除构件表面上的其他杂物。

4) 涂脱漆膏法　用脱漆膏涂于旧漆膜表面，涂 2～3 层，约 2～3h，漆膜破坏，用铲刀铲除后用水冲洗干净。如果旧漆膜过厚，为缩短浸润时间，可先用刀将旧漆膜破开适当多的口后，再涂脱漆膏。

脱漆膏可自行配制，常用的几种脱漆膏的配方如下。

1) 将氢氧化钠 16 份，溶于 30 份水中，再加 18 份生石灰用棍搅匀，并加入 10 份润滑油，最后加入碱酸钨 22 份（份数皆指质量比）。

2) 清水 1 份，淀粉 1 份，50%（质量分数）氢氧化钠水溶液 4 份，一面搅拌一面混合，再加入 10 份清水搅拌 5～10min（份数皆指质量比）。

(四) 涂层的设计

涂层的设计方案中主要内容包括：涂料品种的选择、涂层结构的设计、涂装施工方法等。

1. 涂料品种的选择

一般情况下涂料是一种含油的或不含油的胶体溶液，它分为底漆和面漆两大类。底漆涂料成分中含粉料多、基料少，干燥后成膜表面粗糙，与钢材表面的粘结力强，与面漆的结合性也非常好，并且漆膜厚实致密，有很好的遮盖性能。主要作用是防止水、氧气、二氧化碳及其他酸碱物质接触构件表面（即基层）。如果在底漆配方中添加不同成分，可相应提高其抗锈、耐酸、耐碱和防水能力。

面漆成分中粉料少、基料多，干燥后成膜表面光泽。其主要功能是保护下层的底漆，使其在尽可能长的时间内对钢材表面发挥抑制性作用。由于面漆直接暴露于环境中，故要求面漆应有很好的耐候性，对大气和湿气有高度的不渗透性，对于风化所引起的物理和化学分解应有最大可能的抵抗性。力求在恶劣环境中能够做到不粉化、不起泡、不龟裂，保持漆膜的致密性。

目前涂料品种繁多，性能和用途也不相同，在选择时应充分考虑以下几点要求：

(1) 应考虑涂料的使用环境与适用范围相一致。使用环境主要指室内或室外，周围湿度和温度，侵蚀物质的种类和浓度，构件是处于地上还是地下，是潮湿环境还是干燥环境，有无耐磨要求等。根据不同的使用环境，选择与其相适应的涂料。例如：对于酸性侵蚀物质，可采用耐酸性能较好的酚醛树脂漆；对于要求能耐碱性物质侵蚀的，则应采取环氧树脂漆。

（2）应考虑涂料的正确配套。一般油性底漆，都用油性面漆；溶剂型和化学反应型的底漆，也要与同类面漆配套使用。否则会由于底漆、面漆的溶剂类型不同产生面漆对底漆的破坏作用（俗称“咬底”）。例如：过氯乙烯漆中含有强溶剂，它不能与油性红丹底漆配套使用，否则会破坏底漆漆膜产生“咬底”现象。所以建议选择底漆、面漆时应尽量选用同一厂家生产的同一系列产品。在维修工程中，有时必须在油性漆漆膜上使用溶剂型面漆，此种情况就需要先涂一层耐溶剂性强而不产生“咬底”现象的过渡层，一般环氧脂类和醇酸类涂料都具有这种效用。

（3）应考虑基层、底漆、面漆之间的粘结力及底漆对基层是否有腐蚀作用。例如防锈底漆中性能最好的红丹底漆，不宜涂刷在镀有锌膜的构件表面上，因其对镀锌面的粘结力不强，涂后易卷皮。此外，红丹底漆对硬铝有加快锈蚀作用，故其也不能涂于铝制构件上。

（4）要考虑施工条件的可能性。在维修工程中，一般宜选用干燥快、便于施工的冷固型涂料。

（5）应考虑经济效益。选漆时不是价格越高的就越好，在满足实际需要的前提下，应优先选择那些价格便宜、易于购买的品种。这样做既可以降低一次性的施工费用，又可以降低涂料重涂的费用，同时给将来对涂层的维修带来方便。

（6）选择涂料时应考虑在施工过程中涂料的稳定性、毒性及所需的温度条件。

（7）注意涂料的色彩与周围环境的协调性。早期人们不太重视钢结构所用面漆的颜色，大都采用灰色或铁红色。随着人们环境意识的增强，人们发现建筑物本身不仅造型要好，色彩搭配也要和谐，这样人们才能得到一种美的享受。

常用防锈底漆、面漆及有特殊用途的常用防腐蚀漆分别列于表 5-1、表 5-2、表 5-3 中。

**表 5-1　常用防锈底漆**

| 名　称 | 型　号 | 性　能 | 适用范围 | 配套要求 |
|---|---|---|---|---|
| 红丹油性防锈漆<br>红丹酚醛防锈漆<br>红丹醇酸防锈漆 | Y53-1<br>F53-1<br>C53-1 | 防锈能力强、耐候性好，漆膜坚韧、附着力较好 | 适用于室内外钢结构表面防锈打底用，但不能用于有色金属铝、锌等表面，因它能加速铝的腐蚀，与锌的结合力差，涂复后发生卷皮和脱层 | 与油性磁漆、酚醛磁漆和醇酸磁漆配套使用；不能与过氧乙烯漆配套；C53-1 与磷化底漆配套，防锈性能更好 |
| 硼钡酚醛防锈漆 | | 系新型的防锈漆，已逐步代替一部分红丹防锈漆，具有良好的防锈性能，附着力强，抗大气性能好，干燥快，施工方便 | 适用于室内外钢结构表面防锈打底用 | 与酚醛磁漆或醇酸磁漆配套使用 |
| 铁红油性防锈漆<br>铁红酚醛防锈漆 | Y53-2<br>F53-3 | 附着力强，防锈性能次于红丹防锈漆，耐磨性差 | 适用于防锈性要求不高的场合，作防锈打底用 | 与酚醛磁漆配套使用 |
| 铁红醇酸底漆 | C06-1 | 具有良好的附着力和防锈能力，与硝基磁漆、醇酸磁漆等多种面漆的层间结合力好，在湿热性气候和潮湿条件下，耐久性差些 | 适用于一般钢结构表面，作防锈打底 | 与硝基磁漆、醇酸磁漆和过氧乙酸烯漆配套使用 |

（续）

| 名　称 | 型 号 | 性　能 | 适用范围 | 配套要求 |
|---|---|---|---|---|
| 铁红环氧底漆 | H06-2 | 漆膜坚韧耐久，附着力好，防锈耐水和防潮性能比一般油性和醇酸底漆好，如与磷化底漆配套使用时，可提高漆膜的防潮、防盐雾及防锈性能 | 适用于沿海地区及湿热条件下钢结构表面，作底漆 | 与磷化底漆和环氧磁漆等配套使用 |
| 铁红过氧乙烯底漆 | G06-4 | 耐化学性、防锈性比铁红醇酸底漆好，能耐海洋性及湿热带的气候，并具有防霉性 | 适用于沿海地区及湿热条件下钢结构表面，作底漆 | 与磷化底漆和过氧乙烯磁漆、防腐漆配套使用 |
| 云母氧化铁底漆 | | 具有良好的热稳定性、耐碱性，其防锈性能超过红丹和硼钡防锈漆，具有无毒、价廉和原料来源丰富等优点 | 适于热带气候和湿热条件下使用 | 可与各类面漆配套使用 |
| 磷化底漆 | X06-1 | 对钢材表面的附着力极强，漆料中的磷酸盐可使钢材表面形成钝化膜，延长有机涂层的寿命 | 只能与一些品种的底漆（如过氧乙烯底漆等）配套使用，以增加这些涂层的附着力，不能代替底漆使用 | 不能与碱性涂层配套使用 |
| 无机富锌底漆 | | 突出的耐水性、耐油性、耐溶剂性、耐热性及耐干湿交替的盐雾，有阴极保护作用，长期曝晒不老化 | 适用于水塔、水槽和油罐的内外壁，以及海洋钢铁构筑物 | 可兼作面漆，如和环氧磁漆、乙烯磁漆配套效果更好 |

**表 5-2　常用面漆**

| 名　称 | 型 号 | 性　能 | 适用范围 | 配套要求 |
|---|---|---|---|---|
| 油性调合漆 | Y03-1 | 耐候性较酯胶调合漆好，但干燥时间较长，漆膜胶较软 | 适用于室内一般钢结构 | |
| 锌灰油性防锈漆 | Y53-5 | 耐候性好，比一般油性调合漆强，不易粉化，也有一定的防锈能力，涂刷性好 | 适用于桥梁、铁塔、电杆等室外钢结构作防锈面漆 | |
| 醇酸磁漆 | C04-2<br>C04-42 | 具有较好的光泽和机械强度，耐候性比调合漆好，户外耐久性和附着力C04-42 较 C04-2 好 | 适用于室内外钢结构 | 先涂 1 ~ 2 道 C06-1 铁红醇酸底漆，再涂 C06-10 醇酸二道底漆，最后涂该漆 |

（续）

| 名　称 | 型　号 | 性　能 | 适用范围 | 配套要求 |
| --- | --- | --- | --- | --- |
| 灰醇酸磁漆（“66”灰色户外面漆） | C04-45 | 漆膜成美术花纹，透水、透气性低，对紫外线有较强的反射作用，对漆膜的保护力强，耐候年限较一般醇酸磁漆长1~2倍 | 专供钢铁桥梁、高压线铁塔和大型室外钢结构表面用漆 | 涂F53-1红丹酚醛防锈漆或F53-9银灰硼钡酚醛防锈漆二道，再涂该漆三道，漆膜总厚度要求不小于200μm |
| 酚醛磁漆 | F04-1 | 漆膜坚硬，光泽和附着力较好，但耐候性较醇酸磁漆差 | 适用于室内一般钢结构 | 酯胶底漆、红丹防锈漆和铁红防锈漆等 |
| 纯酚醛磁漆 | F04-11 | 漆膜坚硬，耐水性、耐候性及耐化学性均比F04-1酚醛磁漆好 | 适用于防潮和干湿交替的钢结构 | 各种防锈漆、酚醛底漆 |
| 酚醛调合漆 | F03-1 | 漆膜光亮，色彩鲜艳，有一定的耐候性，但较F04-1酚醛磁漆较差 | 适用于室内一般钢结构 | |
| 灰酚醛防锈漆 | F53-2 | 耐候性较好，有一定的耐水性和防锈能力 | 适用于适内外钢结构，多作面漆使用 | 红丹或铁红类防锈漆 |

**表5-3　常用防腐蚀漆**

| 名　称 | 型　号 | 性　能 | 适用范围 | 配套要求 |
| --- | --- | --- | --- | --- |
| 过氧乙烯防腐漆 | G52-1 | 漆膜具有良好的耐候性、耐腐蚀性和防潮性，附着力较差，如配套的好，可以弥补 | 适用于室内外钢结构防工业大气腐蚀 | 与X06-1磷化底漆和G06-4铁红过氧乙烯底漆配套使用 |
| 铝色过氧乙烯防腐漆 | G52-3 | 耐候性较好，耐腐蚀性稍差，能耐酸性气体和盐雾的腐蚀，具有防潮、防霉性能 | 适用于室外钢结构防工业大气腐蚀，防潮、防霉 | 与F06-9纯酚醛底漆或G06-4铁红过氧乙烯底漆配套使用 |
| 环氧硝基磁漆 | H04-2 | 耐候性良好，有较高的机械强度，耐油性良好 | 适用于湿热气候室内外钢结构防工业大气腐蚀 | 与环氧底漆配套 |
| 环氧防腐漆 | H52-3 | 附着力好，耐盐水性能良好，有一定的耐强溶剂性能和碱溶液的腐蚀，漆膜坚韧耐久 | 适用于室内外钢结构防工业大气腐蚀 | 与X06-1磷化底漆和H06-2铁红环氧底漆配套使用 |
| 沥青清漆 | L01-6 | 具有良好的耐水、防潮、防腐蚀性能，但耐候性能不好 | 适用于室内钢结构作防潮、防水、耐酸的保护层，不适合室外工程 | 底漆兼作面漆，涂层不少于2道 |
| 沥青耐酸漆 | L50-1 | 具有良好的附着力，对酸性气体稳定，不耐石油类溶剂和丙酮等溶剂 | 适用于室内钢结构防腐蚀，不适合室外工程 | 底漆兼作面漆，一般涂2道 |

（续）

| 名　称 | 型　号 | 性　能 | 适用范围 | 配套要求 |
|---|---|---|---|---|
| 铝粉沥青漆 | 用 L50-1 加铝粉配制 | 耐候性能得到改善 | 可用于含酸气体的室外钢结构防腐 | 底漆兼面漆，一般涂 2 道 |
| 环氧沥青漆 | H01-4 | 具有很好的耐水性，附着力好，不宜阳光照射 | 适用于水下设施和地下管道的防腐 | 底漆兼作面漆，一般涂 3 道以上 |
| 醇酸烟囱漆 | C83-1 | 有一定的耐热性，户外耐久性较好 | 适用于钢烟囱表面和一般的耐热构件 | 底漆兼面漆，一般涂 2 道 |
| 黑酚醛烟囱漆 | F83-1 | 短时间内能耐 400℃高温，而不易脱落 | 适用于钢烟囱表面和一般耐热构件 | 底漆兼面漆，一般涂 1～2 道 |

2. 确定合理的涂层结构

涂层结构设计得是否合理可直接影响到涂层有效使用年限。由于地区温度、湿度和周围环境腐蚀程度不同，国家很难对防护涂层的使用年限做出具体的规定。但据大量有关资料表明，如果选漆适当、涂层结构设计合理、施工质量良好，从设计上要求按 10～15 年来考虑涂刷周期是可行的。

（1）涂层的结构组成及作用　涂层主要由底漆、腻子、二道底漆、面漆、罩光面漆组成，各层次在结构中的作用如下：

1）第一层，即底漆层。主要作用是保证涂层与构件基层有可靠的粘结性，在整个涂层中还有防腐蚀、防锈蚀、防水害的功能。

2）第二层，即腻子层，也叫找平层。由于钢铁表面凸凹不平（特别有旧漆膜存在时），为了保证整个涂层的平整度，必须将含有大量固体填料的腻子涂刮于凹坑处进行找平。

3）第三层，即二道底漆层。此道工序只有在质量要求比较高的工程上采用，其主要作用是填补腻子的细孔，保证涂刷面漆的光洁度。

4）第四层，即面漆层。用于保护底漆、抵抗周围环境中各种不利因素的作用，并使结构表面获得所需色彩，起到装饰作用。

5）第五层，即罩光面漆层。在要求表面光泽比较高的工程中，或为了提高面漆的抗化学腐蚀的能力，可在面漆上面再罩涂一层清漆式面漆。

（2）涂层厚度　为了保证漆膜具有合理的致密性、耐久性和抗老化能力，漆膜总厚度应符合设计要求。

1）如果施工中设计无具体要求时，漆膜总厚度一般室外按 125～175μm，室内按 100～150μm 来处理。

2）计算求得。涂刷后的漆膜厚度可用下式求出：

$$厚度=\frac{所耗涂料量\times固体的质量分数}{固体的密度\times涂刷面积}\times1000$$

式中，厚度单位为 μm，所耗涂料量单位为 g，固体的质量分数用% 表示，固体的密度单位为 kg/m³，涂刷面积单位为 m²。

3）测定法。除了用计算公式可求出漆膜厚度外，有条件时还可直接使用干漆膜测厚仪来测出漆膜的厚度。如果漆膜总厚度达不到要求，可采取增涂底漆的遍数来保证漆膜总厚度。如果采用新兴的厚浆型油漆作为二道底漆，也是有效增加漆膜总厚度的好方法，同时还可起到填平作用，一举两得。

3. 涂装施工的方法及注意事项

（1）涂装施工的方法　在维修工程中涂装施工常用的方法有两种，即涂刷法和喷涂法。

1）涂刷法　这种方法特别适用于油性基漆的涂装，因为油性基漆的流平性好，不论面积大小，刷涂起来均感到平滑流畅，此外涂刷法也适用于小面积补漆维修和不宜喷涂的条状构件的涂装。

2）喷涂法　一般用于大面积涂装快干和易挥发的涂料施工中，例如喷涂环氧树脂为基料的涂料。此法具有施工工效高，漆膜均匀、光滑、平整等优点，但喷涂的漆膜较薄，有时须增加喷涂遍数。

（2）注意事项　在涂装施工中为了保证涂层的质量均应注意以下事项：

1）涂漆前应对基层进行彻底清理，并保持干燥，在不超过 8h 内，尽快涂头道底漆。

2）涂刷底漆时，应根据面积大小来选用适宜的涂刷方法。不论采用喷涂法还是手工涂刷法，其涂刷顺序均为：先上后下、先难后易、先左后右、先内后外，保持厚度均匀一致，做到不漏涂、不流坠为好。待第一遍底漆充分干燥后（干燥时间一般不少于 48h），经用砂布、水砂纸打磨后，除去表面浮漆粉再刷第二遍底漆。

3）涂刷面漆时，应按设计要求的颜色和品种来进行涂刷，涂刷方法与底漆涂刷方法相同。对于前一遍漆面上留有的砂粒、漆皮等，应用铲刀刮去。对于前一遍漆表面过分光滑或干燥后停留时间过长（如两遍漆之间超过 7 天），为了防止离层应将漆面打磨清理后再涂漆。

4）对于涂刷环境应力求做到：涂刷油漆工作地点温度应在 5～38℃之间；相对湿度不应大于 85%；雨天或基层表面结露时不作涂刷油漆工作；涂漆后 4h 内严禁雨淋和潮湿；不在有风季节涂漆，以防受尘土、砂粒的污染。

5）应正确配套使用稀释剂。当油漆粘度过大需用稀释剂稀释时，应正确控制用量，以防掺用过多，导致涂料内固体含量下降，使得漆膜厚度和密实性不足，影响涂层质量。同时应注意稀释剂与油漆之间的配套问题，油基漆、酚醛漆、长油度醇酸磁漆、防锈漆等用松香水（即 200 号溶剂汽油）、松节油；中油度醇酸漆用松香水与二甲苯 1:1（质量比）的混合溶剂；短油度醇酸漆用二甲苯调配；过氯乙烯采用溶剂性强的甲苯、丙酮来调配。如果错用就会发生沉淀离析、咬底或渗色等病害。

关于涂装施工中常见的缺陷、产生的原因以及预防的方法请参见表 5-4。

**表 5-4　钢结构涂层施工常见缺陷及预防措施表**

| 缺　陷 | 产生原因 | 预防措施 |
|---|---|---|
| 1. 流挂 | 1）太厚<br>2）粘度太低<br>3）稀释料挥发太慢 | 少蘸油，勤蘸油，多检查，多理顺<br>调整粘度<br>换用挥发快的稀释料 |

（续）

| 缺　陷 | 产生原因 | 预防措施 |
|---|---|---|
| 2. 皱皮 | 1）受高温、曝晒、溶剂挥发太快<br>2）漆膜过厚<br>3）催干剂加得太多 | 避免高温或曝晒<br>刷漆厚度要适当<br>加入催干剂要适量 |
| 3. 粗糙 | 1）基层处理不干净<br>2）油漆中颜料过粗<br>3）现场灰尘飞扬 | 层次按要求处理<br>用细铜丝筛过滤<br>环境、工具保持清洁 |
| 4. 刷纹 | 1）油漆内展性油分过少<br>2）底层物面吸收性较强<br>3）涂料过稠或刷毛太硬 | 选择展性好的油漆<br>底层先刷清油一道<br>加稀释料、选换漆刷 |
| 5. 发粘（粘漆不上） | 1）基层太光或沾有油污<br>2）底层油漆内掺有不干性稀释剂<br>3）配漆不当<br>4）在雨季、阴天或潮湿的地方施工 | 打毛，清理基层表面<br>待干后，清除后再刷面漆<br>更换涂料<br>用布包石灰粉末拍擦，再扫干净 |
| 6. 发粘 | 5）基层物面粘有油质，酸、碱、盐未去净<br>6）头遍未干就刷二遍<br>7）煤气作用或水汽遇冷凝结于油漆表面 | 将杂质去净，处理好基层或用漆封闭<br>加强操作程序控制<br>已刷油漆面避免水汽、煤气作用 |
| 7. 针孔与气泡 | 1）溶剂挥发太快<br>2）基层温度太高<br>3）基层含水率过大 | 调整稀释料及漆的粘度<br>控制施工温度<br>控制含水率，干后再刷油 |
| 8. 发白 | 1）涂刷时空气温度大<br>2）油漆质量不良 | 控制施工条件，加适量防潮剂<br>选用质量好的油漆 |
| 9. 失光 | 1）加入过量的衡释剂<br>2）掺入了不干性稀释剂<br>3）油漆本身耐候性差 | 稀释剂量不超过8%～10%<br>可用软布蘸水擦洗净<br>选用耐候性好的涂料 |
| 10. 咬底 | 1）用漆不配套<br>2）下一道漆湿膜太厚 | 配套选漆<br>控制漆膜厚度 |
| 11. 脱层 | 1）基层不干净<br>2）漆膜表面光滑或干燥时间过长 | 处理基层，打磨漆膜<br>打磨漆膜，溶剂性漆用湿碰湿的施工方法 |
| 12. 渗色 | 1）底料漆料溶解<br>2）底漆颜料渗出 | 配套选漆，延长干燥时间<br>加过渡层 |

关于钢结构涂装工程质量检验标准请参见表5-5。

表5-5 钢结构涂装工程质量验评标准

<table>
<tr><th>项别</th><th colspan="2">项 目</th><th colspan="2">质量标准</th><th>检验方法</th><th>检查数量</th></tr>
<tr><td>保证项目</td><td>1</td><td>油漆、稀释剂、固化剂</td><td colspan="2">油漆、稀释剂、固化剂等的种类和质量必须符合设计标准</td><td>检查出厂合格证和复验报告</td><td>按各种构件件数各抽查10%，但不少于3件</td></tr>
<tr><td rowspan="2">基本项目</td><td>2</td><td>除锈</td><td colspan="2">经酸洗和喷丸（砂）工艺处理的钢材表面必须露出金属色泽，对采用机械除锈的钢材表面严禁有锈皮，涂漆基层必须无焊渣、焊疤、灰尘、油污和水等杂质</td><td rowspan="2">观察和用铲刀检查</td><td rowspan="2"></td></tr>
<tr><td>3</td><td>油漆</td><td colspan="2">严禁无涂、漏涂，无脱皮，反锈</td></tr>
<tr><td rowspan="2">保证项目</td><td>1</td><td>油漆外观</td><td colspan="2">合格：涂刷均匀，无明显皱皮、流坠<br>良好：涂刷均匀，色泽一致，无皱皮和流坠，分色线清楚整齐<br>合格：补刷漆膜完整</td><td rowspan="2">观察检查</td><td rowspan="2">按各种均件件数各抽查10%，但不少于3件</td></tr>
<tr><td>2</td><td>构件补刷油漆</td><td colspan="2">合格：补刷漆膜完整<br>良好：损坏的漆膜，按涂料工艺分层补刷漆膜完整，附着良好要求厚度（μm）</td></tr>
<tr><td rowspan="3">允许偏差项目</td><td colspan="2">项目</td><td>要求厚度/μm</td><td>允许偏差/μm</td><td rowspan="3">用干漆膜测试仪检查</td><td rowspan="3">按各种均件件数各抽查10%，但不少于3件。每测5处，每处的数值应是3个相距约50mm的测点漆膜厚度的平均数</td></tr>
<tr><td colspan="2" rowspan="2">干漆膜总厚度（设计对干漆膜厚度有要求时，应依设计为准）</td><td>室内125</td><td rowspan="2">−25</td></tr>
<tr><td>室外150</td></tr>
</table>

（五）常用涂层施工方案及应用举例

1. 几种防锈方案

（1）第一方案，“66”灰色户外面漆方案

选漆：Y53-1红丹油性防锈底漆；“66”灰色户外面漆（C04-45灰铝锌醇酸磁漆）。

参考层数及厚度：底漆二道40～50μm，面漆三道90～150μm，总层数五道，厚度130～200μm。

实例：某新建露天钢栈桥防护。

1）基层处理：用铲刀、钢丝刷等将构件表面的鳞皮、毛刺、焊渣等清理干净，再用铁砂布打磨，使其呈现金属光泽。

2）涂刷 Y53-1 红丹油性防锈漆一道。

3）局部嵌补腻子。

4）增刷 Y53-1 红丹油性防锈漆一道。

5）涂刷 C04-45 中灰铝锌醇酸磁漆三道。

（2）第二方案，C04-42 醇酸漆方案

选漆：Y53-1 红丹油性防锈漆；各色 C04-42 油性醇酸磁漆。

参考层数及厚度：底漆二道 40～50μm，面漆二道 60～100μm，总层数四道，厚度 100～150μm。

实例：某修车库旧钢屋架涂层修复。

1）检查鉴定锈蚀程度。经检查，面漆失效达 50% 左右，但漆膜表面硬度、附着力很好，底漆大部分尚完好；屋面支座附近和构造边缘透锈较严重。同时，查得原有涂料品种为中灰油性醇酸磁漆。

2）基层处理。用稀碱水清洗表面，擦干。

3）铲除损坏的旧漆膜，用砂纸打磨，清扫干净后刷 Y53-1 红丹油性防锈漆一道。

4）嵌补腻子。做到平整光滑，略低于旧漆面（预留两道漆膜的厚度）。

5）在修补面上涂二道底漆和第一道面漆。

6）全部构件加涂一道 C04-42 中灰油性醇酸磁漆。

2. 几种防腐蚀方案

（1）第一方案，过氯乙烯防腐漆方案

选漆：X06-1 磷化底漆；G06-4 铁红过氯乙烯底漆；G52-1 过氯乙烯磁漆；G52-2 过氯乙烯清漆。

参考层数和厚度：磷化底漆一道 8～15μm；铁红过氯乙烯底漆一道 20～25μm；铁红过氯乙烯底漆∶磁漆＝1∶1（质量比）一道 20～40μm；磁漆二至四道厚 40～60μm 或 80～120μm；清漆∶磁漆＝1∶1（质量比）一道 20～30μm；清漆二道 30～40μm。总层数 8 至 10 道，厚度 148～210μm 或 188～270μm。

（2）第二方案，F50-1 灰色耐酸漆方案

选漆：Y53-1 红丹防锈漆，F50-1 灰色酚醛耐酸漆，F01-1 或 F01-2 酚醛清漆。

参考层数和厚度：底漆一道 20～30μm；耐酸漆三至四道 90～150μm 或 120～200μm；清漆二道 40～60μm。总层数 6 至 8 层，厚度 150～240μm 或 180～290μm。

（3）第三方案，H52-3 环氧耐酸漆方案

选漆：H05-2 环氧铁红底漆，灰色环氧耐酸漆。

参考层数和厚度：底漆一道 20～30μm；耐酸漆三至四道 90～150μm。总厚度 120～200μm。

## 第二节　钢结构其他病害的检查与维修

对钢结构工程进行日常管理和维修时，除应注意对锈蚀病害的检查外，还应注意对以下几个方面进行检查：

（1）焊缝、螺栓、铆钉等连接处是否出现裂纹、松动、断裂等现象。

（2）各杆件、腹板、连接板等构件是否出现局部变形过大，有无损伤现象。

（3）整个结构变形是否异常，有无超出正常的变形范围。

为了及时发现上述病害和异常现象，避免造成严重后果，房管人员必须定期对钢结构进行周密的检查。在掌握其发展变化情况的同时，应找出病害和异常现象形成的原因，必要时通过正确的理论分析，得出其对钢结构的强度、刚度、稳定性的影响程度，采取合理措施加以治理。

## 一、焊缝、螺栓、铆钉等连接的病害检查及处理方法

### （一）焊缝缺陷的检查及处理方法

对焊缝的检查，应着重注意焊缝在使用阶段是否产生裂纹，同时兼顾寻找焊缝设计与施工遗留下来的缺陷。焊缝常见缺陷见图 5-5。

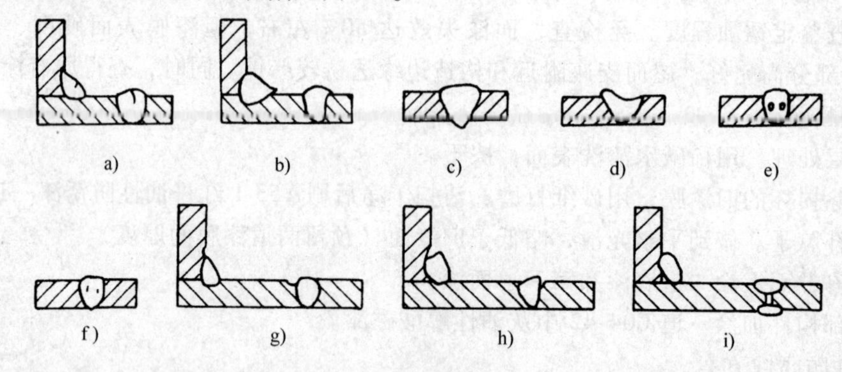


图 5-5　焊缝的缺陷

a）裂纹　b）焊瘤　c）烧穿　d）弧坑　e）气孔　f）夹渣　g）咬边　h）未熔合　i）未焊透

1. 焊缝缺陷常用的检查方法

（1）外观检查　检查时先将焊缝上的杂物去除，用放大镜（5～20 倍）观察焊缝的外观质量。除要求焊缝必须没有图 5-5 所示的缺陷外，还要求焊缝具有良好的外观。良好的焊缝外观应具有细鳞形表面，无折皱间断和未焊满的陷槽，并与基本金属平缓连接。焊缝外观检查质量标准见表 5-6。

**表 5-6　焊缝外观检查质量标准**

| 项次 | 项　目 | 质量标准 | | |
|---|---|---|---|---|
| | | 一级 | 二　级 | 三　级 |
| 1 | 气　孔 | 不允许 | 不允许 | 每 50mm 焊缝长度内允许直径≤0.4$t$，且≤3mm 的气孔 2 个，孔距≥6 倍孔径 |
| 2 | 咬　边 | 不允许 | ≤0.05$t$，且≤0.5mm；连续长度≤100mm，且焊缝两侧咬边总长≤10% 焊缝全长 | ≤0.1$t$ 且≤1mm，长度不限 |

注：$t$ 为连接处较薄的板厚。

（2）钻孔检查　这是一种破坏性的焊缝检查方法。在对重要构件的焊缝进行外观检查时，为了进一步确认，可在有疑点之处再用钻孔方法进行检查，检查焊缝是否有气孔、夹渣、未焊透等病害，检查完毕后用与原焊缝相同的焊条补满孔眼。

（3）硝酸酒精浸蚀法检查　此种方法一般用于检查不易观察到的裂纹。方法是将可疑处清理彻底，打光，用丙酮或苯洗净，滴上质量分数为8%左右的硝酸酒精溶液进行侵蚀，如果焊缝有裂纹即有褐色显示。

（4）超声波、X射线、$\gamma$射线检查　对于重要工程或重要构件的主要焊缝，必须用超声波、X射线，$\gamma$射线等检查方法来检查其内部是否存在缺陷，必须时还应拍X、$\gamma$两种射线的照片，以备分析和检查用。此种方法检查过的焊缝质量最可靠，建议有条件的房管部门尽量采用此种方法。X射线检验焊缝质量标准参见表5-7和表5-8。

**表5-7　X射线检验质量标准**

| 项次 | 项目 | | 质量标准 | |
|---|---|---|---|---|
| | | | 一级 | 二级 |
| 1 | 裂纹 | | 不允许 | 不允许 |
| 2 | 未熔合 | | 不允许 | 不允许 |
| 3 | 未焊透 | 对接焊缝及要求焊透的K形焊缝 | 不允许 | 不允许 |
| | | 管件单面焊 | 不允许 | 深度≤10%，但不得大于1.5mm；长度≤条状夹渣长度 |
| 4 | 气孔和点状夹渣 | 母材厚度/mm | 点数 | 点数 |
| | | 5.0 | | 6 |
| | | 10.0 | 6 | 9 |
| | | 20.0 | 8 | 12 |
| | | 50.0 | 12 | 18 |
| | | 120.0 | 18 | 24 |
| 5 | 条状夹渣 | 条状总长夹渣 | $\frac{1}{3}\delta$ | $\frac{2}{3}\delta$ |
| | | 单个条状夹渣 | 在$12\delta$的长度内不得超过$\delta$ | 在$6\delta$的长度内不得超过$\delta$ |
| | | 条状夹渣间距/mm | $6L$ | $3L$ |

注：$\delta$——母材厚度（mm）；

$L$——相邻夹渣较长者（mm）；

点数——计算指数，是指X射线照片上任意10mm×50mm焊缝区域内（宽度小于10mm的焊缝，长度仍用50mm）允许的气孔点数。母材厚度在所列之间时，其允许气孔点数用插入法计算采取整数。各种不同直径的气孔应照表5-8换算点数。

**表5-8　气孔点数换算**

| 气孔直径/mm | <0.5 | 0.6~1.0 | 1.1~1.5 | 1.6~2.0 | 2.1~3.0 | 3.1~4.0 | 4.1~5.0 | 5.1~6.0 | 6.1~7.0 |
|---|---|---|---|---|---|---|---|---|---|
| 换算点数 | 0.5 | 1 | 2 | 3 | 5 | 8 | 12 | 16 | 20 |

（5）特别注意事项　动力荷载和交变荷载及拉力可使有缺陷的焊缝迅速开裂，造成严重后果，所以对受动力荷载和交变荷载作用的结构，及构件上拉应力区域，应严加检查，以防出现遗漏。

2. 焊缝缺陷的处理方法

不论采用何种方法进行检查，如发现焊缝存在缺陷均应采取相应措施来处理。

（1）对于焊缝开裂现象，应分析裂纹的性质，凡属于在使用阶段中产生的裂纹，都必须查明原因，进行综合治理，彻底消除病害。属于建造时遗留下来的裂纹可直接进行补焊处理。

（2）对于属于焊缝设计上的缺陷，如焊缝尺寸或焊脚尺寸不足，应经正确的理论计算后，重新设计合理的尺寸。必要时可用与结构相同的施焊条件在试件上构筑焊缝，然后进行与结构受力相同的力学试验，来确认合理的焊缝及焊脚尺寸。

（3）对于焊缝有未焊透、夹渣、气孔等缺陷时，应重焊。

（4）对于焊缝有咬肉、弧坑时应补焊。

（5）对于有焊瘤处应彻底铲除重焊。

（二）螺栓与铆钉连接的检查和维护

对于近期新建的钢结构工程来说，除焊缝连接外，大量使用的连接方法是螺栓连接。因为高强度螺栓连接方法目前技术已经很成熟，其操作方法较铆钉连接的操作方法具有简便、快捷、劳动强度低等优点，且维修更换也很方便。目前除一些特殊场合外，铆钉连接有被高强螺栓取代的趋势。对于房管部门来说，其管理与维修的钢结构工程不一定是新建的，所以物管人员应同时学会对螺栓和铆钉连接的检查和维修。

对于螺栓和铆钉连接的检查，应注意螺栓和铆钉在受力使用时有无被剪断和松动现象，其重点检查的部位是受交变荷载和动力荷载作用处。在检查时，还要兼顾发现设计和施工遗留下来的缺陷。

检查螺栓和铆钉连接所用工具有：10 倍左右的放大镜、0.3kg 手锤、塞尺、扳手（或力矩扳手）等。

1. 检查方法

（1）对于螺栓的检查，一般采用目测、手锤敲击、扳手试扳等方法来进行。主要检查螺栓是否有松动，螺栓杆有无断裂。对于承受动力荷载的螺栓，应定期卸开螺母，用放大镜仔细检查螺栓杆上是否有微裂纹，必要情况下可采用 X 射线等物理探伤方法来检查，力求及时消除隐患。

（2）对于有裂纹或已经断裂的螺栓，应查明破坏原因，作详细记录并及时更换。对于松动的螺母应在检查时上紧。如果需拧紧的是高强度螺栓，还应根据螺栓的类型（摩擦型或承压型）及强度等级的要求，用力矩扳手将螺栓拧至规定的力矩。

（3）对于铆钉的检查，可用一只手贴近钉头，另一只手持手锤自钉头侧面敲击，如果感到钉头有跳动，则说明铆钉有松动需更换处理。对有烂头、缺边或有裂纹的铆钉也需更换处理。更换时可采用高强度螺栓来代替，其螺栓直径必须按等强度原理换算决定，确保更换铆钉后不影响钢结构的承载能力。

在实际检查中，要正确地判断出铆钉是否松动或被剪断难度较大，不但要求检查人员应有一定的实践经验，还要求其具有高度的责任感。对于重要结构，一般要求最少换人复检一次，防止产生较大的疏漏。

2. 螺栓和铆钉连接的修复和处理

一般是在不卸载情况下进行的。为了避免引起其他螺栓和铆钉的超载，更换螺栓时应逐个进行；更换铆钉时，如果一组受力铆钉的总数不超过 10 个时，应逐个进行更换；如果超过 10 个，为了提高工作效率可同时更换铆钉的数目为一组铆钉总数的 10%。所谓一组铆钉是指：

（1）桁架组合构件节点之间的铆钉。

（2）受弯构件翼缘每米长度内的翼缘铆钉。

（3）在节点板上固定单根构件的铆钉。

（4）在一块拼接盖板上，拼接缝一侧的铆钉。

如果钢结构上的螺栓和铆钉损害程度大，需更换的数量较多，为确保安全，修复时，应在卸载状态下进行。

## 二、结构变形和构件病害的检查和处理

钢结构的整体和构件在正常的工作状态下不应发生明显的变形，更不能出现裂纹或其他机械损伤，否则会因变形过大而产生附加应力，或由于裂纹和其他机械损伤而削弱构件的承载能力，情况严重时可使构件破坏危及钢结构的整体安全。

### （一）构件的裂纹及机械损伤的检查和处理

一般构件的机械损伤均因强烈的破坏造成，其易发生在机械运动通道位置处。如果损伤创面很大（如撕裂成口），影响到构件的承载能力时应马上进行修补。方法是先用气割将裂口周围损坏的金属切除，割成没有尖角的椭圆形洞口。用与构件厚度相同、材质相近的钢板作盖板，其尺寸应保证盖板每边超过洞口五倍于钢板的厚度，将盖板覆于洞口上，在盖板周围进行贴边焊接，焊缝厚度等于板厚，如图 5-6 所示。

#### 1. 裂纹的检查方法

对钢结构裂纹的检查所采用的主要方法是观察法和敲击法。

（1）观察法　指用 10 倍左右放大镜观察构件的油漆表面，当发现在油漆表面有成直线状的锈痕，或油漆表面有细而直的开裂、周围漆膜隆起、里面有锈末等现象时，可初步断定此处有裂纹，并应将该处的漆膜铲除作进一步详查。

（2）敲击法　指用包有橡胶的木锤敲击构件的各个部位，如果发现声音不脆、传音不均、有突然中断等现象发生时，可断定构件有裂纹。

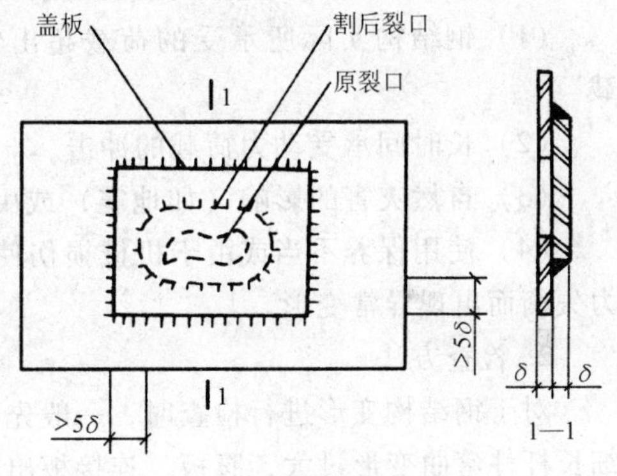


图 5-6　裂口用焊接盖板修补

对于发现有裂纹迹象而不能确定的地方，可采用 X 射线等物理探伤法作进一步的检查。没有此条件时可在此处滴油检查，从油迹扩散的形状上可判断出此处是否存在裂纹，当油迹成较对称的圆弧形扩散时，表明此处没有裂纹；油迹成直线形扩散时，表明此处已经形成裂纹。

#### 2. 裂纹修复的步骤

对于裂纹的修复可采用如下步骤进行：

（1）先在裂纹的两端各钻一个直径与钢板厚度相等的圆孔，并使裂纹的尖端落入孔中，这样作的目的是防止裂纹继续扩展。

（2）对两钻孔之间的裂纹要进行焊接，焊接时可根据构件厚度将裂纹边缘用气割加工成不同形式的坡口，以保证焊接的质量。当厚度小于 6mm 时，采用 I 形（即不开坡口）；当厚度大于 6mm 而小于 14mm 时，采用 V 形坡口；当厚度大于 14mm 时需采用 X 形坡口。见

图 5-7 所示。

（3）将裂纹周围金属加热到 200℃后，用 E43 型（钢板材质为低碳钢）或 E55 型（钢板材质为锰钢）焊条焊合裂纹。

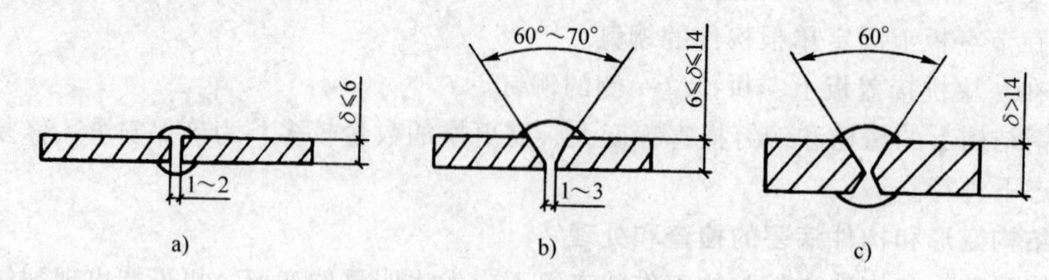


图 5-7　裂纹边缘切割形状图

a）I 形坡口　b）V 形坡口　c）X 形坡口

（4）如果裂纹较大，对构件强度影响很大时，除焊合裂纹外，还应加金属盖板用高强度螺栓连接加固。

（二）钢结构变形的检查和处理

钢结构在使用阶段如果产生过大的变形，则表明钢结构的承载能力或稳定性已经不能满足使用需要。此时，应引起房管人员的足够重视，迅速组织有关专家，分析产生变形的原因，提出治理方案并马上实施，以防钢结构产生更大的破坏。

1. 引起钢结构变形过大的主要因素

（1）钢结构实际所承受的荷载超出钢结构设计时所允许承受的最大荷载（俗称“过载”）。

（2）长时间承受动力荷载的冲击。

（3）自然灾害的影响（如地震）或由于地基基础沉降不均匀。

（4）使用保养不当或由于机械损伤使钢结构中的构件断裂而退出工作，造成钢结构受力失衡而出现异常变形。

2. 检查方法

对于钢结构变形进行检查时，一般先目测钢结构的整体和构件是否有异常变形现象，如细长杆件弯曲变形过大，腹板、连接板出现扭曲变形等。对目测认为有异常变形的构件，再作进一步的检查。检查的主要内容和方法有：

（1）对钢结构的梁和桁架进行目测检查时，当发现桁架下弦挠度过大，桁架平面出现扭曲，屋面局部不平整，室内吊顶、粉饰等装修出现开裂等情况，可认为梁和桁架有异常变形，需用细铁线在梁的支座两端或桁架弦杆两端拉紧，测出它们在垂直方向的变形数据（即挠度）和水平方向的变形数据。如果是粗略测量，一般只取梁中点和桁架弦杆中点处的变形数据；否则需沿长度方向取多点变形数据；必要时需绘结构的轴线变位图，如图 5-8 所示。

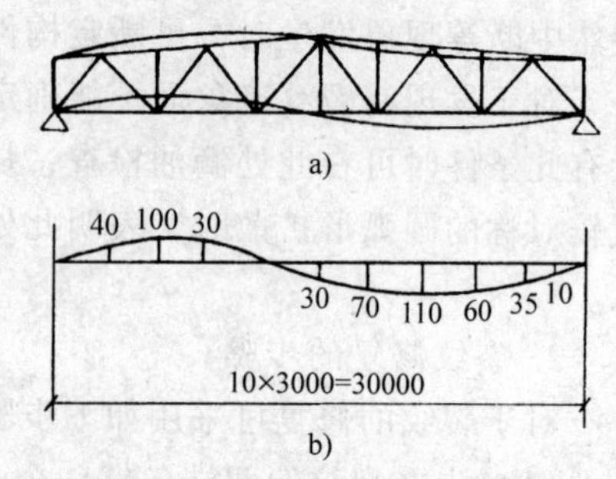


图 5-8　钢屋架垂直变形状态图

a）屋架垂直变形　b）下弦轴线垂直变位图

（2）用线锤和经纬仪可以对钢结构的柱子进行变形检查。检查时需在两个垂直方向分别测定变形数据，确定出柱身的倾斜或挠曲变形程度，必要时也需根据测得的数据绘制柱身的轴线变位图，如图 5-9 所示。

（3）对连接板、腹板等小型板式构件可采用直尺靠近方法进行比较测量。

（4）对于以弯曲变形为主的细长杆件进行变形检查时，可采用细铁线在杆件的两端选点张拉，测出变形数据。

需要特殊说明的是：钢结构的整体变形数据是参照其设计的标准安装位置而确定的。为了保证测出钢结构在使用阶段的变形数据，必须了解钢结构在安装时的原始位置偏差。

对于检查所测得的各种变形数据，应整理记录，以备查用。对于变形量较大的钢结构，应在有关部位做出相应标记，为以后的维修创造方便条件。

3. 对钢结构变形的技术处理

（1）变形允许值　一般情况下，当测得的钢结构变形数据超过下面规定的标准时，就可认为结构存在异常变形，需对钢结构进行必要的技术处理。

1）没有桥式起重机的房屋屋架，其最大挠度值不得超过 $L/200$（$L$ 为梁的跨度）；有桥式起重机的房屋屋架，其垂直变形不得使下弦最低点侵入桥式起重机与屋架之间所需保留的最小净空，吊车梁的最大挠度值不得超过 $L/500$（$L$ 为梁的跨度）。

2）屋面檩条的最大挠度不得超过 $L/150$（$L$ 为檩条的自由长度）。否则会使屋面高低不平而发生漏雨现象。

3）受压弦杆在自由长度内（即相邻两支点间）的最大挠度值不得超过 $L/1000$（$L$ 为自由长度），且不大于 10mm。

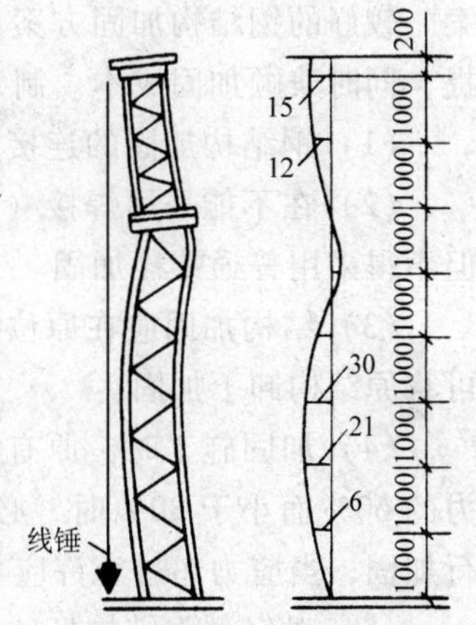

图 5-9　钢柱横向变形状态图

4）受拉杆件在自由长度内的最大挠度值不得超过 $L/100$（$L$ 为自由长度）。

5）对于板式构件（如节点板），在 1m 范围内的挠度值不得超过 1.5mm。

（2）处理方法　根据具体情况，可对变形异常的结构进行矫正和加固等技术处理。为了保证安全，作技术处理时应在结构卸载或部分卸载（如去掉活荷载）的情况下进行。

1）对于变形不太大的杆件，可用扳钳或整直器进行矫正。

2）对于板式构件或有死弯变形的杆件，可用千斤顶来矫正；条件允许时可用氧乙炔火焰烤后矫正。

3）如果钢结构出现整体变形（如柱子倾斜、屋架扭曲），除及时矫正变形外，还应根据变形成因采取合理的加固补强措施。

## 第三节　钢结构的加固措施

### 一、钢结构加固的原因和原则

如果钢结构的承载能力、抵抗变形能力、稳定性不能满足使用要求时，可采取加固措施来满足要求。

1. 钢结构加固的主要原因

（1）由于钢结构使用功能的改变，比如添增了设备，使钢结构实际承受的荷载超过设计荷载。

（2）遭受意外的损害，如战争破坏、火灾、地震等，使结构发生损坏。

（3）钢结构制造过程中，混入了劣质钢材，使制造出的构件达不到设计标准。

（4）地基基础沉降不均，建筑的墙、柱发生异常变形，使钢结构产生异常变形或损伤。

（5）由于设计、施工方面所造成的缺陷，影响到钢结构的强度、刚度或稳定性。如桁架节点板设计时，未考虑到施工拼装误差而造成侧焊缝长度不足。

（6）钢结构在长期的使用过程中，发生锈蚀或其他机械损伤，使构件断面被削弱，造成钢结构的承载能力下降。

2. 钢结构加固方案的制定原则

对钢结构进行加固时，应先请有关专家进行鉴定，根据实际需要制定出合理的加固方案。较好的钢结构加固方案应以方便施工、不影响生产或少影响生产和加固效果良好为前提，同时兼顾加固成本。制定时还应注意以下事项：

（1）钢结构加固的连接方式应以焊接为主，但避免采用不利焊位（如仰焊）。

（2）在不能采用焊接（如考虑防火）或施焊有困难时，可采用高强度螺栓或铆钉加固，但不得采用普通螺栓加固。

（3）结构加固应在原位置上，利用原有结构在卸载或局部卸载情况下进行，必要时也可将原结构卸下加固。

（4）加固施工时，原有构件的应力不宜大于其容许应力的60%，如果应力超过容许应力的60%而小于80%时，必须先确定出安全可靠的施工方案（如设临时支撑等）然后再进行加固；当应力超过容许应力的80%时，应卸去结构的部分荷载后再进行加固。

（5）对轻型钢结构杆件进行焊接加固时，应卸掉结构的荷载。

（6）当用铆钉或螺栓在承载状态下加固时，原有构件因钻孔而削弱后的截面应力不得超过其设计时的容许应力。

**二、钢结构加固的形式**

根据对钢结构加固的位置和范围的不同，可将钢结构加固分为局部加固和全面加固两种形式。

（一）局部加固

所谓钢结构的局部加固是指对某些强度、刚度不足的杆件和连接处进行加固。通常采用的方法有如下几种。

1. 加大构件横截面面积

对于钢结构中所存在的个别薄弱构件，在不改变整个结构的应力分布情况下，可对其加焊型钢来增加横截面面积，如图5-10所示。

在采用加大构件横截面面积方法进行加固时应注意如下几点：

（1）采用的加固方法应有利于构件在保持原来的几何状态下施工；尽量使被加固构件截面的形心轴位置不变，以减小偏心所产生的附加应力。

（2）所选截面形式应有利于加固技术要求并考虑已有缺陷和损伤的状况。

（3）注意加固时的净空限制，使新加固的构件不与其他杆件相撞击。

（4）注意新旧钢材的可焊性，选择适合的焊条和良好的焊接工艺。尽量减少焊接工作量，选择合理的施焊程序，避免引起过大的焊接变形。

（5）当受压构件的破损和变形较严重时，可用钢筋混凝土进行加固。为了保证钢构件和

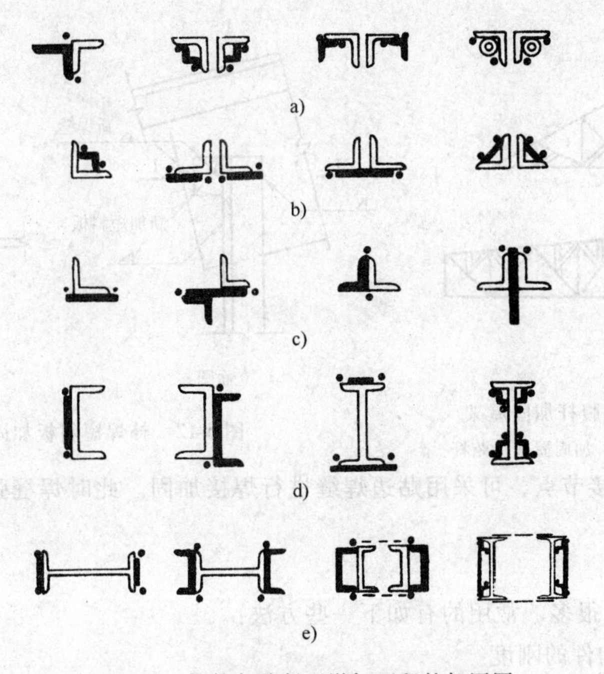


图 5-10　构件各种断面增加面积的加固图

a）屋架上弦加固　b）屋架下弦加固

c）腹杆加固　d）梁的加固　e）柱的加固

一增加部分　＝＝原断面

混凝土能更好地共同工作，可在包混凝土的部位处，在钢构件的表面加焊短钢筋，用来传递剪力。

（6）加固后的截面在构造上要考虑防腐要求，避免形成易于积灰、积水的凹槽而引起锈蚀。

（7）对刚度不足的梁进行加固时，只需加固弯矩较大的区段，加固钢材不伸到支座处。

2. 缩短构件的自由长度

对于稳定性不足的屋架及托架进行加固时，可采取增设再分式腹杆，减小两支点间的构件长度的方法，如图 5-11 所示。另外，还可考虑采用加设预应力拉杆的方法。

3. 对连接处和节点进行加固

对连接处和节点进行加固，主要是对焊接连接的焊缝和螺栓连接的螺栓及铆接连接的铆钉进行加固。

（1）焊缝的加固方法

1）对原焊缝长度不够的，可设法加长原焊缝的长度。如增设端焊缝或加大节点板尺寸。

2）当原焊脚尺寸较小，构件厚度又较厚，而加长焊缝又有困难时，可采用加大焊脚尺寸的方法来加固焊缝，但要求原焊缝质量必须很好。

3）也可补焊短斜板，如图 5-12 所示。

（2）铆接或螺栓连接的加固方法

1）增加螺栓或铆钉的数目，增加多少要根据强度条件计算后决定。

2）增大铆钉的直径或用高强螺栓代替原来铆钉。要求扩孔后的铆钉与铆钉、螺栓与铆钉之间的间距应大于 $3d$（$d$ 为较大螺栓或铆钉的孔径）。

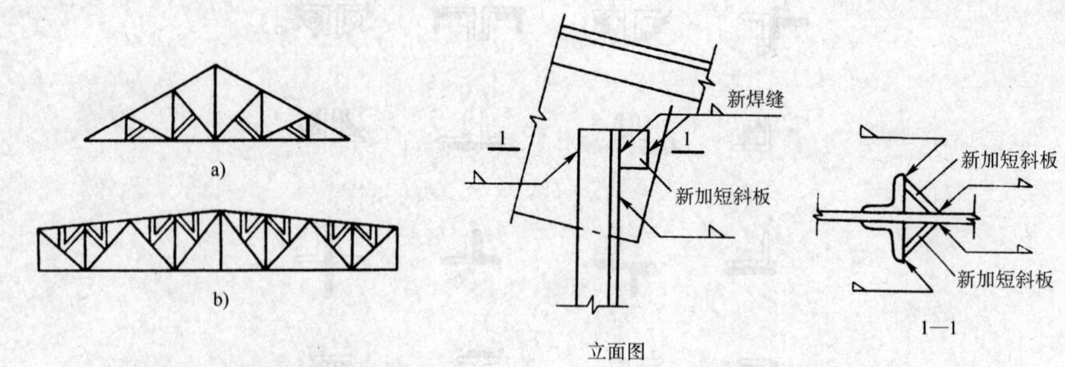


图 5-11 用再分式腹杆加固屋架

a）加固屋架腹杆 b）加固屋架上弦杆

图 5-12 补焊短斜板加固焊接图

3）对原铆接连接节点，可采用贴边焊缝进行焊接加固。此时焊缝强度应按承受全部内力计算。

（二）全面加固

全面加固的方法很多，常用的有如下一些方法：

1. 增加结构或构件的刚度

（1）增加支撑以加强结构空间刚度。按空间结构进行验算，挖掘结构潜力。

（2）在平面排架中，重点加强某一列柱的刚度，以承受大部分水平剪力，从而减轻其他列柱的负荷。

（3）增设支撑或辅助杆件以减小构件的自由长度；设置拉杆来加强结构的刚度。

2. 改变构件的弯矩图形

（1）变更荷载的分布情况，如将一个集中荷载分为几个集中荷载。

（2）变更结构构件端部的约束情况，如将铰接变为刚性连接。

（3）合理地调整连接结构的支座位置，使构件内力重新分布。

（4）增设辅助桁架。在原结构上增设辅助桁架，可有效地加固简支梁和桁架，但受空间条件的限制，必须以不妨碍使用为原则。

（5）增加中间支座或将简支结构端部连接使之成为连续结构。

（6）施加预应力。

全面加固的方法还有很多，需要时可查阅有关资料。

**三、加固施工的方法及注意事项**

1. 加固施工的方法

加固施工的方法有以下几种：

（1）带负荷加固　这种加固方法施工最方便，适用于构件（或连接）的应力小于钢材许用应力的60%时，或构件没有大的损坏情况下。

（2）卸荷加固　若被加固结构损坏程度较大或构件及连接处应力状态很高，为了安全，加固时需暂时减轻其负荷。对某些主要承受临时荷载的结构（如吊车梁），可限制临时荷载，即相当于卸掉大部分荷载。

（3）从结构上拆下应加固或更新部分　当结构破坏严重或原截面承载能力太小，必须拆下来进行加固或更新，此时必须设置临时支撑，使被换构件完全卸载，同时还须保证被换构件卸下后的整个结构的安全。

2. 钢结构加固施工时的注意事项

在对钢结构加固施工时应注意以下几点：

（1）加固时，必须保证结构的稳定，应事先检查各连接点是否牢固，必要时可先加固连接点或增设临时支撑，待加固完毕后拆除。

（2）原结构在加固前必须清理表面，刮除锈迹，以利施工。加固完毕后，再涂刷油漆。

（3）对结构上的损伤缺陷（包括位移、变形等），应首先予以修复，然后进行加固。加固时，应先装配好全部加固零件，以先两端后中间用点焊固定。

（4）在负荷状态下用焊接加固时，应慎重选择焊接工艺（如电流、电压、焊条直径、焊接速度等），使被加固构件不致由于过度高温而丧失承载能力。

（5）在负荷状态下加固时，确定施工和焊接程序应遵循下列原则：

1）应让焊接应力（焊缝和钢材冷却时的收缩应力）尽量减小并能促使构件卸载。

2）先加固最薄弱的部位和应力较高的构件。

3）凡立即能起到补强作用，并对原断面强度影响较小的部位应先施焊。如加固腹杆时，应先焊好两端的节点部位，然后焊中段的焊缝，并且先在悬出肢（应力较小处）上施焊。再如加大焊脚时，必须从原焊缝受力较低的部位开始；节点板上腹杆焊缝的加固应首先考虑补焊端焊缝。

## 思考题

1. 钢结构锈蚀的机理是什么？
2. 防止钢结构锈蚀的方法有哪些？
3. 钢结构涂层防护的日常维修的要求有哪些？
4. 如何选择涂料？选择涂料时应注意些什么？
5. 涂层由哪几部分构成？各部分都有什么作用？
6. 检查焊缝的常用方法有哪几种？
7. 对钢结构裂纹的修复应采取什么步骤？
8. 对钢结构变形进行检查时，一般采取哪些方法？
9. 什么是钢结构的局部加固？怎样进行局部加固？
10. 钢结构加固施工中应注意哪些事项？

# 第六章　建筑结构的抗震加固

对于未考虑抗震问题的已建房屋，要保持建筑物在地震中不被摧垮，设备不被砸坏以及生产和生活的正常进行，则必须进行抗震鉴定，并采取有效的抗震结构加固措施，以确保人民生命财产的安全。

有关抗震结构验算及抗震鉴定，请参阅《建筑抗震设计规范》（GB 50011—2001，2008年修订版）和《建筑抗震鉴定标准》（GB 50023—1995），本章主要介绍房屋结构及构件经验算及鉴定不满足要求时，所采取的抗震加固措施。

## 第一节　概　论

**一、震级、烈度和基本烈度**

震级是地震大小或强度的一种量度标志，在地震学和工程地震学中有着广泛的应用。除历史地震外，通常由仪器的观测来确定震级的大小。由于所采用观测仪器和确定方法的不同，在地震学上就有不同的震级定义及其所对应的物理意义。在地震工程中经常采用的震级有地方震级、面波震级、体波震级、短周期体波震级、矩震级。

烈度是指某一地区地面和多类建筑物遭受一次地震影响的强烈程度。因此，地震烈度数是衡量地震时一定地点的地面震动强烈程度的尺度，是指该地点范围内的平均水平而言。烈度在工程上的意义主要是作为设防的标准。在工程上，常常有下列一些烈度概念：基本烈度、设防烈度、设计烈度。

基本烈度是指某一地区，在今后的一定时间内和一般场地条件下，可能普遍遭遇到的最大地震烈度值。各地区的基本烈度由有关部门确定。

**二、抗震结构加固的原则**

建筑物的抗震结构加固原则，就是要求当建筑物遭遇到低于或相当于本地区抗震设防烈度的地震影响时，不受破坏或不受严重破坏，震害过后，经修理仍可继续使用。

抗震鉴定和加固处理，要根据房屋的重要程度，分清主次，明确重点，区别对待。在一般民用建筑中，要优先加固人员集中的房屋和要害部门；在工业建筑中，要以主要生产车间和动力系统为主。

**三、场地土类型和建筑场地类别**

建筑抗震设计与场地土类型、建筑场地类别有直接关系。根据《建筑抗震设计规范》，场地土分为坚硬土、中硬土、中软土和软弱土四类；建筑场地类别又根据土层等效剪切波速和场地覆盖层厚度划分为Ⅰ、Ⅱ、Ⅲ、Ⅳ类。

## 第二节　多层砖房的加固

**一、增强房屋整体性的加固措施**

造成多层砖房整体性差的原因，一般是纵横墙间的连接强度不足，或装配式楼盖、屋盖的整体刚度不足，也有的房屋楼盖、屋盖和墙体的连接不可靠，房屋的整体性就不好。增强多层砖房整体性的方法有两种，即设置钢筋拉杆和圈梁。增强楼盖、屋盖整体性的方法是加设刚性面层。

（一）设置钢筋拉杆

这种加固措施构造简单，施工方便。对于震后外纵墙或山墙外闪，屋架或梁端下墙体外闪的房屋，这种措施比较有效。钢筋拉杆沿墙体（或大梁）两侧成对布置，贯通整个房屋。钢筋直径一般为ф14～ф18mm。钢筋拉杆的两端应锚固，可在墙外侧垫钢板或木楞，然后用螺母拧紧，垫板的宽度不宜小于两砖的厚度，长度略大于双拉杆的间距。较长的拉杆宜在中段用花篮螺栓作为系紧装置。

钢筋拉杆也可以采用短的钢拉条。这种措施常用在加固横墙承重体系中与楼盖、屋盖无拉结的纵墙，以及纵墙承重体系中与楼盖、屋盖无拉结的山墙，可在靠近墙体的第二、三块板间或板上开孔，将上下拉条焊接在一起，另一端用螺栓拧紧。

（二）增设圈梁

增设圈梁应优先采用现浇钢筋混凝土圈梁，在特殊情况下，也可采用钢板圈梁。多层砖房应在房屋工程顶层及每隔1层设置圈梁，圈梁应采用现浇钢筋混凝土圈梁，圈梁的断面尺寸不宜小于240mm×120mm；主筋一般为4ф10～4ф14mm，箍筋ф6～ф8mm@150～250mm。墙上在加圈梁的位置，每隔1～2m要打洞，洞的大小不小于圈梁断面，孔洞内配4ф12mm钢筋，并与圈梁同时浇灌混凝土，形成支承圈梁的受剪销键，且使后加圈梁与墙体有可靠的连接。后加圈梁处的墙面要清理干净，浇筑混凝土前要用水充分湿润。圈梁位置宜与楼（屋）盖同一标高，且交圈闭合，变形缝两侧的圈梁应分别闭合，如遇开口墙，应采取加固措施使圈梁闭合。

加固圈梁的材料也可采用型钢，规格不小于[8mm或∟75mm×6mm，并应每隔1～1.5m与墙体用普通螺栓拉结，螺栓直径不小于$\phi$12mm，圈梁与墙面之间的间隙可用干硬性水泥砂浆塞严，型钢圈梁的接头应为焊接。

## 二、砖墙的加固措施

（一）用面层加强原有墙体

砖砌体因抗震强度不足需要震前加固或遭到中等和轻微破坏需要修复和加固时，可在原有墙体外加面层。面层可以是双面的，也可以是单面的。在作面层前，应将抹灰清除干净，其他光滑装饰表层也应铲除，以保证加固面层与原墙体的可靠粘结，切忌将砖表面打毛，以免打酥或松动墙体。酥碎或碱蚀的墙体，均应拆换或清除。作面层前，应将墙面用水湿润，面层作好后要洒水养护，以防干裂或与原墙面脱开。面层的材料，可视墙体须增强抗震强度的大小，选用下列三种构造之一：

（1）水泥砂浆面层　当砖墙的抗震强度虽不满足要求，但相差不大时，可用水泥砂浆面层加固。水泥砂浆强度等级宜用M10，面层厚度控制在20～30mm，可分两层抹。水泥砂浆必须按设计强度等级配制，重要加固工程应进行试配，并在施工时预留试块检验。

水泥砂浆面层应在环境温度5°C以上时进行施工并认真养护，室内墙体抹面后，要将门窗关闭，以免通风过强造成表面干裂。水泥砂浆终凝后，应根据当时气温条件，加强养护。通常室内面层每天浇水2～3遍，室外面层每天浇水3～6遍，以防止面层干缩开裂及粘结不牢而导致脱落等现象的发生。

（2）钢筋网水泥砂浆面层　当砖墙的抗震强度与需要相差较大时，可用钢筋网水泥砂浆面层来加固。其厚度宜为25～40mm，钢筋保护层厚度不应小于10mm，钢筋直径宜为ф4～ф8mm，网格宜为方格布筋，实心墙宜为300mm×300mm，空斗墙宜为200mm×200mm，间距为100～250mm。双面作面层时，可用电钻或人工打孔，孔距500mm左右，用S形钢筋钩将两面钢筋网钩住。单面作面层时，钢筋网应采用$\phi6$的L形锚筋，用水泥砂浆固定在墙体上。

如果原墙体因通缝抗剪强度不满足抗震要求时，加固层的竖向筋应穿过楼板或伸入地坪。施工时将楼板或地坪钻孔或凿洞，插入短钢筋，短钢筋与钢筋网的搭接长度为200～300mm，孔洞用细石混凝土填实。

（3）钢筋混凝土面层　当墙体的抗震强度与需要相差悬殊时，可采用钢筋混凝土面层加固。这种方法用来加固在楼层中承受较大地震力的墙段，对于防止这类墙体在地震时先行破坏和提高整个楼层墙体的抗震强度都是有效的。面层混凝土的强度等级不低于C20，厚度为60～100mm，纵筋保护层的厚度不宜小于25mm。

（二）增设抗震墙

抗震墙是按照抗震要求而设计的墙体，它可以是砖墙，也可以是钢筋混凝土墙或配筋砖砌体。增设抗震墙的加固方法一般是因刚性多层砖房墙体抗震强度不足而采用的。墙体材料的选择、增设抗震墙段的数量，要按计算来确定，计算时可考虑新旧墙体的共同作用。抗震墙的砌筑砂浆的强度等级应比原墙体的砂浆等级高一级，且不应低于M2.5，墙体厚度不应小于190mm。抗震墙应与原有墙体可靠连接，可沿墙体高度每隔500～600mm设置2根直径为6mm且长度不小于1m的钢筋与原有墙体用螺栓或锚筋连接。

为了使后加墙体能起到良好的抗震作用，施工时后加墙体上下要与楼板或梁顶实，保证能够传递剪力，两端要与原有墙体或柱子有可靠的拉结。在刚性地面上后砌砖墙时，如承载力不足应重作基础或加固基础。

（三）外加钢筋混凝土构造柱和圈梁

当刚性多层砖房的墙体强度和抗震强度均不满足要求时，可采取外加钢筋混凝土构造柱和圈梁的加固方法，以增强房屋的整体性和提高墙体的抗倒塌能力。对于非刚性房屋，可用加构造柱来提高其抗弯能力。外加构造柱和圈梁对砖砌体要形成封闭的边框。如果圈梁也是后加的，应与构造柱一起整体浇灌。构造柱与原有圈梁也应有可靠的拉结。对于内廊式的房屋，如果不便在走廊两侧加柱子，可采用抗剪能力相当于构造柱的钢筋混凝土面层或型钢加固。

外加构造柱的断面可采用240mm×180mm或300mm×150mm，竖筋为4ф12～4ф14mm。箍筋为ф6mm，其间距宜为150～200mm，混凝土强度等级宜为C20。构造柱与墙体要有可靠的连接，宜在楼层1/3和2/3层高处同时设置拉结钢筋和销键与墙体连接，也可以沿墙体高度每隔500mm设置胀管螺栓等与墙体连接，中部至少有一个伸入墙内的销键。孔洞不小于柱断面，用两组2ф12mm钢筋穿过纵墙，锚固在横墙上。构造柱应作基础，如图6-1所示，埋深宜与外墙基础相同，当埋深超过1.5m时，可采用1.5m，但不得小于冻结深度。

在刚性多层砖房中外加构造柱，一般是针对横向墙体抗震强度不足而采取的。对于开大

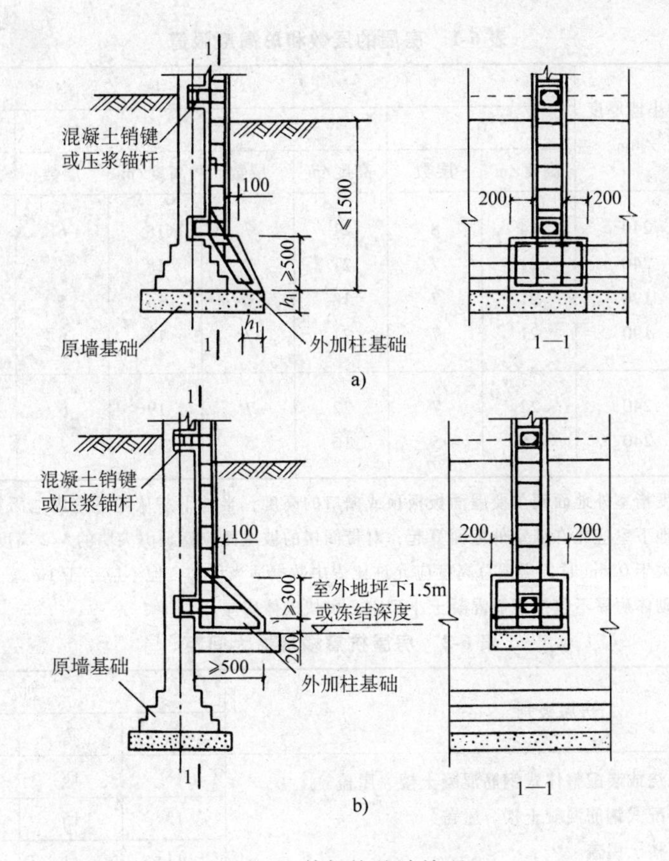


图 6-1　外加柱基础处理

a）原墙基础埋深小于 1.5m 时　b）原墙基础埋深大于 1.5m 时

量门窗的纵墙，这种加固方法可确保它与横墙的连接强度，若用构造柱来提高它的抗震强度，则投入的费用与其抗震效果是不相称的，宜采取别的加固措施。

对于非刚性的多层砖房，构造柱主要用来加强外纵墙的抗弯能力，而不是横向墙体的抗剪能力。因此，在非刚性体系中采取外加柱的加固措施时，可不必严格要求它与圈梁构成砖墙体的封闭边框，而构造柱的配筋，则应增加主筋的用量，放宽对箍筋的要求。

### 三、内框架多层房屋的加固措施

（1）内框架多层房屋的总高度和抗震横墙间距应符合表 6-1 和表 6-2 的要求。当抗震横墙的间距超过规定时，宜增设抗震横墙，当房屋的总高度超过规定时，或经抗震验算强度不足时，宜采取下列方法之一进行加固：

1）增设抗震横墙或抗震支撑。抗震墙与楼板、柱、外墙及基础之间要相互连接。

2）加强原有抗震墙的抗震能力。例如采用在墙上增加面层的方法等。

3）沿外墙适当间距及房屋拐角处从基础到房顶增设钢筋混凝土构造柱或型钢构造柱，并与原有墙体及梁、板有可靠的拉结。

（2）当内框架横向大梁的支承长度不足、锚拉不牢或无足够尺寸的混凝土垫块时，宜沿外墙的内侧增设钢筋混凝土柱或型钢柱，沿墙外侧作钢筋网水泥砂浆。

（3）在 8 度区Ⅲ类场地土和 9 度区，支承楼层大梁的墙，宜加钢筋混凝土构造柱或型钢构造柱。

表 6-1　房屋的层数和总高度限值

| 房屋类别 | | 最小墙厚度/mm | 烈度 | | | | | | | |
|---|---|---|---|---|---|---|---|---|---|---|
| | | | 6 | | 7 | | 8 | | 9 | |
| | | | 高度/m | 层数 | 高度/m | 层数 | 高度/m | 层数 | 高度/m | 层数 |
| 多层砌体 | 普通砖 | 240 | 24 | 8 | 21 | 7 | 18 | 6 | 12 | 4 |
| | 多孔砖 | 240 | 21 | 7 | 21 | 7 | 18 | 6 | 12 | 4 |
| | 多孔砖 | 190 | 21 | 7 | 18 | 6 | 15 | 5 | — | — |
| | 小砌块 | 190 | 21 | 7 | 21 | 7 | 18 | 6 | — | — |
| 底部框架抗震墙 | | 240 | 22 | 7 | 22 | 7 | 19 | 6 | — | — |
| 多排柱内框架 | | 240 | 16 | 5 | 16 | 5 | 13 | 4 | — | — |

注：1. 房屋的总高度指室外地面到主要屋面板板顶或檐口的高度，半地下室从地下室内地面算起，全地下室和嵌固条件好的半地下室应允许从室外地面算起；对带阁楼的坡屋面应算到山尖墙的1/2高度处。

2. 室内外高差大于0.6m时，房屋总高度应允许比表中数据适当增加，但不应小于1m。

3. 本表小砌块砌体房屋不包括配筋混凝土小型空心砌块砌体房屋。

表 6-2　房屋抗震横墙最大间距　（单位：m）

| 房屋类别 | | 烈度 | | | |
|---|---|---|---|---|---|
| | | 6 | 7 | 8 | 9 |
| 多层砌体 | 现浇或装配整体式钢筋混凝土楼、屋盖 | 18 | 18 | 15 | 11 |
| | 装配式钢筋混凝土楼、屋盖 | 15 | 15 | 11 | 7 |
| | 木楼、屋盖 | 11 | 11 | 7 | 4 |
| 底部框架-抗震墙 | 上部各层 | 同多层砌体 | | | — |
| | 底部或底部两层 | 21 | 18 | 15 | — |
| 多排柱内框架 | | 25 | 21 | 18 | — |

注：1. 多层砌体房屋的顶层，最大横墙间距应允许适当放宽。

2. 表中木楼、屋盖的规定，不适用于小砌块砌体房屋。

(4) 对于楼（屋）面板开洞过大、过多的整体刚度差的内框架房屋，外墙宜采用构造柱或配钢筋喷射水泥砂浆或混凝土等方法加固。

(5) 8、9度区，当沿内框架房屋尽端的外墙及承重横墙上有跨度大于1.0m的无筋平拱砖过梁时，在房屋四角处离远端尺寸小于1.0～2.0m时，宜采用堵死门窗洞口的措施；在其他处宜加设钢筋混凝土过梁或型钢过梁。

(6) 8、9度区，当房屋的纵横墙间未咬槎砌筑或未设拉结钢筋时，宜在1～2层纵横墙连接处增设型钢和螺栓与主体结构拉结，或在该处山墙四角增设2～3道水平转角型钢带或钢筋混凝土转角梁。9度区，房屋四角宜增设钢筋混凝土围套包角柱，从基础作到屋顶，并与原墙、新旧圈梁及楼板加强拉结。

(7) 每层楼（屋）面板处均应设置圈梁，且与楼（屋）面板有可靠拉结。现浇钢筋混凝土楼（屋）面板，搁进外墙长度大于或等于120mm时，可认为楼板起到圈梁作用。不满足要求时，应增设钢筋混凝土圈梁或型钢圈梁。该圈梁与楼（屋）面板应有拉结。

(8) 8、9度区，楼梯间墙宜增设钢筋混凝土构造柱及圈梁，或在墙面配置钢筋网喷抹水泥砂浆加固；亦可采用对穿钢筋拉杆的办法加固。对于8度区，应重点加固楼梯间顶层墙。对于9度区，楼梯间墙体应全高加固。

**四、其他部位的加固措施**

（一）基础

地震时，因地基承载力不足而造成地基破坏或基础不均匀沉降，致使上部结构遭受破坏，因此要对基础进行加固。通常采用的方法有两种：①局部加大基础，减轻对软土地基的压力，见图6-2；②加强上部结构的整体性和刚度，增强抗御地基不均匀沉降的能力，但在采取这种措施时，应防止增大对地基的压力。在加固基础时应注意一点，地基不均匀沉降长期不稳定的房屋，加固是无效的。

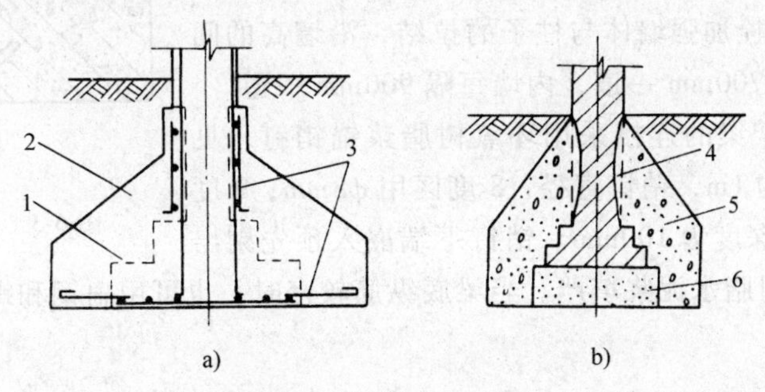


图6-2　基础的加固方法

a）钢筋混凝土基础的加固　b）砖基础的加固

1—将原基础表面凿毛　2—新浇C20混凝土

3—新加钢筋与原有钢筋焊接　4—将原墙凿毛

5—新浇C10混凝土　6—灰土

（二）砖柱

多层砖房中的砖柱，可采用钢筋网水泥砂浆面层、钢筋混凝土面层、钢筋混凝土壁柱或四角包角钢等方法进行加固。在加固承重独立砖柱时，柱的上下两处钢箍要加密，竖筋必须穿过楼盖，并有可靠的锚固措施。

（三）砖拱楼（屋）盖

采用砖拱楼（屋）盖，抗震加固应着重于有侧推力的边跨，可在边跨加封闭的圈梁或钢筋拉杆。砖拱砌体中裂缝可采用水泥砂浆填塞。

（四）木屋盖

当木屋架间无支撑时，可间隔增设剪刀撑，以加强其整体性。对于砖墙和木屋架软硬间隔布置的屋盖，可用扒钉加强檩木和屋架的连接。在两坡木屋盖中，山墙与屋架（或檩条）之间应有拉结，防止山尖倒塌；在四坡木屋盖中，如采用屋脊斜梁时，可用铁件加强斜梁上端的屋脊节点，下端和中部加拉杆。

无下弦人字木屋架的房屋，震前可采取外加圈梁，在屋架下弦位置加拉结钢筋或木夹板的加固措施；地震后如果人字架对墙体有明显的外推现象，一般要挑顶重新作屋盖。

## 第三节　钢筋混凝土框架结构的加固

**一、墙体的加固**

（1）在8、9度区，对于框架顶上砌有局部突出的砖石承重房屋，宜采取加固墙体的措施如下：

1）加型钢或钢筋混凝土构造柱和外墙四角区段增设转角型钢带或钢筋混凝土转角梁2~3道，每边一个柱距长，并与主体结构拉结。

2）加钢筋网外喷抹水泥砂浆或混凝土等。

（2）框架的外包墙、填充墙、内隔墙与柱无拉结或拉结不牢固时，可采用以下措施之一：

1）在墙柱相接处沿柱高每隔600mm左右钻斜孔，用环氧树脂浆锚2ф6mm拉结筋，拉结筋应嵌入填充墙水平灰缝内，并用1:2（质量比）水泥砂浆抹平，见图6-3。

2）用型钢和螺栓加强墙体与柱子的拉结，沿墙高的间距：外墙每隔500~700mm一道，内墙每隔900mm一道。

（3）墙体与框架梁的连接采用环氧树脂浆锚销钉，见图6-4a。销钉中距约1m，销钉直径：8度区用$\phi$8mm；9度区用$\phi$10mm。钻孔深度为100mm。销钉下端嵌入预先剔出的沟槽内并用环氧树脂水泥浆填严。当梁底纵筋较密时，也可用扁钢和螺栓加强墙体与梁的拉结，见图6-4b。

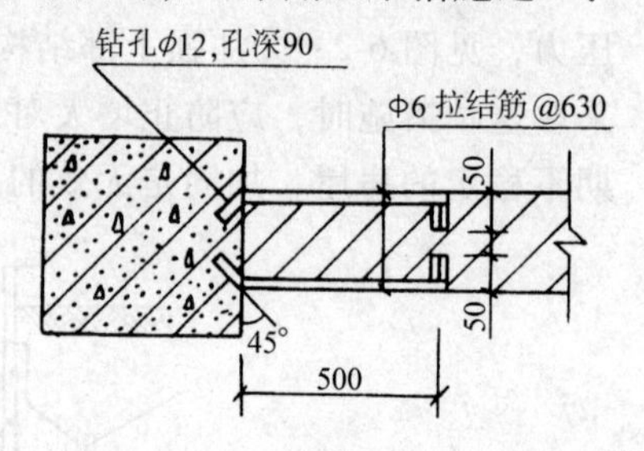


图6-3　填充墙与柱拉结

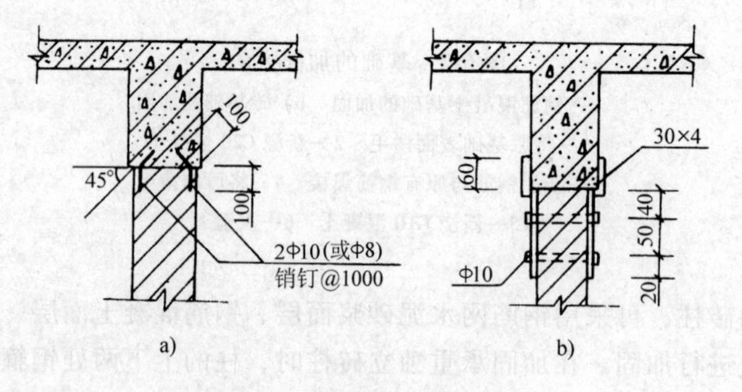


图6-4　填充墙与梁底连结

## 二、楼板和基础的加固

（1）9度区预制楼板上未设置配筋整浇层时，可按下列方法之一加固：

1）顶层和底层及中部每隔一层设置厚度不小于50mm，钢筋不小于ф6@200mm的配筋整浇层，并与外墙的圈梁拉结，同时应保证新旧混凝土有可靠的结合。

2）楼面如无圈梁，则需增设闭合的钢筋混凝土或型钢圈梁，且层层设置，与柱子也有可靠的拉结。

3）在楼板下面加水平支撑。

（2）在8度区Ⅲ类场地上的框架柱基为独立基础时，基础间宜加连系梁连成整体。

## 三、框架梁、柱的加固

（1）框架柱的总配筋率小于《建筑抗震鉴定标准》要求时，可将所欠缺的纵筋截面积换算为角钢并用压力灌注环氧树脂浆将角钢粘贴于柱的四角。

（2）框架梁柱节点附近应加密的箍筋数量不能满足抗震要求时，可在规定的加密范围内按照规定的箍筋截面积与间距，在梁柱表面用焊接扁钢代替箍筋加固，扁钢与梁柱表面间用压力灌注环氧树脂浆；当柱净高与横截面长边之比小于或等于4，且柱内箍筋数量不满足要求时，也可以用这种扁钢箍加固的方法。

（3）框架柱纵筋配筋率不足或梁柱箍筋不足时，也可用纵向钢筋及横向箍筋补足，然后在附加钢筋表面喷抹不低于原强度等级的厚度为30mm以上的水泥砂浆或细石混凝土。

（4）框架柱梁混凝土开裂、局部破损或有较小缺陷时，可分别采用环氧树脂浆或水泥浆进行压力灌浆修复。破损较大时，可用微膨胀水泥砂浆或混凝土及喷射细石混凝土等进行修补，修补用的砂浆及混凝土强度等级不应低于原材料强度等级。

（5）梁柱主筋出现压曲、屈服及断裂变形需要修复时，应先将框架支顶，将损伤部位混凝土或保护层剔除一定长度，再将钢筋复位并以同级等截面短钢筋焊于损伤主筋处。剔除混凝土部位应用与原结构同强度等级的水泥砂浆或混凝土加以修复。

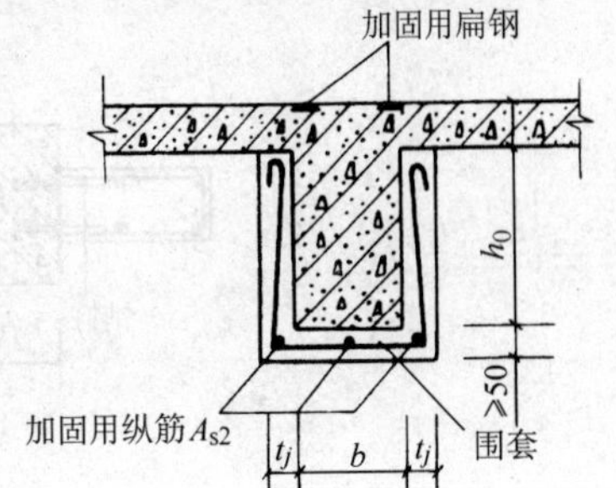


图6-5　围套加固框架梁

（6）框架梁正截面抗弯强度不足时，可以采用在梁的外部用环氧树脂浆粘贴型钢进行加固，也可以采用在梁外部加钢筋混凝土U形围套进行加固，见图6-5。

（7）框架梁斜截面抗剪强度不足时，可以利用在梁两侧以环氧树脂浆粘贴扁钢箍或在U形围套内增加箍筋进行加固。

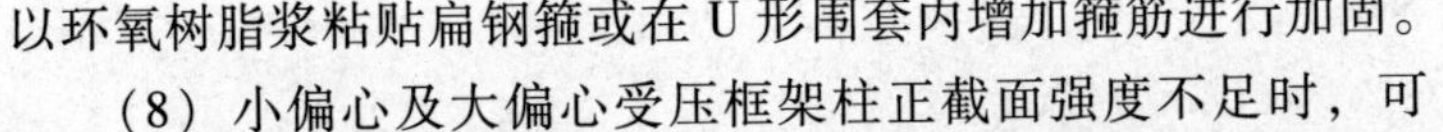

（8）小偏心及大偏心受压框架柱正截面强度不足时，可采用环氧树脂粘贴型钢或在柱外侧增加钢筋混凝土围套的方法加固，见图6-6。

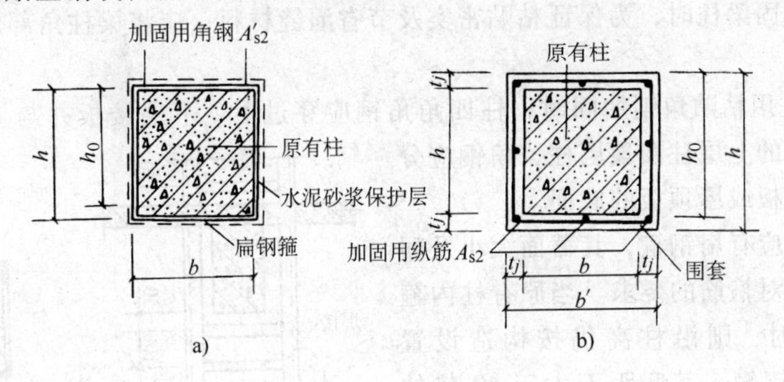


图6-6　框架柱加固

（9）框架柱抗震强度不足或抗侧移刚度较差时，可在柱轴的薄弱方向增加钢筋混凝土翼墙来提高框架柱的抗震强度。

翼墙宜在柱左右两侧对称设置。当翼墙在柱轴线处设置时，翼墙厚度不宜小于50mm；当翼墙偏于柱轴线一侧时，厚度不宜小于200mm。见图6-7。框架柱增加翼墙后，梁的净跨度与梁高之比不宜小于4。

翼墙设于柱轴线处时，可以采用双排销钉连接翼墙和柱；当翼墙偏于柱轴线一侧时，则可采用单排销钉。

**四、框架梁柱加固时的其他要求**

（1）采用粘贴型钢加固梁柱时，型钢材料可用Q235或16Mn钢，采用型钢厚度不宜小于3mm，也不宜大于8mm，焊缝及选用焊条材料应符合现行《钢结构设计规范》（GB 50017—2003）的有关规定。型钢需接长时宜采用45°斜缝对焊。型钢需锚固时，锚固长度应不小于80倍型钢厚度。

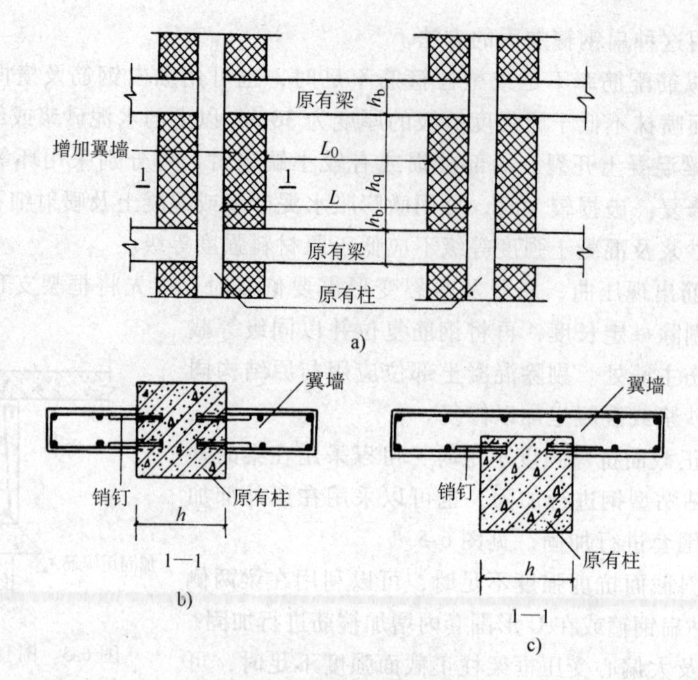


图 6-7 翼墙加固框架柱

利用角钢加固梁柱时，为保证粘贴密实及节省灌缝材料，应将梁柱角部混凝土磨出小圆角。

(2) 框架柱用粘贴角钢加固时，柱四角角钢应穿过上、下层楼板并与上层柱加固角钢焊接。不需加固的上层柱及顶层柱，角钢应分别延伸至上层楼板或屋顶板的底面。

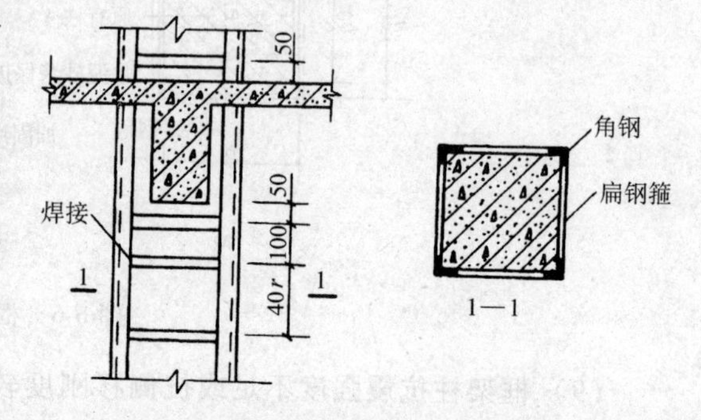


图 6-8 角钢箍布置与角钢平焊连接

角钢沿柱高应有扁钢箍，其截面大小及间距应符合框架柱对箍筋的要求。当原有柱内箍筋已满足要求时，则沿柱高仍按构造设置 25mm × 3mm 扁钢箍，其间距不大于 40 倍的单根角钢截面最小回转半径。扁钢箍应紧贴柱子混凝土表面并与角钢平焊连接，见图 6-8。

角钢及扁钢箍应用环氧树脂腻子封闭边缘缝隙，然后用压力灌注环氧树脂将型钢与柱子混凝土粘贴牢固。

(3) 框架梁采用粘贴型钢加固时，梁下角可采用角钢，梁顶部则应采用扁钢。扁钢可嵌入在楼板表面剔出的深为 12mm 的沟槽内，在框架柱处扁钢可沿柱子侧面铺在楼板上，扁钢在沟槽内应用环氧树脂浆粘贴牢固。

框架梁侧用扁钢箍加固时，扁钢箍上端可与楼板底面沿梁通长粘贴的扁钢架铁焊接，下端则焊于梁下角角钢肢上，见图 6-9a。

梁的加固角钢、扁钢箍及扁钢架铁均应用环氧树脂封缝并用压力灌环氧树脂浆，使其与梁混凝土粘贴牢固。

框架梁、柱用粘贴型钢加固时，其梁柱节点处构造可参见图 6-9a、b。

(4) 采用环氧树脂浆粘贴型钢加固时，框架梁柱表面温度不应高于 70°C。

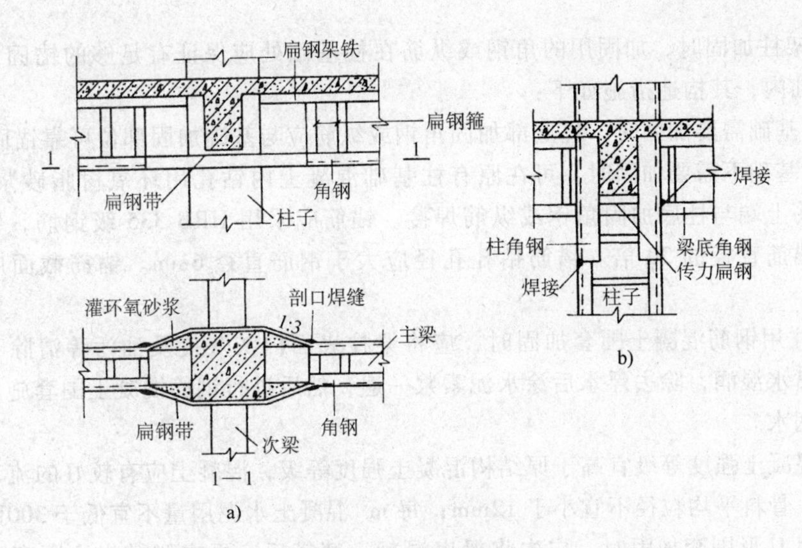


图 6-9　梁柱节点加固构造

a）方案（一）　b）方案（二）

型钢用环氧树脂浆粘贴后不宜再进行焊接，必要时应采取防止起火措施及散热措施，焊接后应补灌环氧树脂浆。型钢粘贴后不应再受锤击或振动。

(5) 框架梁柱采用环氧树脂外贴型钢加固时，为增加美观及防止环氧树脂老化，可在型钢表面抹以厚 25mm 的 1∶3（质量比）水泥砂浆保护层，也可采用其他饰面材料加以保护。

(6) 采用钢筋混凝土围套加固框架梁柱时，围套厚度不应小于 50mm。

柱子采用围套加固时，围套内上端纵筋应穿过楼板直至不需加固的上一层楼板底面，纵筋接头宜采用焊接。顶层柱子采用围套加固时，围套内上端纵筋应延伸至屋顶板底。

框架梁用围套加固时，围套梁底部纵筋应绕过柱子并与邻跨围套内底部纵筋焊接，在框架边跨柱处，梁底围套纵筋应与边柱有可靠锚固。框架梁围套纵筋在柱节点处的构造可参见图 6-10。

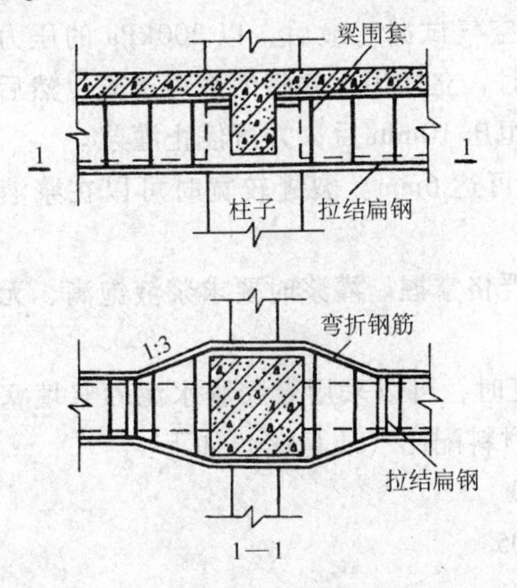

图 6-10　梁围套纵筋绕柱构造

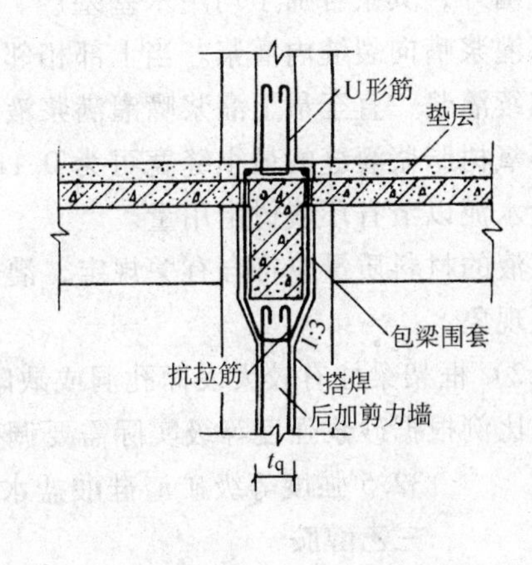


图 6-11　剪力墙包梁作法

(7) 框架梁柱加固中所增加的柱侧翼墙或柱间剪力墙需要在楼层上下贯通时，可采用包梁或包柱方案。包梁或包柱的主筋应保持连续，在搭接处应采用焊接，见图 6-11。

（8）框架柱加固时，加固用的角钢或纵筋在柱基础处应保证有足够的锚固长度锚入新加或原有基础内，其构造措施如下：

1）当柱基础需要加固时，柱底部加固角钢或纵筋应与基础加固部位可靠锚固。

2）当柱基础不需要加固时，可在原有柱基础混凝土内钻孔用环氧树脂砂浆锚固锚筋，然后再将锚筋上端与柱底加固角钢或纵筋焊接。锚筋应采用 HRB 335 级钢筋，锚入基础深度不应小于锚筋直径的 20 倍。锚筋钻孔孔径应大于钢筋直径 6mm。锚筋截面应按计算确定。

（9）梁柱用钢筋混凝土围套加固时，应将梁柱表面白灰灰皮及油污等清除干净，用钢丝刷刷毛，喷水湿润，除去浮水后涂水泥素浆一遍，然后进行钢筋混凝土围套施工。浇灌混凝土前还需洇水。

围套的混凝土强度等级宜高于原结构混凝土强度等级，混凝土应有较好的流动性，并用细石混凝土，骨料平均粒径不宜小于 12mm；每 $m^3$ 混凝土水泥用量不宜低于 300kg。

框架梁用 U 形围套加固时，应先将梁底混凝土填满后，再支侧模浇注围套两侧，梁侧面围套顶部可以留出 30mm 缝隙。最后以高强度等级水泥砂浆灌实。

框架柱用围套加固时，应将柱模板侧面开洞以便于分层浇注混凝土。柱围套顶部亦可预留 30mm，最后以高强度等级水泥砂浆填实。

（10）用环氧树脂粘贴型钢加固时，应将加固型钢处混凝土表面灰尘及油污铲净，并用钢丝刷刷毛。吹净后刷一薄层环氧树脂浆，然后将已除锈并用二甲苯擦净的型钢骨架贴附于梁柱表面，并用卡具卡紧。最后用环氧腻子将型钢周围封闭，留出出气孔并在有利灌注处粘贴灌浆嘴子（一般应在型钢较低处设置），嘴子间距宜在 2～3m 范围内。待嘴子粘牢后，通气试漏，随即以 200～400kPa 的压力将环氧树脂浆从灌浆嘴子灌入。当出气孔出现浆液后应立即停止加压，用环氧腻子堵孔，再以较低压力加压 10min 以上，方可停止灌浆。

（11）用环氧树脂浆灌注混凝土裂缝时，应先将裂缝两侧开宽呈八字形，并用压缩空气将裂缝内灰尘吹净，然后用环氧树脂腻子封缝和粘贴灌浆嘴。待粘牢后（约 36h），除留一个透气嘴外，其余各嘴子均用木塞塞严，并以压缩空气试漏。最后，以 200kPa 的压力依次由下部灌浆嘴向裂缝内灌浆。当上部相邻嘴子冒浆时，立即用木塞将灌浆嘴塞紧，然后转至下部继续灌浆，直至最上灌浆嘴灌满浆液，并维持恒压 10min 后，方可停止灌浆。

环氧树脂浆灌缝的最小缝宽可为 0.1mm，最大可达 6mm。裂缝较宽时可以在浆液中加入适量水泥以节省环氧树脂用量。

浆液的材料质量应符合有关规定，灌浆配比应严格掌握。灌浆时要求浆液饱满、无气泡及外溢现象。

（12）框架梁柱有较大表面孔洞或缺陷需要修复时，可以采用微膨胀水泥砂浆填塞，其中砂子比例根据砂浆强度等级实际需要调整，其他材料配比（质量比）如下：

|  |  |
|---|---|
| 32.5 强度等级矿渣硅酸盐水泥 | 100 |
| 三乙醇胺 | 0.05 |
| 铝粉 | 0.01 |
| 水 | 30 |

施工时应先剔除缺陷处松散砂粒，面积较大时还应凿毛，用压力水冲洗干净并浸湿 12h 以上，将浮水清除后，表面涂以水灰比（质量比）为 0.45 的水泥素浆一薄层，随即用微膨

胀水泥砂浆填塞并插捣密实，养护14天以上。

框架梁柱中的较大孔洞或缺陷亦可用高强度等级普通水泥砂浆填塞修复，砂子比例根据砂浆强度等级实际需要调整，其他材料配比（质量比）如下：

42.5强度等级普通硅酸盐水泥　　100

水　　37

高强度等级水泥砂浆浇注半小时后，宜再进行捣固一次，以使砂浆与原有混凝土结合牢固。

框架梁柱混凝土缺陷也可采用喷射混凝土进行修复及补强，喷射混凝土强度等级不得低于原结构设计强度等级。

（13）采用销钉连接时，可用合金钢钻头及手电钻在梁柱表面钻孔。钻孔直径应大于销钉直径4mm以上，钻孔位置应避开原有配筋，钻孔深度应满足设计要求。

销钉插入钻孔前，应用压缩空气吹净孔内灰尘，向孔内注入适量环氧树脂浆，同时将销钉表面涂以环氧树脂浆，然后将销钉旋动插入孔内。浆液应饱满无流淌现象。插入梁底的销钉应灌以环氧树脂水泥浆，并应采取措施临时固定24h以上。销钉进入钻孔浆锚4h后不得再进行敲击、扭转及拔动，以免破坏销钉与梁柱混凝土的可靠连接。

销钉在浆锚前应除锈并以二甲苯擦洗。

（14）框架结构裂缝宽度在0.5mm以上的框架梁柱需要修复时，可以采用掺入聚乙烯醇缩甲醛（107胶）的水泥浆压力灌缝。

灌注水泥浆时先按比例将107胶与水拌匀，然后将此溶液掺入水泥或已拌匀的水泥与中砂的混合材料中，水泥与中砂应先用细筛过筛。

灌浆前应将裂缝开成八字槽并吹净。封缝前应沿缝用107胶水泥浆涂底，然后以封缝砂浆封缝及粘贴灌浆嘴，并试水检漏，最后以200～400kPa压力灌注掺107胶的水泥砂浆。其质量配比应根据裂缝宽度按表6-3选用。

**表6-3　灌注水泥浆质量配比表**

| 砂浆名称 | 原料 | | | | 用途 |
|---|---|---|---|---|---|
| | 水泥 | 107胶 | 水 | 中砂 | |
| 灌缝稀浆 | 100 | 25 | 90 | — | 灌注缝宽0.5～1mm |
| 灌缝稠浆 | 100 | 20 | 60 | — | 灌注缝宽1～5mm |
| 灌缝砂浆 | 100 | 20 | 50 | 100 | 灌注缝宽5～15mm |
| 封缝砂浆 | 100 | 25 | 15 | 100 | 封缝粘灌浆嘴 |

（15）环氧树脂浆、环氧树脂腻子、环氧树脂砂浆的质量配比及用途见表6-4。

**表6-4　环氧树脂浆质量配比**

| 名称 | 原料 | | | | | | 用途 |
|---|---|---|---|---|---|---|---|
| | 环氧树脂 6101 # | 苯二甲酸二丁脂 | 乙二胺（工业） | 二甲苯（工业） | 水泥 | 中砂 | |
| 环氧树脂浆 | 100 | 10 | 8～11 | 30～40 | — | — | 灌浆 |
| 环氧树脂腻子 | 100 | 10 | 13～15 | 20 | 250～450 | — | 封缝粘嘴子 |
| 环氧树脂砂浆 | 100 | 30 | 13～15 | 20 | 200 | 400 | 填充 |

环氧树脂浆及环氧树脂腻子等在配合时，应先将环氧树脂与二甲苯溶解搅拌均匀，然后再加入苯二甲酸及乙二胺即成环氧树脂浆。以后再加入水泥及中砂即成为环氧树脂腻子或环

氧树脂砂浆。每次拌合以2～5kg为宜，应在2～4h内使用完毕。水泥及中砂应先过细筛。

加入乙二胺后如温度超过40°C以上时，应将拌合料桶放入冷水中降温。当在冬季拌合时，为加速溶解，可将料桶放入热水中加温。

贮放二甲苯应注意防火安全。

## 第四节　单层厂房的加固

### 一、钢筋混凝土柱的加固

（1）钢筋混凝土上柱柱头的加固可采用四角包角钢及横向用水平角钢与螺杆组成的套箍（或用缀板焊接）进行加固，见图6-12a、b。

（2）钢筋混凝土矩形截面柱上柱可采用整个上柱四角包角钢，再用缀板或角钢缀条连接形成角钢构架进行加固，见图6-13。

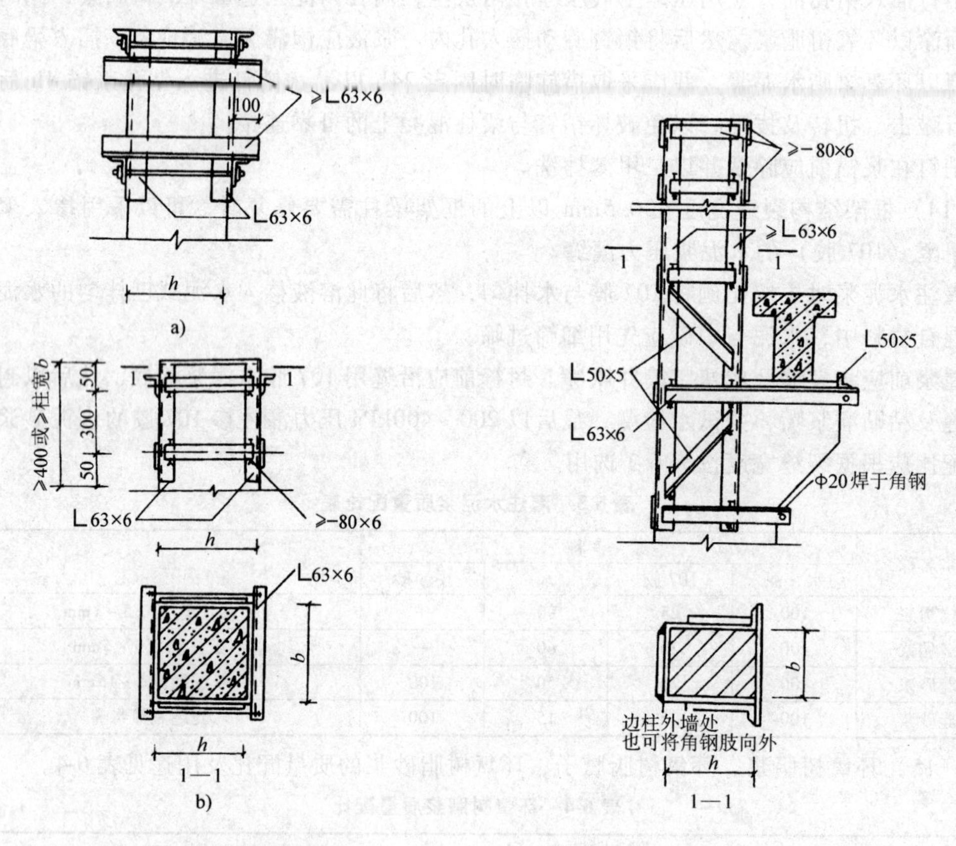


图6-12　柱头的加固

a）柱头用角钢和螺杆组成的套箍加固

b）柱头用角钢和缀板组成的套箍加固

图6-13　上柱的加固

（3）9度和8度Ⅲ类场地土时，矩形、工字形单层厂房钢筋混凝土柱下柱柱间支撑的下节点位于地面以上时，宜采用钢筋混凝土围套加固下柱根部，见图6-14。

（4）9度时，在有起重机的变截面钢筋混凝土柱，吊车梁牛腿底面至高出吊车梁顶面为柱宽的范围内，或支承低跨屋盖的钢筋混凝土柱牛腿底面至牛腿顶面以上高出屋面梁端部高

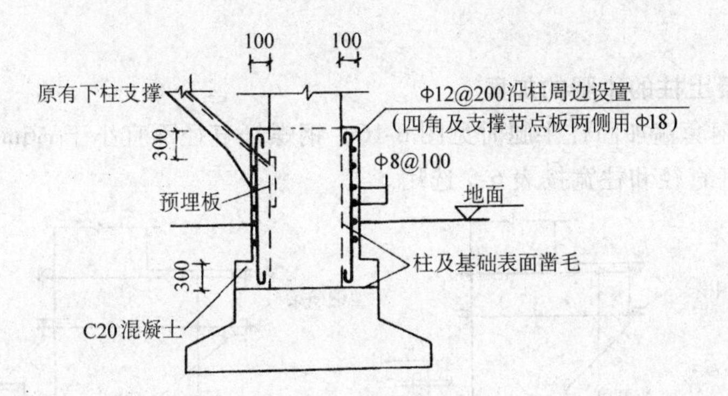


图 6-14　柱根的加固

度加柱的宽度范围内，无论强度满足与否，都应按图 6-15 进行构造加固。

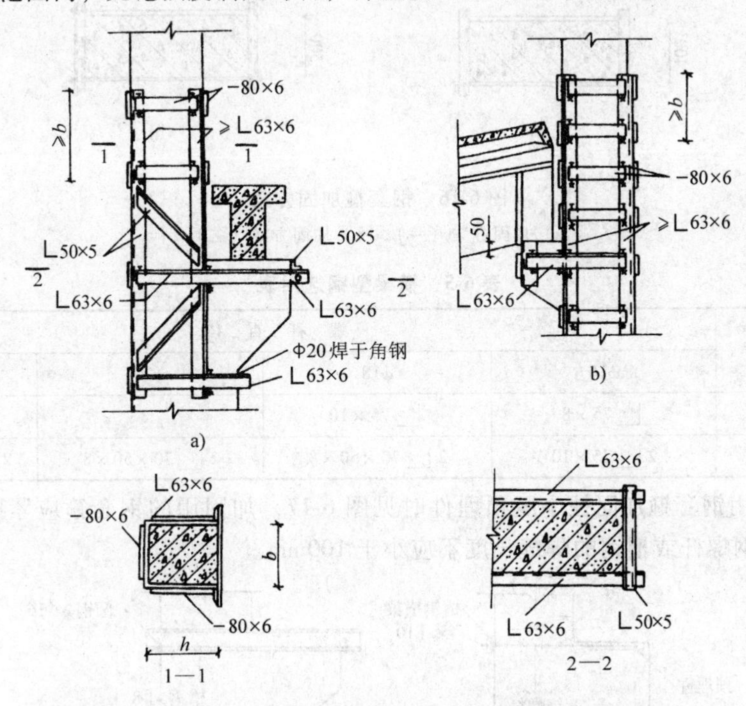


图 6-15　吊车柱上柱根部和支承低跨屋盖牛腿局部加固构造

a）吊车柱　b）支承低跨屋盖柱牛腿

（5）加固所用角钢，其最小规格不应小于∟ 63mm × 6mm。缀板截面不小于 80mm × 6mm，且其宽度不小于 1/5 柱截面宽度，缀板间距不应大于 40 倍单肢角钢最小回转半径。8 度时，螺杆直径不宜小于 25mm，9 度时，不宜小于 30mm。加固所用钢材均为 Q235。

（6）用钢筋混凝土加固时，应将加固部位混凝土表面清理、凿毛，浇灌混凝土前应先将表面湿润，以保证新老混凝土能牢固结合；围套厚度不应小于 50mm，混凝土强度等级不应低于原结构的强度等级，纵向钢筋直径不应小于Φ12mm，箍筋直径不宜小于Φ8mm，间距不宜大于 100mm，且应作成封闭钢箍。

（7）当用型钢加固时，应使加固所用型钢与原构件紧密接触，在型钢与原构件之间宜用 1:2（质量比）水泥砂浆座浆，并施加一定的夹紧力，条件允许时，也可用环氧树脂浆粘贴型钢加固。型钢构件宜根据加固部位的实际尺寸逐一下料。加固柱头时，应将加固型钢与柱头埋件相焊接。

**二、钢筋混凝土柱的牛腿的加固**

（1）当采用钢套箍加固柱牛腿时见图 6-16，钢螺杆直径不宜小于 $\phi$6mm，钢横梁的型钢规格可根据钢螺杆直径和柱宽按表 6-5 选用。

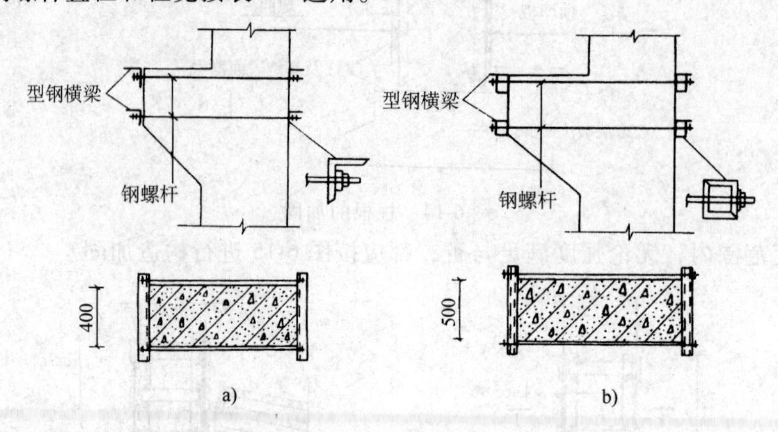


图 6-16　钢套箍加固方案
a）加固方案（一）　b）加固方案（二）

**表 6-5　横梁型钢选用表**

| 柱　宽 | 螺　杆　直　径 | | | |
|---|---|---|---|---|
| | $\phi$16 | $\phi$18 | $\phi$20 | $\phi$22 |
| 400 | ∟75×8 | ∟75×10 | | |
| 500 | 2∟75×10 | 2∟70×50×8 | 2∟70×50×8 | 2∟75×53×10 |

（2）当采用钢套箍加固柱牛腿预埋件时见图 6-17，加固用的钢套箍应紧贴柱牛腿的侧面，预埋板与钢螺杆或槽钢的焊缝长度不应小于 100mm 。

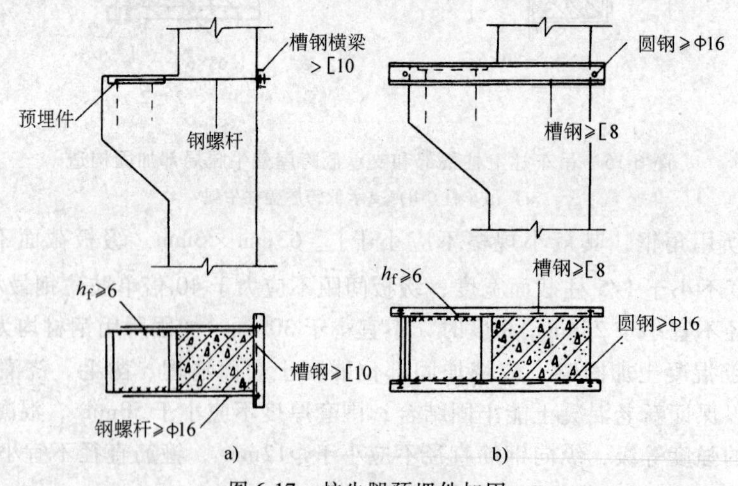


图 6-17　柱牛腿预埋件加固

（3）采用钢套箍加固时，要求型钢横梁紧贴牛腿表面。如牛腿表面高低不平时应磨平，牛腿与型钢横梁间有缝隙时，宜用环氧树脂砂浆抹平。

钢螺杆宜紧贴牛腿侧面，螺杆拧紧后应用双螺母固定，每根螺杆的预拉力不宜低于

10kN（以人工用 300mm 扳手拧螺母直至拧不动为止），且两侧螺杆的预拉程度应力求一致。

（4）采用钢筋混凝土围套加固时，原有结构混凝土表面应凿毛、浇水湿润，以保证新旧混凝上牢固结合，其余混凝土工艺要求见有关规定。

另外，围套厚度不宜小于 50mm，混凝土强度等级不应低于原结构混凝土强度等级，钢筋保护层厚度为 25mm。围套中受拉主筋不宜小于ф 12mm，搭接长度不应小于 35 倍主筋直径，见图 6-18。

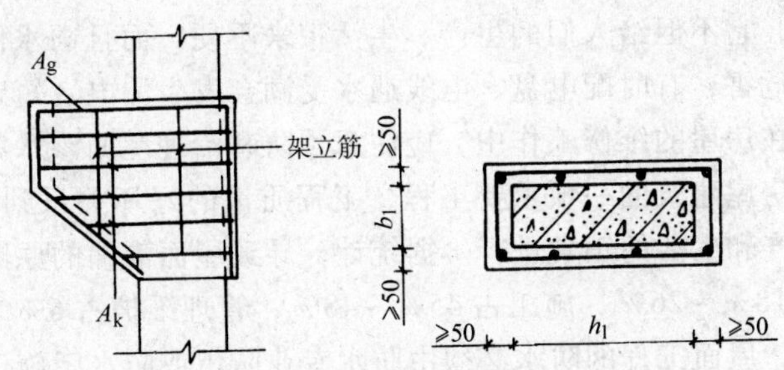


图 6-18　钢筋混凝土围套加固构造

## 三、钢筋混凝土柱的柱间支撑的加固

（1）柱间支撑的布置不符合抗震鉴定要求时，宜增设柱间支撑。增设的柱间支撑与柱的连接可采用夹板连接或胀管螺栓连接，当吊车梁沿厂房纵向不贯通时，对无吊车梁的柱间应有相应的连系措施。

（2）厂房横向采用单柱伸缩缝时，宜在伸缩缝两侧分别增设上、下柱柱间支撑各一道。

（3）柱间支撑应为型钢构件，钢筋混凝土柱间支撑宜更换。

（4）增设柱间支撑时，应同时检查与柱间支撑连接的柱头和柱脚的构造或抗剪承载力是否符合抗震要求，不符合要求时，该处的柱头和柱脚应一并进行加固。

（5）当在厂房单元两端增设上柱柱间支撑时，增设支撑杆件的长细比宜与厂房单元中部原有上柱柱间支撑相协调，以保证地震作用在传递过程中的均匀分配。

## 思　考　题

1. 抗震结构的加固原则是什么？
2. 增强房屋整体性的加固措施有哪些？
3. 砖墙的加固措施有哪些？
4. 简述内框架多层房屋的加固措施。
5. 怎样对框架梁、柱进行加固？
6. 单层厂房的钢筋混凝土柱加固的部位主要有哪些？

# 第七章 屋面工程维修

屋面的主要作用是阻挡风、雨、雪和抵御酷热严寒的侵袭。屋面在使用过程中很容易出现的病害是渗水漏雨，它不但给人们的生产、生活带来不便，而且雨水侵入后，会使屋面基层潮湿、腐朽，造成危害，有时配电盘、电线遇水受潮会发生漏电、短路等事故，影响房屋的使用安全。因此，在房屋的维修工作中，应注意预防和治理屋面渗水漏雨。

屋面防水工程是房屋建筑的一项重要工程，工程质量的好坏关系到建筑物的使用寿命，还会直接影响人民生产和生活的正常进行。据统计，导致屋面渗漏的原因有几方面：材料占20%～22%，设计占18%～26%，施工占45%～48%，管理维护占6%～15%。目前屋面防水出现许多新型材料，屋面工程的防水必须由防水专业队伍或防水工施工，屋面工程所采用的防水材料应有材料质量证明文件，并经指定质量检测部门认证，确保其质量符合《屋面工程技术规范》（GB 50345—2004）或国家有关标准的要求。防水材料进入施工现场后应附有出厂检验报告单及出厂合格证，并注明生产日期、批号、规格、名称，以保证屋面防水工程的成功。

## 第一节 卷材防水屋面

目前使用的卷材防水层屋面是由高聚物改性沥青防水卷材、合成高分子防水卷材或沥青防水卷材等作成的。所选用的基层处理剂、接缝胶粘剂、密封材料等配套材料应与铺贴的卷材材性相容。

高聚物改性沥青防水卷材是合成高分子聚合物改性沥青油毡，其施工方法有热熔粘贴施工和冷粘贴施工。高聚物改性沥青防水卷材的施工不同于沥青防水卷材的多层作法，通常只是单层或双层设防，因此，维修时卷材铺贴位置必须准确，搭接宽度应符合要求；复杂部位如管根、水落口、烟囱底部等易发生渗漏的部位，可在其中心200mm左右范围先均匀涂刷一遍改性沥青胶粘剂，厚度1mm左右；涂胶后随即粘贴一层聚脂纤维无纺布，并在无纺布上再涂刷一遍厚度为1mm左右的改性沥青胶粘剂，使其干燥后形成一层无接缝的整体防水涂膜增强层。无论是采用热熔粘贴施工还是冷粘贴施工，维修时均可用热熔粘贴施工，其他维修施工工艺参照沥青防水卷材。

合成高分子防水卷材是以合成橡胶、合成树脂或两者共混体为基料，加入适量化学助剂和填充材料，采用橡胶或塑料加工工艺制成的合成高分子防水卷材，采用冷粘法施工，尤其是目前正在开发应用自粘卷材和使用无挥发性有机溶剂的双面粘密封胶带或热风焊接工艺进行卷材接缝的粘接密封处理，对卷材与基层则采用机械固定或冷自粘法，这些都对环保比较有利。

使用沥青防水卷材（俗称油毡）是屋面防水的一种传统作法，有百年的历史。它用沥青胶结材料把沥青防水卷材（油毡）逐层粘合在一起，构成屋面防水层。它是卷材和涂膜的复合叠层作法，可形成优势互补。由于它的厚度大，有很强的抗拉、扎能力，更不怕砂粒的破坏，而且抗自然老化时间长，许多高分子卷材是比不上的。常用的有二毡三油、三毡四油沥青防水卷材。三毡四油即三层油毡，四道涂膜，其防水寿命在25年以上。人民大会堂屋面是四毡五油，其防水寿命达40年以上。油毡防水作法造价低廉，适合国情，在小城镇、乡村和大都市郊区仍可采用。三毡四油作法在日本、欧洲仍然采用，只是进行了技术改造，如明火大锅改为不冒烟的加热炉，纸胎换为聚酯毡，我国也在引进这一技术，再过几年三毡四油作法重返大都市屋顶是很有可能的。

卷材防水屋面一般有两种类型，即不保温屋面和保温屋面。当屋面防水层采用二毡三油沥青防水卷材时，其构造层次见图7-1。

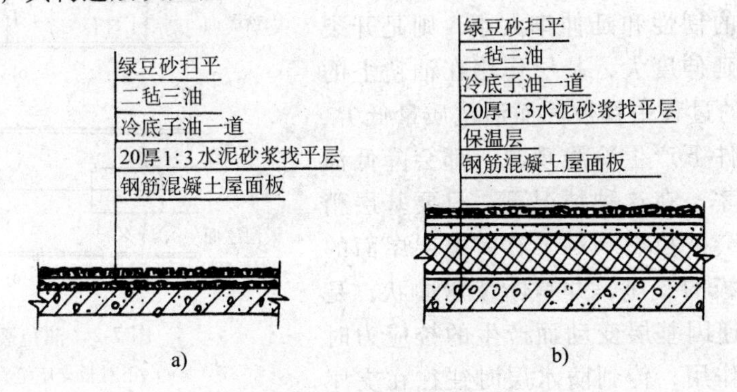


图7-1　油毡屋面构造

a）不保温屋面　b）保温屋面

油毡防水屋面开裂渗漏主要是防水层出现开裂、鼓泡、流淌、老化，或构造节点处理不当等。但只要设计合理、施工正常、维修及时，屋面还是能够取得良好的防水效果的。

## 一、油毡防水屋面常见弊病及原因分析

1. 裂缝

油毡防水屋面的开裂渗漏主要是由于防水层的开裂而引起的。由于屋面板受温度变化以及荷载、湿度、混凝土徐变的作用，产生胀缩，引起板端角变形和相对位移；卷材质量低劣、老化或低温冷脆，降低了防水层的韧性和延伸度；施工质量差，铺贴卷材时屋面潮湿，阳光照射受热后蒸汽难以排出，形成汽泡破裂；卷材搭接太少，卷材收缩后接头开裂、翘起，卷材老化龟裂或外伤等均导致屋面的裂缝。根据裂缝的部位和走向，一般分为两种情况：一种是位于屋面板支承处，即沿屋面板端出现有规则的横向裂缝；另一种是无规则的裂缝。有规则的横向裂缝常见于装配式结构的屋面，而整体现浇结构的屋面则很少有这种现象。无保温层预制屋面板上的油毡防水层，横向裂缝正对屋面板支座的上端，形状为通长和比直的，纵向裂缝比较少，一般位于预制板的纵向拼缝处。有保温层预制屋面板上的油毡防水层，横向裂缝往往是断续的，在偏离支座处10~50cm的范围内开裂，有些是不规则的开裂，其中有通长的，也有间断的，见图7-2。裂缝一般在屋面工程完工后1~4年内产生，并且在冬季时出现，开始时很细，以后逐渐加剧，一直发展到1~2mm，甚至1cm，个别的甚至达几厘米宽（包括开裂后油毡卷边）。这类裂缝若不采取特殊措施进行修补，粘上油毡后过一、二年又会重新在该处开裂。而无规则裂缝的位置、形状、长度各不相同，出现时间也无规律，一般补贴后不再开裂。

油毡屋面防水层开裂主要是由于屋面结构刚度和防水层材料不能适应基层的变形所造成

的，其形成原因很复杂。有规则的横向裂缝，主要是由于屋面板在荷载、温度、湿度、混凝土徐变的作用下，产生挠度、干缩，使得在横缝处板端发生角变形和相对位移，位移数值最大时可达5mm以上。这种变形位移引起板面找平层的开裂，同时拉动板缝处油毡，当超过油毡的韧性限度（即油毡承受的拉应力大于油毡的极限抗拉能力）时，油毡被拉裂。因此，基层的变动是油毡开裂的外因，而油毡的韧性和延伸率太小，则是开裂的内因。油毡的延伸度大，基层作用在油毡上的拉应力会在延伸的过程中释放。而油毡质量低劣、老化或在低温条件下产生冷脆现象，都会降低油毡的韧性和延伸率。在这种情况下，只要基层稍微变动，油毡就会被拉裂。对于有保温层屋面的裂缝之所以偏离板的支座，并呈断续弯曲状，是因为保温层在传递因基层变动而产生的拉应力时起了分散和缓冲作用，传到防水层时往往在支座附近的薄弱处（如保温层碎块太多处，找平层厚薄不均匀处）开裂。而整体现浇结构和无保温层小型屋面板上的油毡防水层开裂较少，主要是因为这类屋盖系统整体刚度好，变形小，基层变动也较少，使油毡不易开裂。其他无规则裂缝产生的原因更为复杂，如果找平层早期存在裂缝，会受温度影响引起收缩而拉裂油毡，或者部分油毡与基层粘结不牢，受四周粘结牢固的油毡的约束，产生较大的应力，也会导致油毡开裂。

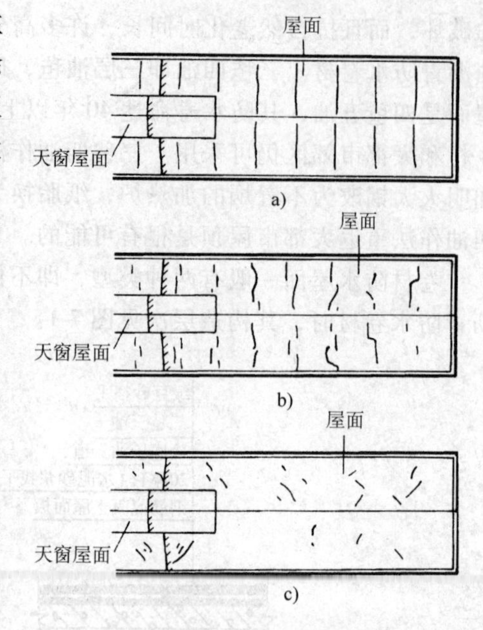

图7-2　油毡裂缝

a）正对板支座笔直开裂

b）偏离板支座弯曲开裂　c）无规则裂缝

2. 流淌

流淌现象一般发生在表层油毡或绿豆砂保护层上，并在屋面完工后第一个高温季节出现，过1~2年之后趋于稳定。坡度陡的屋面比平稳屋面严重，焦油沥青屋面比石油沥青屋面严重。

流淌可按流淌面积和流淌长度两个指标分为严重流淌、中等流淌和轻度流淌三种。流淌长度决定是否需要修理，流淌面积则决定修理的范围。严重流淌，一般是指流淌面积占屋面面积50%以上，大部分流淌长度大于或等于油毡搭接长度，在这种情况下，屋面油毡大多折皱成团（尤以天沟及屋架端坡处为甚），天窗侧板、山墙、女儿墙等处垂直面油毡拉开脱空，油毡横向搭接有严重错动。在一些脱空和拉断处，即产生漏水现象。严重流淌面积大，性质严重，局部修理已不能解决问题，需返工重铺。中等流淌，一般是指流淌面积占屋面面积20%~50%，大部分流淌长度在油毡搭接长度范围之内，屋面只有一些轻微折皱，垂直面油毡被拉开100mm左右。中等流淌可经局部处理后正常使用。轻微流淌，一般是指流淌面积占屋面面积20%以下，流淌长度只有2~3cm，只有在屋架端坡和天沟处有轻微折皱，泛水油毡稍有脱空，油毡横向错动并不明显，没有引起漏雨现象。屋面防水层发生流淌后，会使屋面整体性受到不同程度的破坏，影响屋面耐久性。因此，应注意防止流淌的发生。

产生流淌的原因很多，其中最主要的是沥青胶结材料的耐热度太低。施工时，没按规定选择沥青胶结材料，而采用软化点较低的沥青胶，当屋面温度高于沥青胶的耐热度时，就会发生沥青胶融化、流淌现象。但沥青的耐热度也不宜太高，过高的耐热度会使其柔韧性、延伸率和抗冷脆性变差，油毡很容易开裂。试验表明，当沥青胶的耐热度从80℃提高到100℃时，防水层的延伸率几乎降低一半。另外，使用多蜡沥青时，由于其耐热度低，粘结力差，若不经过处理，或涂刷时没有比建筑石油沥青减薄些（使用多蜡沥青，涂刷厚度不宜超过1.2mm），也会造成流淌。

有时，即使选用了标准耐热度的沥青胶，但施工时不严格执行操作规程，也会造成流淌。所以，施工时应注意沥青胶粘结层不能涂得过厚。规范规定，每层涂刷厚度不宜超过2mm。涂刷过厚是由于施工时没注意规范规定或者滑石粉掺量过多，胶结料太稠，涂刷时不易控制厚度，而浇灌时油温太低，也极易造成过厚。

屋面坡度过陡或油毡有短边搭接（即油毡垂直屋脊铺设时在半坡搭接）都会加剧流淌的严重性。折皱成团的流淌多发生在陡坡屋面。

因此，在施工中，应注意合理地选择适当耐热度的沥青胶结材料，严格执行操作规程，并选择合适的屋面坡度才能防止流淌的发生。

3. 起鼓

油毡起鼓一般在施工后不久产生，尤其是在高温季节更为严重，有时上午施工下午就起鼓，或者隔一两天开始起鼓。起鼓一般由小到大，逐渐发展，大的直径可达200~300mm，小的直径则为100mm以下，大小鼓泡连成串。油毡起鼓发生在防水层与基层之间的，比发生在油毡各层之间的多；发生在油毡搭接处的，比发生在油毡幅面中的多。鼓泡内的基层，有冷凝水珠，有时呈深灰色。

起鼓的原因主要是在防水层与基层之间或卷材各层之间，局部粘贴不密实的部位存有潮湿空气或水滴，当受太阳照射或人工热能影响后，体积膨胀而造成起鼓。造成卷材与基层粘贴不牢进而起鼓的因素很多，如找平层未干燥即涂刷冷底子油或抢铺油毡；屋面基层未清扫干净；沥青胶结材料未涂刷好，厚薄不匀；摊铺油毡用力太小；找平层受冻变酥等。

4. 老化

卷材屋面防水层老化是指油毡或沥青胶结材料中油分大量挥发，使其强度下降，质地变脆，延伸率下降，油毡收缩易折断，沥青胶失去粘结力，使防水层发生龟裂，丧失防水能力，降低油毡层的耐久性。防水层老化的主要原因有以下几个方面：

（1）外界气候条件　油毡和沥青的老化主要是由于沥青中密度小的组分向密度大的组分逐渐转变，硬脆性增加的结果，而这一结果是在热、氧、光等因素作用下产生的。因此，气候条件对老化影响很大，气候条件越恶劣（如阳光曝晒或风雨侵袭），沥青油毡防水层老化越快。

（2）沥青胶结材料的耐热度　使用耐热度过高的沥青胶结材料，经过冷热反复作用，韧性降低，收缩加剧，从而引起老化。

（3）沥青胶结材料的熬制质量　熬制沥青时，加热的温度不宜过高，只要达到施工要求的最小稠度要求即可；加热时间也不宜过长，长时间的高温会促使沥青成分中密度小的组分向密度大的组分转变，从而改变沥青的性质，加速其老化。熬制沥青时搅拌应均匀，使油锅内上下温度保持一致，保证沥青的熬制质量。

（4）保护层的质量　保护层的种类和质量直接影响屋面防水层的老化。一般情况下，沥青混凝土保护层、刚性保护层下的防水层比绿豆砂保护层下的防水层抗老化，绿豆砂不易散失的绿豆砂保护层以及经常养护维修的保护层下的防水层也不易老化。因此，在施工中应注意选择粒径均匀、表面干净的石子作绿豆砂保护层，且在使用前进行加热，使其与沥青胶能够很好地结合在一起，保证保护层质量。

5. 绿豆砂脱落

绿豆砂保护层存在的问题是绿豆砂粘结不牢，脱落，下雨时流失较多。其主要原因是施工时未按操作规程要求去做，未经撒砂、扫砂、滚压等工序；其次是铺撒绿豆砂之前，沥青胶浇灌过厚，施工完毕后经过冻融循环较易出现不规则龟裂，裂缝处聚水分、灰尘，影响屋面的耐久性。

修理大面积流失绿豆砂的保护层时，可将脱砂部分的屋面清扫干净，去除浮灰，然后按照操作规程的要求做一油一砂。有些屋面积聚一层薄烟灰，这些烟灰含有一定油质，与保护层粘结在一起，可以保护防水层，一般情况下可不必铲除。

油毡防水屋面漏水的原因是多方面的，主要是材料方面、设计方面及施工和管理方面的原因。我们应该从各个环节着手，各方面共同努力，搞好综合治理，消除隐患，且不断地加强屋面防水技术的研究和新材料的开发工作，真正提高屋面防水质量，彻底解决屋面渗漏问题。

## 二、油毡防水屋面常见弊病的预防措施

### （一）裂缝的预防措施

预防裂缝应从其产生的原因出发，从各个方面采取措施，以防止或减少防水层开裂。

（1）增强屋面的整体刚度，尽可能地遏制或减少屋面基层变形的发生。屋面的整体结构除考虑其必要的强度、刚度和安全度外，还要考虑其防水功能的要求。如尽量采用预应力构件；屋面板的厚度和肋高不宜太小；加强屋盖支撑系统，尽量避免支座发生不均匀沉降；大型屋面板的制作尺寸、安装位置及嵌缝细石混凝土的强度都应符合设计要求；而大型屋面板与梁架的焊接点、焊接强度必须达到设计要求，不能漏焊少焊，以保证屋面整体刚度。

由于防水层紧贴在找平层上，所以找平层的质量直接影响着防水层的好坏。施工时，找平层的强度和厚度均应达到要求，在预制屋面板横缝处留设分格缝，以利于同防水层同时处理横缝开裂问题。

（2）提高防水层质量，增强防水层适应基层变形的能力。首先，应正确选择防水材料，包括油毡和沥青。再生胶油毡的延伸率大于100%，适应基层变形的能力较强，一胶二油防水层可相当于普通油毡二毡三油防水层的效果。油毡应妥善保管，存放时间过长或受热受潮，油分挥发变脆、老化，都会影响其质量。所以，使用油毡时应查明出厂日期，并作材质化验，合格后方可使用。油毡纵向抗拉强度比横向约大一倍左右，一般采取纵向铺设，可以使油毡得到较大抗拉强度，以便适应基层变形。有时也可用玻璃纤维布或麻布，代替油毡作贴缝用，效果较好。

油毡选择完毕后，还要根据使用条件、屋面坡度和当地历年室外极端气温，选择沥青胶结材料。沥青胶结材料的各种性能指标也要经过试验，合格后方可使用。在熬制和使用沥青胶的过程中，应逐锅检验，准确控制沥青胶结材料的加热温度，锅的容量宜大，不宜经常投入新沥青，以免影响温度。熬制地点与铺贴位置不要距离太远，但要保持安全距离。熬好的沥青胶应尽量在8h内用完，当用不完而要与新熬的材料混合使用时，最好作性能检验，使

胶结材料的耐热度、柔韧性、粘结力符合要求。

（3）采用恰当的构造措施，提高横缝处防水层的延伸能力。对于无保温层预制屋面板上的油毡防水层，多数只在横缝处发生开裂。因此，可以采取一些措施，使横缝处的油毡有较大的延伸能力，减轻或防止因基层变形而拉裂油毡防水层的现象，从而减少裂缝的发生。如在横缝处干铺油毡条延伸层，见图7-3，施工时，先在找平层上划出轴线，再将150～300mm宽的油毡条两边用热沥青胶点贴在轴线位置，作为缓冲层，再按常规铺贴油毡防水层。有时也可在横缝处放置直径50mm的油毡卷或防腐草绳，利用其少量的弹性压缩，为防水层留有一定的伸缩余地。另一种构造措施为马鞍形伸缩缝，见图7-4，即在找平层横缝处用砂浆做出两条横脊，凹下处铺油毡条。当板缝稍有开裂时，凹下的油毡逐渐拉平而不致开裂。但该作法施工复杂，且凹槽油毡一旦破裂，凹槽内易进水，不利于防水。

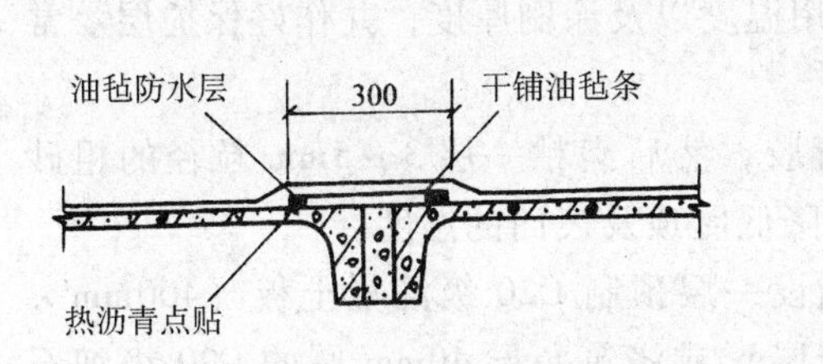


图7-3　干铺油毡条延伸层详图

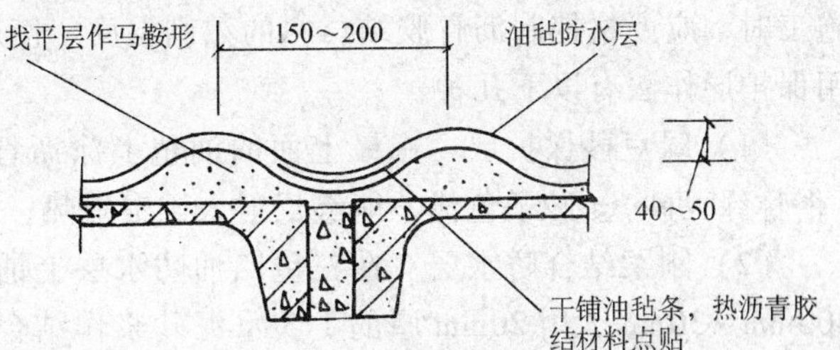


图7-4　马鞍形伸缩缝

（4）严格控制沥青胶结材料的涂刷厚度，一般为1～1.5mm，最大不得超过2mm，面层可以适当提高到2～4mm，以利绿豆砂的粘结，使绿豆砂牢固嵌入沥青胶结材料中。

（5）加强维修养护，保持防水层的韧性和延伸率，以避免或减少裂缝的发生和发展。油毡防水层在使用过程中应经常养护维修，在保护层上按时加涂沥青胶结材料，经常修补散失绿豆砂，及时检修局部缺陷，经常清理屋面上的垃圾、尘土，保持屋面排水畅通，使防水层经常处于良好状态，保持其韧性和延伸率，增强抵抗外界腐蚀和损坏的能力，延长使用寿命。

（二）流淌的预防措施

根据流淌产生的原因，预防流淌可采取以下措施：

（1）准确地控制沥青胶的耐热度　沥青胶结材料的耐热度应按规范选用，施工用料必须严格检验，垂直面用的耐热度还应提高5～10℃。除了恰当地选定沥青胶材料外，还应正确地控制熬制温度，并且逐锅检验，保证质量。

（2）严格控制沥青胶的涂刷厚度　一般为1～1.5mm，最厚不超过2mm，面层可以适当提高到2～4mm，以利于绿豆砂的粘结。

（3）采用恰当的油毡铺设方法　垂直于屋脊铺贴油毡，对阻止防水层流淌有利，而平行于屋脊铺贴油毡，可以利用纵向油毡较高的抗拉强度，有利于抵抗防水层开裂。规范规定，当屋面坡度 <3% 时，应平行屋脊铺贴，当屋面坡度在3%～15%之间时，可平行或垂直屋脊铺贴，视屋面各种条件综合考虑决定。当屋面坡度 >15% 时应垂直屋脊铺贴。

（4）提高保护层质量　保护层对防水层起到降温和保护的作用，有助于防止防水层流淌。

（三）起鼓的预防措施

起鼓产生的原因是防水层内部积存水分，因此，预防起鼓就应该防止这种情况发生，且尽量使各层油毡粘结密实。首先，找平层应平整、干净、干燥，冷底子油涂刷均匀；其次，避免在雨天、大雾、霜雪或大风等天气施工，防止基层受潮；防水层使用的原材料、半成品，必须防止受潮，若含水率较大时，应采取措施使其干燥后方可使用；防水层施工时，卷材表面应清扫干净，沥青胶结材料应涂刷均匀，卷材应铺平压实；当保温层或找平层干燥确有困难而又急于铺设防水层时，可在保温层或找平层中预留与大气连通的孔道后再铺设防水层；最后，选用吸水率低的保温材料，以利于基层干燥，防止防水层起泡。

（四）防止老化的措施

油毡防水层的老化不可避免，但可以设法推迟老化现象的出现，减轻老化的程度。首先，正确选定沥青胶结材料的耐热度，保证其质量。这是防止防水层过早老化的必要措施。施工时，应严格控制沥青胶结材料的熬制温度、使用温度以及涂刷厚度，并作好保护层。常用保护层作法有以下几种：

（1）绿豆砂保护层　在最上面的油毡上涂沥青胶，然后满粘一层3~5mm粒径的粗砂（俗称绿豆砂）。砂子色浅，能够反射太阳辐射热，降低屋顶及表面的温度。

（2）刚柔结合防水层　在三毡四油防水层上铺设一层预制C20级混凝土板（400mm×400mm×30mm，用20mm厚的1∶3水泥砂浆作结合层）或浇筑一层40mm厚的C20级细石混凝土作保护层。

除此以外，还应加强日常维修保养，经常打扫屋面上的灰尘、垃圾，保持屋面排水畅通；经常添补散失的绿豆砂；及时检修防水层的局部破损及缺陷；绿豆砂保护层2~3年涂刷沥青一次，沥青混凝土3~5年涂刷一次，以便保持卷材防水层的韧性和延展性，延缓老化时间。

**三、油毡防水屋面常见弊病的维修方法**

（一）开裂渗漏的维修方法

维修裂缝渗漏前，要认真调查研究，查明渗漏部位和原因，然后对症下药，确定维修方案。由于裂缝产生的原因较为复杂，修理裂缝的同时往往不能彻底消除裂缝，所以要求维修用的材料和采取的构造措施都应具有一定的伸缩性和适应性。

油毡屋面找漏比较困难，因为屋面的漏水点与破损点往往不在一处，有时在防水层裂缝下面的板底面上不一定有渗水漏雨迹象，而在防水层没有裂缝的地方，板底面反而出现了渗水漏雨现象。如果没有确定渗漏位置而盲目扩大修理范围，会造成修理面积比实际开裂渗漏面积扩大几倍，浪费材料和人力。因此，查找卷材屋面渗水漏雨的确切位置是一项十分重要的工作。

根据经验，下雨和下雪天是找漏的好时机。先在室内观察，做好漏水点的记录，再上屋面找原因。为避免一次检查不准确，宜建立维修档案，记录屋面渗漏和维修情况。找漏还要做到重点和一般相结合。重点部位如女儿墙、山墙、伸缩缝、天沟、雨水斗、高低跨封墙、出屋面管道等要反复查找。在下雪天，当屋面积雪在100mm以下时，上屋面检查渗漏，若发现纵横条形水线或屋面水眼，这些水线或水眼使雪花下陷，有时在水线或水眼上积成一层很薄的冰片层（简称为水带或冰带）。这些水带或水眼往往是屋面渗漏之处。这是因为雪天室内气温高于室外气温，室内热气上升，经过屋面板板缝的开裂处及屋面漏水眼渗入雪层中，使该处雪花融化，形成水线和水眼，到夜间气温更低时，遇冷又会在面层结一层薄冰片。挖开冰层观察，往往能发现防水层开裂破损处，做上记号，待晴天后即可修补。实践证明，用这种方法找漏，是比较准确的。

常用的裂缝维修方法有以下几种：

（1）用干铺油毡做延伸层。该方法是在裂缝处干铺一层油毡条作延伸层，它利用干铺油毡层的较大延伸值而对基层变形起缓冲作用。修补按图 7-5 进行。首先，铲除裂缝左、右各 350mm 宽处的绿豆砂保护层，除去浮灰，刷冷底子油，在裂缝部位嵌满聚氯乙烯胶泥或防水油膏，胶泥或油膏高出屋面 5~10mm。然后，干铺油毡条，在两侧用玛琋脂粘贴，上面实铺一层油毡条，最后做绿豆砂保护层。

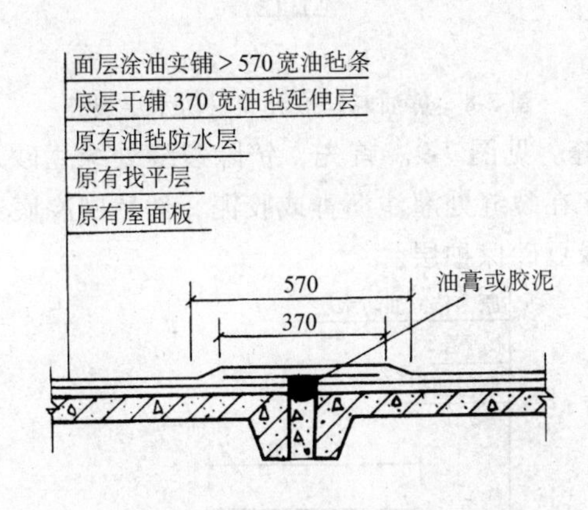


图 7-5　干铺油毡贴缝法修补防水层裂缝

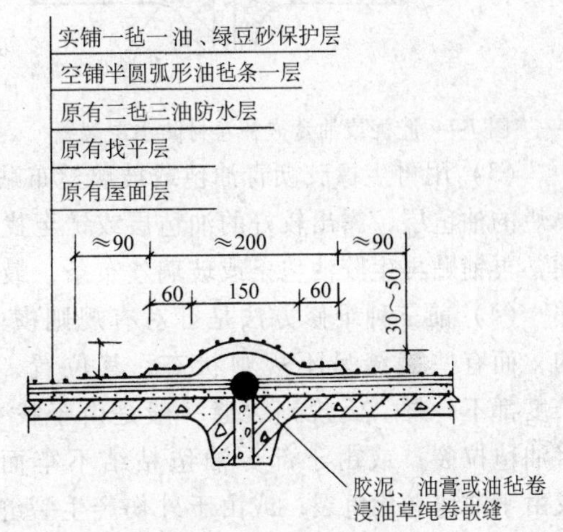


图 7-6　半圆弧形贴缝法修补油毡防水层裂缝

用干铺油毡作延伸层，其防裂机理是：当基层开裂而拉伸防水层时，油毡将在干铺油毡的范围内变形，其相对应变值小，一般不超过油毡的横向延伸率，因而不会被拉裂。在北方地区，保温屋面的裂缝往往弯曲转向，干铺油毡也要转向断开，不像修补无保温屋面的笔直裂缝那么方便，且北方地区屋面基层（找平层）的年温差较大，冬季油毡冷脆后的延伸率减小，因此，干铺油毡宽度一般在 350~400mm 范围内。

干铺油毡也可做成半圆弧形，如图 7-6 所示。油毡条宽 270mm 左右，中间稍凸起成半圆弧形，施工时可将油毡包在一根竹棒或铁管上，放在裂缝处成形，待施工一段后抽出即可。油毡条两端用热沥青胶结材料贴牢，并用橡皮刮板压实，以免翘边。最后做一毡一油及绿豆砂保护层，总宽约 380mm 左右。保护层与原油毡防水层搭接处，用热沥青胶粘结压牢。在干铺油毡下面，裂缝处除嵌涂油膏和胶泥外，还有垫油毡卷或草绳的作法：先卷好直径 40~60mm 的油毡卷，两端用细麻绳捆扎，或将包装草绳先用焦油浸渍，然后用沥青胶将油毡卷或草绳粘贴在裂缝处，再分别干铺和实铺一层油毡。该作法也具有良好的防裂效果。

（2）用油膏或胶泥修补裂缝。修补裂缝所用的油膏或胶泥必须有较大的延伸率和较好的韧性，并且加热施工，以保证与原有防水层有牢固的粘结，适应基层的变动。施工时，先割除裂缝两侧各 30~50mm 宽的油毡，并凿掉该处找平层（无保温层屋面应凿至灌缝细石混凝土处），并保证深 20~30mm，宽 20~40mm。然后将露出的找平层、板缝及两侧附近油毡上的浮粒灰土清扫干净，满刷冷底子油，再将胶泥灌入缝中，胶泥应高出屋面 5mm，并覆盖油毡两侧各 20~30mm 的宽度，压贴牢固即可，如图 7-7 所示。如果所使用的油膏抗老化性能较差，可在油膏表面加贴一层玻璃丝布作为覆盖层。若缺乏以上材料，又需迅速处理横缝漏雨问题，可用焦油麻丝或调合漆、石棉绒作为嵌缝材料，临时解决漏雨问题，见图 7-8。焦油麻丝为焦油与滑石粉按比例配合，再加入酌量的麻丝制成。而后一种嵌缝材料为调合漆与石棉绒掺合搅拌成油灰状，嵌进防水层的裂缝内。

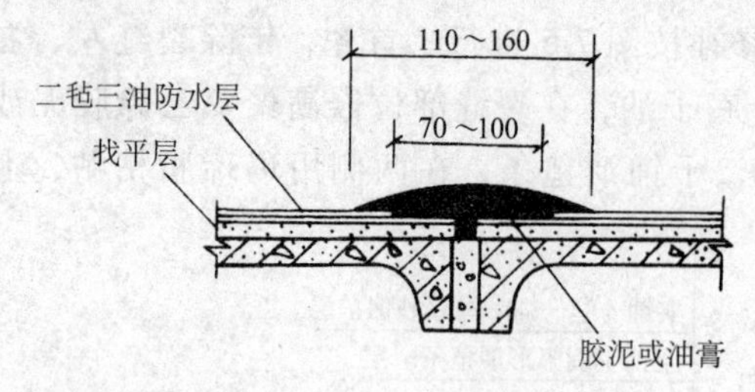


图 7-7　胶泥或油膏嵌补卷材防水层裂缝

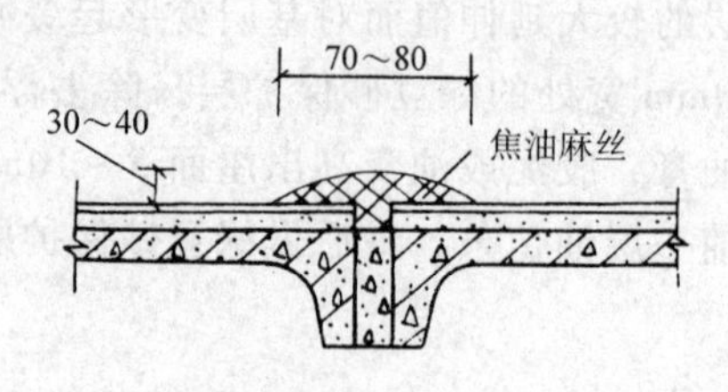


图 7-8　焦油麻丝嵌补卷材防水层裂缝

（3）用再生橡胶沥青油毡或玻璃丝布贴补裂缝。见图 7-9。首先，铲除裂缝处绿豆砂及腐烂的油毡层，露出较好的油毡层或铲至找平层，在裂缝处灌注沥青或胶泥，然后刷冷底子油，再铺贴再生胶油毡条或玻璃丝布条，最后做绿豆砂保护层。

（4）前三种维修方法是针对有规则横向裂缝的，而有些裂缝呈不规则状态，其位置、形状、长度都不一样。无规则裂缝一般是由于找平收缩将油毡拉裂；或由于部分油毡粘结不牢而崩裂；或由于油毡老化龟裂；或由于外伤产生裂缝等等。该类裂缝可按以下方法进行维修，即在一个裂缝处或裂缝区的四周铲除绿豆砂保护层，清除尘土垃圾，刷冷底子油，上面铺一毡二油或二毡三油或一布（玻璃丝布）二油或一胶（再生胶油毡）二油。铺贴时，将原面层沥清胶结材料用喷灯烤热软化，加铺层的周边要压实，与原防水层面层粘贴牢固，不能有翘边。防水层修补完毕，再按原样做好保护层即可。也可以用涂刷油膏来代替一毡二油或二毡三油。如果裂缝处或裂缝区油毡已老化，或因外伤破坏而不能继续使用时，应将老化或破损部分的油毡防水层全部铲除干净，露出四周的良好油毡，见图 7-10a，再将四周两层油毡分层剥离一定宽度，不好剥离时，可将油毡层加热后剥离，将上边（流水坡的上方）油毡层的两角用刀斜向 45°切开，见图 7-10b，掀开油毡层，并将两层油毡剥离开。如原沥青胶结材料质量尚好，可用喷灯烤化继续利用；如不能使用，应刮除干净。表面干燥后，刷冷底子油，贴盖新的二毡三油防水层，每边与四周防水层分层搭盖宽 50～100mm。搭盖时，应使新防水层的左、右、下三边分别搭盖在老防水层的第一、第二层上面，而新防水层上边的第一、第二层油毡则分别插入相应的老防水层的第一、第二层下边，见图 7-10c。其中，二毡三油可用一布二油或一胶二油代替，也可采用涂刷油膏的方法。

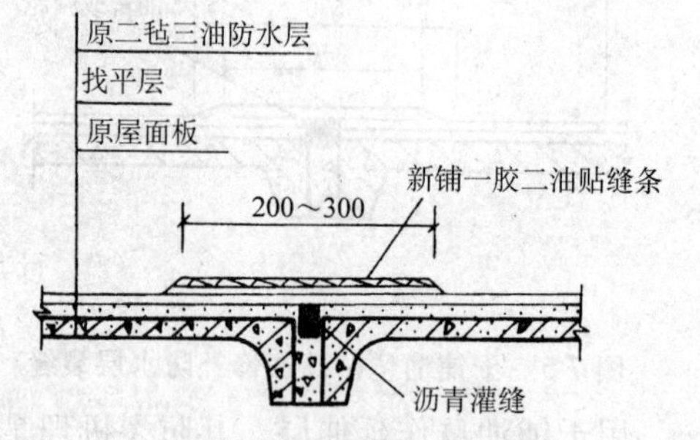


图 7-9　再生橡胶沥青油毡贴补卷材防水层裂缝

（二）流淌的维修方法

轻度流淌短期内不会发生渗漏，不必急于处理，而当流淌导致油毡下滑，山墙、女儿墙等处泛水油毡被拉开脱空，天沟油毡折皱成团或形成耸肩时，应当进行修理，可采用以下几种方法：

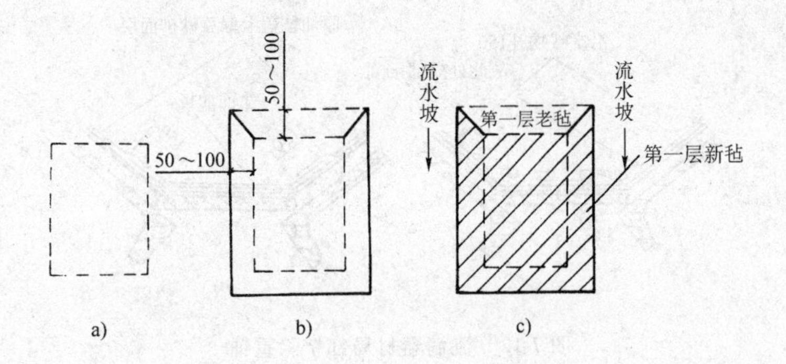


图 7-10 卷材老化的裂缝区修补示意图

（1）切割法 适用于屋面坡端和泛水处油毡因流淌而耸肩、脱空部位的修缮，见图 7-11a、b。修理时，先清除脱空处的绿豆砂，将脱空油毡切开，刮除油毡底下的旧玛琋脂，等内部冷凝水汽晒干后，将下部油毡先用沥青胶结材料贴平，再补贴上一层新油毡，最后将上部油毡粘贴上，撒上绿豆砂，见图 7-11c、d。

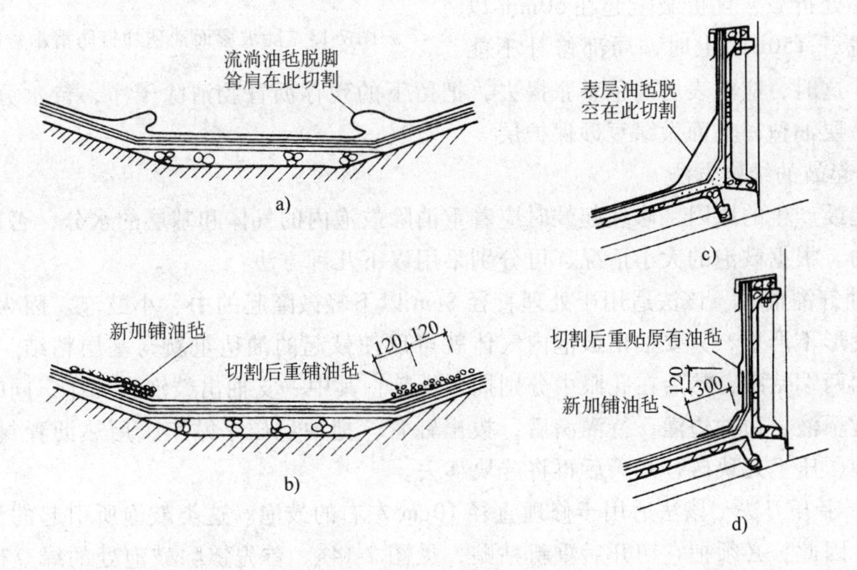


图 7-11 切割法修理流淌

a)、b）天沟油毡流淌耸肩脱空修理前、后情况

c)、d）转角油毡流淌脱空修理前、后情况

（2）局部铲除重铺法 适用于屋架坡端及天沟处已流淌而折皱成团的局部卷材的修缮。先切除表层折皱成团的油毡，切除范围以保存原有油毡较为平整的部分并沿天沟纵向成直线为宜。切除后按图 7-12 修理。揭开原有油毡的边缘处表层约 150mm，刮去老油毡下的沥青，在铲除处重新铺贴油毡，把揭开的老油毡盖贴上，新老油毡搭接 150mm，最后撒上绿豆砂作保护层。

（3）钉钉子法 适用于陡坡屋面卷材防流淌，亦可适用于完工不久的卷材出现下滑趋势时防继续下滑的修缮。施工时，在下滑油毡上部 300～450mm 范围内进行，见图 7-13，平行屋脊钉三排带垫片的圆钉，钉子纵向距离 250～800mm，横向距离 150mm，钉眼上灌沥青胶结材料以防渗水和圆钉锈蚀。

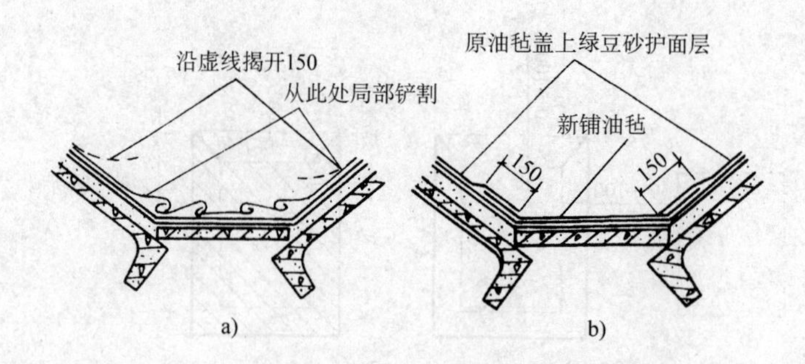


图 7-12　流淌卷材局部铲除重铺

a）流淌形状　b）修补后形状

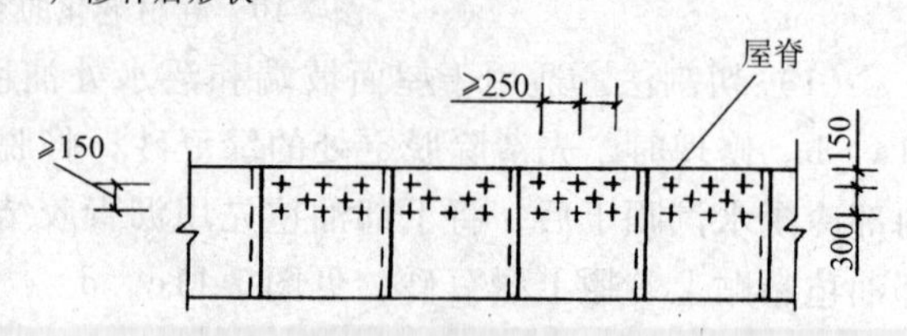


图 7-13　陡坡屋面油毡加钉防滑示意图

油毡流淌后，横向搭接可能有错动，应把油毡边缘翘起处的沥青胶清理干净，重新浇灌沥青胶结材料并压实刮平。

（4）全铲重铺法　当表层油毡产生严重流淌，多处折皱，且折皱隆起在 50mm 以上，接头脱开 150mm 上时，局部修补不能解决问题。这时，应将表层油毡整张揭去，把留下的残存沥青胶清除干净，待水分晒干后，重新铺上一层油毡，上面做绿豆砂保护层。

（三）起鼓的维修方法

根据起鼓产生的原因，修理起鼓时应着重消除鼓泡内的气体和基层的水分，否则不能达到预期目的。根据鼓泡的大小情况，可分别采用以下几种方法：

（1）抽气灌油法　该法适用于处理直径 8cm 以下轻微隆起的中、小鼓泡。因为鼓泡小，油毡残余变形不严重，只要抽出鼓泡内气体就可以使鼓起的油毡重新与基层粘结。修理时，先在鼓泡的两端钻眼，然后在孔眼中分别插入针管，其中一支抽出鼓泡内气体，同时另一支灌入热沥青稀液，边抽边灌，待灌满后，拔出针管，把油毡压平贴牢，用热沥青封闭针眼，撒上绿豆砂，压上几块砖，几天后再将砖块移去。

（2）十字开刀法　该法适用于修理直径 10cm 左右的鼓泡。这类鼓泡所引起的油毡残余变形较大，因此，必须把它切开后重新粘贴，见图 7-14a。首先铲除鼓泡处的绿豆砂，然后用刀将鼓泡按对角十字形割开，将鼓泡内气体放出，用力将鼓泡内水分挤出，清除鼓泡内沥青胶，用喷灯把油毡内部吹干，然后按图 7-14b 中 1 ~ 3 的顺序把切开的旧油毡片重新粘贴好，再在开刀处新贴一块方形油毡 4，其边长比开刀范围大 50 ~ 60mm，压入油毡 5 之下，

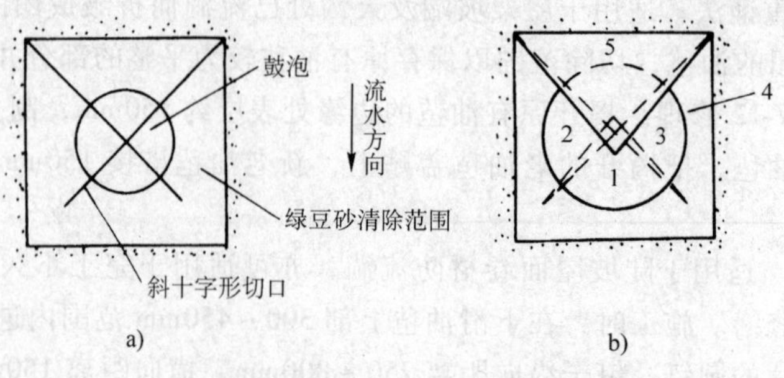


图 7-14　十字开刀法修鼓泡

最后粘贴覆盖好油毡5，四边搭接处用铁熨斗或铁板上烧木炭加热油毡层，抹压平整后，在上面涂一层沥青胶结材料，撒绿豆砂作保护层。

(3) 大开刀法修鼓泡　该法适用于修补40~50cm或较大鼓泡。这类鼓泡往往引起油毡的严重残余变形，有的已老化、变脆，需要把鼓泡全部割除，见图7-15。先将鼓泡的两层油毡全部按紧贴鼓泡的方形虚线1切开除去。掀起切口边两层油毡并分层剥离，将面层（第二层）油毡四边均再切去一狭条，见图中虚线2，使底、面两层老油毡切成分层搭接式。然后挤出水分，清除灰尘，并吹干。铺贴油毡时先将底层老油毡下、左、右三边粘贴平服，上面铺贴一块新油毡（四周与底层老油毡搭接长度≥50mm），然后粘贴底层老油毡的上边，将其粘贴在第一层新油毡上；再将第二层老油毡的下、左、右三边覆贴在新油毡上，上面粘贴第二层新油毡（四周与第二层老油毡搭接长度亦≥50mm），最后将第二层老油毡的上边粘贴覆盖在最上面。熨烫平贴后，涂满沥青胶，上撒绿豆砂作保护层。修补后的高起部分要求抹压烫平。

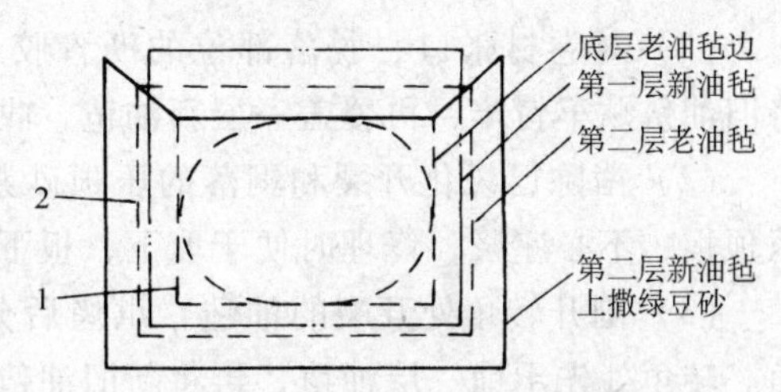

图7-15　大鼓泡修补示意图

上述新旧油毡粘贴时，最好在铲除鼓泡后用喷灯烘烤旧毡周边，待沥青软化后将油毡分层剥离，再将新油毡按顺序插入铺贴，使新旧油毡交口接槎，可收到良好防水效果。当不采用卷材修补时，也可采用涂抹油膏的方法进行修补。

如整个屋面起鼓面积较大，局部修理已无法解决问题时，只能考虑把油毡全部铲除，重做防水层。

（四）老化防水层的维修

如果屋面防水层局部轻度老化，可以进行修补或局部铲除重铺，然后在整个屋面防水层上涂刷沥青一层，再补撒绿豆砂。若屋面防水层严重老化，就需要成片或全部铲除老化面层，铺贴新面层。

**四、构造节点的修理方法**

油毡防水屋面由于构造节点处理不当而造成渗水漏雨的情况也比较普遍，有的还很严重。因为这些部位施工比较麻烦，稍有疏忽，就不能保证质量，而且往往是雨雪积聚的地方，较易损坏。有时屋面防水层完好，只因个别构造节点损坏，也会造成屋面严重漏雨。因此，必须加强这些部位的修理工作。

构造节点部位常见的病害有：突出屋面的构造上（山墙、女儿墙、烟囱、天窗墙等）油毡收口处张开或脱落；压顶板抹面风化、开裂和剥落；泛水破坏，转角处油毡开裂，油毡老化或腐烂；天沟纵向找坡太小，甚至有倒坡现象或者天沟堵塞，排水不畅，从而构成天沟积水，雨水斗四周油毡过早老化与腐烂；高低跨处积水超过泛水高度而漏水或高侧墙未做滴水线，雨水从油毡收口处渗入室内；变形缝处防水不严密等等。

以上缺陷可以根据构造不同分别加以维修。

1. 山墙、女儿墙根部漏水

其主要原因是：油毡收口处没有钉牢或者封口砂浆开裂后进水，经干湿、冻融交替循环，时间一长砂浆剥落，导致木砖、木条腐烂；压顶砂浆强度较低，或产生干缩裂缝后进水，反复冻融而剥落，压顶滴水线破损，雨水沿墙进入油毡；铺撒垂直面的绿豆砂较困难，施工时往往省略这道工序造成油毡露面，且该处易积灰积雪，油毡容易老化腐烂。其维修方法如下：

（1）对卷材张口、脱落部位的沥青胶进行清除，保持基层干燥，重新钉上防腐木条，将旧油毡贴牢钉牢，再覆盖一层新油毡，收口处用油膏封严，见图7-16a。

（2）凿除已风化开裂和剥落的压顶砂浆，重抹水泥砂浆并做好滴水线。也可采用Π形压顶板，不必座浆，修理时便于取下，板下铺贴一层包到垂直面的油毡，见图7-16b。

（3）割开转角处开裂的油毡，烘烤后分层剥离，清除沥青胶，改做成钝角或圆弧形转角。转角处先干铺一层油毡，再将新旧油毡咬口搭接，满铺二毡三油，见图7-16c。

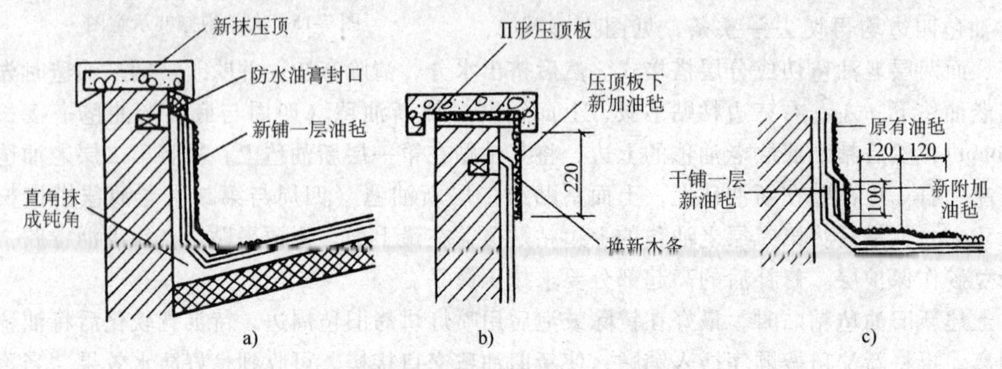


图7-16　山墙、女儿墙泛水修理

2. 天沟漏水

其原因是：施工时没有拉线找坡，造成积水；水斗四周包贴不严密，或油毡层数不够，管理不善。维修方法如下：

（1）凿掉天沟找坡层，再拉线找坡，将转角处开裂的卷材割开，旧卷材烘干后，分层剥离沥青胶，重新铺贴卷材。

（2）治理四周卷材裂缝严重的雨水斗时，应将该处的卷材剔除，检查短管是否紧贴板面或集水盘，如短管等浮搁在找平层上，应将该处的找平层凿掉，清除后安排好短管，用搭接法重铺三毡四油防水层，并做好雨水斗附近卷材的收口与包贴，见图7-17。

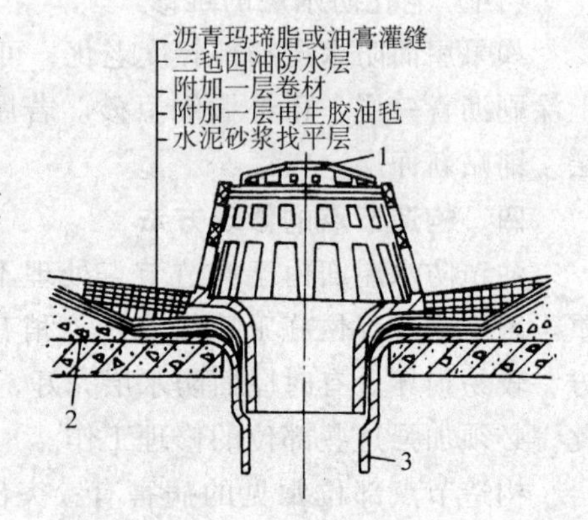


图7-17　雨水斗安装

1—雨水罩　2—轻质混凝土　3—短管

3. 高低跨处泛水渗漏

高低跨处泛水渗漏的维修可考虑以下几个方面：

（1）如发现溢水现象，应先检查屋面排水情况，疏通排水口及管道。有时因泛水高度不够，积水超过泛水高度，水就会从泛水处溢入。如泛水油毡完好，可加高矮墙，增设防腐木砖、木条，再在旧油毡上新铺二毡三油，加高泛水至300mm以上，见图7-18。

（2）油毡收口处砂浆脱裂时，应把封口水泥砂浆清除干净，嵌上油膏或胶泥，见图7-19。

（3）采用混凝土墙板的高低跨封墙或天窗端壁板，若油毡无法钉牢，封口不严，可用螺栓固定，再把张口、脱落的旧油毡重新铺贴好，最后加铺一层新油毡和镀锌钢板泛水，并用防水油膏封口，见图7-20。

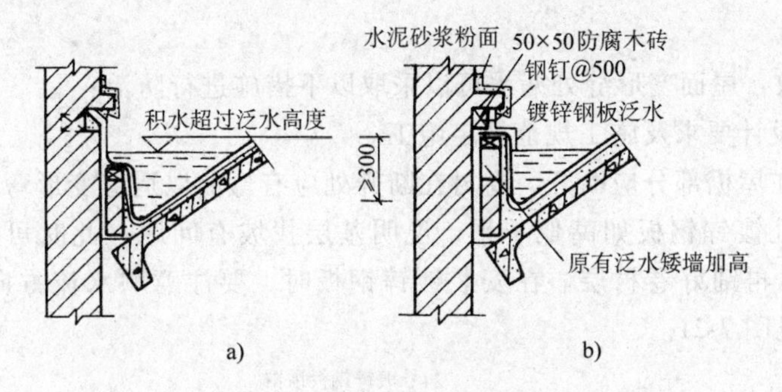


图 7-18 高低跨处泛水修理方法之一

a）原有泛水高度不够 b）加高之后泛水情况

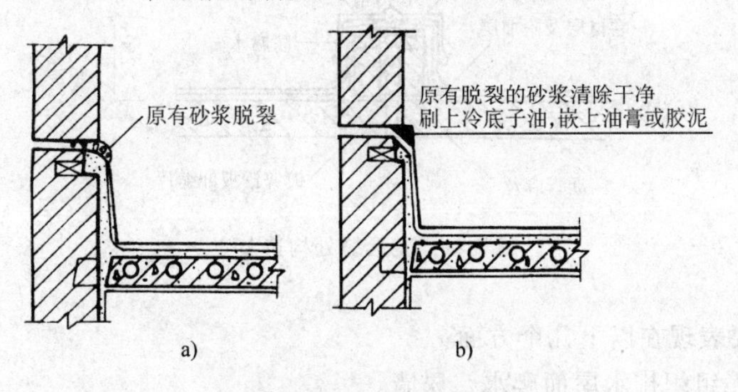


图 7-19 高低跨处泛水修理方法之二

a）原有砂浆脱裂 b）修理后情况

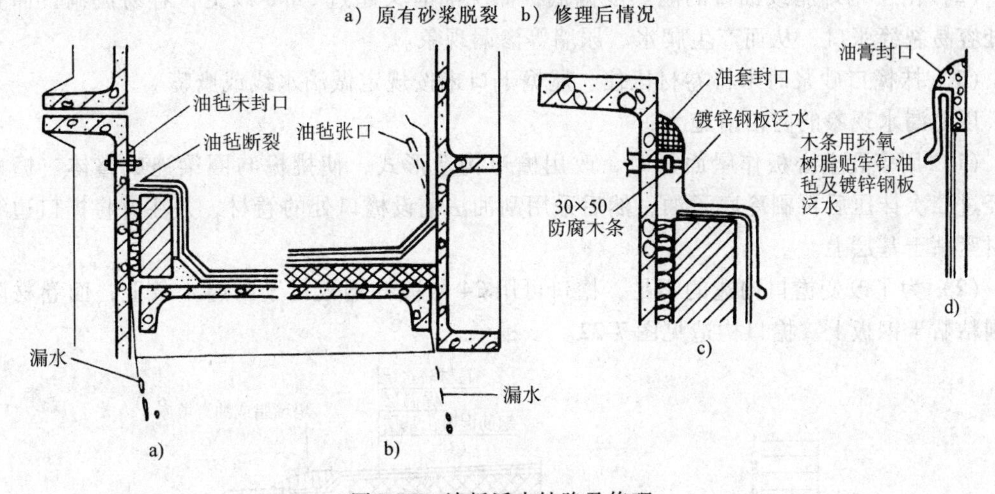


图 7-20 墙板泛水缺陷及修理

a）油毡封口不严，转角断裂 b）油毡张口 c）图 a 修理后情况 d）图 b 修理后情况

4. 变形缝处漏水

变形缝处漏水主要表现在以下几个方面：

（1）屋面变形缝没有做干铺卷材层，镀锌钢板凸棱安反或镀锌钢板向中间反水，造成变形缝漏水。

（2）变形缝长度方向未按规定找坡，甚至往中间反水。

（3）镀锌钢板没有顺水流方向搭接；镀锌钢板安装不牢固，被风掀起。

（4）变形缝在屋檐部分没有断开，卷材直接平铺过去，变形缝发生变形时卷材便被拉裂，造成漏雨。

根据上述现象，屋面变形缝处漏水可以采取以下措施进行防治：

（1）严格按设计要求及施工规范规定施工。

（2）变形缝在屋檐部分应断开，卷材在断开处应有弯曲以适应变形弯曲需要。

（3）变形缝处镀锌钢板如高低不平，说明基层找坡有问题。此时可将镀锌钢板掀开，将基层修理平整，再铺好卷材层。在安装镀锌钢板时，要注意顺水流方向搭接，并牢固钉好。变形缝构造见图 7-21。

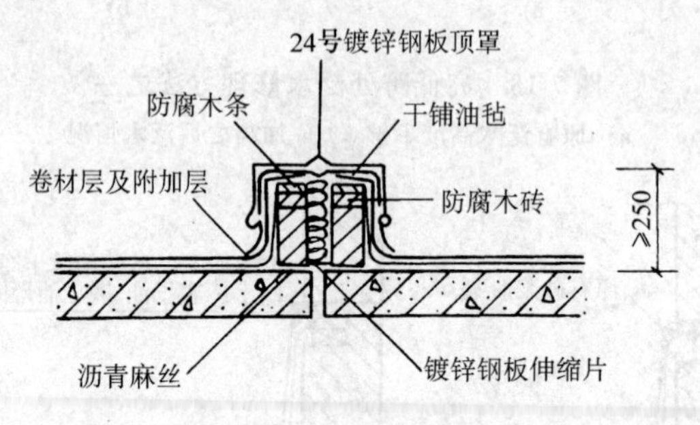


图 7-21　变形缝处构造节点

5. 檐口漏水

檐口漏水主要表现在以下几个方面：

（1）天窗及无组织排水屋面爬水、尿墙。

（2）由于玛琋脂或油膏的耐热度偏低，而浇灌时又超过 5mm 以上，容易流淌，而且封口处容易裂缝张口，从而产生爬水、尿墙等渗漏现象。

（3）抹檐口砂浆时未将卷材压住。屋檐下口未按规定做滴水线或鹰嘴。

以上漏水现象的防治措施为：

（1）用多孔空心板作屋面板时，改用檐口构造形式，使挑檐与圈梁连成整体。檐口抹灰经过二次抹压后再刷冷底子油，然后采用刮油法铺设檐口处的卷材，并注意将檐口边缘的卷材紧贴于基层上。

（2）为了改变檐口构造的不足，檐口可用 24 号镀锌钢板钉于防腐木条上，而卷材防水层则粘贴于钢板上。檐口构造见图 7-22。

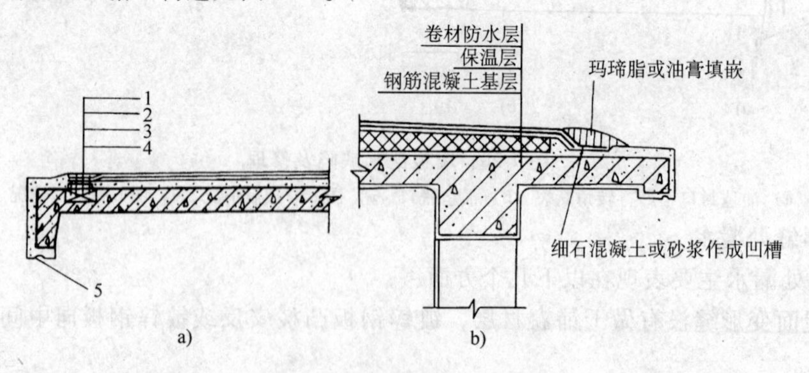


图 7-22　混凝土檐口构造

1—沥青玛琋脂或油膏填嵌　2—20mm × 0.5mm 薄钢板压紧油毡并钉牢

3—防腐木条　4—防腐木砖　5—滴水

## 第二节　刚性防水屋面

刚性防水屋面是指用细石混凝土作防水层的屋面，因混凝土抗拉强度低，属于脆性材料，故称为刚性防水屋面。刚性防水屋面的主要优点是构造简单、施工方便、造价较低、维修方便；缺点是易开裂，对气温变化和屋面基层变形的适应性较差，所以刚性防水多用于我国南方地区防水等级为Ⅲ级的屋面防水，也可用作防水等级为Ⅰ、Ⅱ级的屋面多道设防中的一道防水层。

### 一、裂缝产生的原因及预防措施

刚性防水层的裂缝一般在以下位置出现：在预制板的支座处不设分格缝时，很容易出现横向裂缝；凡进深较大的屋面（一般大于6m以上）而在屋脊线处未做纵向分格缝的防水层，在屋脊附近易出现纵向裂缝；在现浇和预制板相接处，预制板搁置方向变化处，两边支承与三边支承相接处等结构变形敏感部位的防水层上容易产生裂缝。另外，在混凝土质量不高的部位还出现一些不规则的裂缝。

（一）裂缝产生的原因

裂缝产生的原因很多，有气候变化及太阳辐射引起的屋面热胀冷缩；有屋面板受力后的挠曲变形；地基沉陷以及屋面板徐变或材料的变形等原因。其中，最常见的原因是热胀冷缩和受力后的挠曲，具体有下面几种情况：

（1）基层屋面板挠曲变形的影响　预制屋面板在荷载、温度、混凝土徐变的作用下，会产生挠曲、干缩，在板端产生角变形和相对位移，从而引起上部防水层的变形，使屋面防水层在板端支座处产生横向裂缝，该裂缝的产生与油毡卷材防水屋面基本上类似。三边支承的屋面板与相邻板受力不一致，造成板端变形，会引起纵向拼缝处防水层开裂。另外，地基不均匀沉降也会导致结构变形而使防水层出现裂缝。

（2）混凝土防水层干缩的影响　干缩开裂主要是由砂浆或混凝土水化后体积收缩引起，当其收缩变形受到基层约束时，防水层便产生干缩裂缝。

（3）混凝土防水层温差的影响　混凝土本身热胀冷缩会产生变形，这种变形称为温度变形。混凝土的线膨胀系数约为$1\times10^{-5}℃^{-1}$（即温度升高1℃，每1m混凝土膨胀0.01mm），而全年室外冷热温差一般为45℃左右，直接暴露在大气中的混凝土防水层表面温差则更高。因此，混凝土的这种温度变形不可忽略。当混凝土防水层受大气温度、太阳辐射、雨、雷及人工热源等的影响产生变形，加之变形缝未设置或设置不当，便会产生温差裂缝。

（4）设计施工不当　如砂浆、混凝土配合比设计不当，施工质量差，养护不及时等原因也会导致刚性防水层屋面开裂渗漏。

（二）裂缝的预防

刚性防水屋面裂缝的预防应注意以下几个方面：

（1）由于刚性防水屋面对温度变化、沉降变形敏感性很强，在气候变化剧烈、屋面基层变形大的情况下很容易开裂，所以，一般在南方地区可采用该种屋面。而北方地区因温差大，较少采用。另外，混凝土刚性防水屋面也不宜用于高温或有振动和基础有较大不均匀沉降的建筑物中。

（2）在结构层与防水层之间宜加做隔离层，即采用“脱离式”防水层构造，以消除防水层与结构层之间的机械咬合和粘结作用，使防水层在收缩和温差影响下，能自由伸缩，不产生约束变形，从而防止防水层被拉裂。隔离层可采用石灰砂浆、黄泥灰浆、中砂层加干铺油毡、塑料薄膜等。施工简便而效果较好的作法，是在结构板面上抹一层1:3或1:4的石灰砂浆，厚约15~17mm，再抹上3mm厚的纸筋石灰。

（3）在刚性防水层适当的部位设置分格缝。所谓分格缝是指设置在刚性防水层的变形缝，其间距大小和设置部位均须按照结构变形和温度胀缩等需要确定。分格缝可以有效地防止混凝土防水层因热胀冷缩而引起的开裂，也可以避免由于屋面板挠曲变形而引起的防水层开裂。

分格缝应设置在屋面板的支承端；屋面转折处、防水层与突出屋面的交接处；预制板与现浇板相交处；排列方法不一致的预制板接缝处；类型不同的预制板拼缝处等。同时，分格缝应与屋面板缝对齐，使防水层因温差的影响、混凝土干缩结构变形等因素造成的防水层裂缝，集中到分格缝处，以免板面开裂。分格缝的设置间距不宜过大，当大于6m时，应在中部设一V形分格缝，分格缝深度宜贯穿整个防水层厚度。当分格缝兼作排气道时，缝可适当加宽，并设排气孔出气。当屋面采用石油沥青油毡作防水层时，分格缝处应加200~300mm宽的油毡，用沥青胶单边点粘，分格缝内嵌填满油膏。

分格缝的具体构造见图7-23。其中，图7-23a、c为贴缝式构造。屋面板缝由浸过沥青的木丝板填塞，缝口用油膏嵌填，然后再粘贴覆盖层（粘贴宽度200~300mm）。常用的贴缝材料有油毡、玻璃丝布、再生胶油毡等；作法可采用一毡二油、二毡三油、一布一油等。采用油毡贴缝时，为使覆盖层有较大的伸缩余地，在覆盖层与刚性防水层之间可以干铺一层油毡。图7-23b、d为盖缝式构造，主要用于屋脊和平行于流水方向的分格缝。该作法是将细石混凝土防水层在分格缝两侧作成向上翻口，其上盖脊瓦，以防雨水，盖瓦应单边座灰固定。

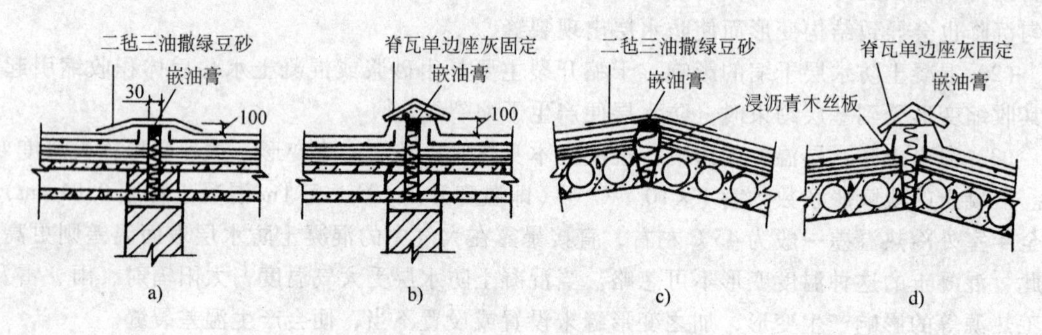


图7-23 混凝土刚性防水屋面分格缝作法

a)、b) 横向分格图 c)、d) 屋脊分格法

（4）防水层采用不低于C25的密实性细石混凝土整体现浇，其厚度不宜小于40mm，并应在其中配置ф6mm或ф4mm，间距为100~200mm的双向钢筋网片，钢筋宜放在混凝土防水层的中间或偏上，以防止混凝土收缩时产生裂缝。混凝土厚度应均匀一致，浇灌时振捣密实，滚压冒浆、抹平，收水后二次抹光，终凝后按规定洒水或蓄水养护14天。细石混凝土防水层中宜掺入外加剂，如膨胀剂、减水剂、防水剂等，其目的是提高混凝土的抗裂和抗渗性能。夏季施工时应避开正午，冬季施工时则应避开冰冻时间，严禁雨天施工。

（5）在南方炎热地区，混凝土表面温差较大，对混凝土表面产生很大的破坏作用，而且容易引起裂缝。而在屋面防水层上设置架空隔热层，可以遮挡太阳对屋面的辐射，通过架空层的自然通风，降低屋面的表面温度，从而缓解温差对混凝土面层的影响，延长防水层使用寿命。因此，南方地区在空心板构件自防水或刚性防水屋面上设置架空层，既可以隔热，又可以获得防裂的效果。架空层可以采用架空钢丝网水泥板或素混凝土预制块，见图7-24。架空高度一般为120～300mm，以保证架空层内有足够的通风量和空气流速。

## 二、裂缝的维修

刚性防水层出现裂缝后，应根据其形状、位置、状态找出裂缝产生的原因，确定其稳定程度及可能的发展趋向等，经过分析后再制订出维修方案。选用维修材料时，应考虑其对裂缝的适应性、本身的耐久性、施工与供应的可能性及经济性。针对不同的裂缝，可分别采取以下措施：

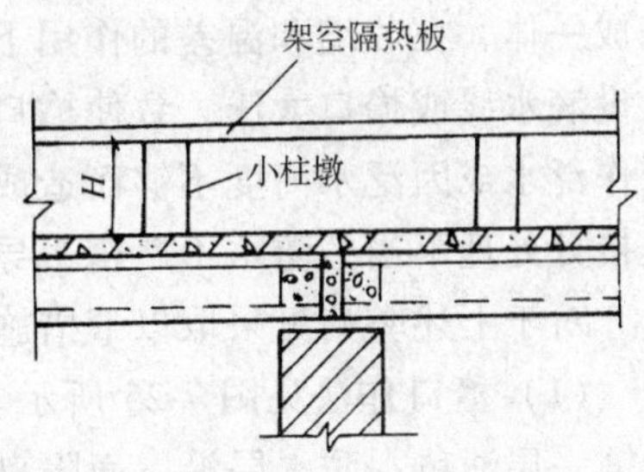


图7-24 屋面架空隔热层构造

（1）在应该设置分格缝的部位而没有设置分格缝，由此产生结构和温度裂缝。对于这类裂缝的维修，首先在裂缝位置处将混凝土防水层凿开，形成分格缝，分格缝宽度在15～30mm之间，深度在20～30mm之间为宜。然后，按照分格缝的作法，缝内填塞浸过沥青的木丝板，缝口用油膏嵌填，缝口外可作成贴缝式或盖缝式，防止渗漏。

（2）对于稳定裂缝可以直接在裂缝部位嵌涂防水涂料，进行修补。可采用聚氯乙烯油膏或薄质石油沥青防潮油等防水涂料。施工时，先将待修补部位清理干净，再刷涂料。对于较宽的裂缝先用与涂料相应的基材配制的腻子嵌缝补平，再在其上铺贴玻璃丝布或防水卷材，然后涂刷防水涂料覆盖层。对于各种大小的稳定裂缝或不规则的龟裂也可以根据不同的情况采用环氧树脂的各种配合剂进行修补。用于混凝土修补的环氧树脂配合剂有：环氧粘结剂、环氧胶泥、环氧砂浆等。采用这种修补方法可以防止渗水，并防止潮气和有害介质侵入，效果良好。

（3）不稳定裂缝的维修方法可分为两种情况：

1）对于较小的不稳定裂缝可以沿裂缝涂刷柔韧性和延伸性较好并具有抗基层开裂能力的涂料，如石灰乳化沥青、再生橡胶沥青等涂料。

2）对于较大的不稳定裂缝，如发展缓慢，可先将缝口凿成V字形，将裂缝部位清除干净，刷冷底子油，再在裂缝部位抹上一层宽30～40mm，高3～4mm的防水油膏，如聚氯乙烯油膏或聚氯乙烯胶泥等。如果裂缝开裂和发展趋势较为严重，则先按上述办法处理裂缝，并在裂缝内嵌抹油膏或胶泥，然后在上面作一胶二油（一层再生胶油毡）或一布二油等贴缝。

（4）对于原有嵌缝式接缝经常会出现油膏或胶泥老化、与混凝土粘结不牢而脱开等现象，若油膏和胶泥已变硬变脆，发生龟裂，或与混凝土未粘牢而脱开时，可以将老化部分油膏铲除干净，重新嵌入优质油膏，为保证质量，再在上面加贴一毡二油或一胶二油等。

（5）原有贴缝式接缝往往因基层不平整或粘贴不周到而产生贴缝条翘边或因贴缝材料不能适应屋面基层变形而产生开裂。对于少量翘边，可以将翘边部分掀开，清理干净后重新粘贴牢固。若翘边范围较大时，可以在两边加压缝条压边，先清除翘边贴缝处的粘结材料，干燥后，重新粘贴好，再把压缝条（比原贴缝油毡条宽300mm）压边铺贴上，所用胶结材料应与原贴缝条相同。

（6）刚性防水层产生大面积龟裂时，轻度的可以全面涂刷石灰乳化沥青或聚氯乙烯油膏等防水涂料，情况严重的只能整块敲除防水层，然后重做。

三、构造节点的防漏措施

刚性防水屋面的构造节点如果处理不当，也很容易漏水。常见的弊病有：防水层与圈梁浇成一体，在收缩和温差的作用下，防水层的自由伸缩受到限制，很容易开裂；防水层端部没设滴水线或檐口太浅，致使檐口梁顶缝隙处发生爬水、溢水渗漏；防水层未压入墙身，且未作泛水或因泛水高度不够而造成漏水；在突出屋面的管道、烟囱以及落水管弯头与防水层连接处处理不当，防水不严密，导致渗漏。

对于上述弊病可采取以下措施加以预防：

（1）檐口作法见图7-25所示。檐口作成排水檐沟板，檐沟板为槽形，在檐口梁顶部先干铺一层油毡，防水层沿屋面隔离层顶及檐梁顶整浇覆盖，端部挑出檐口梁侧边50mm，并作滴水，以防止爬水。

（2）女儿墙、山墙及其他突出屋面的结构与防水层交接处的泛水构造见图7-26。泛水与墙之间保留缝隙，使泛水混凝土在收缩和温度变形时不受墙的影响，可以有效地防止泛水开裂。缝顶应用油膏嵌封，缝口上端用挑砖盖住，以免雨水流进缝中。

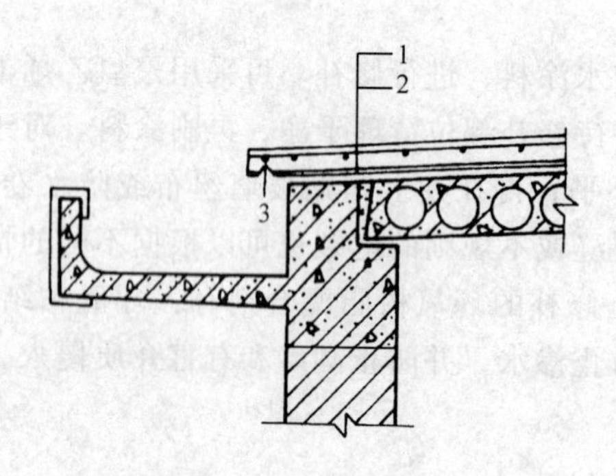


图7-25 檐口作法

1—细石混凝土防水层 2—隔离层 3—滴水

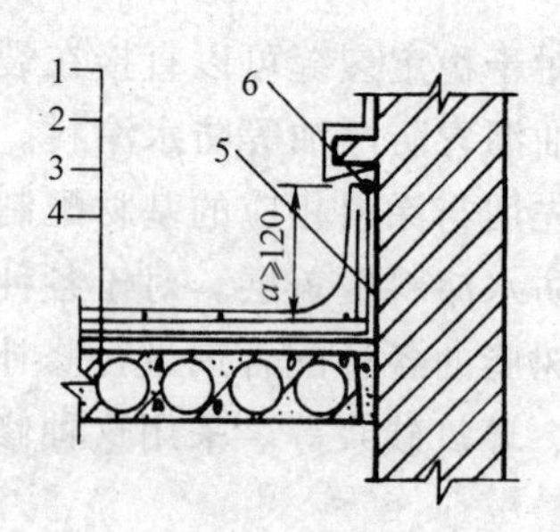


图7-26 泛水作法

1—细石混凝土防水层 2—隔离层 3—找平层

4—结构层 5—伸缩缝间隙 6—油膏嵌封

（3）在露出屋面的管道、烟囱等的相接部位，防水层应沿管道四周作成向上翻口，并与管壁离缝20mm左右。缝下部用沥青麻丝或细石混凝土嵌实，上部灌嵌防水胶泥或油膏。缝口上最好加设铁皮罩或泛水，把水自缝口引开，见图7-27。

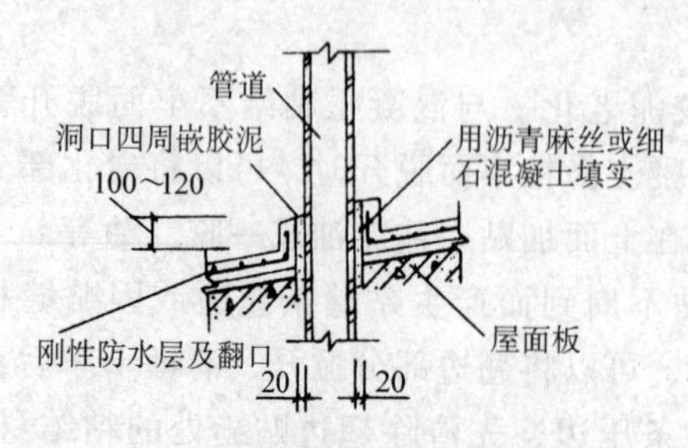


图7-27 屋面管道洞口防水构造

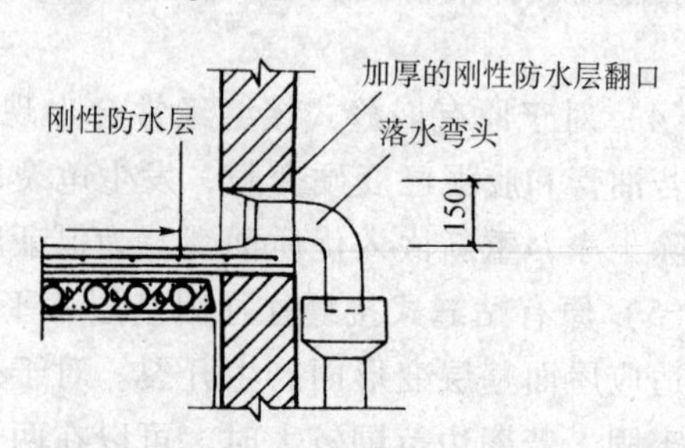


图7-28 落水口处刚性防水层构造节点

（4）在屋面落水管弯头与防水层连接处，将防水层的翻口伸进女儿墙，并局部加厚，与女儿墙相同，使弯头的顶、底及左右均为混凝土密实包固，避免雨水自进水口连接处及沿砌体渗入，见图 7-28。

## 第三节　涂膜防水屋面

涂膜防水屋面是在屋面承重构件上采用涂膜防水做防水层的一种防水形式。该种屋面按防水层胎体分为单纯涂膜层和加胎体增强材料涂膜（如加玻璃丝布、化纤、聚酯纤维毡）做成一布二涂、二布三涂、多布多涂。由于屋面板易风化、碳化，质量要求高，这样就要求屋面板的涂膜应具有较好的耐久性、延伸率、粘结性、不透水性和较高的耐热度。涂膜按功能分为防水涂膜和保护涂膜两大类。防水涂膜主要有聚氨酯、氯丁橡胶、丙烯酸、硅橡胶、改性沥青等。

当涂膜防水层需铺设胎体增强材料时，屋面坡度小于 15% 时可平行屋脊铺设，屋面坡度大于 15% 时应垂直于屋脊铺设。胎体长边搭接宽度不应小于 50mm，短边搭接宽度不应小于 70mm。采用二层胎体增强材料时，上下层不得相互垂直铺设，搭接缝应错开，其间距不应小于幅宽的 1/3。

涂膜防水屋面的病害主要有裂缝、起鼓、破损、剥离、过早老化等，下面分别介绍常见病害产生的原因及相应维修方法。

### 一、裂缝

（一）裂缝成因及维修

屋面板产生裂缝后一方面会引起渗漏，另一方面会使钢筋锈蚀，影响构件使用安全，因此，应根据裂缝的形状、大小、部位不同分别进行处理，以达到安全使用的目的。对于危及结构安全的严重断裂裂缝，必须按照规范要求进行更换或加固处理。对于上下贯通的裂缝及宽度大于 0.1mm 的裂缝应进行封闭处理。裂缝主要有规则性裂缝和无规则性裂缝两种。

有规则性裂缝多发生在屋面板的支承部位，裂缝的形成主要是由于结构变形所致。如由于制作安装过程中操作不善、养护不良引起的，应尽可能选用预应力屋面板，板的迎水面应充分振压密实。温差变形及混凝土干缩也会产生规则性裂缝。另外，施工时，板端缝未做处理，遇结构变形而无力适应，会使防水层开裂，该种裂缝尤以预制屋面板结构最为严重。

有规则裂缝的维修方法：可采用空铺卷材或利用嵌填密封材料的方法加以解决。空铺卷材方法主要是利用空铺卷材的较大延伸率对基层变形起缓冲作用，可以防止新防水层继续开裂。其作法是首先清除裂缝部位的防水涂膜，裂缝剔凿扩宽后，清理裂缝处的浮灰和杂物。干净后，可用密封材料嵌填，干燥后，缝上空铺或单侧粘贴宽度为 200～300mm 的隔离层。面层铺设带有胎体加强材料的涂膜防水层，其与原防水层的有效粘结宽度不小于 100mm，涂膜涂刷要均匀，不要漏涂，新旧防水层的搭接要严密。

造成无规则性裂缝的原因，除结构变形及在长期受力和温度作用下热胀冷缩外，还有因找平层薄厚不均匀而引起的开裂。

无规则性裂缝的维修方法：维修前，将裂缝部位面层上浮灰和杂物清除干净，再沿裂缝铺贴宽度不小于 250mm 的卷材，或带有胎体加强材料的涂膜防水层，注意做到满沾、满涂、贴实封严。

（二）预防措施

（1）最好选用预应力屋面板，混凝土强度等级不宜低于 C40。宜选用 32.5 级以上的普通硅酸盐水泥，石子最大粒径应小于板厚的 1/3，且颗粒级配良好。采用非预应力板时，混凝土强度等级不宜低于 C30。

（2）屋面板混凝土应振捣密实，板的迎水面（朝上的面）应抹压光滑。禁止采用翻转脱模工艺生产屋面板。

（3）混凝土应覆盖养护 7～10 天，以减少板面干缩裂缝。如必须采用蒸汽养护（降低混凝土的抗渗性能）时，应先在屋面板上涂一层经稀释的厚质涂料。

（4）运输、安装按操作规程，防止屋面板受力不均产生裂缝。

（5）加强使用管理，及时维护保养。禁止在屋面板上堆放重物、架设天线、晾晒衣物等，防止板面超载及其他损坏；并应定期对板面进行维护保养。

**二、起鼓**

（一）起鼓成因及维修

涂膜防水屋面起鼓现象多发生在平面或立面的泛水处。防水层起鼓虽不致立即发生渗漏，但存在着渗漏的隐患，往往随着时间的延长，使防水层过度的拉伸疲劳而加速老化，使表层脱落，有时还伴有裂纹造成渗漏。起鼓的原因主要是施工操作不当，涂膜加筋增强层与基层粘结不实，中间裹有空气；更多情况下是由于找平层或保温层含水率过高而引起。立面部位防水层起鼓的原因往往是与基层粘结不牢，出现空隙而造成。特别是当立面在背阴的位置时，该部位的基层往往比平面干燥慢，含水率较高，当水分蒸发时，可使立面防水层起鼓，且鼓泡会越来越大。

起鼓的维修，在鼓泡较小且数量不多时，可用注射器抽气，同时注入涂膜的方法，把鼓起的防水层重新压贴，与基层粘结牢固，在鼓泡上铺设一层带有胎体增强材料的涂膜防水层，表面铺撒保护层材料。对较大的鼓泡，可用十字开刀方法，先把鼓泡部位的涂膜防水层剪开，将基层处理干净，泡内水分尽力清出，干燥后用防水涂膜把原防水层重新粘贴牢固，再加涂新的涂膜防水层，表面铺撒保护层。

（二）预防措施

铺贴增强层时，宜采用刮挤手法，随挤压随将空气排出，使加筋层粘结更为严实。基层要做到干燥，其含水率不得超过《屋面工程技术规范》的规定要求。如果基层干燥有困难，可做排气屋面，或选用可在潮湿基层上施工的防水涂膜、复合防水涂料。

**三、破损**

（一）破损成因及维修

防水层破损一般会立即造成渗漏，破损的原因很多，多数是由施工及管理因素造成的。主要是防水层施工时，由于基层清理不净，夹带砂粒或石子，造成防水层被硌破而损伤。或由于防水层施工后，在上面进行其他工序及做保护层时，由于施工人员走动或搬运材料和工具时，都有可能损伤防水层。另外，做块体保护层，在架空隔热层施工时，由于搬运材料或施工工具掉落，亦有可能损伤防水层。

发现涂膜防水层有破损，可立即修补。首先将破损部位及其周围防水层表面上的浮砂、杂物清理干净。如基层有缺陷，可将老防水层掀开，先处理基层，然后用防水涂料把老防水层粘贴覆盖，再铺贴比破损面积周边各大出 70～100mm 的玻璃纱布，上面涂刷防水涂料，表面再做保护层。

（二）预防措施

(1) 涂膜防水层施工前，应认真清扫找平层，表面不得留有砂粒、石渣等杂物。如遇有三级以上大风时，应停止施工，防止脚手架或建筑物上被风刮下的灰砂影响涂膜防水层质量。

(2) 在涂膜防水层上砌筑架空板砖礅时，须得涂膜防水层达到实干后再进行，砖礅下应加垫一方块卷材并均匀铺垫砂浆。

**四、剥离**

（一）剥离成因及维修

该病害指的是涂膜防水层与基层之间粘结不牢形成剥离。一般情况下，剥离并不影响防水功能，但如剥离面积较大或处于坡面或立面部位，则易降低屋面防水功能，甚至引起渗漏。

产生剥离的原因很多。涂膜防水层施工时环境气温较低或找平层表面存有灰尘、潮气，都会造成防水层粘结不牢而剥离脱开。在屋面与突出屋面立墙的交接部位，由于材料收缩将防水层挂紧，造成在交接部位与基层脱离；或因铺涂膜增强材料时，为防止发生皱折而过分拉伸，或因施工时交角部位残留的灰尘清理不净，都会造成交接部位拉脱形成剥离。

可根据屋面出现剥离的面积大小，采用不同的维修方法。如屋面防水层大部分粘结牢固，只是在个别部位出现剥离，可采取局部维修方法。其作法是将剥离的涂膜防水层掀开，处理好基层后再用防水涂料把掀开的涂膜防水层铺贴严实，最后在掀开部位的上面加做涂膜防水层，表面铺撒保护层即可。如剥离面积较大，维修已没有价值，应全部翻修重做。

（二）预防措施

(1) 屋面施工时应严格控制找平层的施工质量，确保找平层具有足够强度，达到坚实、平整、干净，符合设计要求。

(2) 涂膜防水层施工前应对找平层清扫干净，使之达到技术要求。基层表面是否要求必须干燥，应根据选用防水涂料的品种要求决定，并切实做到。

**五、过早老化**

（一）过早老化成因及维修

由于防水涂膜选择不当、质地低劣、技术性能不合格，甚至采用伪劣产品都会引起涂膜防水层剥落、露胎、发脆，直至完全丧失防水作用。另外，由于施工管理不严、现场配料不准，也会造成局部过早老化。

维修方法：如是小面积的个别部位老化，可将老化部位的涂膜防水层清除干净，修整或重做找平层，再做带胶体增强材料的涂膜防水层，其周边新旧防水层搭接宽度可不小于100mm，外露边缘应用防水涂料多遍涂刷封严。如是大面积过早老化，已失去防水功能，应翻修重做。

（二）预防措施

(1) 严格按照设计的屋面防水等级来选用质地优良、技术性能达标的防水涂膜及胎膜等，并在施工前检查涂膜及胎膜等防水材料是否满足质量要求，如不能满足质量要求应及时调换。

(2) 在施工过程中严格管理，按配料比例现场准确配料，防患于未然。

## 第四节　盖材屋面

本节所述盖材屋面，包括平瓦（粘土或水泥）屋面、青瓦屋面（包括俯仰瓦屋面和仰瓦屋面）、筒瓦屋面、金属板材屋面、波形石棉水泥瓦屋面等。盖材屋面往往存在屋面渗漏水，瓦片滑动、脱落，屋面盖材风化、腐蚀或锈蚀等损坏现象。

**一、平瓦屋面**

（一）平瓦屋面渗漏的原因

平瓦屋面渗漏的原因主要有：瓦件破损碎裂；挂瓦条的间距不正确，致使上下两瓦搭接长度不能满足流水的需要；流水槽破损或被垃圾堵塞，水流出槽外入室；有屋面板的屋面，基层油毡破损；平瓦脱落下滑，引起渗漏。

（二）平瓦屋面的维修方法

对于平瓦屋面的渗漏可采取以下措施进行维修：

（1）更换大脊瓦或在脊瓦下加铺小青瓦或插入镀锌薄钢板。当脊瓦与面瓦搭接不够引起渗漏时，可更换较大尺寸的青瓦；无大脊瓦时，可在脊瓦下俯盖小青瓦，也可用小木条将镀锌薄钢板钉在脊瓦下。加盖小青瓦见图 7-29。

（2）外山墙压边线修缮。当山墙处的砂浆泛水渗漏严重，不易修好时，可将出屋面的山墙拆除，上面盖平瓦，做水泥砂浆压边线，见图 7-30。

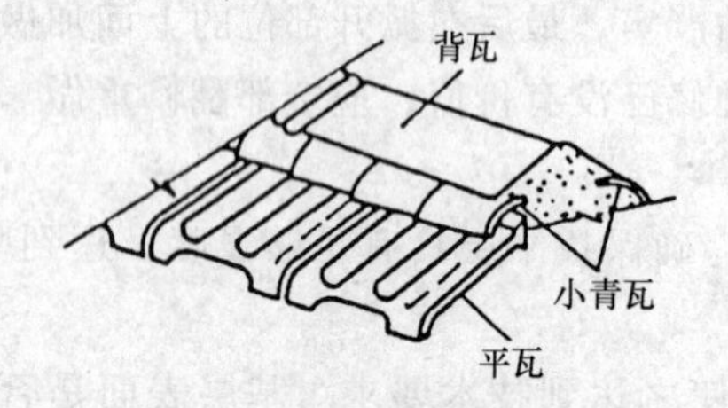


图 7-29　平瓦屋面脊瓦与面瓦间加铺俯盖青瓦的整治方案

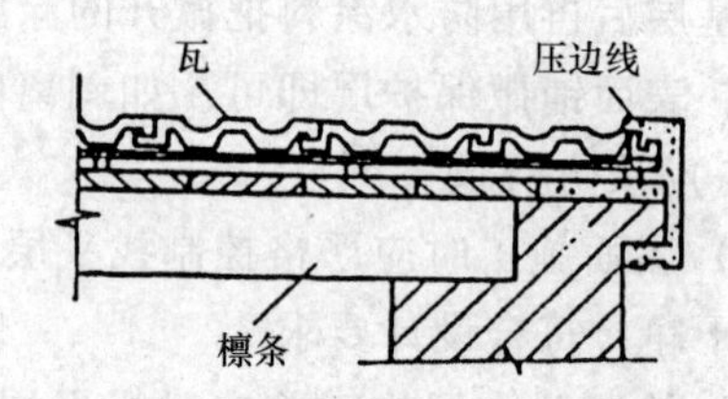


图 7-30　外山墙的压边线

（3）修理檐口渗漏。应使檐口瓦和油毡盖过封檐板，檐瓦挑出檐口 50～100mm，见图 7-31。

（4）钢丝固定瓦片。当房屋处于沿海或多风地区，以及屋面坡度大于 35°时，应每隔一排瓦用 20 号镀锌钢丝穿过瓦鼻小孔，绑在下一排挂瓦上，见图 7-32。靠近檐口处的两排瓦应全部绑牢。

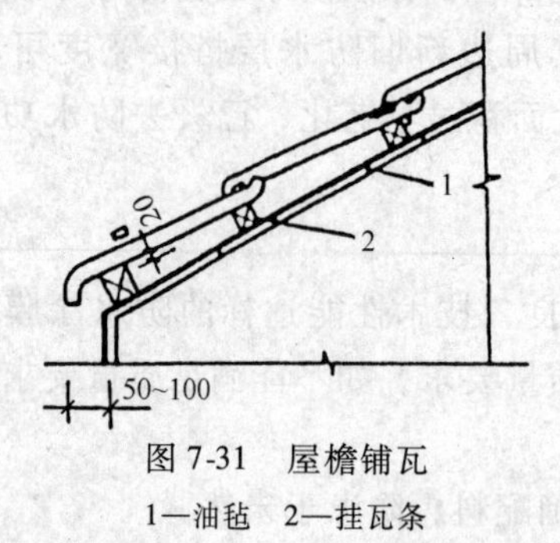


图 7-31　屋檐铺瓦

1—油毡　2—挂瓦条

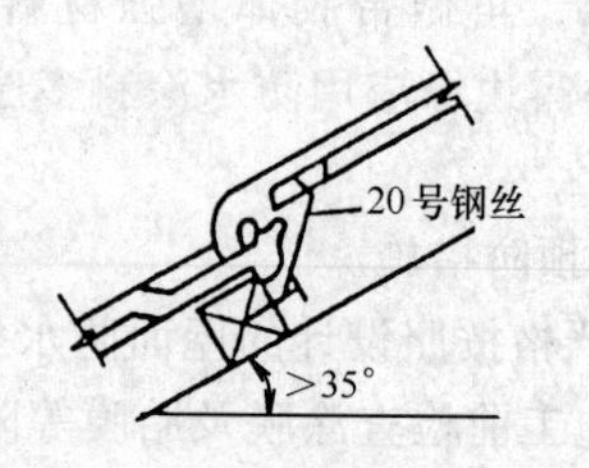


图 7-32　用钢丝将瓦系于挂瓦条上

（三）平瓦屋面的质量要求

（1）挂瓦应平整，搭接应紧密，行列要横平竖直，不得有偏斜、弯曲、高低不平、翘曲、松动等现象，瓦头挑出檐口一般为 50～70mm。

（2）屋脊应成直线，接口均应用麻刀灰浆填实、抹平、封固严密。脊瓦应搭盖在两坡面的瓦上至少 40mm，间距应均匀。

（3）檐口瓦局部起伏每 5m 长度内不大于 10mm，全长不大于 30mm。

（4）檐口挑出瓦头的长度偏差不得超过 10mm。

**二、青瓦屋面**

青瓦屋面包括俯仰瓦屋面（俯瓦与仰瓦间隔成行的屋面）和仰瓦屋面（只有仰瓦行列的屋面和在仰瓦行列间作成灰埂的屋面），一般采用屋面板、望砖、荆笆、苇箔等作基层。

（一）防止青瓦屋面渗漏的措施

（1）铺盖青瓦时，排垄必须上下均匀，前后对正。上下瓦的搭接应疏密一致且没有翘角或张口现象，搭接长度一般为瓦长的 2/3，瓦头伸出檐口约 50mm。

（2）作山墙披水线时，山墙上面瓦的挑出部分宜为瓦宽的 1/2，瓦垄侧面应校直。

（3）仰瓦屋面的瓦片应座灰饱满。作灰埂时，应先将两垄仰瓦之间的空隙用草泥垫实，然后用麻刀灰作出灰埂，再在灰埂上涂刷青灰浆，并压实抹光。如不作灰埂时，应严格选用外形整齐一致的青瓦，瓦垄边缘应相互咬接紧密。

（4）俯仰瓦屋面的俯瓦搭盖仰瓦的宽度，每边应为 40～60mm。

（二）青瓦屋面渗漏的修理方法

（1）若因盖瓦破碎而漏雨，则应将破碎盖瓦揭除，换上好瓦，新旧瓦上下接槎要直顺、严密。

（2）因瓦片下滑造成上下脱节或搭接长度不够而发生渗漏时，可将下滑瓦片向上推，摊派均匀，对正整齐。

（3）查补檐头部位时，要将酥掉或破损的瓦头、瓦垫予以抽换或用麻刀灰修补整齐。

（4）因檐距过大而仰瓦脱落渗漏时，应将瓦片掀开，在椽子间加钉板条，重盖瓦片，保证瓦底部牢靠不脱落。

**三、金属板材屋面**

金属板材屋面是指采用金属板材作为屋盖材料，将结构层和防水层合二为一的屋盖形式。金属板材的种类很多，有镀锌板、镀铝锌板、铝合金板、铝镁合金板、钛合金板、铜板、不锈钢板等。其厚度一般为 0.4～1.5mm，板的表面一般进行涂装处理。由于材质及涂层质量的不同，有的金属板材寿命可达 50 年以上。板的制作形式多种多样，有的为复合板，即将保温层复合在两层金属板材之间，也有的为单层板。施工时，有的板在工厂加工好后现场组装，有的则根据屋面工程的需要在现场加工。保温层可以在工厂加工好，也可以在现场制作。所以金属板材屋面形式多样，从住宅到厂房、库房、大型公共建筑等均有使用。

防止金属板材屋面渗漏应注意以下几点：

（1）在施工时，首先要注意构架安装牢固、平顺、尺寸准确。

（2）金属屋面板在运输、吊装过程中方法要正确，堆放支点上下要对齐，避免板面变形。

（3）安装时每块板位置应正确，搭接尺寸准确；施工前缝上先顺直向放置橡胶条，为避免安装时移动橡胶条，宜松弛状粘于板面，切忌拉紧，橡胶条要用胶粘连成连续整体。每块板材放置平稳后应立即用螺钉固定。如发现板块搭接缝“张嘴”，应采取措施整平，使两层钢板搭接严密。螺钉部位除垫好橡胶垫圈外，还应在螺帽上用密封材料封嵌严密。屋脊扣板、山墙扣板、泛水和檐沟在搭接处均应有橡胶密封条封严。

（4）在使用过程中金属板材屋面渗漏应及时查找渗漏原因，查明是板材搭接的原因还是密封连接件的原因或其他原因，并应对症及时维修。

**四、波形石棉水泥瓦屋面**

波形石棉水泥瓦屋面渗漏的原因主要有：石棉水泥波形瓦质量不合格，有断裂、起泡、严重翘曲等现象；施工时，相邻两瓦没有顺主导风向搭接或搭接尺寸不符合要求；固定波形瓦的螺栓或螺钉，漏放防水垫圈或有浮钉、虚钉；檐口出檐不一致，挑出长度达不到要求等。

预防波形石棉水泥瓦屋面渗漏，施工时应注意以下问题：

（1）铺设波形石棉水泥瓦屋面时，相邻两瓦应顺主导风向搭接。搭接长度可根据屋面坡度的大小及屋顶坡面最大长度而定，并应符合规范要求。

（2）固定波形瓦的螺钉或螺栓，应设在靠近波形瓦搭接部分的盖瓦波峰上。

（3）脊瓦与波形瓦之间的空隙、天沟和斜沟的镀锌钢板与波瓦间的空隙以及波瓦与泛水间的空隙，应用油膏或麻刀灰嵌填严密。

（4）波形瓦挑出檐口长度一般为120～300mm。

修理波形石棉水泥瓦屋面时应找出渗漏原因，并根据具体情况进行修理。如因部分瓦质量不合格而渗漏时，可重新更换；对于没有加放防水垫圈的螺栓或螺钉，应添加垫圈；屋面有浮钉、虚钉时应补齐，并予以固定，但螺栓、螺钉不应拧得太紧，以垫圈稍能转动为度；个别缝隙没有用油膏或麻刀灰填塞而渗漏时，应予以嵌补密实。

## 第五节　屋面检验与管理

**一、屋面渗漏的检查**

当屋面已接近设计耐久年限或已明显出现一些弊病时，应对屋面防水层作部分或全面的检查，并作出评价。检查的内容包括屋面经历的年数，是否有渗漏现象及渗漏的原因分析，屋面维修的经历，屋面的老化现象及破坏程度等。检查方法主要以目视为主，并详细地做好记录。根据检查结果制订维修方案，编制维修预算。

在进行屋面防水层检查时，应着重以下部位的检查：

（1）注意防水层是否有裂缝折皱、表面龟裂、老化变色褪色、表面磨耗、空鼓、破断等现象，以及屋面排水坡度是否合理，屋面是否有存水现象，卷材搭接处是否有剥落、翘边、开口等现象。

（2）注意防水层收头部位密封膏是否有龟裂、断离，卷材开口、翘边，固定件松弛等现象，尤其注意天沟部位的卷材收头是否有渗漏现象或作法不当等。

（3）屋面保护层是否有开裂、粉化变质，以及是否有冻坏破损、植物繁生、土砂堆积等现象，并检查保护层中分格缝位置处嵌缝材料是否有剥离开裂、老化变质以及杂草丛生现象。

(4) 注意泛水部位卷材是否脱落、开裂，是否有老化、腐烂现象，泛水高度是否满足要求。立面处保护层是否有开裂、破损、掉落、冻坏等现象。

(5) 注意女儿墙卷材压顶部位是否有龟裂、起砂、缺损、冻坏现象，压顶是否已变形、生锈，以及滴水是否完好，收头状况是否良好等。

(6) 注意落水口处是否有破损现象，铁件是否生锈，落水斗出口处是否有封堵、土砂堆积、排水不畅等现象，以及排水沟的排水坡度是否合格，有无植物繁生等。

(7) 山墙、女儿墙转角处是否已作成圆角或钝角，卷材是否有开裂、老化、腐烂等现象。

屋面防水层的检查与诊断是一项技术性工作，查找漏水原因往往较困难。因此，先在室内检查渗漏的痕迹，并记录渗漏部位、范围，然后再在屋面相应部位查找渗漏原因。有时漏水点与开裂处不在一处，下雨和漏水也不同时，就很难判断其原因，应在下雨时或雨刚停以后，到屋面检查研究，根据渗漏部位、范围、时间、房屋结构情况、防水材料的质量、原设计方案的合理性、原施工方法是否正确等各种具体情况，进行深入细致的观察了解、综合分析，并进行判断，最后找出渗漏原因。对于新建房屋检查屋面时，应首先了解原竣工确切时间，施工时是否有返工现象，屋面是否曾经漏雨，是否经过修理，修理过程及方法怎样等，然后再与调查情况相结合进行综合评价。对于已漏水的旧房屋，应首先找到漏水部位，查明漏水原因，然后确定修补方案，对容易引起漏水的其他相邻部位也应作妥善处理。对于虽没漏水，但建筑物已经历了相当年限时，可查阅原防水作法，了解原防水材料的品种、性能指标、作法及技术要求、使用年限等，并与新建楼房的情况进行分析比较。

**二、屋面防水工程的验收**

屋面防水工程的验收有以下要点：

(1) 补修和翻修的屋面构造必须符合设计和现行施工验收规范或有关规定的要求。

(2) 屋面修补所使用的材料、制品应符合设计图样要求，并应符合现行的国家标准或部颁标准。使用前应具有质量验收合格证明书。

(3) 屋面防水工程维修时，对相邻其他分项工程应做好切实保护。

(4) 屋面防水工程修补时，必须采取安全措施，并应符合国家颁发的《建筑安装工程安全技术规范》等有关安全防火规定的要求。

(5) 屋面工程完工后，应按验收项目认真进行检查，做好记录，并核对档案资料及施工记录。

(6) 对屋面进行验收检查时，应首先检查是否按设计要求施工。遇有变化应检查是否手续齐全。

(7) 屋面工程验收检查标准和方法应以国家现行规范为准。对于新的屋面施工防水技术，其检验方法应依据或制定相应的标准。

(8) 屋面防水应建立专门的工程技术档案，由管理维修部门负责保管。档案资料应包括以下内容：

1) 屋面工程施工图。

2) 原材料检验证明及出厂证明。

3) 变更设计通知。

4) 隐蔽工程检验记录。

5）工程验收检验记录。

6）历次屋面检查记录。

7）历次屋面修补施工记录。

(9) 按每栋屋面分别建立检查记录卡。

(10) 按每栋屋面分别建立维修施工记录表，表中注明维修日期、天气状况、使用防水材料品种、维修作法、维修面积、原屋面构造、实际投资、施工单位及负责人。

## 三、屋面防水工程的修补

屋面防水工程的修补应注意以下问题：

(1) 屋面修补前，应先检查房屋状况，检查漏雨部位，分析漏雨原因，找准进水点。

(2) 按屋面原防水作法以及变化情况，选定补漏材料，尽量做到既经济又具有良好的效果。根据屋面漏雨部位、面积大小、严重程度的不同，确定补漏作法及技术要求。

(3) 若遇有结构维修和补漏工程时，应按先结构加固，后漏雨修补的顺序安排施工。

(4) 修补屋面时，应采取必要措施，确保安全施工，严防发生任何伤亡事故。

(5) 局部修补时，对其余部位屋面应做好保护，防止任意堆料以致损伤完好部位。

(6) 修补屋面施工前，应事先通知住户或使用单位，并尽可能减少对住户的干扰。

## 四、屋面的日常管理与维护

### (一) 屋面日常管理与维护应注意的问题

(1) 屋面在使用期间应指定专人负责管理，定期检查。管理人员应熟悉屋面防水专业的知识，并制定管理人员岗位责任制。

(2) 对非上人屋面，应严格禁止非工作人员任意上屋面活动。上人检查口处及爬梯应设有标志，标明非工作人员禁止上屋面。屋面上不准堆放杂物或搭盖任何设施。

(3) 屋面上架设各种设施或电线时，需经管理人员同意，作好记录，并且必须保证不影响屋面排水和防水层的完整。

(4) 每年春季解冻后，应彻底清扫屋面，清除屋面及落水管处的积灰、杂草、杂物等，使雨水管排水畅通。对于天沟处的积灰、杂草及杂物等也应及时清除。

(5) 对屋面的检查一般每季度进行一次，并且在每年开春解冻后，雨季来临前，第一次大雨后，入冬结冻前等关键时期应对屋面防水状况进行全面检查。

### (二) 屋面检查的内容

1. 油毡屋面防水层

(1) 是否有渗漏现象。

(2) 绿豆砂保护层是否起层、脱落。

(3) 防水层是否有起鼓、裂缝、损伤、积水等现象，油毡是否有流淌、局部老化，腐烂等现象。

(4) 油毡搭接部位是否有翘边、开口等粘结不牢现象。

(5) 泛水及立面的卷材是否下滑，有无积水。

(6) 卷材收口处的油膏、水泥砂浆、压条等是否松动、开裂、脱落。

(7) 天沟、落水管处断面是否满足排水要求。

2. 刚性屋面防水层

(1) 面层是否有裂缝、风化、碳化、起皮等现象。

(2) 分格缝处的接缝油膏、盖缝条等是否完好无损。

(3) 在与女儿墙或其他突出屋面的墙体交接处的泛水及檐口等是否渗水。

(4) 在露出屋面的管道、烟囱以及落水管弯头与防水层连接处是否渗水。

3. 涂膜防水屋面防水层

(1) 暴露式防水层应检查平面、立面、阴阳角及收头部位的涂膜是否有剥离、开裂、起鼓、老化及积水现象。

(2) 有保护层的防水层应检查保护层是否开裂，分格缝嵌填材料是否有剥离、断裂现象。

(3) 女儿墙压顶部位应检查压顶部位是否有开裂、脱落及缺损等现象。

(4) 水落口及天沟、檐沟应检查该部位是否有破损、封堵、排水不畅等现象。

4. 盖材屋面

(1) 屋面坡度是否适合当地降雨量和技术规范要求。

(2) 屋面瓦材是否有裂缝、砂眼、翘斜、破损等现象。

(3) 脊瓦与脊瓦，或脊瓦与两面坡瓦之间搭接是否符合要求。

(4) 基层结构或承重结构是否有缺陷，从而造成屋面局部下沉，凹处渗漏。

(5) 屋面与突出屋面的墙体或烟囱等连接处是否完善。

(6) 泛水、压顶是否符合要求。

进行屋面检查时，应针对各屋面作好详细记录，将检查的情况分别进行记载并存档保管。当检查发现问题时，应立即分析原因，并采取积极有效的技术措施进行修理，以免继续发展而造成更大的渗漏。

## 思 考 题

1. 油毡防水屋面常见弊病有哪些？如何预防与维修？

2. 刚性防水屋面发生渗漏的原因主要有哪些？怎样预防与维修？

3. 涂膜防水屋面有哪些常见病害？怎样预防与维修？

4. 平瓦屋面、青瓦屋面、金属板材屋面、波形石棉水泥瓦屋面，渗漏分别是由哪些原因引起的？怎样维修？

5. 屋面日常检验与管理应注意哪些问题？

# 第八章　木结构工程管理与维修

木材是良好的建筑材料，也是各行各业和日常生活不可少的材料。随着我国经济建设的迅猛发展，木材用量与日俱增，而产量却受其自然生长条件的限制。因此，大力节约木材对我国经济建设具有十分重要的意义。目前，木结构在大中城市建筑工程中应用较少，但由于其具有就地取材、制作简便、自重轻、容易加工和安装等优点，在山区、林区、边远地区和农村，还广泛地应用于中小建筑物和构筑物中。尤其是古建筑，其木材的应用量较大。

木结构在正常的使用条件下，是耐久而可靠的，但由于影响其材质的因素较多，如果使用不当，维护不善，设计不周，施工不良，则会使结构产生腐朽、腐蚀、蛀蚀、变形开裂等多种病害及着火而过早破坏。因此，相对于其他结构，木结构更需要有正确的使用和检查，及时的预防和维修，以保证结构的安全，延长其使用寿命。

## 第一节　木结构损坏的现象和原因

木结构的损坏现象主要为腐朽、腐蚀、蛀蚀、变形开裂及燃烧，维修中最常见的是腐朽。调查表明，因腐朽造成的事故占木结构事故的一半以上，其次为蛀蚀和变形开裂。

### 一、腐朽

腐朽是木结构最严重的一个缺点，木结构的使用寿命主要取决于腐朽的速度。

（一）腐朽的原因

木材的腐朽是由于真菌在木材中寄生而引起的。侵蚀木材的真菌有三类，即木腐菌、变色菌及霉菌。真菌是一种低等植物，其对木材的侵蚀方式随菌类而异。

（1）木腐菌　菌丝（营养器官）伸入木材细胞壁内，分解细胞壁的成分作为养料，造成木材的腐朽。木材腐朽后，细胞被彻底破坏，使木材的力学性质发生改变。木腐菌在木材中寄生，有很多菌丝，即使将腐朽明显的部分除去，仍不能避免其他部分腐朽，除非采取防止腐朽的措施。

（2）变色菌　最常见于边材中，以细胞腔内含物（如淀粉、糖类等）为养料，不破坏细胞壁。变色菌使边材变成红、蓝、绿、黄、褐或灰等颜色，除影响外观外，对木材强度影响不大，建筑上可不考虑。

（3）霉菌　生长在木材表面上，是一种发霉的真菌，对材质无甚影响。将木材表面刮净就可清除。

（二）防止腐朽的方法

1. 限制木腐菌生长的条件

木材腐朽是由于木腐菌寄生繁殖所致，因而可以通过破坏木腐菌在木材中的生存条件，达到防止腐朽的目的。

（1）温度　木腐菌能够生长的适宜温度是25～30℃，当温度高于60℃时，木腐菌不能生存，在5℃以下一般也停止生长。

（2）含水率　通常木材含水率超过20%～25%，木腐菌才能生长，但最适宜生长的含水率在40%～70%，也有少类木腐菌在25%～35%的含水率环境下生长。不同的木腐菌有不同的要求，一般情况下木材含水率在20%以下木腐菌就难以生长。

（3）空气　一般木腐菌需要木材内含有5%～15%的空气量才能生长。木材长期浸泡在水中，使木材内缺乏空气，能够避免木腐菌的侵害。

（4）养料　木腐菌所需的养料是构成细胞壁的木质素或纤维素。如果木材含有多量的生物碱、单宁和精油等对木腐菌有毒的成分，木腐菌就会受到抑制甚至死亡。不同树种由于所含这些成分的数量不同，对腐朽的抵抗能力也不同。

2. 构造上的防腐措施

（1）屋架、大梁等承重构件的端部，不应封闭在砌体、保温层或其他通风不良的环境中，周围应留出不小于5cm的空隙，以保证具有适当的通风条件，即使一时受潮，也能及时风干。同时，为了防止受潮腐朽，在构件支座下，还应设防潮层或经防腐处理的垫木。原有梁、架支座没有防潮措施的，在维修中应增设。图8-1为外排水屋盖端部通风防腐构造图。

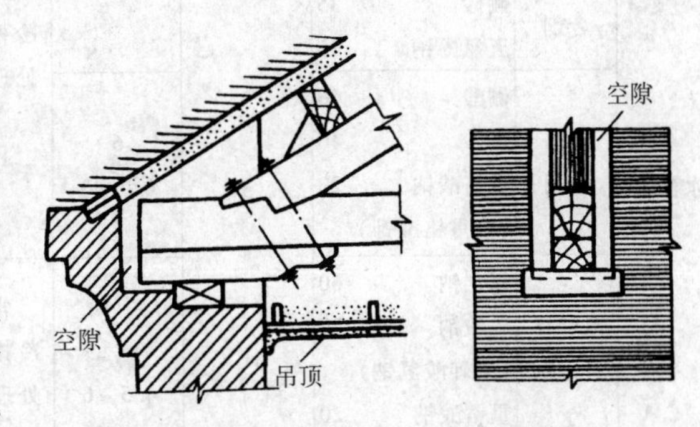


图8-1　外排水屋盖端部通风防腐构造

（2）木柱、木楼梯等与地面接触的木构件，都应设置石块或混凝土块垫脚，使木构件高出地面，与潮湿环境隔离。垫脚顶面与木构件底面间应设置油毡或涂防腐沥青并铺设油纸，不得将木构件直接埋入土中。

（3）结构周围空气中含有水汽，当温度变化时，结构表面就会产生冷凝水。这种冷凝水常出现在其他建筑材料与木材的接触表面上，使木材受潮，加快木材的腐朽。可采取涂刷油漆或将木材与其他建筑材料用油纸隔开的方法。

3. 防腐的化学处理

木结构在使用过程中，若不能用构造措施达到防腐目的，则可采用化学处理的方法进行防腐。木结构对防腐化学剂的要求是有效时间长；能渗入到木材内部；不损害金属连接体；对木结构的强度影响较小；在室内使用时，应对人无害。

（1）木材防腐剂的种类　木材防腐剂一般分为水溶性防腐剂、油溶性防腐剂、油类防腐剂和浆膏防腐剂。它们的特性、适用范围、配方及处理方法见表8-1。

（2）木材防腐的处理方法

1）涂刷法　此种方法适用于现场处理。采用油类防腐剂时，在涂刷前应加热；采用油溶性防腐剂时，选用的溶剂应易于被木材所吸收；采用水溶性防腐剂时，含量可稍高。涂刷要充分，一般不少于两次，有裂缝处必须用防腐剂浸透。

2）常温浸渍法　此种方法是把木材浸入常温防腐剂中处理，对易浸注且易干燥的木材可取得良好的防腐效果。浸渍时间根据树种、截面尺寸和含水率而确定，可几小时到几天。

3）热冷槽浸注法　此种方法采用热、冷双槽交替处理，先将木材在热槽中加热，木材外层的空气和水汽因受热而散失，然后迅速将木材放入冷槽中，木材外层中残留的空气和水汽因冷却而收缩，使木材外层出现部分真空状态形成负压，从而将冷槽中的防腐药剂吸入木材内部。浸渍时间随树种、截面大小、含水率不同而异，一般要求防腐剂达到预定的吸收量。

**表 8-1　木材防腐药剂的配方、剂量、特性及适用范围**

| 类别 | 名称 | 配方(%)(质量分数) | 含量(质量分数)(%) | 剂量/(kg/m³) | 处理方法 | 特性 | 适用范围 |
|---|---|---|---|---|---|---|---|
| 水溶剂 | 氟酚合剂 | 五氯酚钠 35<br>氟化钠 60<br>碳酸钠 5 | 5 | 4.5~6(干剂) | 常温浸渍,热冷槽处理,加压处理 | 不腐蚀金属,不影响油漆,遇水较易流失 | 室内不受潮的木构件防腐 |
| 水溶剂 | 硼酚合剂 | 硼酸 30<br>硼砂 35<br>五氯酚钠 35 | 5 | 4.5~6(干剂) | 常温浸渍,热冷槽处理,加压处理 | 不腐蚀金属,不影响油漆,遇水较易流失 | 室内不受潮的木构件防腐 |
| 水溶剂 | 硼铬合剂 | 硼酸 40<br>硼砂 40<br>重铬酸钠 20<br>(或重铬酸钾) | 5 | 6(干剂) | 常温浸渍,热冷槽处理,加压处理 | 无臭味,不腐蚀金属,不影响油漆,遇水较易流失,对人畜无毒 | 室内不受潮的木构件防腐 |
| 水溶剂 | 氟砷铬合剂 | 氟化钠 60<br>砷酸钠 20<br>(或砷酸氢钠)<br>重铬酸钠 20 | 5 | 4.5~6(干剂) | 常温浸渍,热冷槽处理,加压处理,减压处理 | 无臭味,毒性较大,不腐蚀金属,不影响油漆,遇水不易流失 | 防腐效果良好,但不应用于与人经常接触的木构件 |
| 水溶剂 | 铜铬砷合剂 | 硫酸铜 35<br>重铬酸钠 45<br>砷酸氢二钠 20 | 5 | 4.5~6(干剂) | 常温浸渍,加压处理,减压处理 | 无臭味,毒性较大,不腐蚀金属,不影响油漆,遇水不易流失 | 防腐效果良好,但不应用于与人经常接触的木构件 |
| 油溶剂 | 五氯粉、林丹合剂 | 五氯粉 4<br>林丹 1<br>(或氯丹)<br>柴油 95 | 5 | 4~5(干剂) | 常温浸渍,热冷槽处理,加压处理,双真空处理 | 不腐蚀金属,不影响油漆,遇水不流失,对防火不利 | 用于易腐朽的木构件防腐 |
| 油类 | 混合防腐油 | 煤杂酚油 50<br>煤焦油 50 | — | 100~120(涂刷法) | 热冷槽处理,加压处理,涂刷2~3次 | 有恶臭,木材处理后呈黑褐色,不能油漆,遇水不流失,对防火不利 | 用于经常受潮或与墙体接触的木构件防腐 |
| 油类 | 强化防腐油 | 混合防腐油 97<br>五氯酚 3 | — | 80~100(涂刷法) | 热冷槽处理,加压处理,涂刷2~3次 | 有恶臭,木材处理后呈黑褐色,不能油漆,遇水不流失,对防火不利 | 用于经常受潮或与墙体接触的木构件防腐 |
| 浆膏 | 氟砷沥青浆膏 | 氟化钠 40<br>砷酸钠 10<br>60号石油沥青 22<br>柴油(或煤油) 28 | — | 0.7~1 | 涂刷一次 | 有恶臭,木材处理后呈黑褐色,不能油漆,遇水不流失 | 用于经常受潮或处于通风不良情况下的木构件防腐 |

4）压力浸渍法　此种方法是将需要处理的木材放入密闭压力罐中，充入防腐剂后密封施加压力（一般为1~1.4MPa），强制防腐剂注入木材中。这种方法处理的木材，能够取得较好的注入深度，并能控制防腐剂的吸收量。但设备和工艺较复杂，只适用于防腐要求较高的木材，并要由专业防腐厂处理。

## 二、腐蚀

许多工厂都需要使用或生产具有强腐蚀性的酸、碱、盐或有机溶剂等化工原料和产品。此外，有些工业生产过程中，还有腐蚀性的废气、废液或废渣排放出来。这些具有腐蚀性的物质浸入到木材内部，就会使厂房建筑中的木结构受到腐蚀而发生破坏。目前常采用浸蜡的木结构来防止酸雾的腐蚀，具有良好的效果。方法是：将石蜡加温熔化，在140℃左右恒温，然后将木构件浸入石蜡溶液中，经4~5min（约浸入1mm）后即可使用。经浸蜡的木结构密封性好，硬度高，耐酸力强。

## 三、蛀蚀

### （一）蛀蚀产生原因

木除受真菌的侵蚀而被腐朽外，还会遭受昆虫的蛀蚀。昆虫在树皮内或木材细胞中产卵，孵化成幼虫，幼虫蛀蚀木材，会形成大小不一的虫孔。蛀蚀木结构的昆虫主要是白蚁，它常将木材内部蛀空，而外表仍然完好，看不到明显痕迹而使木结构破坏。白蚁危害的特点是：面广、隐蔽，严重时能造成房屋倒塌和堤坝决口等灾害性事故。世界上已知危害房屋建筑的白蚁约100多种，主要危害品种有47种。我国常见危害房屋建筑的白蚁有6种，其中家白蚁、截头堆沙白蚁属世界主要危害品种。不同种类的白蚁，其形状、生活习性和防治方法等也有所不同。为了有效地防治白蚁，必须正确识别白蚁的种类。我国常见的白蚁有黄胸散白蚁、家白蚁、木白蚁、黑翅土白蚁等，如图8-2所示。对这些白蚁可根据其头部特征、蚁巢、蚁路、危害情况及长翅成虫的颜色和分飞时间等进行识别。见表8-2所示。

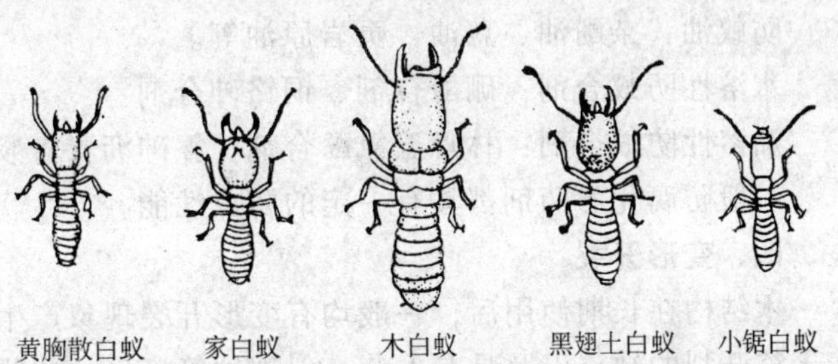


图8-2 常见的白蚁外貌

**表8-2 几种常见白蚁的鉴别方法**

| 鉴别内容 / 白蚁种类 | 兵蚁头部特征 | 长翅繁殖蚁的颜色和分飞时间 | 蚁巢 | 蚁路 | 危害情况 |
|---|---|---|---|---|---|
| 木白蚁 | 头部近似方形，前端和上颚均为黑色，后部为暗赤，背面观既短且厚，触角12~15节 | 头部为赤褐色，体赤褐色，前翅鳞大，覆于后翅鳞之上，翅黄褐色，触角14~16节，单眼很小，接近复眼，无联接，没有工蚁，在每年4~7月闷热中午前后分飞 | 依木为巢 | 木材中被蛀成许多隧道状，即蚁路 | 危害建筑木材、树木、干硬木料，如门、窗、梁、柱、地板以及家具等 |
| 家白蚁 | 头部为浅黄色卵圆形，上颚为褐色镰刀形，头部背面为泌乳孔，触动后能分泌乳白色液体 | 身为黄褐色，翅微带淡黄色，在每年5~7月大雨前后闷热的傍晚分飞 | 巢大而复杂，有主巢和副巢，主巢有“王室” | 蚁路粗大比较直 | 危害性大，高层楼房也能被危害，主要蛀蚀房屋中的木结构 |
| 黄胸散白蚁 | 头部为浅黄色方形，四角略圆，从头部侧面观察，额部凸起，无泌乳孔，不能分泌乳白色液体 | 身体为棕褐色，翅为淡褐色，前胸背面为橙黄色，在南方每年2~4月，北方4~5月下旬闷热的午后分飞 | 巢小而简单，不分主副巢，巢内没定形的“王室” | 蚁路细而弯 | 危害部位一般接近地面，主要蛀蚀树根、房屋的木地板、搁栅和木柱角 |
| 黑胸散白蚁 | 头部为黄色或黄褐色长方形，四角略圆，从头部侧面观察，额部不凸起，头部无泌乳孔，不能分泌乳白色液体 | 胸部为黑色，腹部颜色稍淡，翅为黑褐色，在每年4~6月闷热的中午前后分飞 | | | |
| 黑翅土白蚁 | 头部为深黄色卵圆形，无泌乳孔，但口中能分泌乳白液体 | 胸部的背面为黑褐色，在前胸背面的中央有一淡色的十字纹，翅为黑褐色，在每年5~7月闷热的傍晚雷阵雨前后分飞 | 巢在地下泥土中1~2cm深处，复杂，有主副巢、菌圃巢，有“王室” | 蚁路很宽阔 | 主要危害农作物和堤坝等 |

（二）白蚁的防治措施

防治白蚁是一项长期工作，必须贯彻“以防为主，防治结合”的方针。预防的方法有两种。

（1）生态预防，如改革房屋设计，改变环境条件，控制白蚁的生存条件。对于受白蚁危害地区的建筑物，设计上要注意通风、防潮、防漏和透光；选用具有抗御白蚁的树种，避免木材与土壤直接接触；房屋周围的木材、杂物等应及时清理，保持清洁，以防白蚁孳生。

（2）药物处理，使木材能够抵抗白蚁的侵害。在白蚁危害严重的地区，对外露的木结构墙缝和木材裂缝，要用砂浆和腻子嵌填，以防止白蚁进入繁殖；对房屋易受白蚁蛀蚀的部位如木楼梯下、木柱脚、木梁、木屋架端节点等处，应喷洒或涂刷杀虫剂进行预防；对于新建房屋易受白蚁侵蚀的部位，可涂刷和浸渍防蚁药物进行处理。常用的防蚁药物有：

防蚁油：杂酚油、蒽油、页岩原油等。

水溶性防蚁合剂：硼酚合剂、铜铬砷合剂。

油溶性防蚁合剂：林丹五氯酚合剂、氟砷沥青膏浆、强化防白蚁油剂等。

一般防腐化学药剂都具有一定的防虫性能。

**四、变形开裂**

木结构在长期使用后，一般均有变形开裂现象产生。木材的变形开裂主要是由于木材有着干缩开裂的缺点以及具有木节、斜理纹等疵病。这些缺陷的存在，使木材在使用过程中改变了力学性能，对结构的安全产生危害，甚至使结构发生破坏。

（一）干缩开裂

木材在干燥过程中，因为水分蒸发而产生变形收缩。由于其所含水分沿截面内外分布和蒸发速度不匀，因而收缩时沿年轮切线方向产生拉应力，使木材产生翘曲甚至开裂，即干缩开裂，如图 8-3 所示。木材干裂是有规律的，一般裂缝均为径向，由表及里地向髓心发展。

干缩裂缝的大小、轻重程度及其位置与木材的树种、制作时的含水率和选材措施等因素有关。一般密度较大的木材，因其收缩变形较大而易于干裂；制作时含水率低，干缩就轻；在锯料中由于木材年轮被切断，其裂缝较圆木少。有髓心的木材，裂缝较严重；没髓心的木材，裂缝较轻微。制作时，可采用“破心下料”的方法，如图 8-4 所示，将木材从髓心处锯开，获得径向材，减小了木材干缩时的内应力，大大降低了裂缝出现的可能性。

判定干缩裂缝对结构是否有危害，不在于裂缝的宽窄、长短、深浅，主要是考虑裂缝所处的位置。

对于受拉构件，如果裂缝不处在构件联接部位的受剪面上或受剪面附近，对结构承载力的影响较小，一般没有直接危害。反之，若裂缝处于构件的受剪面或其附近，则危害较大，

图 8-3　木材的干缩裂缝

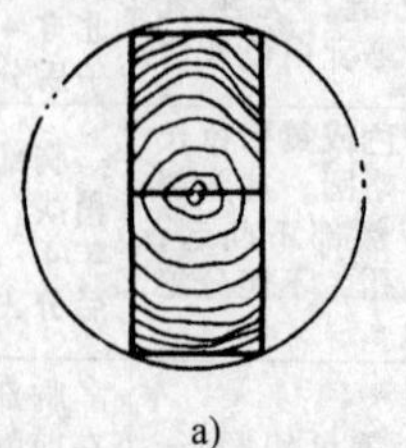

a)

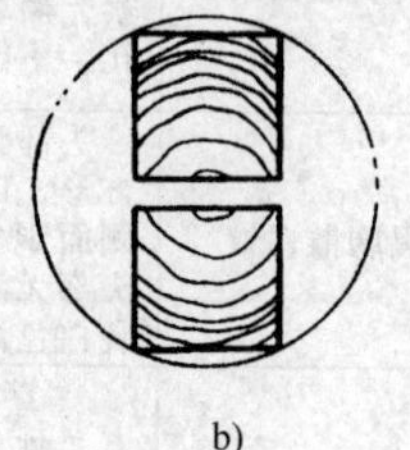

b)

图 8-4　木材的破心下料

可造成构件联接处的破坏，如图 8-5 所示，必须引起足够的重视。在受压构件上，如果干缩裂缝长而深，就会使构件分成两半，从而降低了构件的刚度，使构件较早失去稳定。在受弯构件的受弯侧面，如木材具有纵向裂缝，使得受剪面积减小。对于构件端部和截面高度中央的双面裂缝，其剪应力最大，因此该处最危险。另外，侧面裂缝还能使该处剪切变形增加，使得构件的上半部、下半部因剪切变形而产生位移，如图 8-6 所示。

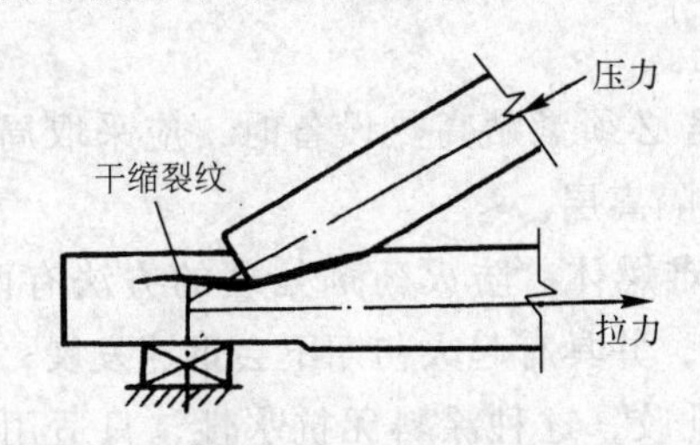


图 8-5　单齿联接受剪面上的干缩裂缝

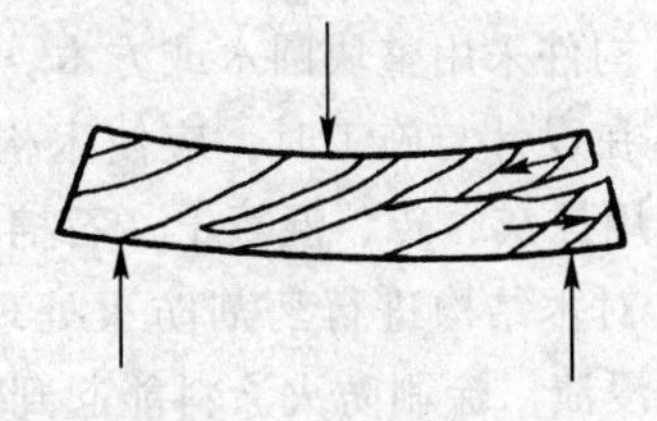

图 8-6　侧面干裂的受弯构件的剪切变形

从以上分析可知，在构件剪力面上的干缩裂缝是最危险的，因为剪力面的削弱会使构件或联接处遭受破坏。

（二）疵病

木材由于构造不正常，或加工时受到损害，或由于外来因素，使正常材质发生改变，以致降低了木材的利用价值，甚至完全不能使用，称为木材的疵病，又称木材的缺陷，主要有木节和斜理纹两种。

1. 木节

木节指包围在树干中的树枝基部，是一种天然缺陷，分为活节、死节、漏节三种。木节破坏木材的均匀性和完整性，在很多情况下会降低木材的力学性质。木节对顺纹抗拉强度的影响最大，而对顺纹抗压强度影响最小。木节对抗弯强度的影响很大程度上取决于木节在构件截面高度上的位置，越接近受拉边部，影响越大，位于受压区时，影响较小。木节的存在，使木材的横纹抗压强度、顺纹和横纹抗剪强度增大。活节由于其周围木质紧密相连，故对木材强度影响较小。

2. 斜理纹

斜理纹是木材的一种常见缺陷，简称斜纹或扭纹。斜理纹的存在，使木材的强度有着各向异性的特点。如力的作用方向与木纹方向之间的角度不同，它的强度有很大的差别。因此，使用木材时应特别说明木纹的方向。图 8-7 示出木材在不同木纹方向的受力情况。

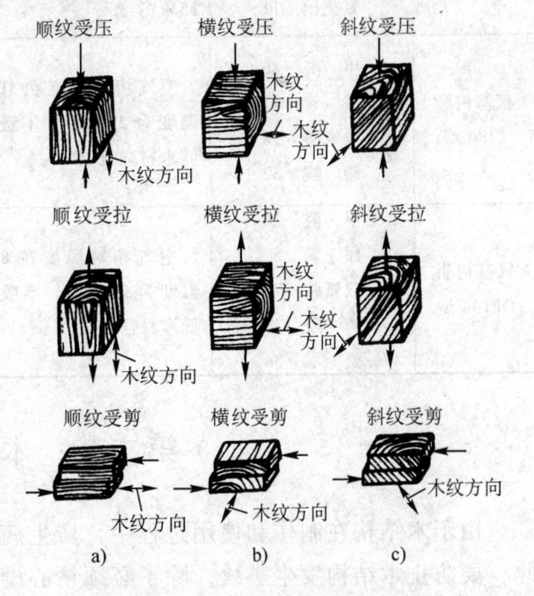


图 8-7　木材在不同木纹方向的受力

斜理纹的存在，使木材的顺纹抗拉、顺纹抗压和抗弯强度降低，纹理越斜，影响就越大，斜理纹还会使板材容易开裂和翘曲，使柱材严重弯曲。

**五、燃烧**

木材本身可以燃烧，而且在燃烧过程中产生热量，助长火焰的发展。这对木结构的防火是十分不利的。木材的燃烧，是由外向内使木材逐渐炭化，减小了构件的有效截面面积，使结构失去承载力。木结构的防火，首先要考虑设置防火间距、防火墙、消防给水等措施，还要根据结构本身考虑如下措施。

（1）构件采用整块圆木或方木，并将其表面刨光。

（2）在设计与施工时，应使木构件远离热源。若必须紧贴高热设备时，应采取局部隔热措施，用抹灰、砖、混凝土、石棉板等作木结构的隔离层。

（3）对木结构进行药剂防火处理，变易燃体为难燃体。防火药剂处理的方法有两种，即涂刷和浸渍。涂刷防火涂料能起到小火不燃的作用，并具有起火初期不会迅速发展，离开火焰后自行熄灭的作用。常用的防火涂料是丙烯酸乳胶，这种涂料无抗水性，只适用于顶棚、屋架及室内木构件。浸渍的工艺较复杂，木材防火浸渍剂的特性和用途见表 8-3。木材防火浸渍等级应按房屋建筑耐火等级对木材耐火极限的要求确定，一级浸渍，保证木材无可燃性；二级浸渍，保证木材缓燃；三级浸渍，在露天火源作用下，能延迟木材燃烧起火。对于露天结构或易受潮湿的木构件，经过防火剂处理后，尚应加防水层保护。

**表 8-3　木材防火浸渍剂的特性和用途**

| 名　称 | 配方组成（%）（质量分数） | 特　性 | 适用范围 | 处理方法 |
|---|---|---|---|---|
| 铵氟合剂 | 磷酸铵 27<br>硫酸铵 62<br>氟化钠 11 | 空气相对湿度超过 80% 时易吸湿，降低木材强度 10% ~ 15% | 不受潮的木结构 | 加压浸渍 |
| 氨基树脂 1384 型 | 甲　醛 46<br>尿　素 4<br>双氰胺 18<br>磷　酸 32 | 空气相对湿度在 100% 以下，温度为 25℃ 时，不吸湿，不降低木材强度 | 不受潮的细木制品 | 加压浸渍 |
| 氨基树脂 OP144 型 | 甲　醛 26<br>尿　素 5<br>双氰胺 7<br>磷　酸 28<br>氨　水 34 | 空气相对湿度在 85% 以下，温度为 20℃ 时，不吸湿，不降低木材强度 | 不受潮的细木制品 | 加压浸渍 |

## 第二节　木结构的检查

由于木结构在制作和使用过程中，产生病害和缺陷的因素较多，病害的发展也较快。因此，要防止木结构发生事故，除了必须精心设计与施工，必须确保选材质量外，尚需在使用过程中定期对木结构进行检查，发现问题及时处理，以保证木结构正常工作，达到安全使用的目的。

木结构在使用过程中的检查内容应包括：结构的变形，结构的整体稳定，结构的受力状况，有无腐朽及蛀蚀现象，木材缺陷的影响等几个方面。

**一、结构的变形**

木结构在工作状态下的变形，随时间的增长而增加，当发展到一定程度时，就会影响结构的安全。引起木结构产生变形的因素较多，一般常见的原因有：木材的收缩、腐朽、局部损坏；刚度不足或支撑不够；制作安装存在偏差；设计及使用中形成的缺陷等。

木结构变形的检查，对于桁架及水平受弯构件，主要是测定其最大挠度和挠度曲线；对竖向杆件，应测定其倾斜度和侧向弯曲变形及曲线。当变形超过以下限度，应视为有害变形，应根据实际情况进行加固修理。

（1）榫结合桁架的挠度超过桁架跨度的 1/200 时。

（2）受压杆件的侧向弯曲度超过杆件长度的 1/150 时。

（3）屋盖中的檩条、楼盖中的主梁或次梁，其挠度超过下列计算值时。

$$f = L^2/2400h$$

式中 $L$——檩条或梁的跨度；

$h$——檩条或梁的截面高度。

**二、结构的整体稳定**

木结构的整体稳定，是靠支撑系统和其他构造措施来保证的。如支撑不完善、布置不适当或锚固不牢，就会在垂直于结构平面的外力作用下产生倾斜和侧向变形。此外，由于施工误差（如接头有偏心等）或材质存在缺陷（如压杆翘曲、材质不匀）等原因，在垂直荷载作用下，就会使受压构件向桁架外凸出。这些情况都会导致结构丧失稳定而破坏。在木结构整体稳定的检查中，对于木柱及桁架，主要观测其倾斜及侧向挠曲度，桁架上弦及接头部位有无外凸现象；对于木屋盖，应检查其是否符合设计规范的要求，空间支撑的布置能否保证屋面刚度；对支撑系统应检查锚固措施有无松脱失效等情况。

**三、结构的受力状况**

木结构中个别受力构件强度或稳定性不足，就会发生构件的损坏或退出工作状态的现象，致使其他构件超载工作。而对于整个结构，若联接受损、节点松脱、局部变形等，也会使一部分构件退出工作，致使结构的承载力下降，甚至使整个结构破坏。因此对木结构在使用过程中的受力状况检查，是一项重要的内容。对于受拉构件，要检查其有无断裂现象；而受压和受弯构件要检查其是否有过大的屈折。对于结构的整体受力检查主要包括：联接的受剪面是否有裂缝；受拉接头是否有过量的滑移；栓孔（销孔）是否出现裂缝；节点承压面是否离缝或产生挤压变形等。

**四、腐朽或蛀蚀**

木结构在发生腐朽或蛀蚀后，就会改变其力学性能，严重影响结构的承载能力，甚至引起结构的破坏。

木结构腐朽病害的常见部位主要有：

（1）处于通风不良及经常受潮的部位。

（2）木材时干时湿的部位。

（3）温度、湿度较高房屋中的木构件。

（4）结构使用的木材易受菌害，耐腐性差，如马尾松、桦木等。

木材腐朽的外观检查主要有：

（1）颜色由黄变深，年代越久越深，最后呈黑褐色。

（2）木材外形干缩，龟裂成块，呈碎粉状，自然脱落，使木材断面缩小。

木结构易受蛀蚀的常见部位有：

（1）木梁、木搁栅的端部，木梁与木柱的交接处以及木屋架端节点等处。

（2）木柱脚、木门框角、木地板、楼梯等处。

木材的蛀蚀表面一般没有形迹，偶而会发现木材表面有蚁迹、蚁路；截面较大的木梁被蛀蚀一侧的木材表面有隆起现象。

由于木材的腐朽往往是从木材的内部（髓心）开始，表面上不易直接观察到，而蛀蚀的木材表面一般也没有痕迹。因此，检查鉴定木结构的腐蚀、蛀蚀往往是通过内部检查的方法进行的。用铁锤敲击被检查木料，若发出“扑扑”的声响，则木材内部多数已发生腐朽或被蛀蚀。若要进一步确定，可用木钻钻入木材的可疑部位，根据内部松紧程度及钻出木屑的软硬程度来判断内部材质状态。此方法较准确，但缺点是会使构件断面减小，因此必须有选择地采用，并应采取补救办法。

**五、木材的缺陷**

对受力构件上存在木节、斜纹、髓心等疵病和缺陷的部位，应进行重点检查。查明有无影响受力的裂缝，是否出现异常变形现象。特别对受拉构件和受弯构件的受拉区、联接以及接头处的剪切面等部位上存在的缺陷，必须进行分析鉴定，对受力影响较大的，应采取加固措施。

## 第三节　木结构的加固维修

木结构的维修、加固和更换，是在对木结构检查鉴定的基础上进行的。承重结构的设计计算及其构造要求应符合现行《木结构设计规范》的规定。木结构在进行维修或加固施工中，必须注意要尽量不影响结构的原有部分，如必须更换部分构件，应加设可靠的临时支撑，以保证维修加固的全过程安全，并使所更换或新加的构件，在整体结构中能有效地参与受力。

**一、木梁和木檩条的加固**

（一）构件端部劈裂或其他缺陷的加固维修

1. 木夹板加固

在构件端部两侧面各加设木夹板并用螺栓连接紧固，如图 8-8 所示。加固的木夹板厚度为原构件截面厚度的一半，其材质不应次于原构件的材质标准。对于木夹板的长度，螺栓的规格、数量及间距，应根据计算及规范规定来确定。

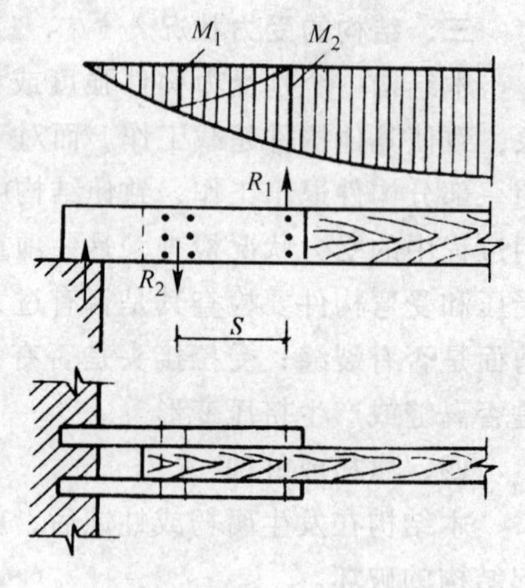

图 8-8　梁端用木夹板加固

木夹板螺栓的受力按下式计算：

$$R_1 = M_1/S, R_2 = M_2/S$$

式中　$S$——木夹板中螺栓间的距离；

$M_1$——$R_2$ 处的弯矩（木夹板中的弯矩）；

$M_2$——$R_1$ 处的弯矩（原构件中相应弯矩）。

这种加固方法适用于深度不大的局部腐朽和蛀蚀的构件，及梁或檩条端部有危害受力的木节、裂缝。它的优点是保留了原有构件，施工方便。

2. 托接加固

梁或木檩端部用槽钢或其他材料托在下面，用螺栓紧固，如图 8-9 所示。螺栓分为安装螺栓（距支座较近）和受力螺栓（距支座较远），安装螺栓可按构造要求取用，受力螺栓主要承受拉力，其受力按下式计算：

$$R_1 = M_1/S$$

式中 $R_1$——受力螺栓所受拉力；

$S$——受力螺栓与安装螺栓间的距离；

$M_1$——槽钢在安装螺栓中心处的弯矩。

这种加固方法受力可靠，构造处理方便，一般用于重要受力部位及采用木夹板加固时构造处理或施工比较困难的部位。

3. 钢箍绑扎加固

构件端部发生开裂损坏，可采用钢箍绑扎的方法来加固，如图 8-10 所示。

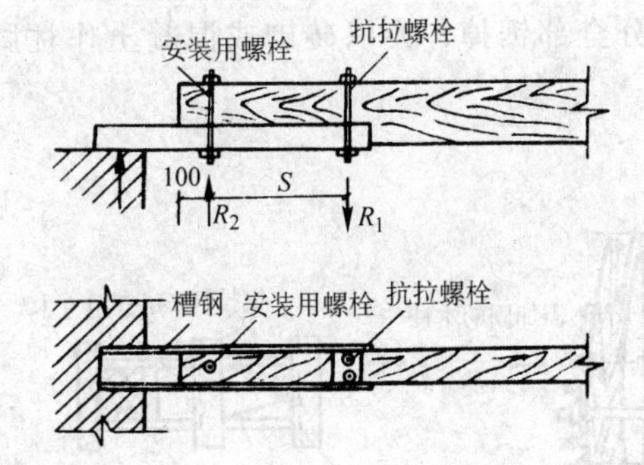


图 8-9 梁端用槽钢托接加固

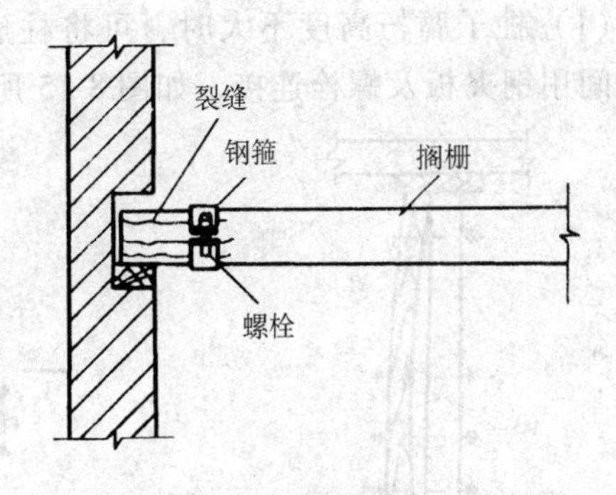


图 8-10 构件端部钢箍加固

（二）构件刚度不足，跨中强度不够的加固维修

1. 增设斜撑的加固

斜撑的加设，可增加构件的支撑点，减小了计算跨度，对构件承载力的增大起到一定作用。一般可采取在构件两侧对撑的方法进行加固，如图 8-11 所示。

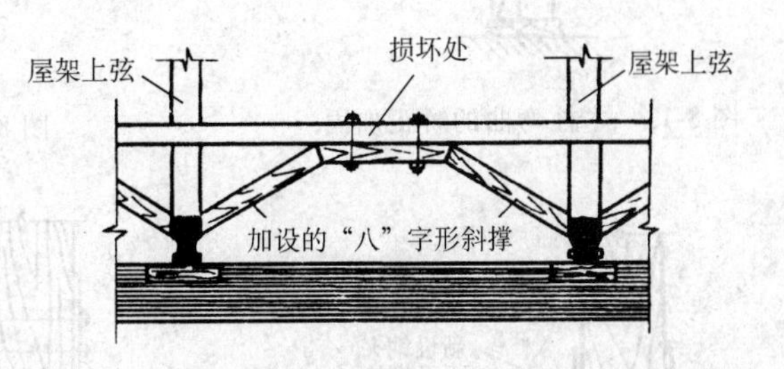


图 8-11 斜撑加固构件

斜撑的增设，使原构件变为木构架，对增加屋架的横向刚度及稳定性，具有一定的作用。这是一种简便经济的加固方法。

2. 设置钢拉杆加固

对挠度过大及需要提高承载力的梁，可在梁底设置钢拉杆，钢拉杆可利用两端螺母拉紧，也可在拉杆中设置花篮螺栓来拉紧，并通过短木撑与梁共同组成组合结构，见图 8-12 所示。

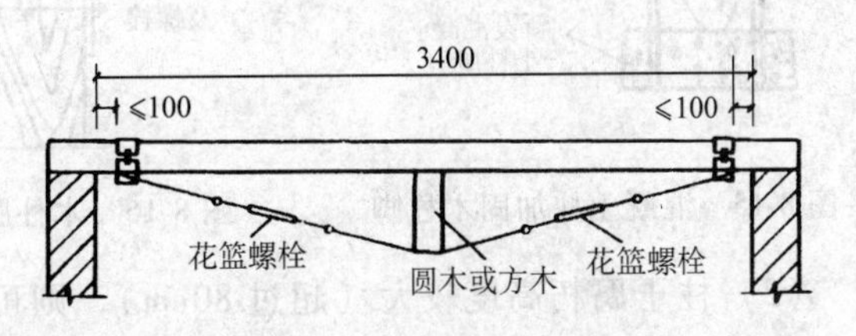


图 8-12 梁的钢拉杆加固

钢拉杆的设置，使简支梁变为组合

梁，原木梁从受弯构件变为压弯构件，改变了受力性能。这种加固方法，施工操作比较简单，但需占用室内梁下的净空间。

**二、柱子的加固**

（一）柱子弯曲的加固维修

柱子发生弯曲是危害较大的一种缺陷，它会在柱内引起附加应力。随着附加应力的增加，弯曲不断发展，致使柱子丧失稳定，退出工作状态。对柱子的弯曲必须及时修理，修理的方法是矫直、绑条加固。对于轻度弯曲的柱子，可在木柱的一侧绑设刚度较大的方木，并用螺栓与柱子固紧，如图 8-13 所示，用拧紧螺栓时产生的力来矫正柱子的弯曲，达到增大刚度的目的。

对于弯曲比较严重的柱子，可在部分卸载的情况下，采用千斤顶等工具矫正弯曲，然后用方木和螺栓加固，以增大柱子的侧向刚度，防止弯曲再度发生，如图 8-14 所示。

（二）柱底腐朽的加固修理

柱子的腐朽大多发生在与混凝土或砌体接触的柱脚底部，修理时，可通过接换的方法加固处理。

（1）柱子腐朽高度不大时，可将柱底腐朽部分全部锯掉，换以砖砌或混凝土作柱脚，两者间用钢夹板及螺栓连接，如图 8-15 所示。

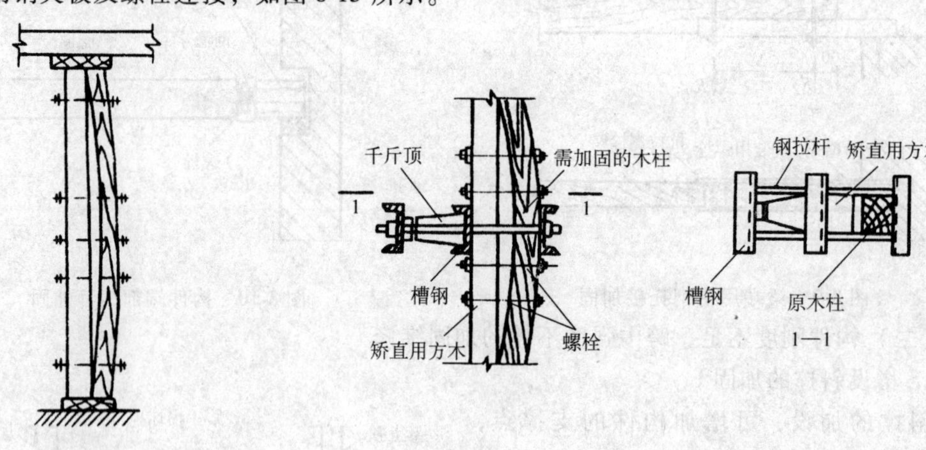


图 8-13　木柱弯曲的矫正加固

图 8-14　用千斤顶矫直木柱的弯曲示意图

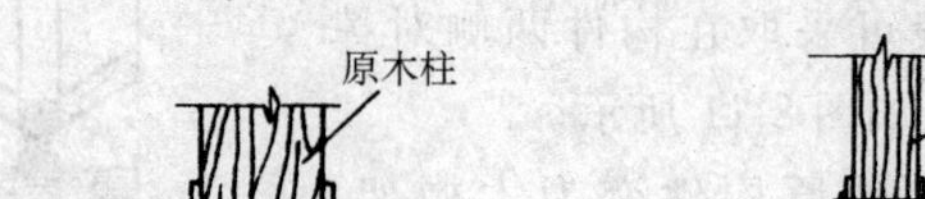

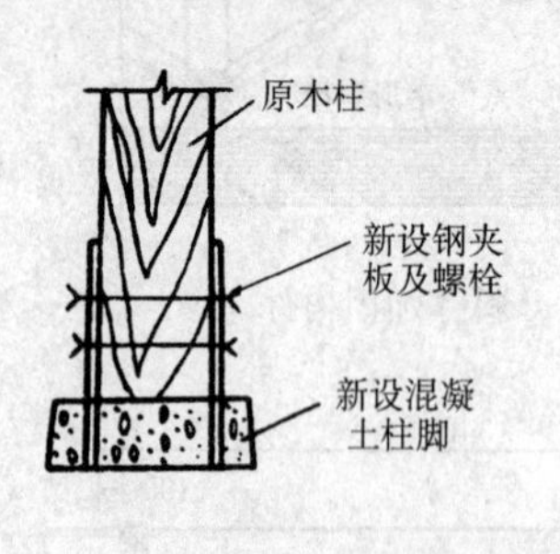


图 8-15　混凝土柱加固木柱脚

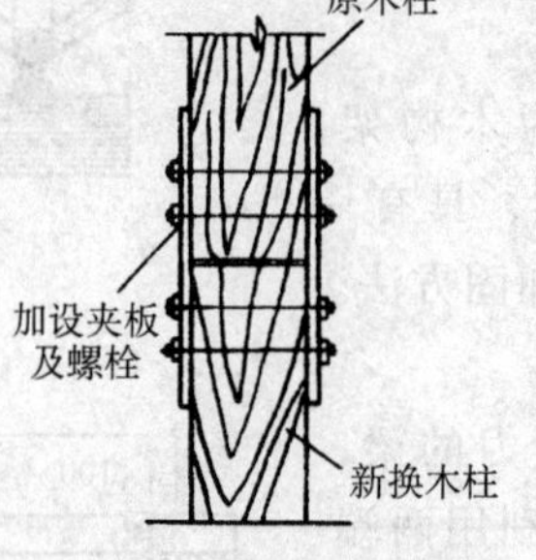


图 8-16　木柱脚整段接换

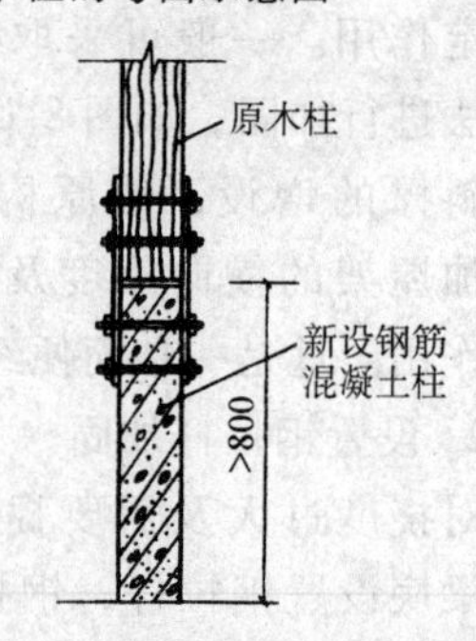


图 8-17　钢筋混凝土接换木柱脚

（2）柱子腐朽高度较大（超过 80cm），则可锯除整段腐朽部分，用相同截面的新材接换，两者连接部位用钢夹板或木夹板及螺栓固定，如图 8-16 所示。对于防潮及通风条件较差或易受振动的木柱，也可用预制钢筋混凝土柱接换，如图 8-17 所示。

**三、桁架的加固**

当屋架中个别构件强度或稳定性不足，就会影响整个屋架的承载能力，难以保证结构的质量和安全。这样就需要对桁架中的构件进行加固。

（一）受压构件的加固维修

（1）如上弦、斜杆发生弯曲变形，可参照柱子弯曲的加固方法，在发生弯曲的部位用螺栓绑设方木进行矫正，并能提高构件的刚度。也可采用增设腹杆的方法进行加固，如图 8-18 所示。

（2）屋架上弦的个别地方具有缺陷或出现断裂迹象，可采用局部加木夹板用螺栓加固的方法，如图 8-19 所示。

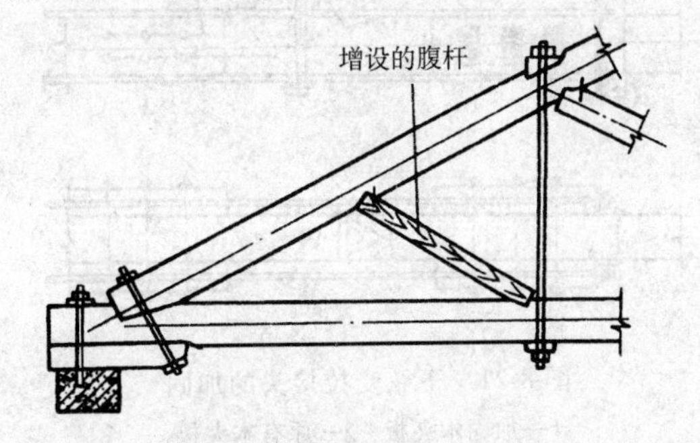


图 8-18　增设腹杆加固上弦

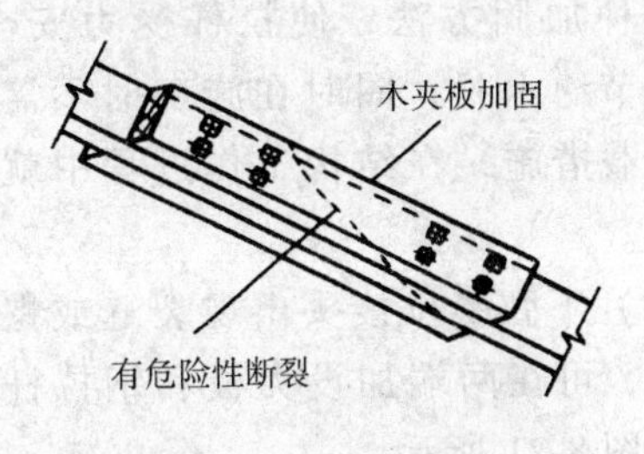


图 8-19　屋架上弦个别节间出现断裂迹象的加固

（二）受拉构件的加固维修

（1）下弦整体存在缺陷、损坏或承载力不足时，可采用钢拉杆加固的方法。

钢拉杆的装置一般由拉杆及其两端的锚固所组成，如图 8-20 所示。拉杆锚固于原下弦杆上，通常由两根或四根圆钢共同组合而成，圆钢的端部刻有螺纹，通过拧紧端部螺栓而拉紧受力，经原弦杆传递节点应力。拉杆及锚固，通常均用 Q235 制作。拉杆装置的断面及构造，应符合现行木结构和钢结构设计规范的要求。

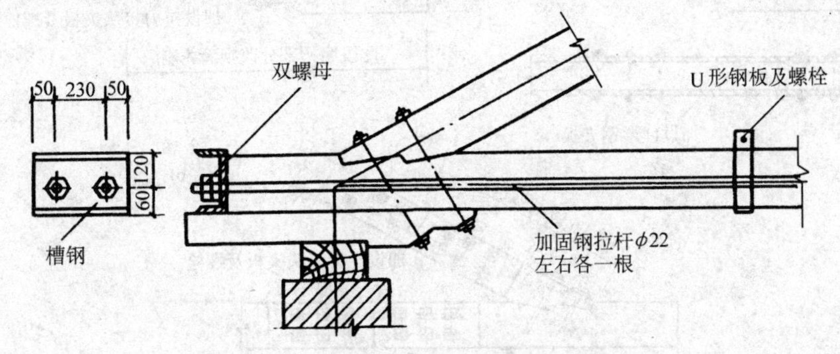


图 8-20　屋架下弦用钢拉杆加固的构造

采用圆钢拉杆的设计方法和步骤如下：

1）确定圆钢拉杆的计算内力。首先进行屋架受力分析，计算下弦的最大内力，一般情况下，下弦的最大拉力全部由钢拉杆承受。因此，圆钢拉杆的计算内力应取原下弦所受内力值。

2）确定拉杆刻有螺旋部分需要的净截面面积 $A$

$$A \geqslant N/[\delta]$$

式中　$N$——拉杆的计算内力；

$[\delta]$——螺栓的抗拉许用应力；根据《钢结构设计规范》的规定，采用Q235的普通粗制螺栓单肢拉杆，可取135MPa，对于双肢或多肢拉杆，考虑受力不均匀的因素，应乘以折减系数0.85。

3）根据需要的螺纹净截面面积和拉杆的肢数确定螺栓的直径。一般情况下，螺栓直径不应小于12mm。

4）按《木结构设计规范》及《钢结构设计规范》，计算拉杆锚固节点、焊缝等其他构造。

这种加固方法，使拉杆受力安全可靠、耐久并节约木材，同时在施工时不需采取临时性卸载措施，在结构工作过程中就可以进行加固。

（2）下弦受拉接头出现裂缝或螺栓间剪面开裂，可在两端加设夹板和钢拉杆进行加固，如图8-21所示。

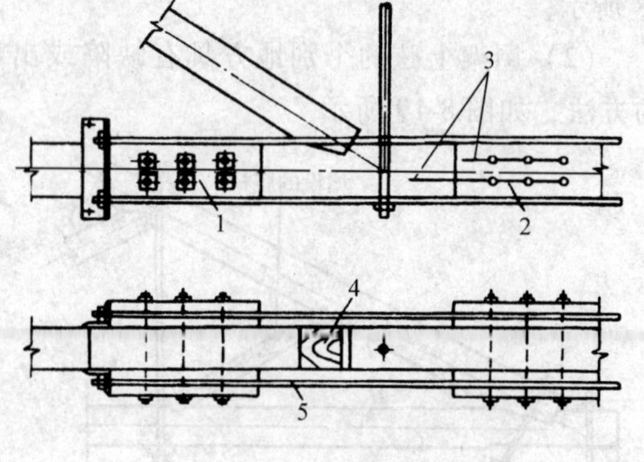


图8-21　下弦受拉接头的加固

1—加固木夹板　2—原有木夹板

3—下弦或木夹板出现任一种剪面开裂

4—腹杆（未绘出）　5—加固串杆

对于下弦由于木节、斜纹或其他疵病而引起的局部断裂，也可用此办法处理。

（三）节点的加固修理

（1）端节点腐朽或损坏的加固方法，如图8-22所示。

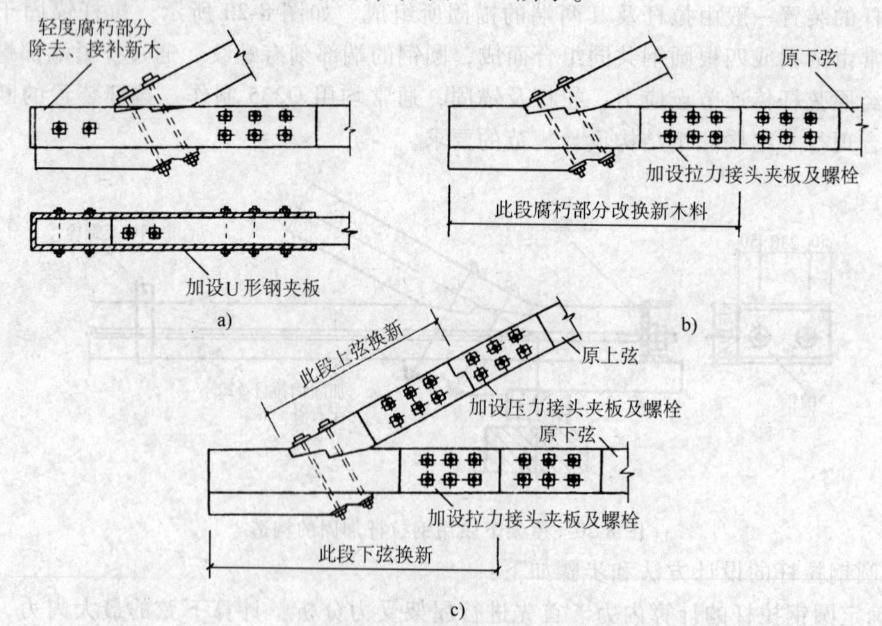


图8-22　屋架端节点的加固

a）端部轻度腐朽用U形钢板加固　b）下弦端部腐朽较重，整段换新加固

c）端部腐朽较重，整段上下弦加固

(2) 屋架端节点受剪范围内出现危险性裂缝时，可在裂缝附近设木夹板，再用钢拉杆与设在端部的抵承角钢连接进行加固。必要时可用铁箍箍紧受剪面，限制裂缝的发展，如图 8-23 所示。

(3) 齿槽不合要求，联接松动，有缝隙，可用硬木块敲入缝隙内填实。

(4) 节点承压面发生挤压变形，可加设钢拉杆分担节点水平分力，如图 8-24 所示。

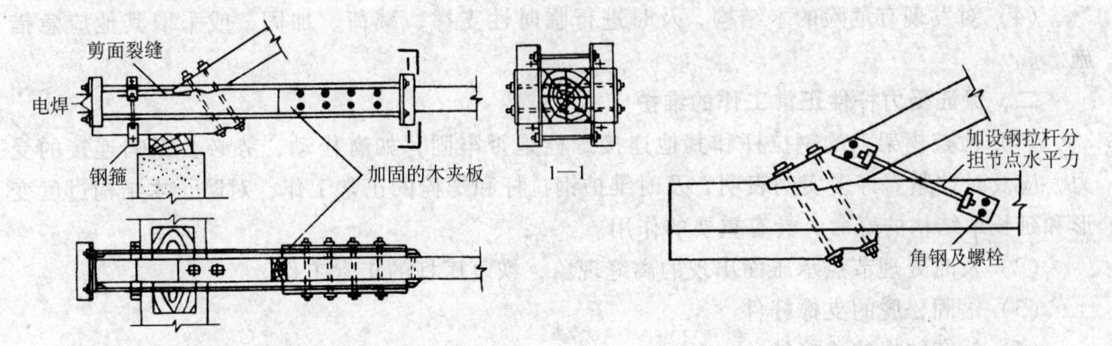


图 8-23　端节点受剪范围内出现裂缝的加固　　　　图 8-24　节点承压面变形的加固

**四、结构整体性的加固**

木结构在制作和使用过程中，产生病害和缺陷的因素较多，造成屋架变形、承载力下降，如作局部维修难以达到工程质量和安全的要求，这样就需对结构作全面性的改善以提高其承载能力。

(1) 根据结构的实际受力进行分析，对强度、刚度不足的杆件和出现问题的节点，进行全面加固补强。

(2) 屋架下增设木柱，使结构由二支点静定结构变成三支点超静定结构，如图 8-25 所示。这种方法施工方便，加固效果明显，但影响使用和美观，一般多用于临时性的加固。

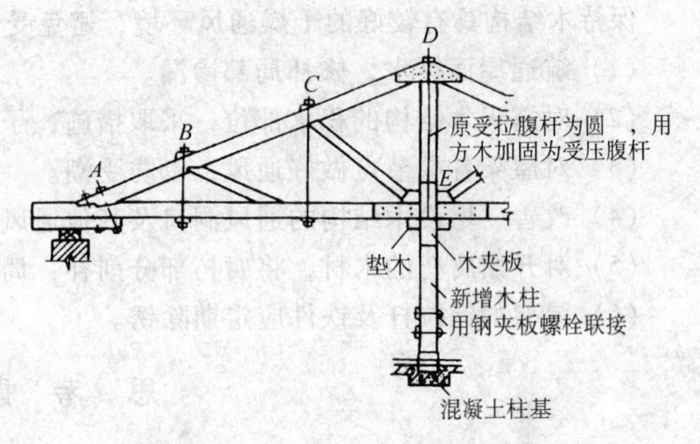


图 8-25　木屋架下增设木柱的加固

## 第四节　木结构的维护

木结构在使用过程中，致使结构产生损坏、病害及缺陷的因素较多，因此就必须做好维护工作。维护工作要与检查工作相结合，要做到全面、深入、细致，发现问题，及时处理。检查中发现一般缺陷，可通过日常维护进行处理；较大的病害缺陷，则需安排维修计划，进行加固。木结构的日常维护主要在以下几个方面。

**一、安全使用的维护**

(1) 防止结构超载。造成木结构超载的因素较多，常见的例如在结构上，增加设计外的设备或重物；改变房屋用途，使得使用荷载或设备荷载较大地超过结构的设计荷载；保温层超厚或更换为较重的保温材料等。对这些情况，日常维护单位应进行监督，在未经鉴定和未采取措施前，应予制止，保证结构的安全。

（2）防止在梁、柱等承重构件上，任意钻孔、砍削，使截面减小；或任意拆改结构杆件、连接和节点。对已发生且构成危害的，应及时采取补强措施。

（3）检查防火措施，经常注意木结构的防火安全，对靠近炉灶、烟道及其他高温设备的木结构的防火构造，应符合规定的要求；对不合乎要求的应及时进行改正。

（4）对发现有危险的木结构，及时进行临时性支撑、减荷、加固，或采取其他应急措施。

### 二、保证受力杆件正常工作的维护

（1）检查桁架上的钢拉杆和其他连接螺栓是否牢固，如有松动，势必会影响连接的受力，应及时拧紧。许多实例表明，及时维护钢拉杆和螺栓的正常工作，对防止木结构过度变形和延长木结构的寿命，具有重要的作用。

（2）及时处理节点承压面出现的离缝现象，恢复压杆的正常工作。

（3）锚固松脱的支撑杆件。

（4）补齐缺损的连接件。

### 三、防潮、防腐的维护

保持木结构具有较好的干燥通风环境，避免受潮，是木结构维护的重要任务。

（1）疏通屋面排水，修补局部渗漏。

（2）对露天木结构的积水部位，采取措施，予以消除。

（3）对屋架各端节点做好通风，以防受潮。

（4）改善、增设木结构的通风洞口及其他通风、防潮构造。

（5）对开始腐朽的木材，将腐朽部分削补，局部涂木材防腐油膏。

（6）屋架的钢拉杆及铁件应定期除锈。

## 思　考　题

1. 木结构损坏现象有哪几种？产生的原因是什么？
2. 如何防止木材的腐朽？
3. 木材的干缩裂缝对结构有何危害？
4. 木结构的检查内容有哪些？
5. 试述用钢拉杆加固受拉木构件的方法。
6. 如何对发生弯曲的木柱进行加固？
7. 试述桁架中受损木构件的加固维修方法。
8. 木梁端部损坏应如何加固？木梁的跨中强度不够，可采取何种措施加固维修？
9. 如何对木结构进行维护？

# 第九章　装饰工程与门窗维修

## 第一节　装饰工程概述

装饰工程的内容包括房屋建筑的室内外抹灰、饰面或镶面、油漆或刷浆三大部分。对房屋建筑进行装饰，不仅能增加建筑物的美观，树立艺术形象，而且能改善清洁卫生条件，起到隔热、隔声、防潮的作用，还可保护墙面免受外界条件的侵蚀，提高围护结构的耐久性。

抹灰和饰面是装饰工程中的重要工序，本章主要介绍装饰工程中的抹灰和饰面及镶面工程，并以内外墙抹灰和饰面为主。楼地面常用的面层（包括结构层和找平层）类型及其病害情况和修补方法，基本与内外墙体类似，因此在本章中一并叙述。

为保证抹灰平整、牢固，避免龟裂、脱落，抹灰在构造上须分层，一般由底层、中层和面层三个层次组成。底层主要与基层粘结，同时起初步找平作用；中层主要起找平作用；面层主要起装饰作用，要求表面平整、色彩均匀、无裂纹，可作成光滑、粗糙等不同质感的表面。抹灰工程根据面层所用材料的不同又分为一般抹灰和装饰抹灰两种。目前房屋建筑常采用的一般抹灰有水泥砂浆、混合砂浆、纸筋（麻刀）灰等。装饰抹灰有水磨石、水刷石、干粘石、剁斧石、砂浆拉毛等。常见的镶贴饰面为面砖、瓷砖、马赛克、大理石、人造石板等。

**一、常见病害及原因**

建筑物表面的抹灰和饰面受日晒、雨淋、风化等环境因素影响，或人为使用不善，就会造成损坏，出现一些病害，如起壳、起鼓、潮湿或结露，以及开裂、脱落、破损等。造成病害出现的主要原因有以下四方面。

（一）施工质量差

（1）材料强度不够。作底层灰时选用的砂浆或水泥的材质差，没有达到规定的强度等级，留下隐患，使用后会出现一些病害，如起砂、龟裂、空鼓乃至脱落等。

（2）没按规程施工。在作底层灰时，没有清除基层表面的灰尘、污垢等，没有填平孔洞，或没有根据墙体干湿程度对墙面适当浇水湿润，从而底层灰与基层不能很好粘结。而修补抹灰和饰面层时，如病患范围清除得不彻底，会使修补后新旧接缝周围又出现病害现象。

（3）人员不固定。施工时雇用非技术工人，或施工人员更换过勤等都将造成病害。

（二）防渗漏、排水措施不良

（1）一些防水层、防潮层失效浸水引起病害。如屋面防水层、顶层阳台、雨篷漏雨渗水，致使顶棚或内外墙潮湿。地面防水层、地下室防水层、墙身防潮层等失效，出现渗水，导致墙体受潮、结霜、剥落等。

（2）一些防水构造不良，使雨水、地下水侵入墙体，如勒脚、散水坡、外墙饰面及女儿墙出现裂损，使雨水渗入墙体，内外窗台处理不严密，雨水渗入墙体，都将使墙体潮湿、冻害等，引起饰面脱落、破损。

（3）管道漏水，如上下水管道漏水、落水管破损等，使墙体被浸湿，出现开裂、脱落等病害。

（三）使用不合理

（1）人为造成的一些病害，如随意在房屋内锤打，使用振动力较大的机具，在墙上钉钉子、钻孔，用重物磕碰墙面、地面，经常在地面上积水等，以及一些有害介质经常侵蚀装饰面，都将使饰面遭到损害。

（2）室内水蒸气不能及时排出或室内通风不良，都将使室内抹灰和饰面潮湿，引起脱落、起壳。

（四）房屋结构或一些构造不良

（1）寒冷地区，设计房屋时墙体厚度不够，屋面保温层厚度不够或材料选择不合理，都将使墙面或顶棚面结霜、结露。

（2）由于地基基础不均匀沉降导致上部墙体开裂、饰面破损。

（3）门窗框变形或破损，以及开关门窗用力过大等影响周围的墙体的抹灰层及饰面，导致开裂、脱落。

**二、病害的基本防护**

（一）及时处理病害

（1）及时修补小破损　作为房管单位及用户，应经常检查室内外抹灰和饰面，以便及时发现小破损。一般采用直接目测或用小锤敲击法。对已起鼓、起壳、开裂的墙面，应及早敲掉，并及时修补，避免破损范围扩大，甚至发展造成危险。

（2）及时处理渗漏　对于屋面防水层渗漏，顶层阳台雨篷渗漏，檐口、窗台等渗水，地下防水层、墙身防潮层失效等，应及时进行处理，防止病害扩大。

对上下水管道应定期进行检查，一旦发现渗漏，应暂时停用，及时进行维修。日常还要避免一些堵塞现象，经常检查地漏、落水管、檐沟是否堵塞，应使排水系统畅通。

（3）及时修补防水结构或构造　一些勒脚、散水坡破损应及时修复，防止因基础受潮而引起上部墙体潮湿，另外，还要保证房屋四周排水畅通。

（二）做好日常预防工作

（1）要定期油漆或刷浆　油漆或刷浆不仅可以预防一些病害出现，保护饰面，而且又能美化环境，给人新鲜感和舒适感。一般要3~5年进行一次油漆或刷浆。

（2）经常对房屋通风、排气　用户要经常打开门窗进行通风，以保证室内干燥，及时排出水蒸气、潮气。对于自然通风不良的房屋，应增设通风排气设备，以确保抹灰及饰面不出现病害。

（三）做好预防宣传工作

房屋管理单位应向用户做好正确使用房屋的宣传工作，提出一些使用中的“注意事项”供用户遵守。如不要在室内、走廊振动或锤打；不要在墙面上打洞、钻孔；门窗开关时不要太用力，不要用过多水冲洗地面或墙面；不要在非指定的房间和走廊设置锅炉、炉灶等。

## 第二节　抹灰和饰面的维修

**一、抹灰墙面修补**

发现墙面抹灰出现病害应采用正确的方法及时修补，彻底根除病患处，达到治标又治本的目的。修补时如方法不当，不仅达不到修补的目的，而且还会费工费时，造成损失等。修补时应按正确的操作程序进行。

（一）一般抹灰墙面的修补

1. 抹灰层修补范围的确定

在修补前，必须详细检查破损情况。检查的方法有：

（1）直观法 抹灰损坏的现象，如裂纹、龟裂、剥落等，很多是可以凭经验用肉眼直接观察到的。

（2）敲击法 检查抹灰内部损坏情况，可用一些相应工具（如小铁锤或瓦刀）轻轻敲击可疑处，通过发出的声音判断是否出现损坏，如发出空壳声，则有起壳现象。这样就可以确定修补范围，并将修补范围圈定，然后用泥刀斩出界限，再全部铲掉与墙面结合不密贴的抹灰面。对于一些装饰抹灰的斩除要尽可能做到方整有规则，防止漫无边际的扩大范围。接头处的原抹灰必须坚实牢固。

2. 清底和铲口

（1）清底 指修补残缺损坏的原基层面。原砖墙面剔除风化砖，镶好缺砖部分。混凝土和加气混凝土基层表面凸凹部位要进行剔平，并用1:3水泥砂浆补齐。彻底清除表面一些灰尘、污垢、青苔等，直至露出砖面。混凝土墙面较光滑时，应作粗糙处理。

（2）铲口 为使新旧抹灰接槎牢固，新旧接槎处要铲成倒斜口，并用扫帚洒水润湿。

3. 抹底层灰

（1）抹底层灰前基层要洒水湿润。洒水要适度，水分过多会使底灰不易干，并且粘结也不牢固；水分过少易引起抹灰开裂。

（2）抹灰应分层进行，不得少于二层，一般应与原来抹灰的分层情况和厚度相同，必要时表面应扫毛或划出纹道。一般先抹四周接槎处，后抹中间处灰，接槎处要嵌密压实。

（3）每层灰之间可间隔一定时间再抹下层灰，一般要待前一层抹灰层凝固后再抹下层灰。

4. 抹罩面灰

待底层抹灰用手按无手印时就可以抹罩面灰。罩面灰尽量与原面层灰用料相同，颜色一致，面层灰应与原抹灰面取平，并在接槎处压光成一整体。几种罩面灰作法如下：

（1）水泥混合砂浆罩面 先将底层抹灰表面扫毛或划出纹道再抹罩面灰，表面压光不得少于两遍，罩面后次日进行洒水养护。

（2）纸筋灰或麻刀灰罩面 宜在底层灰7~8成干时进行，先用铁板把接头括平，若底层灰过于干燥应先浇水润湿，然后抹上纸筋一层，铁板压光，在接槎处，用毛帚或排笔拖过。罩面灰厚度一般为2~3mm。

（3）水泥砂浆罩面 一般采用8mm厚1:2.5水泥砂浆，用括尺括平，洒水，用铁板压光。罩面后次日进行洒水养护。

（二）装饰抹灰墙面的修补

装饰抹灰层的损坏一般表现为裂缝、空鼓、脱落。产生的主要原因是面层一般都比较厚，刚度大，而且中底层抹灰都不分格，尤其是有的还采用不掺砂粒的软灰浆作中层，在干湿环境及冻融等反复作用下，与基层材料的胀缩率不一致，相互间产生内应力，而出现裂缝、空鼓，甚至脱落。另外，因水刷石长期暴露于室外，受大气污染及尘土影响，使水刷石表面风化或色泽变化。此外，还有人为等因素造成损坏。

1. 修补水刷石的操作过程

（1）确定修补范围并清除破损。视损坏程度确定修补范围，确定方法与一般抹灰范围的确定相似。一般采用分格成块地铲掉破损部分，以便满足新旧装饰面整体效果好，对比度不过于明显的要求。

（2）修补和清洁基层。用水将基面浇湿洗清，特别是在接槎处用刷帚沾水拖清，将所有松动、脱脚砖面及浮灰全部扫清洗净，用水泥砂浆把原墙面裂缝较宽处嵌补密实。

（3）抹底层灰。全部基层上刷一层纯水泥浆，然后用1:3水泥砂浆找平打底，底层应分层进行，不得少于二层，一般先密实接头，并根据面层厚度的需要低于原墙面，以便抹面层，最后一层要用括尺括平划毛。

（4）抹面层。根据原墙面石子的粒径大小，配水泥石子。为使新旧面层接槎坚实，整体颜面一致，一般选用与原饰面相同的水泥石子配合比，并且颜料及石子的颜色、规格都和原来饰面相同或相近。要求水泥用量恰好能填满石子之间的空隙，便于挤压密实，又不宜偏多。

抹面层操作如下：

1）用水浇湿底层。

2）用纯水泥砂浆刷一层。

3）按设计要求或原有分格粘引条。

4）抹水泥石子面层，面层厚度视石子粒径而异，抹面层时必须拍平、拍实、拍匀，新旧石子面要求平坦。

5）待面层七成干时用刷子蘸水刷掉表面水泥浆，使石子露出，再用铁板将露出石子尖头轻轻拍平。

（5）刷洗。待手指压试而不出现指印，用刷子刷面而石子不掉下来时，一人用刷子蘸水刷表面灰浆，一人随后用喷雾器由上往下喷水，均匀喷射，冲掉水泥浆，露出石子，最后将原水刷石墙面用水清洗干净。

2. 修补水磨石的操作过程

（1）确定修补范围并清除破损。

（2）修补及清洁基层。

（3）抹底层灰。

以上三个步骤的具体作法基本与水刷石操作相同。

（4）抹面层。待底层水泥砂浆养护3~5天后，在底层灰上浇水湿润，并刷一道素水泥浆，随即补抹已调配好且有一定稠度的水泥石子浆（要求与原墙面水泥石子浆配合比、颜色等都相同），稍干后用铁抹子压平压实，使石子大面在表面。修补时，新抹水泥石子厚度应略高于原墙面，然后将表面水泥浆用刷帚蘸水刷掉。

（5）磨面。在一般的气候条件下，抹面后1~2天磨石子，通常要磨2~3遍。边浇水边磨，以不掉石子为准，磨到所露出的石子比较均匀为止，每遍磨好后，用同颜色水泥刮浆，24h后浇水养护。磨石子时先用粗砂轮磨，后用中砂轮，最后用细砂轮磨。

（6）擦草酸、打蜡。磨好最后一遍，相隔1天，揩清水泥浆和灰尘，晾干，然后用小扫帚蘸草酸洒在磨石面层上，并用油石磨出白浆为止。擦净表面后，用薄布包住蜡（配合比为川蜡 0.5kg（1 斤）、煤油 2kg（4 斤），松香水 0.3kg（6 两），鱼油 0.05kg（1 两）配制而成）在磨石面上擦一遍。2h 后用干布擦光打亮。

**二、镶贴饰面的修补**

（一）面砖或瓷砖的修补

在房屋的各类装饰中，面砖及瓷砖等类型的贴面材料已普遍被应用，主要用于外墙、厕所、厨房、窗间墙等。但由于使用中受阳光、大气中水分、温度及各种有害气体腐蚀，以及施工中的一些因素影响，造成饰面砖或瓷砖的损坏使其功能衰退，出现空鼓、脱落等，影响正常使用和整体效果。为防止范围扩大应及时修补。

根据损坏的程度，采取了多种方法进行修补，具体作法如下：

（1）面砖只与底层灰脱离，但表面完好，即起壳时，可采用补救灌浆法修补。在分格缝处布置钻孔，每平方米 16 个孔，孔径 8mm，钻进基层深度 10mm，清孔后，在孔内灌入环氧树脂浆液。待环氧树脂凝固后，用水泥砂浆封闭注入口即可。

（2）当底层抹灰与基层脱离时，而面砖及瓷砖又完好无损时，可采用树脂锚固螺栓法加固，就是把起壳部分产生的向下剪力由钢螺栓承受，向外的拉力依靠环氧树脂粘接，强度由螺栓传至基层。具体操作过程如下：

1）用敲击法确定修补范围，并用笔划出。

2）在面层上布置钻孔位置，并作好标记。一般把孔错开排列，并布置在接缝处，以每平方米 10～16 孔为宜，做到既不太密也不太疏，如图 9-1 所示。

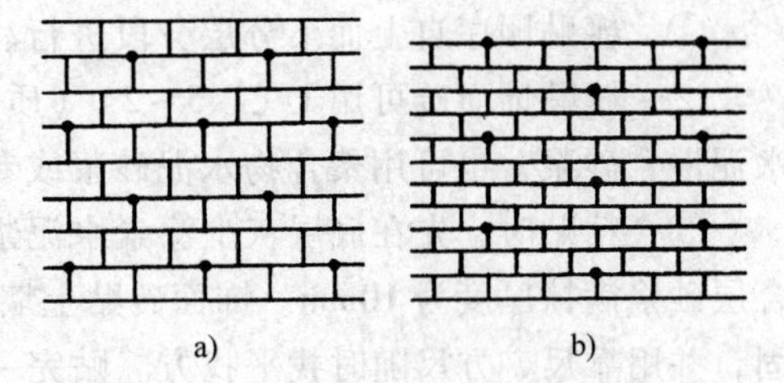


图 9-1　错缝布点法

a）面砖尺寸较大时布点法

b）面砖尺寸较小时布点法

3）用冲击钻或电钻钻孔，为了防止灌浆时浆液从钻孔中外流，钻孔时钻头要向下成 15°倾角。钻孔深度为钻进基层内 30mm，钻孔直径比螺栓直径大 2～4mm。

4）用除灰枪清除孔内的灰尘，否则会因为浸润不良，而降低粘结力。

5）灌浆。孔洞清除灰尘后，应立即进行灌浆。浆液为预先配制好的环氧树脂浆液，其配方见表 9-1。采用具有一定压力的树脂枪进行灌注，枪头应深至孔底，使孔内树脂浆饱满。

**表 9-1　环氧树脂配方**（质量比）

| 名　称 | 6101 环氧树脂 | 邻苯二甲酸二丁脂 | 590 固化剂 | 水　泥 |
|---|---|---|---|---|
| 用　量 | 100 | 20 | 20 | 80～100 |

6）放入锚固螺栓。采用 Q235$\phi$6mm 螺栓，普通螺栓可用螺钉锯掉螺钉头改制。螺栓应事先作除锈处理，放入时先将螺栓表面涂一层环氧树脂浆，放入后为避免浆液从孔内流出，可暂时用石灰膏堵塞洞口，溢出的浆液应用丙酮或二甲苯及时擦洗干净。

7）封口。待 2～3 天后，用 107 胶和白水泥浆掺色封口，使颜色和面砖表面接近一致。

（3）当面砖或瓷砖与底层灰脱离，而且面砖或瓷砖表面亦有破损，可采用挖补法修补。

1）修补范围的确定。表面损坏的面砖或瓷砖可用直观法确定修补范围。起壳的面砖或瓷砖检查可用敲击法确定修补范围，并用笔圈定出来。一般修补范围的边缘尽可能确定在原面砖或瓷砖的分格处或墙转角，如直接在平面上接缝，不易与原面层平面贴平，而且新修补的面层与旧面层尺寸上的差异经分格后，能略微掩盖一点。

2）清底。用凿子凿去起壳的面层及底层。凿边缘处时要轻一些以免使没有起壳的面层受影响。饰面砖应镶贴在湿润干净的基层上，所以要把基层的风化砖剔除，并镶好缺砖部分，如基层墙面有裂缝，用环氧树脂浆进行灌缝处理，并清除基层灰尘、污垢，浇水润湿。

3）抹底层灰。用1∶3（质量比）水泥砂浆或1∶0.5∶3（质量比）混合砂浆（混凝土墙面）抹底层灰，厚度为10~15mm，视原底层抹灰厚度而定。用木抹子搓平，并随手划毛，浇水养护。

4）选砖、弹线分格、作塌饼。选用的新面砖或瓷砖的颜色、规格等应与原墙面饰面砖相同或相近，并提前在清水中浸泡2~3h后阴干备用。检查基层表面的平整度和垂直度，根据原墙面的分格情况，弹线分格分段，粘木引条（如密缝的面砖可不用）。如镶贴的面积较大时，用托尺、线锤进行挂线，用旧面砖作塌饼，找出墙面、柱面等横竖标准，其表面即为镶贴后的面砖表面。小面积修补可不作塌饼。

5）贴面砖。底层灰抹完后，一般养护1~2天方可贴面砖，镶贴面砖应按如下方法和要求进行。

① 镶贴顺序自上而下分层分段进行。

② 镶贴饰面砖可用1∶(1.5~2)（质量比）水泥砂浆、1∶0.2∶2或1∶0.3∶3（质量比）水泥混合砂浆，也可用聚合物水泥砂浆或专用胶粘剂等。

③ 粘贴时，先在底层灰上涂素水泥浆一道，边刷浆，边在饰面砖背抹结合层砂浆，结合层砂浆满抹厚度为10mm。饰面砖贴上墙后，用灰铲柄轻轻敲打，使之附线与底层粘结牢固，并用靠尺、方尺随时找平找方。贴完一皮后，将面砖上口灰刮平。镶贴特殊部位应使用配件砖。

6）取引条及勾分格缝。木引条应在镶贴面砖次日取出，并用水洗净继续使用。饰面砖镶贴1~2天后，可以勾分格缝，用1∶1（质量比）水泥砂浆先勾横缝，后勾竖缝。用铁板等将水泥砂浆全部刮满砖缝，然后用$\phi$4mm或$\phi$5mm钢筋头勾缝，缝深宜凹进砖面2~3mm。

7）待勾缝硬化后，可用稀盐酸刷洗表面，并随即用水冲洗干净。

（二）大理石饰面板的修理

大理石饰面板主要用于室内装修，属于高级装修饰面，使用久了，伴有结构损坏，面板由于有害气体的侵蚀或人为碰撞而损坏，以及大理石饰面的钢筋网片、绑扎的铅丝锈蚀、基层损坏等，会出现麻点、开裂和剥落现象，有时甚至空鼓脱落造成一些事故。对大理石饰面板的修补根据破损的轻重，可采取很多措施进行修补。具体的几种作法如下。

(1) 大理石板块破裂时，可采用环氧树脂或502号胶粘接修补。粘结时要对粘结面清洁干燥，粘结时稍加压力粘合，并养护几天，具体养护时间见表9-2。

**表9-2　大理石粘结修补养护时间表**

| 室温/℃ | 采用环氧树脂胶 | 采用502胶 |
|---|---|---|
| 20~30 | 7d | |
| 30~35 | 3d | |
| 15 | | 24h |

(2) 对于病害不太严重，只是一般空鼓剥落的情况，可采用树脂锚固螺栓法进行加固补救，避免不必要的损耗，如图 9-2 所示。钻孔时钻头采用硬质合金钻头，每平方米布置点 8~14 个，但每块大于 300mm×300mm 的大理石，每块必须不少于 2 点，每块大于 600mm×600mm 大理石每块必须不少于 4 点。其他的操作步骤类似于修补饰面砖时的树脂锚固螺栓法。

(3) 对于病害较严重者，可采用局部拆除重新镶贴的方法。具体作法如下。

1) 修补和清理基层。重新镶贴前先对基层表面剔凿或修补，墙面要垂直平正，并清扫干净。

2) 弹线，预排。先对重新镶贴墙面进行抄平，弹出中心线、水平线，然后进行预排，力求色泽一致、花纹协调，并将大理石块统一编号。重新镶贴施工工序是由下而上依次操作。

3) 绑钢筋网。在基层表面预埋件上绑 $\phi$6mm 或 $\phi$8mm 纵横向钢筋，形成钢筋网。

4) 钻孔。在大理石块上下侧面两端用电钻钻孔，孔的位置应钻在板厚度的中心，一般孔径为 5mm，深度为 18mm，孔的间距由板的边长决定，但每块板的上下边均不少于两个。钻孔后用錾子在孔洞的后面剔一道槽，以备卧铜丝或镀锌钢丝时不致露出板面而影响板缝，如图 9-3 所示。

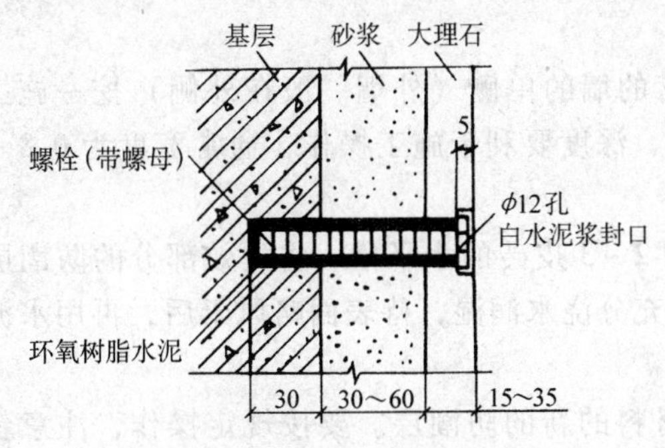


图 9-2　树脂螺栓加固大理石

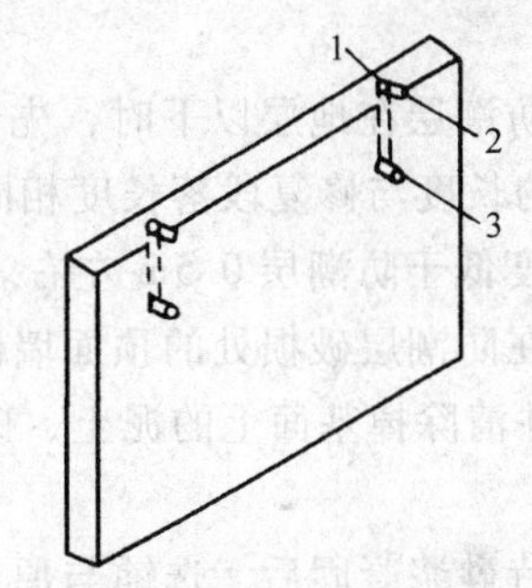


图 9-3　大理石钻孔示意图
1—在侧面钻 $\phi$5mm 孔　2—在侧面剔槽
3—背面钻孔与侧面孔相遇

5) 穿钢丝或镀锌钢丝。把钢丝或镀锌钢丝剪成 200mm 左右长度，一端插入孔底并用铁皮固定塞牢或用环氧树脂紧固在孔内，然后顺槽弯曲卧入槽内，不得突出板的端面。

6) 安装饰面板。将穿有钢丝或镀锌钢丝的大理石板绑扎在钢筋网上，安装方法一般是由下往上，每层由中间或一端开始，按照事先弹好的水平线和垂直线，先在最下一行的两头找平找直，拉上横线，固定两边角处的饰面板。饰面板与基层缝隙一般为 20~50mm，依次按饰面板预排编号对号入座，其固定方法一般是用铜丝或镀锌钢丝与钢筋网绑扎，用托线板靠平，用水平尺加以校正，用方尺找方。饰面板安装后，用石膏将板两侧的缝隙堵严（或者在竖缝内填塞 15~20mm 深的麻丝或泡沫塑料条以防漏浆，待砂浆凝结后，再清除），但要采取措施以防石膏掉进板块与墙面的缝隙内，如垫好托板和在缝内填塞泡沫塑料条等。

7) 灌浆。在灌浆前，应浇水将饰面板材背面和基层表面润湿，再用 1∶2.5（质量比）水泥砂浆分层灌注。每次灌注高度一般为 150~200mm，且不大于板高的 1/3，边灌边用橡胶锤轻轻敲击板面，稍停后，检查板块无移动后，再继续灌注第二层，高度为 100~150mm

左右。第三层灌注直至距上口 50 ~ 100mm 处为止。砂浆终凝后，将上口临时固定的石膏去掉，依次逐排往上操作，直至顶部。灌浆时，应采取措施防止砂浆飞溅沾污饰面。饰面板材如为浅色时，灌浆应用白水泥和白石屑，以防透底，影响美观。

8）擦缝打蜡。饰面板全部安装完毕后，应用湿布将板面石膏和余浆痕迹擦洗干净，并按板块颜色调制水泥色浆擦缝。最后在饰面打蜡，并清洗干净。

**三、潮湿、结霜病害的整治**

由于墙身的防潮层失效或围护结构的保温能力不足，会导致墙体潮湿、结露及结霜，造成病害，影响正常使用。为防止病害扩大应采取合理、有效的方法进行修复，根治病害。

（一）修复失效的水平防潮层

水平防潮层是在建筑地层附近一定部位的墙体中水平向通长设置的防潮层。由于地基基础的不均匀沉降会导致水平防潮层大部分或局部开裂，防潮层施工时抹压不密实，使用中出现失效等，都不能有效地阻止地下水分沿基础向上渗透，最终会造成墙体潮湿，粉刷剥落。所以要根据水平防潮层破损程度和长度不同，及时采取以下的修理方法修复墙体的防潮能力。

1. 分段落修复

破损防潮层长度不太长时，可一次或分几次修复，一般每次可施工 1m 左右。具体作法如下。

（1）防潮层在地层以下时，先在要修复段落的墙的单侧（外墙一般在外侧）挖一施工坑槽。槽的长度与修复段落长度相同，槽的宽度、深度要利于施工操作，通常宽度为 0.8 ~ 1.0m，深度低于防潮层 0.5m 左右。

（2）在防潮层破损处的顶面墙体上凿出高约 2 ~ 3 皮砖的水平槽，将失效部分的防潮层清除掉，并清除掉基面上的泥土、砂浆杂物等，充分浇水润湿，待表面略风干后，再用水泥砂浆找平。

（3）待砂浆凝固后，选铺与原防潮层相同材料的新的防潮层。要按规定操作，注意新旧防潮层在相接处必须有 150 ~ 200mm 的搭接长度，以保证接槎处的质量。

（4）作完新防潮层后，至少养护 3 天才能在上面砌筑墙体。

（5）在防潮层上面用 1:1 或 1:2（质量比）水泥砂浆或用防水砂浆补砌好凿去的墙体，新旧墙体之间的空隙用半干水泥砂浆嵌实。

按上述作法，分段落修复长度较长的防潮层。

2. 整体更换

如水平防潮层破损较严重，这样需要换掉全部的水平防潮层。施工步骤和方法如下。

（1）更换前要把所要更换的防潮层划分段落，每段 1 ~ 2m 长，并顺次编号，如图 9-4 所示。

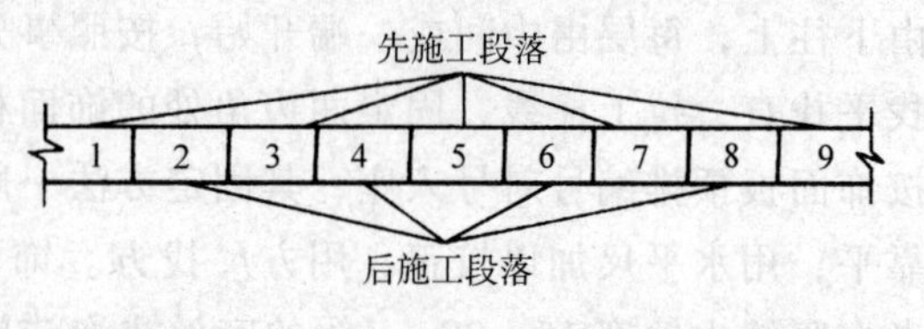

图 9-4　水平防潮层整体更换分段图

（2）为不使更换时过分削弱砌体强度和影响受力要求，施工时先同时更换相隔段落，即先更换 1、3、5、7…段。

（3）待先更换段落墙体砂浆达到强度要求后，再按同样方法施工剩余段落的更换，即更换 2、4、6、8…段。

（4）各段更换的具体作法与分段落修复相同。

对于原墙体未设水平防潮层的情况，则可以整体补设新防潮层，施工步骤和方法同上。

（二）修复垂直防潮层

当相邻室内地层存在高差或室内地层低于室外地面时，为防地表水和土壤潮气的侵袭，一般在高低地层之间，或地层与室外地面之间的迎水和潮气的垂直墙面上设置防潮层，即垂直防潮层。其一般作法是先用水泥砂浆将墙面抹平，再涂以冷底子油一道，热沥青两道。

对失效的垂直防潮层进行修复，具体修复方法如下。

1. 外侧垂直防潮层的修复

（1）先在外墙外侧开挖一个临时施工槽，深度要浅于基础底面至少0.5m，并做好支撑。

（2）在需要更换防潮层段落处，将施工槽深挖至基底标高处。如要更换段落较长时，要先划分段落，以2m一个段落为宜，深挖施工槽时则应相间隔施工，准备更换。

（3）由下至上除去失效的防潮层段落，并对基层表面清除干净，再用1∶2.5（质量比）水泥砂浆将墙面抹平。

（4）待找平层硬化后，在其上重做防潮层。新做防潮层的作法与原防潮层相同。

（5）用粘土或灰土等低透水性土回填深挖部分的槽坑，并逐层夯实。

（6）如分段间隔更换，按上述步骤做间隔的小段基坑及其墙面上的防潮层，要处理好相搭接处，保证搭接质量。

（7）回填施工槽并分层填土夯实，填土时也要选用一些低透水性土。

2. 内侧防潮层的修复

当墙壁外侧开挖受限，不能采用从外侧修复防潮层时，可从内侧修复来消除病害。施工作法与外侧垂直防潮层的修复类似，只是不需要挖施工槽。

（三）围护结构保温性能的增强

由于围护结构厚度不够，缝隙过大，以及墙体材料热导率过大而使墙体保温性能较差。在寒冷季节围护结构两侧存在较大温差，室内高温一侧水蒸气向室外低温一侧渗透，遇冷达到露点，就会凝结成水，使墙面、顶棚等潮湿、淌水及结露，严重时会产生霉变，影响人体健康，这些病害应及时采取有效方法进行修复。主要从提高保温性能出发考虑补强方法。

1. 增加墙体厚度的几种作法

（1）在室内增加一层石膏板或石膏矿渣板等，与原墙面之间留出50mm的空气隔离层，并且与墙面牢固连接。

（2）直接在室内墙面上贴一层玻璃棉并在外侧砌1/4～1/2砖厚的保护墙，再做抹灰饰面。

（3）把内墙饰面出现病害处彻底清除掉，在墙面上抹30～50mm厚的水泥石灰珍珠岩保温砂浆。待保温砂浆稍干后再做抹灰饰面。

（4）对清水外墙面，增设抹灰层或贴面层，如用面砖、天然石板等镶贴外墙。

2. 修补补强

对于墙面出现裂缝，透风较大的病害现象，可在清除干净后及时用水泥砂浆重新将缝嵌补勾好，使其饱满。

## 第三节 门窗的防护与维修

门窗是建筑物不可缺少的围护构件，又是建筑造型重要的组成部分，常被作为重要的装饰物件处理。门窗在不同的情况下，要求具有不同的使用功能，如保温、隔声、防风、防漏雨等，要求门窗要坚固、耐久、灵活，便于维修及清理等。门窗由于环境影响或人为因素造成一些病害，影响正常使用，所以要及时进行维修，平时也要做好养护、防护工作，减少门窗病害出现的机会。

门窗使用的材料较为普遍的是木、钢、铝合金、塑料等，这里主要介绍常用的木门窗及钢门窗的防护和维修。

### 一、门窗的日常防护

门窗的好坏对房屋建筑的正常使用影响较大，为满足房屋使用要求，门窗又经常开启，所以在日常的使用中，要做好防护工作，主要做好下面几方面工作：

（一）及时检查、修理，确保使用

房屋管理单位或用户应定期进行门窗各部位的检查，以便及时发现问题，及时修理，以避免病害范围扩大造成危害。对于残缺或位置不正的门窗小五金配件应及时修补或更换。重新修补木门窗时要采用干燥的木材，以确保修理质量。

（二）做好预防工作

1. 定期油漆

油漆主要起保护门窗的作用，防腐朽、防锈烂，还可以增加门窗的美观性。油漆时要按规程要求正确操作。旧木门窗重新油漆时，应先进行基层处理，拔去圆钉，用铲刀或冲灯去除起壳、龟裂、浮面的旧油漆。所有裂缝处均须用铲刀开缝，清除灰尘。油漆时先满刷清漆一遍，然后用腻子对表面抹平，用砂纸打光后，均匀油漆 1~2 道，新旧颜色力求一致。

旧木门窗上下冒头最易腐朽，重做油漆时应着重检查该处是否有遗漏或有批嵌腻子不严密之处，防止雨水侵入，达到油漆后保养好门窗的目的。

钢门窗油漆要求与钢结构基本相同。

油漆一般隔 3~5 年，应定期油刷一次，并随时进行个别脱落油漆的补油，以保护门窗。

2. 做好防寒工作

对于寒冷地区，为保证门窗冬季正常使用，应预先做好防寒保护工作。先对门窗全面检查，修补一些缝隙、玻璃及玻璃腻子，再密封窗缝。常用封缝的作法有纸和浆糊封缝、封条密封等。同时也要处理好窗框与墙壁之间的缝隙。

### 二、木门窗的修理

（一）木门窗的常见病害及原因

1. 木门窗框、扇的变形

门窗使用中，由于环境因素或人为因素等影响，经常出现变形，造成开关不灵活，裁口不密贴，插销、门锁变位以及门窗扇走扇自开等现象。变形主要表现在以下几方面。

（1）门窗扇发生角变形，甩边下垂，造成开关不灵。产生的原因是：

1）合页螺钉松动，榫、冒松动。

2）门窗框、扇受压变形，导致倾斜、下垂。

3）门窗制作时质量差或安装操作不密合引起。

（2）门窗扇的平面变形，俗称“翘裂”，多发生在受约束较小的部位。有时是门窗边梃的弯曲，有时是门窗扇纵向和横向弯曲同时存在的翘曲。翘裂会造成门窗扇与门窗框、门窗扇中缝之间关闭不严，不合缝。其产生的原因是：

1）门窗料质量差，制作时采用一些潮湿木材，出现干缩变形。

2）门窗在使用中，经常处在干湿交替变化的环境，易产生湿胀干缩变形。

3）门窗框或扇本身单薄强度不够，经常受开关门窗时的外力，日久变形。

4）受墙壁压力或其他外力而引起变形。

（3）门窗框的弯曲变形，造成门窗开不开，关不上。产生的原因与门窗扇平面变形相同。

（4）走扇自开。表现为门窗扇没有外力推动时会自行转动而不能停止。产生的原因是：

1）门窗框向外倾斜，导致门窗扇也向外倾斜，出现自开现象。

2）门窗的一些变形使框与扇不能很好地密合，经常碰撞。

3）安装合页时，选用的螺钉帽顶过大，而没有拧进合页，使两合页不能很好地密贴，造成门窗扇自开现象。

2. 木门窗腐烂、虫蛀

木门窗经常受潮或处于暗闷、通风不良的场所，为菌类提供了孳生条件，极易腐烂。在有白蚁的建筑物中，门窗也会受到白蚁的侵袭。门窗扇容易腐烂的部位一般在以下几处：

（1）门框紧靠墙面处及扇、框子接近地面部分。

（2）凸出的线脚，拼接榫头处。

（3）外开门窗的外边梃上部及上冒头。

（4）浴室、厨房等经常受潮气及积水影响的地方。

（5）采用松木制作的门窗框，是白蚁喜食材料之一，容易被虫蛀。

木门窗产生腐蚀、虫蛀的原因是由于门的下部经常受水侵扰，门窗处在潮湿环境，使门窗木料吸水受潮，从而腐烂。对于外门窗如油漆脱落或腻子不牢固有裂缝，没有及时修补，雨雪水从缝隙中渗入木材，也会引起腐烂。

3. 门窗玻璃或小五金配件残缺破损

其主要原因有：

（1）门窗使用中维护不够，未及时修补脱落的腻子、油漆。小五金配件丢失或位置不当亦未及时修理。

（2）使用门窗不合理，开窗不挂风钩，关窗不上插销，造成玻璃被振碎，甚至使榫头松动。

4. 渗水

由于门窗使用年久，引起木材的收缩，使门窗缝隙变大，以及安装不合理、门窗变形等均会引起渗水。渗水的原因一般有以下几种情况：

（1）外平框子内开门窗、内平框子内开门窗。

（2）上部无雨罩、披水板、砖挑护隙口。

（3）框子下部无拖水冒头、出水槽等。

（4）外开门窗外边梃向外翘曲，关上后叠缝处离上部不密缝。

（5）粉窗盘时，将窗盘粉刷包在框子下冒头上（俗称“咬樘子”），因粉刷砂浆与木框子不可能胶结得密合无缝，当窗台抹面倒泛水或有裂缝产生时，水由缝隙渗入。

（二）木门窗变形的校正

1. 门窗扇倾斜、下垂的校正

对于下垂不太严重的，可将下垂一侧抬高，消除下垂量，恢复平直，再在四角原有榫槽的上下口处，压入木楔或竹楔，楔紧即可。对于下垂严重的，应卸下门窗扇，把一只下垂的角朝下，在地上轻轻地夯几下，使其下垂角抬高复位，再用木楔或竹楔楔紧。

2. 框子走动、变形的校正

可采用在两边墙上增加预埋木砖的校正方法，具体作法如下：

（1）拆下变形的框子，用木楔擽紧、校正。

（2）在两边砖墙上凿出增加预埋木砖的位置。根据门窗框变形程度不同，可新增加三块、二块或一块木砖。如门窗框上冒头完好，可分别在对应每根梃的底部和中部的砖墙处凿出木砖的位置。

（3）安装木砖。木砖尺寸为50mm×100mm×200mm，表面均应涂刷防腐剂。

（4）重新安装门窗框，用圆钉与木砖固定。

3. 门窗扇翘曲变形的校正

根据翘曲变形的严重程度，可采用以下几种方法校正：

（1）烘烤法　将门窗扇卸下用水湿润弯曲部分，然后用火烘烤，使一端顶住不动，而另一端向下压，中间垫一木块，并随时调动垫木位置和烘烤的位置，反复进行完成校正。

（2）手工校正法　卸下翘曲不太严重的门扇，将其平放在平整的工作台或硬地面上，用力将翘高的两对角往下压平，这时另外两对角处出现缝隙，用木楔或竹楔沾少量胶，用斧头逐一敲击楔子擽紧、擽实，阻止其回弹。

（3）使用门窗矫正器

1）拆下翘曲的门扇，将矫正器搭在门的对角上，并通过拧紧螺栓施加压力对门扇进行校正，如图9-5所示。

2）矫正后，把门扇冒头与边梃连接处出现的缝槽用木楔或竹楔楔紧。

3）卸下矫正器，即可将门扇矫平。

（4）冒头肩擽法　翘曲严重的门窗，采用以上方法还不能使其复位，可采用此法进行

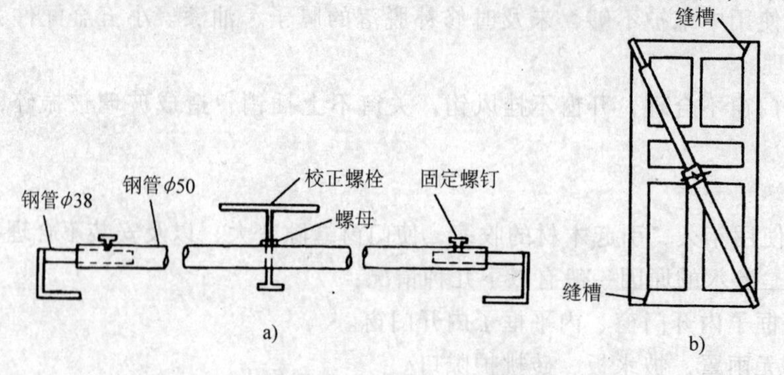


图9-5　矫正器矫正门扇翘曲

a）矫正器构造　b）安设矫正器并进行矫正

校正。外开窗上角向外翘曲时，可撙边梃上角的外面或碰梃下角的里面，翘曲严重的可以上下都撙，里开窗的撙法相反。具体操作如下：

1）先用木螺钉把窗梃和冒头固定，木螺钉的长度一般为35mm，木螺钉应埋入梃面1mm以上，它的旋入部位见图9-6所示。

2）在窗梃端部用凿子凿劈一缝，放入桔瓤楔。

3）撙时把木门窗用力扳正，将桔瓤楔撙入劈缝约50mm，并把剩余部分切除。

4）木门和落地长窗的上下冒头的撙法与窗相同，只撙上下冒头而不撙中冒头，翘曲不易校正，故还需撙中冒头。

（三）木门窗腐烂、虫蛀的修补

1. 框子腐烂、虫蛀的修补

框子下边腐烂时，可锯去腐烂部分，用小榫头对半接法换上新材。新材靠墙面必须涂刷防腐剂，搭接长度不小于200mm，并用圆钉钉牢，如图9-7所示。

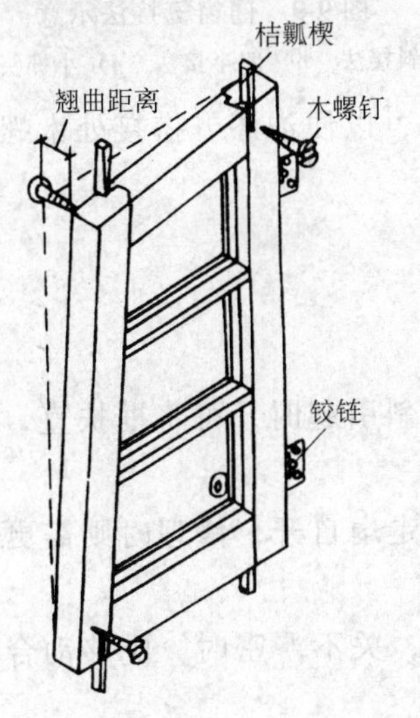


图9-6　冒头肩撙法示意图

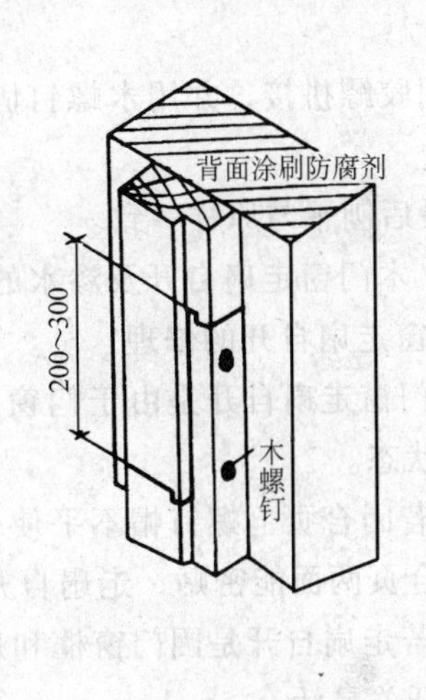


图9-7　框子下边腐烂的修补

2. 门窗扇腐烂的修补

（1）冒头腐烂　门窗冒头的榫头部分断裂或腐烂时，如整根更换冒头就太浪费了，可按图9-8的方法进行接换修理。

（2）边梃腐烂　门窗边梃常在下半截和安设合页处腐烂、损坏，可局部接修，通常有以下三种拼接挖补方法，如图9-9所示。

接梃有两种接法，一种是将被修门窗扇拆开，接好后拼拢（拆开法）；另一种是直接在旧门窗上接梃（直接法）。如果技术熟练，最好采用直接法，因为拆开旧门窗容易损伤原来完好的榫头，只有两头都要接时才有必要把整根梃拆下。以直接法为例，接梃的操作方法如下：

1）卸下要修补的门窗扇后，先去掉玻璃。

2）锯去腐烂部分，或局部挖除、刮平。

3）比照接补段的尺寸形式，作好斜槎接补木方。搭接长度：门梃大于250mm，窗梃大于200mm。

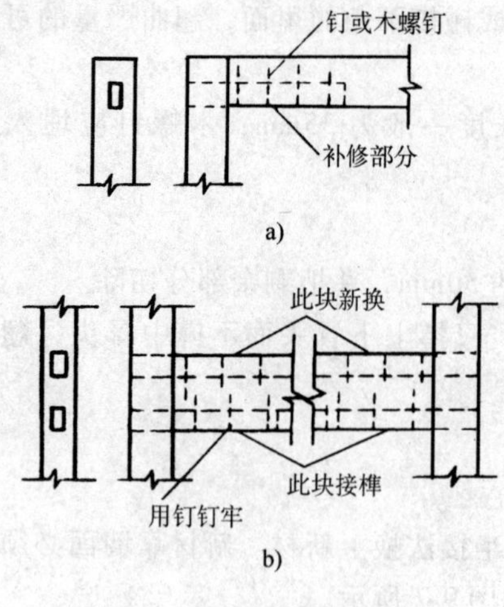

图 9-8 木门窗冒头接榫修理

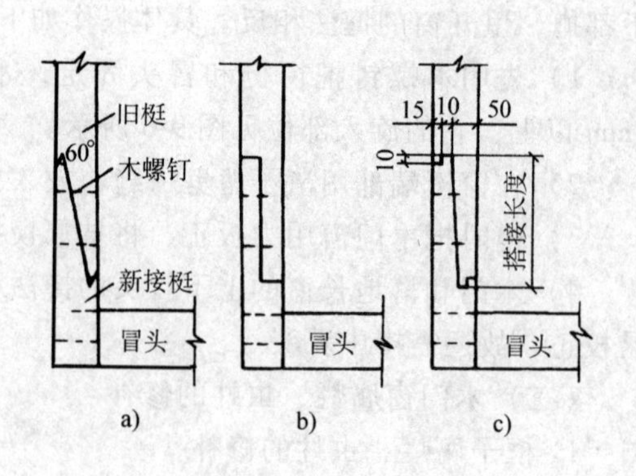

图 9-9 门窗梃接法示意
a）斜接法 b）双半接法 c）小榫头接法

4）用胶鳔拼接，并用木螺钉固定。要求埋进 20mm，以便油漆。搭接处木螺钉连接不少于两个。

5）最后刨平与原样一致。

（四）木门窗走扇自开及渗水的修理方法

1. 门窗走扇自开的修理

（1）门窗走扇自开是由于门窗框竖立不直，向外倾斜引起时，可将框扶直，使门窗扇处于垂直状态。

（2）若因合页上螺钉帽不平使合页两面不密贴引起走扇自开，修理时则需更换合适的螺钉，使合页两面能密贴，走扇自开便得以修理。

（3）若走扇自开是因门窗框和扇出现变形，有缝隙，关不严密时，应移动合页，调正缝隙，使开关灵活。

2. 解决木门窗渗水的方法

（1）窗盘渗水的处理。窗盘粉刷咬樘子，水渗进墙内，可采取以下方法修理：

1）沿咬接处涂刷硅胶密封剂。

2）窗盘翻低重新嵌框子，使窗盘粉刷嵌进框子下面，如在修理时，窗的下冒头需调换，在调换的同时，在下冒头的底部用槽刨刨一道 12mm 左右的半圆形滴水槽，防水效果更好。

（2）外墙面的雨水顺过梁流到门窗上，再沿框与门窗扇间的缝隙流入室内时，可在过梁或上框以及中框上分别设置滴水线，以防止门窗进水。

（3）门过低时，雨水顺门的下冒头流入室内，可在下冒头底部加滴水披板，同时在地坪上加做水泥挡水槛，如图 9-10 所示。

（4）内开窗雨水易从窗扇下冒与下框间进入室内，为解决渗水问题，可采用以下方法：

1）内开窗框子无出水槽或出水槽较浅，应加做或凿深出水槽和钻出水孔，并在窗扇下冒头加钉拖水冒头，如图 9-11 所示。

2）出水孔日久被垃圾塞没或孔眼偏小，水无法排泄，应疏通出水孔或扩大出水孔。

3）在窗的下冒头下面推 6mm 水槽一条，也能起阻水作用。

4）在窗框底部推一条滴水槽。

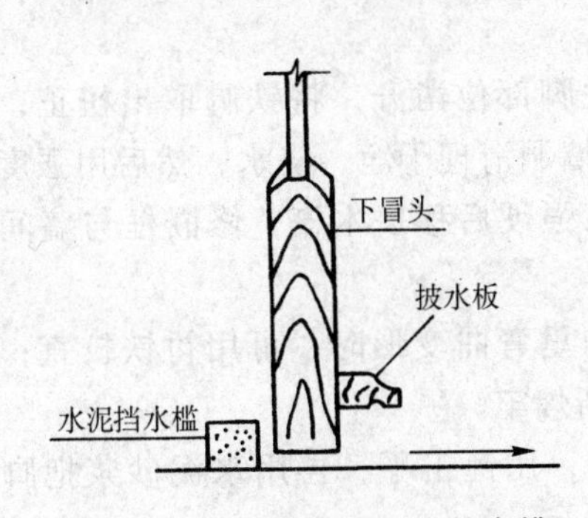


图 9-10　门下冒披水板及挡水槛

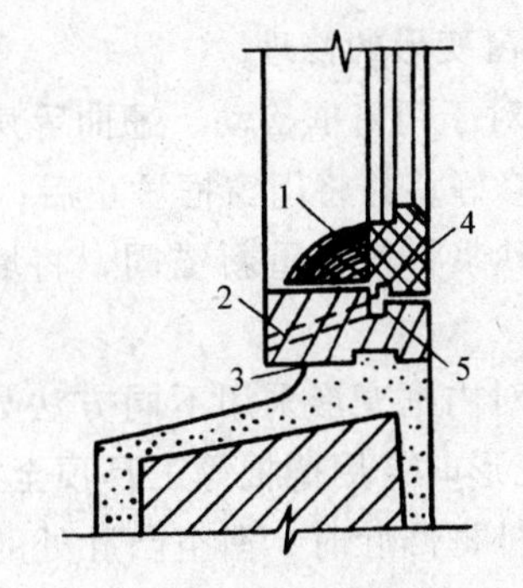


图 9-11　木窗渗水的几种改进方法

1—加钉拖水冒头　2—出水孔　3—滴水槽

4—窗下冒头底推槽　5—樘子下冒头出水槽

（5）窗梃叠缝处离缝较大易渗水，可加钉盖缝条，如图9-12所示。

（6）外开窗渗水的处理。外平外开窗渗水严重的，可在窗上部加做护隙口，并粉出滴水线和鹰嘴。

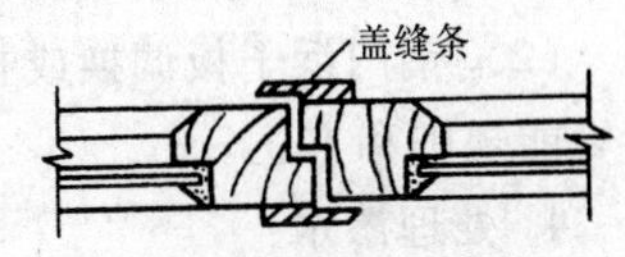


图 9-12　加钉盖缝条

**三、钢门窗的修理**

（一）钢门窗的常见病害及原因

1. 钢门窗的变形

钢门窗在使用过程中，由于房屋的不均匀沉降，出现弯曲和倾斜，钢门窗无胀缩余地，受温度影响，门窗上部过梁及下部地梁刚度不足等，均会引起钢门窗变形，造成门窗扇开关不灵活或关闭不严密，玻璃破碎。变形大致表现为外框变形、内框（即门窗扇）变形、内外框同时变形。

2. 钢门窗的锈烂和断裂

钢门窗在使用过程中，要经常保养。油漆脱落，使窗铁暴露于空气中，如不及时修补，容易发生锈烂。外框下槛无出水口或内开窗腰头窗无披水板，容易积水锈烂。一些经常受潮气和烟熏的地方，亦易锈烂、腐烂。常见情况如下：

（1）内外框直料或上下料锈烂、变薄或穿孔。

（2）浜子板、铁脚、锁壳等锈烂。

（3）铰链、撑挡等断裂。

3. 钢门窗渗水

钢门窗变形后，内框与外框不能紧密地贴紧，钢门窗安装不合理等均会引起渗水。它大致表现为以下几种情况：

（1）外开窗的内框向外翘曲，关窗时，内外框不能密合，水从上槛渗入。

（2）窗台倒泛水，上天盘倒斜进水，使水从缝隙中渗入。

（3）拖水冒头锈蚀，水从内外框的缝隙中渗入。

（二）钢门窗的修理

1. 钢门窗修理时的注意事项

（1）维修前应先将玻璃拆卸下来。

（2）替换的新钢材要先进行防锈处理。

（3）维修时若采用焊接方法，则需将焊接接头处的焊渣铲清后再刷防锈漆。

2. 门窗变形的修理

（1）对于门窗框松动、翘曲等病害，应在锚固铁脚部位凿开，将铁脚取出扭正，损坏的应焊接修好，并将门窗框矫正后，用木楔固定，将墙洞清理干净，浇水，然后用强度等级高的水泥砂浆将铁脚重新锚固，将墙洞填实。待砂浆强硬后移去木楔，修嵌框与墙间的缝隙。

（2）对内框变形采用不同方法处理。内框直料向里弯曲变形时，可用衬铁校直；内框“脱角”变形时，用撬棍等工具顶至正确位置后，重新焊牢。

（3）外框凸肚时，凿空凸肚处的反面，除清铁锈，用锤击平，再用水泥砂浆把脚头嵌牢。

3. 锈烂的修理

（1）钢窗内框或外框锈烂时，应先锯去锈烂部分，按原截面型号选新料，焊接焊牢后，再重新安装。

（2）钢门浜子板调换或接补，可用铆钉铆合，并应装置扁钢压条，接换的浜子板形状尽可能规则和方正。

4. 处理渗水

（1）应新换或加焊拖水冒头，疏通窗下槛出水口，无出水口者应补做。

（2）对于由于窗框变形引起渗水病害的，应卸下玻璃，用适当方法矫正变形，使内外框很好地密贴。

（3）对窗台面倒泛水病害，应进行改进，如图9-13所示。用水泥砂浆把下槛的底槽填实，并同时放低窗台，这样处理就不会有倒泛水现象。

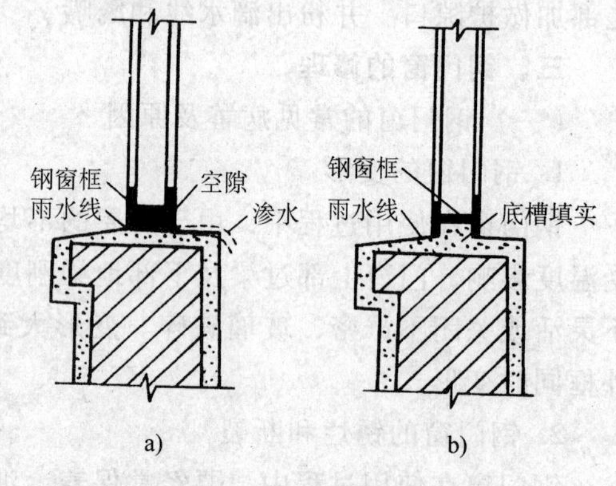


图9-13 钢窗框渗水改进

a）改进前 b）改进后

除进行以上具体处理外，对钢门窗的配件也要做好日常维护，定期上油，螺纹部分应定期拧下除锈上油，及时配齐或调换残缺或破损的配件，及时焊牢、拧紧或用水泥砂浆嵌牢松动的配件。

## 思考题

1. 装饰工程常见病害产生的原因有哪些？
2. 如何进行一般抹灰墙面的修补？
3. 如何进行装饰抹灰墙面的修补？
4. 如何进行镶贴饰面的修补？
5. 如何做好门、窗的日常防护？
6. 木门窗框、扇的变形主要表现在哪几方面？
7. 木门窗变形的校正方法有哪些？
8. 钢门窗修理时的要求有哪些？钢门窗变形的校正方法有哪些？

# 参 考 文 献

[1] GB 50202—2002 建筑地基基础工程施工质量验收规范 [S]．北京：中国计划出版社，2002.
[2] GB 50005—2003 木结构设计规范 [S]．北京：中国建筑工业出版社，2003.
[3] GB 50205—2001 钢结构工程施工质量验收规范 [S]．北京：中国计划出版社，2002.
[4] GB 50207—2002 屋面工程质量验收规范 [S]．北京：中国建筑工业出版社，2002.
[5] GB 50222—1995 建筑内部装修设计防火规范 [S]．北京：中国建筑工业出版社，1995.
[6] GB 50210—2001 建筑装饰装修工程质量验收规范 [S]．北京：中国建筑工业出版社，2002.
[7] GB 50206—2002 木结构工程施工质量验收规范 [S]．北京：中国建筑工业出版社，2002.
[8] GB 50204—2002 混凝土结构工程施工质量验收规范 [S]．北京：中国建筑工业出版社，2002.
[9] GB 50203—2002 砌体工程施工质量验收规范 [S]．北京：中国建筑工业出版社，2002.
[10] 梅全亭，等．实用房屋维修技术手册 [M]．2 版．北京：中国建筑工业出版社，2004.
[11] GB 50011—2001 建筑抗震设计规范 [S]．北京：中国建筑工业出版社，2008.
[12] GB 50345—2004 屋面工程技术规范 [S]．北京：中国建筑工业出版社，2004.

# 教材使用调查问卷

尊敬的老师：

您好！欢迎您使用机械工业出版社出版的"高等职业技术教育系列教材"，为了进一步提高我社教材的出版质量，更好地为我国教育发展服务，欢迎您对我社的教材多提宝贵的意见和建议。敬请您留下您的联系方式，我们将向您提供周到的服务，向您赠阅我们最新出版的教学用书、电子教案及相关图书资料。

本调查问卷复印有效，请您通过以下方式返回：

邮寄：北京市西城区百万庄大街22号机械工业出版社建筑分社（100037）

马　宏　　（收）

传真：010—68994437　马　宏（收）　　Email：buildbooks@ hotmail. com

**一、基本信息**

姓名：＿＿＿＿＿＿职称：＿＿＿＿＿＿职务：＿＿＿＿＿＿

所在单位：＿＿＿＿＿＿＿＿＿＿＿＿＿＿＿＿

任教课程：＿＿＿＿＿＿＿＿＿＿＿＿＿＿＿＿

邮编：＿＿＿＿＿＿地址：＿＿＿＿＿＿＿＿＿＿

电话：＿＿＿＿＿＿电子邮件：＿＿＿＿＿＿＿＿

**二、关于教材**

1. 贵校开设土建类哪些专业？

□建筑工程技术　□建筑装饰工程技术　□工程监理　□工程造价

□房地产经营与估价□物业管理　□市政工程　□其他＿＿

2. 您使用的教学手段：□传统板书　□多媒体教学　□网络教学

3. 您认为还应开发哪些教材或教辅用书？＿＿＿＿＿＿＿＿

4. 您是否愿意参与教材编写？希望参与哪些教材的编写？

课程名称：＿＿＿＿＿＿＿＿＿＿＿＿＿＿＿＿

形式：□纸质教材　□实训教材（习题集）　□多媒体课件

5. 您选用教材比较看重以下哪些内容？

□作者背景　□教材内容及形式　□有案例教学　□配有多媒体课件

□其他＿＿＿＿＿＿＿＿＿＿＿＿＿＿＿＿

**三、您对本书的意见和建议**（欢迎您指出本书的疏误之处）＿＿＿＿＿＿＿＿

＿＿＿＿＿＿＿＿＿＿＿＿＿＿＿＿＿＿＿＿＿＿

＿＿＿＿＿＿＿＿＿＿＿＿＿＿＿＿＿＿＿＿＿＿

**四、您对我们的其他意见和建议**＿＿＿＿＿＿＿＿＿＿＿＿

＿＿＿＿＿＿＿＿＿＿＿＿＿＿＿＿＿＿＿＿＿＿

＿＿＿＿＿＿＿＿＿＿＿＿＿＿＿＿＿＿＿＿＿＿

**请与我们联系：**

100037　北京市西城区百万庄大街22号

机械工业出版社·建筑分社　马　宏　收

Tel：010—88379010（O），68994437（Fax）

E-mail：buildbooks@ hotmail. com

http：//www. cmpedu. com（机械工业出版社·教材服务网）

http：//www. cmpbook. com（机械工业出版社·门户网）

http：//www. golden-book. com（中国科技金书网·机械工业出版社旗下网站）